普通高等教育电气电子类工程应用型“十二五”规划教材

传感器检测技术及工程应用

张　勇　王玉昆　赫　健　编著

机 械 工 业 出 版 社

本书全面讲解了传感器和检测技术的基本概念、基本理论，传感器的基本测量电路及传感器的应用，工业检测仪表的基础知识，工业检测系统的设计方法及抗干扰技术，典型工业仪表产品及工业检测系统工程实例等。

本书系统性强，内容简单易懂，重点突出，注重理论与实践的结合，着重培养读者的理论分析能力和工程实践能力。

本书可作为高等学校自动化、电子信息工程、测控技术与仪器、电气工程及其自动化、机电一体化等专业本专科学生、研究生的教材，也可作为相关领域技术人员的参考书。

本书配有电子课件，欢迎选用本书作教材的老师索取，电子邮箱：jinacmp@163.com，或登录 www.cmpedu.com 下载。

图书在版编目（CIP）数据

传感器检测技术及工程应用/张勇，王玉昆，赫健编著. —北京：机械工业出版社，2015.8

普通高等教育电气电子类工程应用型“十二五”规划教材

ISBN 978-7-111-50325-5

Ⅰ.①传… Ⅱ.①张… ②王… ③赫… Ⅲ.①传感器-检测-高等学校-教材 Ⅳ.①TP212

中国版本图书馆 CIP 数据核字（2015）第 183756 号

机械工业出版社（北京市百万庄大街22号 邮政编码 100037）
策划编辑：吉 玲 责任编辑：吉 玲 王 康 刘丽敏
封面设计：张 静 责任校对：陈 越
责任印制：康朝琦
北京京丰印刷厂印刷
2015年9月第1版·第1次印刷
184mm×260mm·17.25印张·428千字
标准书号：ISBN 978-7-111-50325-5
定价：36.00元

凡购本书，如有缺页、倒页、脱页，由本社发行部调换

电话服务
服务咨询热线：010-88379833
读者购书热线：010-88379649

网络服务
机 工 官 网：www.cmpbook.com
机 工 官 博：weibo.com/cmp1952
教育服务网：www.cmpedu.com
金 书 网：www.golden-book.com

前　言

检测技术作为信息技术的一个重要分支，与计算机技术、自动控制技术、通信技术等一起构成了信息技术的完整学科。以传感器为核心的检测系统源源不断地向人类提供宏观和微观世界的各种信息，成为人们认识自然、改造自然的有力工具。传感器与检测技术的应用领域十分广泛，涉及的领域包括：现代工业生产、基础学科研究、产品质量控制、宇宙开发、海洋探测、军事国防、环境保护、资源调查、医学诊断、智能建筑、交通、家用电器、生物工程、商检质检、公共安全，甚至文物保护等。近年来，传感器及检测技术学科发展异常迅速，为了让读者掌握传感器与检测技术的基本概念、基本理论，系统分析设计方法，生产实践中典型的系统集成实例以及当前本学科最新的发展趋势，更主要的是让读者掌握传感器技术应用及检测系统的设计方法，我们编写了本书。

本书可作为自动化、电子信息工程、测控技术与仪器、电气工程及其自动化、机电一体化等专业本专科学生和研究生的教材，也可作为相关领域技术人员的参考书。本书在内容上有如下特点：首先，对于传感器及检测技术的基本概念、基本理论的讲解做到简单易懂、重点突出，在一些重点知识的讲解上力求简单明了、循序渐进，把知识点一一点明，以便于学生学习和理解；其次，书中的应用实例丰富，且所举案例都是从实际工程背景中提炼出来的，具有很强的应用性，有利于读者实践能力的培养。

通过本书的学习，学生可以掌握传感器与检测技术的基本原理、传感器的测量电路、传感器的应用场合和传感器的选型及使用原则、工业仪表的基础知识、工业检测系统的设计方法及抗干扰措施。学生在学习本书后能够建立起完整的传感器及检测技术领域的知识构架和工业检测系统设计的工程意识，为以后从事检测仪表专业工作打下良好基础。此外，在本书每个章节的后面都附有思考题与习题，以加深理解本书内容和巩固学习效果。

本书共13章，第1～3章由张勇编写，第4～8章由赫健编写，第9～13章由王玉昆编写。全书由张勇统稿。

本书部分内容参考了兄弟院校有关传感器与检测技术、过程检测及仪表等方面的教材，编者在此致以谢意。

由于编者水平有限，书中难免存在不足之处，恳请广大读者批评指正。

编　者

目　录

第1章　传感器与检测技术概述

俄国著名科学家门捷列夫说过：“检测是认识自然界的主要手段”，“科学是从测量开始的”。钱学森院士指出：“新技术革命的关键技术是信息技术。信息技术由测量技术、计算机技术、通信技术三部分组成。测量技术是关键和基础。”王大珩院士说过：“能不能创造高水平的科学仪器和设备体现了一个民族、一个国家的创新能力。发展科学仪器设备应当视为国家战略。”英国著名科学家 H. Pavy 曾经明确指出：“发展一种好的仪器对于一门科学的贡献超过任何其他事情”。“没有传感器就没有现代科学技术”的观点已为全世界所公认。以传感器为核心的检测系统就像神经和感官一样，源源不断地向人类提供宏观与微观世界的种种信息，成为人们认识自然、改造自然的有利工具。既然科学家们对传感器及检测技术如此重视，那么什么是传感器与检测技术、它们的作用和地位、它们的历史、具体的应用场合、发展现状及发展趋势是什么样的，学习完本章的内容后读者将会对传感器及检测技术这门学科建立一个初步的认识。

1.1　传感器与检测技术

世界是由物质组成的,各种事物都是物质的不同形态。人们为了从外界获取信息,必须借助于感觉器官。人的“感官”—— 眼、耳、鼻、舌、皮肤分别具有视、听、嗅、味、触觉等直接感受周围事物变化的功能,人的大脑对“感官”感受到的信息进行加工、处理,大脑把处理结果传递给肌体,从而调节人的行为活动。人体感知并响应外界信息的过程如图 1-1 所示。

人们在研究自然现象、规律以及生产活动中，有时需要对某一事物的存在与否做定性了解，有时需要进行大量的实验测量以确定对象的量值，所以单靠人自身的感觉器官是远远不够的，需要借助某种仪器设备来完成，这种仪器设备就是传感器。传感器是人类“感官”的延伸，是信息采集系统的首要部件，又称之为电感官。传感器（Sensor）是一种检测装置，能感受被测量的信息，并能将感受到的信息，按一定规律变换成为电信号或其他形式的信息输出，以满足信息的传输、处理、存储、显示、记录和控制等要求。如果用机器完成人的工作，则计算机相当于人的大脑，执行机构相当于人的肌体，传感器相当于人的感官，而机器中传递电信号的电缆则对应于人的神经。人体与机器感知并处理外界信息的过程十分相似，如图 1-2 所示。

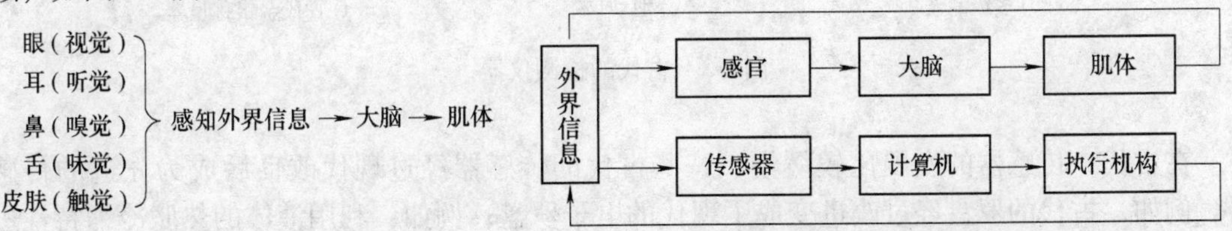

图 1-1　人体感知并响应外界信息的过程

图 1-2　人体与机器感知并处理外界信息的过程

检测技术是科学实验和工业生产活动中对信息进行获取、传递、处理等一系列技术的总称，是自动化技术的四个支柱之一。从信息科学角度考察，检测技术的任务有：寻找与自然信息具有对应关系的种种表现形式的信号，确定二者间的定性和定量关系；从反映某一信息的多种信号表现中挑选出在所处条件下最为合适的表现形式，寻求最佳的采集、变换、处理、传输、存储、显示等的方法和相应的设备。检测系统离不开传感器，传感器与检测技术之间存在着无法割裂的联系，在研究传感器的同时必须研究检测技术。

1.2　传感器与检测技术的历史

今天，传感器已经成为测量仪器、智能化仪表、自动控制系统等装置中必不可少的感知元件。然而传感器的历史远比近代科学来的古老，人类很早就已经开始利用传感器解决很多实际的生产生活问题。例如古埃及王朝时期人们已经开始使用“天平”，并一直沿用到现在；我国古代使用的日晷、多级漏壶等计时传感器和司南、指南车等指示方向的传感器。地动仪和杆秤也都是传感器并一直沿用到现在。古代的检测仪器如图 1-3 所示。

a) 天平　b) 司南　c) 日晷

d) 多级漏壶　e) 地动仪　f) 古代金银称量器

图 1-3　古代的检测仪器

在古代，传感器的发展比较缓慢，一些古代的传感器经过现代改良后成为先进的传感器。例如，古代的罗盘经过改进变成了现代的电子罗盘；例如，利用液体的热胀冷缩特性进行温度测量在 16 世纪前后就实现了，而真正把温度变成电信号的传感器是 1821 年由德国物理学家赛贝发明的，这就是后来的热电偶传感器。在人类文明史的历次产业革命中，感受、处理外部信息的传感技术一直扮演着重要的角色。在18世纪产业革命以前，传感技术由人的感官实现：人观天象而仕农耕，察火色以冶铜铁。从18世纪产业革命以来，特别是在20世纪信息革命中，传感技术越来越多地由人造感官，即传感器来实现。

1.3 传感器与检测技术的地位和作用

随着科技的不断发展，人类已经进入信息化时代。信息技术正在推动人类社会快速向前发展，传感器是在物理环境或人类社会中获取信息的基本工具，是检测系统的首要环节和信息技术的源头；传感器技术与通信技术、计算机技术构成信息科学技术的三大支柱，是当代科学技术发展的重要标志。

人类对于自然的认识很大程度上取决于信息的获取，而信息获取的主要手段就是依靠传感器和检测技术。无论是日常生活，还是工程、医学、科学实验等都与传感器与检测技术有着密切的关系。例如，在工业生产中，为了正确地指导生产操作，保证生产安全、产品质量和实现生产过程的自动化，一项必不可少的工作就是准确而及时地检测出生产过程中的有关参数。在科学技术发展中，新的发明和突破也是以实验测试为基础的，1916年爱因斯坦提出了广义相对论，由于当时不具备验证的条件，在将近50年的时间内这一理论没有得到快速发展，后来天文学上的很多发现和许多精确的检测技术对这个理论进行了成功的验证，才使广义相对论重新得到重视和发展，这一事实充分说明了科学和检测之间的密切关系。

传感器与计算机、通信和自动控制技术等一起构成一条信息获取、处理、传输和决策应用的完整信息链。传感器技术和检测技术是人们获取信息的主要手段和途径，在信息技术领域具有十分重要的基础性地位和作用。

1.4 传感器与检测技术的应用领域

传感器与检测技术的应用领域十分广泛，目前其涉及的领域包括：现代工业生产、基础科学研究、产品质量控制、航空航天、海洋探测、军事国防、环境保护、资源调查、医学诊断、智能建筑、交通、家用电器、生物工程、商检质检、公共安全、甚至文物保护等。

1. 现代工业生产

在现代工业生产中，几乎所有参数的获取都依赖传感器与检测技术。在电力、石油化工、钢铁冶金等流程工业中，为了保证生产过程的正常进行，保证产品的质量合格，必须对生产过程中的重要工艺参数进行实时检测与优化控制。一条工业生产线通常要布置检测温度、压力、流量、液位、成分等物理和化学参量的传感器及其配套的检测和控制仪表。

例如，在自来水处理厂，通常要检测源水的液位、流量、压力、浊度、碱度、pH值等众多参数，这些参数经由检测仪表进入计算机系统进行分析和决策，对液位、流量进行调节控制，对源水进行混凝投药控制和加氯消毒控制，从而完成对出水质量的控制，保证生活用水的健康、安全。同时为了保证生产的正常进行，还需要对生产线上设备的运行状态进行实时监测。

2. 基础科学研究

人类对宇宙探索的深度和广度在不断地拓展，在这一过程中，传感器与检测技术的作用功不可没，超高温、超高压、超低温、超真空、超强磁场的检测都离不开传感器与检测技术。

3. 航空航天

现代航空航天技术离不开传感器与检测技术，飞行的速度、加速度、位置、姿态、温度、气压、磁场、振动是航空航天技术中需要检测的重要参量。“阿波罗 10”飞船需要对 3295 个参数进行检测。使用的传感器中，温度传感器 559 个、压力传感器 140 个、信号传感器 501 个、遥控传感器 142 个。我国的神舟飞船携带有 200 余套仪器装置，对几千个参数进行检测。专家说：整个宇宙飞船就是高性能传感器的集合体。图 1-4 所示的嫦娥 1 号运行系统中同样包含了大量的传感器，没有这些传感器整个系统将无法正常运行。

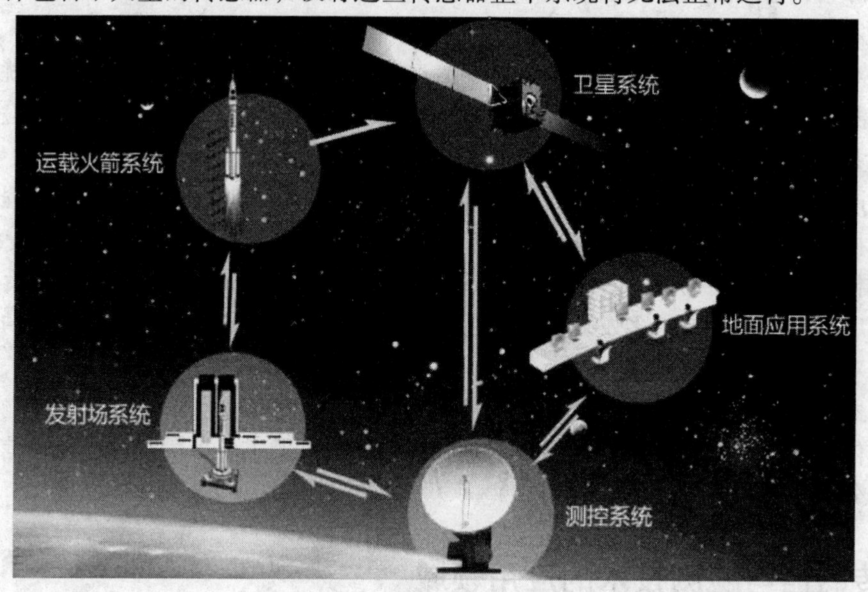

图 1-4　嫦娥 1 号运行系统

4. 军事上的应用

军事因素是推动科技向前发展的一个十分重要的因素，很多先进的技术都是最先在各种武器装备上进行应用，然后才转移到商用和民用领域。Internet 技术和 GPS 导航技术都是首先在军事上进行应用的。美国的国家导弹防御系统（NMD）（见图 1-5）是一个极其先进的检测、感知系统和武器控制系统，它的成功离不开传感器与检测技术和自动控制技术。

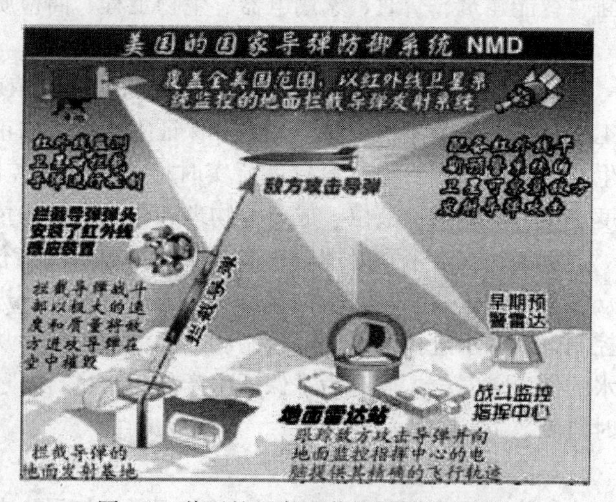

图 1-5　美国的国家导弹防御系统示意图

NMD 由预警卫星、改进的预警雷达、地基雷达、地基拦截导弹和作战管理指挥控制通信系统五部分组成，由监测装置探测和发现敌人导弹的发射并追踪导弹的飞行轨道并由控制系统操纵拦截器进行拦截。整个系统的传感器数量比宇宙飞船系统更为庞大，技术性能更为先进。

5. 汽车工业

衡量现代汽车控制系统水平的关键在于其传感器系统，ABS、BED、ESP、安全气囊等关系到汽车安全的关键配置能够发挥其作用都离不开传感器技术。一辆普通轿车上大约安装有几十到近百个传感器，而豪华轿车上的传感器能达到 200 多个。汽车传感器布置图如图 1-6 所示。

发动机系统的传感器：向发动机的电子控制单元（ECU）提供发动机的工作状况信息，对发动机工作状况进行精确控制。检测的主要参数有温度、压力、位置、转速、流量、气体浓度和爆燃等。

底盘系统的传感器：控制变速器系统、悬架系统、动力转向系统、制动防抱死系统等。检测的主要参数有车速、踏板、加速度、节气门、发动机转速、水温、油温等。

车身系统的传感器：提高汽车的安全性、可靠性和舒适性等。检测的主要参数有温度、湿度、风量、日照、加速度、车速、距离、图像等。

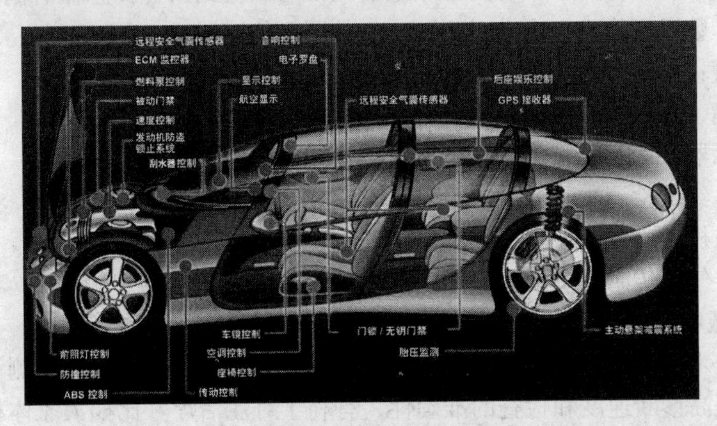

图 1-6　汽车传感器布置图

6. 智能建筑

目前，智能建筑技术的发展十分迅速，智能建筑技术的应用能够极大提高居住的安全性和舒适性。智能建筑包括三大基本要素：楼宇自动化系统（Building Automation System，BAS）、通信自动化系统（Communication Automation System，CAS）和办公自动化系统（Office Automation System，OAS）。三大系统的功能主要包括：

（1）控制功能

控制管理各种机电设备：空调制冷、给水排水、变配电系统、照明系统、电梯等。实现以上功能使用的传感器有温度传感器、湿度传感器、液位传感器、流量传感器、压差传感器、空气压力传感器等。

（2）安全功能

担负着防盗、防火、防煤气泄漏的安全职责。实现以上功能使用的传感器有 CCD（电子眼）监视器、烟雾传感器、气体传感器、红外传感器、玻璃破碎传感器等。

（3）管理功能

水、电、气、热量通过传感器实现远程自动化抄表。

楼宇自动化相关产品如图 1-7 所示。

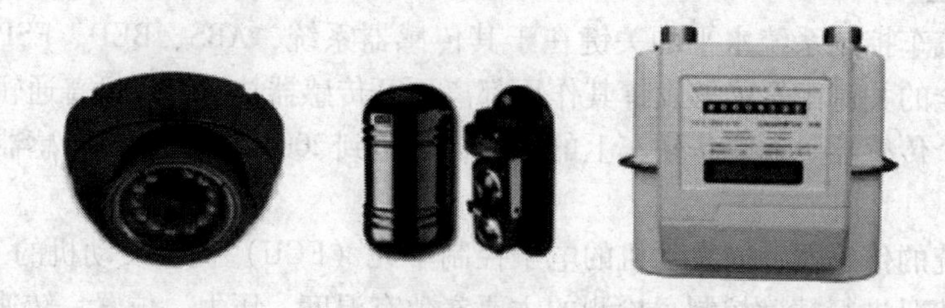

图 1-7　楼宇自动化相关产品

7. 现代家用电器

目前，家用电器的功能越来越齐全、信息化水平越来越高，其功能的提升很大程度上依赖于各种传感器。现在，几乎所有的家用电器上都可以找到某种传感器。例如：

数码相机、数码摄像机：自动对焦——红外测距传感器；

自动感应灯：亮度检测——光敏电阻；

空调、冰箱、电饭煲：温度检测——热敏电阻、热电偶；

电话、送话器：话音转换——驻极电容传感器；

遥控接收：红外检测——光敏二极管、光敏晶体管；

全自动洗衣机：水位、浊度、重量传感器

抽油烟机：气敏传感器。

8. 医疗领域中的应用

现代医疗技术的提高，很大程度上依赖于先进的药品和先进的医疗检测设备。用各种医疗检测仪器可提高诊断速度和检查的准确性，有利于对症治疗。比如大家体检中接触的心电图检查、B 超检查、CT 检查、抽血化验等都需要通过检测仪器来实现，这些检测仪器能及时准确地反应身体指标以便及时发现病情。

1.5　传感器与检测技术的现状

传感器与检测技术，是促进现代科技发展的重要因素之一，因此世界各国都将其作为发展的一个重要领域。随着工业自动化水平的提高，传感器的需求量持续增长，应用越来越广泛。

2014 年工业和信息化部电子科学技术情报所发布了《中国传感器产业发展白皮书(2014)》。白皮书显示，2009 ~ 2013 年，国内传感器市场年均增长速度超过 20%，2014 年市场规模有望超过 860 亿元。据预测，未来 5 年我国传感器市场将稳步快速发展，平均销售增长率将达到 30% 以上。

近年来，全球传感器市场一直保持快速增长，据高工产业研究院预测，未来几年全球传感器市场将保持 20% 以上的增长速度，2015 年市场规模将突破 1500 亿美元。目前，从全球总体情况看，美国、日本等少数经济发达国家占据了传感器市场 70% 以上份额，发展中国家所占份额相对较少。其中，市场规模最大的 3 个国家分别是美国、日本和德国，分别占据了传感器整体市场份额的29.0%、19.5%、11.3%。未来，随着中国、印度、巴西等发展中国家经济的持续增长，对传感器的需求也将大幅增加；但发达国家在传感器领域具有技术和品牌等优势，这种优势在未来几年内仍将保持。因此，全球传感器市场分布状况并不会得到明显的改变。

目前，西方发达国家非常重视对传感器和检测技术的开发，21世纪初，美国空军列出的提高空军能力的15项关键技术中，传感器技术排第2位。美国国家安全的22项重要技术中有6项与传感器和检测技术直接相关。日本把传感器技术与计算机、通信、激光、半导体、超导并列为6大核心技术，20世纪90年代的70个重点科研项目中，有18项是与传感器技术密切相关的。德国和俄罗斯将军用传感器技术作为优先发展的技术，英国和法国也非常重视传感器产品的开发。国外传感器企业也非常重视传感器技术的更新，例如，美国霍尼韦尔公司的固态传感器发展中心，每年投入大量的研发资金，且每三年便会更新其中的大部分设备。此外，国外公司还非常重视对传感器制作工艺的研究，通过新工艺、新方法实现传感器技术的突破。目前国外重要的传感器公司有日本的基恩士、神士、山武、竹中、横河和欧姆龙；美国的邦纳和霍尼韦尔；德国的施克、图尔克和西门子以及法国的施耐德等。

我国从20世纪60年代开始传感器技术的系统研究，经过“六五”到“九五”的国家攻关，形成了一定规模的产业格局。在国家“大力发展传感器的开发和在国民经济中的普遍应用”等一系列政策导向和资金的支持下，我国的传感器技术及产业近年来取得了较快的发展。虽然我国的传感器技术比过去有了很大提高，但从总体上看，与发达国家相比还有很大差距。主要体现在：

1）品种不全、生产工艺和装备落后。

2）拥有自主知识产权的成果少，专业技术人才匮乏，产业发展后劲不足。很多企业或生产低端传感器，或直接代理国外知名产品，而大多科研院所多以理论研究为主，对生产工艺的研究很少，很难进行产业化生产。

3）投资力度不够，研发周期长。

在我国“十一五”规划中国家提出了“自主立国”、“自主创新”的战略导向，倡导引进国外先进技术进行充分消化吸收并再创新，以促进我国传感器技术的快速发展。

目前国内知名的传感器厂家有川仪、柯立、博达、中原电测等。

1.6　传感器与检测技术的发展方向

1. 传感器技术

传感器技术的发展方向如下：

（1）高精度

随着工业自动化程度的提高，对传感器的要求也不断提高，研究高精度的新型传感器将提高生产自动化的可靠性。

（2）高可靠性、宽温度范围

传感器的可靠性直接影响到检测设备的可靠性，研究高可靠性、宽温度范围的传感器将是永久的方向。许多新兴材料（如陶瓷、纳米材料）将很有前途。

（3）微型化

各种控制设备的功能越来越强，要求各个部件的体积越小越好，这就要求发展新的材料和加工技术。传感器微型化可以使得其功能更加强大，控制更加集中，而且可以减少能源消耗。许多新材料的开发和新工艺的采用可以使这个趋势更加明显。

（4）微功耗和无源化

传感器一般都是实现非电量向电量的转化，工作时离不开电源。在野外场地或者离开电网的地方，往往就是电池供电或者太阳能供电。开发微功率传感器和无源传感器是必然的方向。这样既可以节省能源又可以提高系统寿命。目前低功率的芯片发展很快，许多厂商研发的新型芯片功耗是普通传感器的十分之一到五分之一。

（5）智能化、数字化

随着现代化的发展，传感器的功能已经突破传统，其输出已经不再是单一的模拟信号，而是经过处理之后的数字信号，有的甚至带有控制功能，这就是所说的数字传感器。

（6）网络化

网络化发展是传感器发展的一个重要方向，网络的作用和优势正在逐步凸现出来。网络传感器势必将促进电子科技的发展。

2. 检测技术

科学技术的迅猛发展，对检测技术提出了更高的要求，同时，又为检测技术的发展创造了条件，检测技术的发展趋势主要体现在以下几个方面：

1）不断提高检测系统的测量精度和量程、延长使用寿命、提高可靠性等。

2）应用新技术和新的物理效应，扩大检测领域。

3）采用微型计算机技术，使检测技术智能化。

4）不断研究和发展微电子技术、微型计算机技术、现场总线技术与仪器仪表和传感器相结合的多功能融合技术，形成智能化测试系统，使测量精度、自动化水平进一步提高。

5）参数测量和数据处理的高度自动化。

6）重视非接触式检测和在线检测技术的研究，实现检测方式的多样化。

思考题与习题

1. 请思考自己身边常见的传感器和检测系统有哪些？
2. 传感器和检测技术的重要性是如何体现出来的？
3. 传感器的应用方向有哪些？
4. 传感器和检测技术应该如何向前发展？

第 2 章　传感器与检测技术基础理论

2.1　传感器的定义及组成

2.1.1　传感器的定义

传感器（Sensor）也称变换器（Transducer），是将非电量（物理量、化学量）按一定规律转换成便于测量、传输和控制的电量或另一种非电量的元件或装置。它是利用物理、化学学科的某些效应（如热电效应、压电效应、霍尔效应）、守恒原理（如动量守恒原理、电荷量守恒原理）、物理定律（如欧姆定律、胡克定律）及材料特性按一定工艺实现的。

我国的国家标准（GB/T 7665—2005）对传感器给出的定义为：传感器是能够感受规定的被测量并按一定规律转换成可用输出信号的器件和装置，通常由敏感元件和转换元件组成。

2.1.2　传感器的组成

一个功能完备的传感器除了敏感元件和转换元件，还需要配备必要的信号调理与转换电路以及辅助供电电源。敏感元件是能直接感受被测信息（通常为非电量）的元件；转换元件则是能将敏感元件感受的信息转换为电信号的部分；信号调理和转换电路是将来自转换元件的微弱信号转换成便于测量和传输的较大的信号。传感器的典型结构如图 2-1 所示。

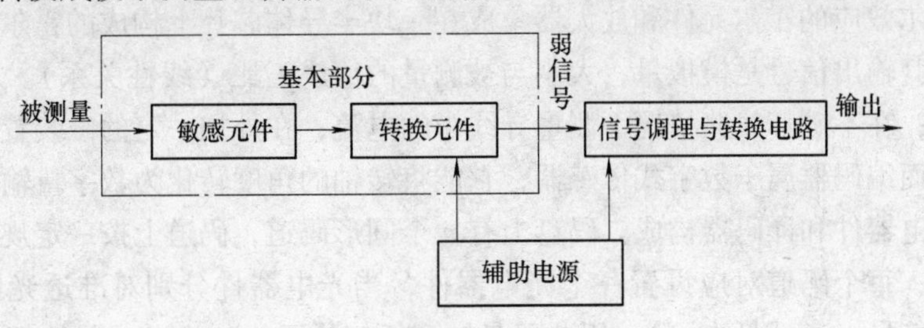

图 2-1　传感器典型结构示意图

其各部分的作用如下：

（1）敏感元件

敏感元件直接与被测对象接触，将被测量（非电量）预先变换为另一种非电量。如应变式压力传感器中的弹性膜片是敏感元件，作用是将压力转换成弹性膜片的形变。

（2）转换元件

又称作变换元件，是将敏感元件的输出量转换成电信号的部分。一般情况下，转换元件不直接感受被测量。如应变式压力传感器中的应变片就是转换元件，作用是将弹性膜片的形变转换成电阻值的变化。

值得注意的是，并不是所有的传感器都必须含有敏感元件和转换元件。如热电偶、热电阻、压电传感器、光电传感器等都是敏感元件和转换元件合二为一的传感器，它们的敏感元件直接输出电信号。

（3）信号调理与转换电路

信号调理与转换电路也可称为二次仪表，作用是将转换元件输出的电信号放大，转变成易于处理、显示和记录的信号。信号调理与转换电路的类型需要根据传感器的类型来确定，通常采用的有交直流电桥、放大器电路和振荡器电路等。

（4）辅助电源

辅助电源的作用是为传感器提供能源。需要接外部电源的传感器称为无源传感器，不需要外部电源的传感器称为有源传感器。如电阻、电感和电容式传感器就是无源传感器，工作时需要外部电源供电，而热电式、压电式传感器就是有源传感器，工作时不需要外部电源供电。

实际上，传感器的组成方式因被测量、转换原理、使用环境及性能指标要求等具体情况不同而有很大差异。

2.2　传感器的分类

传感器的种类繁多，不胜枚举。为了研究和使用方便，通常有四种分类方法。

1. 按输入量分类，以被测物理量命名

如位移传感器、速度传感器、压力传感器、温度传感器等。

2. 按输出信号形式分类，以模拟量输出的为模拟式传感器，以数字量输出的为数字式传感器

将具有霍尔效应的霍尔元件和放大器集成在一块半导体芯片上构成的霍尔传感器属于模拟式传感器，其输出信号是模拟量，大小与被测量的值成正比（线性关系）。利用它可以测量磁感应强度；在不破坏线路情况下测量导线中的电流；在外加一定的磁装置基础上测量物体的位移等。而编码器属于数字式传感器，它能将转轴的角度转化为数字量输出。编码器主要由码盘、光电器件和译码器构成。码盘上有 n 个圆形码道，码道上按一定规律分布着透光区和不透光区；每个码道对应设置一个光电器件，当光电器件分别对准透光区和不透光区时，输出开关信号（高或低电平）。因此码盘转到任何位置，这些光电器件都会输出与该位置相对应的 n 位二元码，再由译码器将 n 位二元码转化为二进制码输出。

3. 按工作原理分类，以工作原理命名

如应变式传感器、电容式传感器、电感式传感器、热释电传感器、压电式传感器、光电传感器等。

4. 按能量关系分类，分为能量转换型传感器和能量控制型传感器

辐射式红外传感器属于能量转换型传感器，它将被测红外能量转化为电能；热电偶也属于能量转换型传感器，它将热能转换为电能。这两种传感器均可用于测温。而测量微位移的光纤传感器属于能量控制型传感器，其出射光纤输出的光能受距离 X 的控制，X 越大，输出的光能越少。

2.3　传感器的基本特性

在一个检测系统中，传感器位于检测部分的最前端，是决定系统性能的重要部件，传感器的灵敏度、分辨率、稳定性等各项指标都直接影响着测量结果的好坏。例如，一个电子秤，传感器的分辨率决定了电子秤的最小感知量，而传感器的灵敏度直接影响电子秤的检测精度。通常高性能的传感器价格也很高，在工程设计中要获得最好的性价比，需要根据具体要求合理地选择使用传感器，所以设计人员对传感器的各种特性与性能必须有所了解。

传感器的各种特性是根据输入输出关系来描述的，对于不同的输入信号其输出特性不同。为了描述传感器的基本特性，可以将传感器视为一个具有输入和输出的二端网络，如图2-2所示。

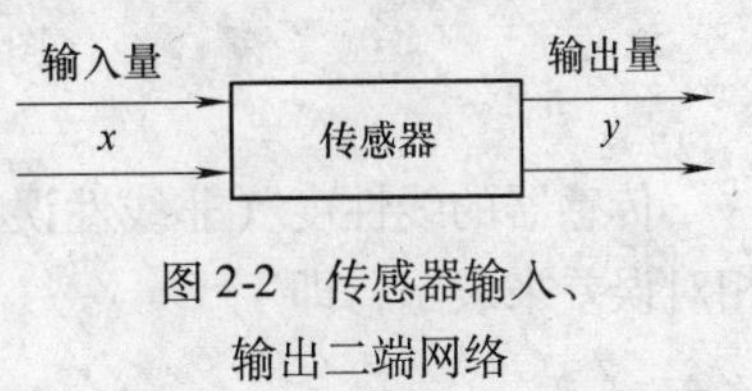

图2-2　传感器输入、输出二端网络

传感器通常要变换各种信息量为电量，由于受传感器内部储能元件（电感、电容、质量块、弹簧等）的影响，它们对慢变信号和快变信号的反应大不相同，根据传感器输入的慢变信号和快变信号，需要分别讨论传感器的静态特性和动态特性。对于慢变信号（如输入变化缓慢的温度信号），需要研究传感器的静态特性，即不随时间变化的特性；对于快变信号，即输入量随时间变化较快（如振动、加速度等）的量，需要研究传感器的动态特性，即随时间变化的特性。

2.3.1　传感器的静态特性

传感器的静态特性是指它在稳态信号作用下的输入输出关系。静态特性所描述的传感器的输入输出关系式中不含时间变量。

传感器静态特性的主要指标是：线性度、灵敏度、分辨率、迟滞、重复性和漂移。

1. 线性度

传感器的线性度是指传感器的输出和输入之间数量关系的线性程度。传感器的输入输出关系可分为线性特性和非线性特性，从性能看，我们希望传感器具有线性关系，即具有理想的输入输出关系。但实际遇到的传感器大多是非线性的，不考虑传感器的迟滞和蠕变效应，传感器的输入输出关系可以用一个多项式来表示

$$y = a_0 + a_1x + a_2x^2 + a_3x^3 + \cdots + a_nx^n \tag{2-1}$$

式中，a_0为零位输出；x为输入量；a_1为线性常数；a_2，a_3，…，a_n为非线性项系数。各项系数不同，决定了特性曲线的具体形式各不相同。

线性度就是用来表示实际曲线与拟合直线接近程度的一个性能指标，静态特性曲线可以通过实际测试获得。在实际使用中，为了简化传感器理论分析、标定和数据处理，得到线性关系，会对传感器引入各种非线性补偿环节。例如，采用非线性补偿电路或计算机软件进行线性化处理，从而使传感器的输出与输入关系为线性或近似线性。如果传感器的非线性项方次不高，在输入量变化范围不大的条件下，可用切线或割线拟合、过零旋转拟合、端点平移拟合等来近似地代表实际曲线的一段（多数实际应用是用最小二乘法来求出拟合直线），这就是传感器非线性特性的线性化，所采用的直线称为拟合直线，如图2-3所示。

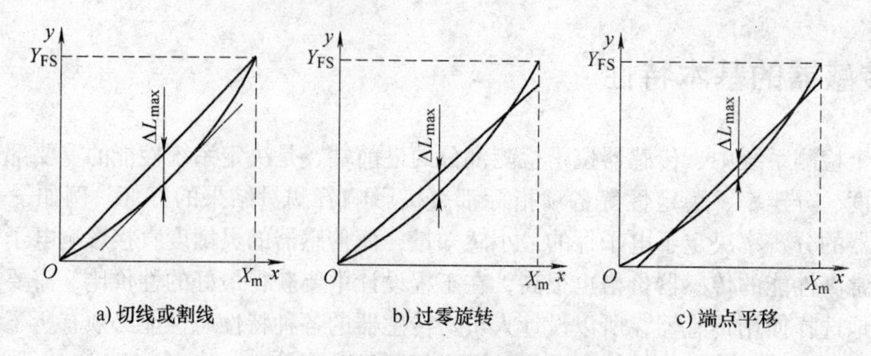

图 2-3　传感器输入输出特性线性化

传感器的线性度（非线性误差）定义为实际特性曲线与拟合直线之间的偏差，通常用相对误差来表示，即

$$\gamma_L = \pm \frac{\Delta L_{max}}{Y_{FS}} \times 100\% \tag{2-2}$$

式中，γ_L 为非线性误差（线性度指标）；ΔL_{max} 为最大非线性绝对误差；Y_{FS} 为仪表量程。

由图 2-3 可知，即使是同一个传感器，所选用的拟合直线不同其线性度也是不同的，提出线性度的非线性误差，必须说明所依据的基准直线，按照依据的基准直线不同有不同的线性度，如端基线性度、平均选点线性度和最小二乘线性度等。最常用的最小二乘线性度，其直线拟合方法如下：

通过实验测试得到传感器在量程范围内的一系列输入输出点，这些点一般近似分布在一条直线附近，通过最小二乘法我们可以拟合出传感器的直线特性曲线，如图 2-4 所示。

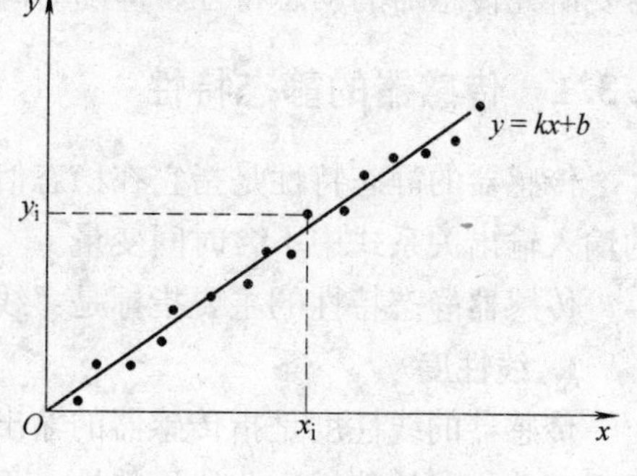

图 2-4　最小二乘拟合示意图

设拟合直线方程为

$$y = kx + b \tag{2-3}$$

假设实验测试获得的测试点有 n 个，则第 i 个校准数据域拟合直线上的响应值之间的残差为

$$\Delta_i = y_i - (kx_i + b) \tag{2-4}$$

最小二乘法拟合直线的原理就是使 $\sum \Delta_i^2$ 为最小值，即

$$\sum_{i=1}^{n} \Delta_i^2 = \sum_{i=1}^{n} [y_i - (kx_i + b)]^2 = \min \tag{2-5}$$

也就是使 $\sum_{i=1}^{n} \Delta_i^2$ 对 k 和 b 的一阶偏导数等于零，即

$$\frac{\partial}{\partial k} \sum \Delta_i^2 = 2 \sum (y_i - kx_i - b)(-x_i) = 0 \tag{2-6}$$

$$\frac{\partial}{\partial b} \sum \Delta_i^2 = 2 \sum (y_i - kx_i - b)(-1) = 0 \tag{2-7}$$

从而求出 k 和 b 的表达式为

$$k=\frac{n\sum x_iy_i-\sum x_i\sum y_i}{n\sum x_i^2-\left(\sum x_i\right)^2} \tag{2-8}$$

$$b=\frac{\sum x_i^2\sum y_i-\sum x_i\sum x_iy_i}{n\sum x_i^2-\left(\sum x_i\right)^2} \tag{2-9}$$

获得 k 和 b 的值之后代入式（2-3）即可得到拟合直线，然后按式（2-4）求出残差的最大值 $\Delta L_{\max}$，最后根据式（2-2）即可计算出传感器的最小二乘线性度。

2. 灵敏度

灵敏度是指传感器在稳定工作时输出变化量对输入变化量的比值，用 S_n 来表示，即

$$S_n=\frac{dy}{dx} \tag{2-10}$$

对于线性传感器，它的灵敏度就是它的静态特性的斜率，即 $S_n=\frac{\Delta y}{\Delta x}$，为一常数；而非线性传感器的灵敏度为一变量，用 $S_n=\frac{dy}{dx}$表示。灵敏度的实质是一个放大倍数，它体现了传感器将被测量的微小变化放大为显著变化的输出信号的能力，即传感器对输入变量微小变化的敏感程度。传感器的灵敏度定义如图 2-5 所示。

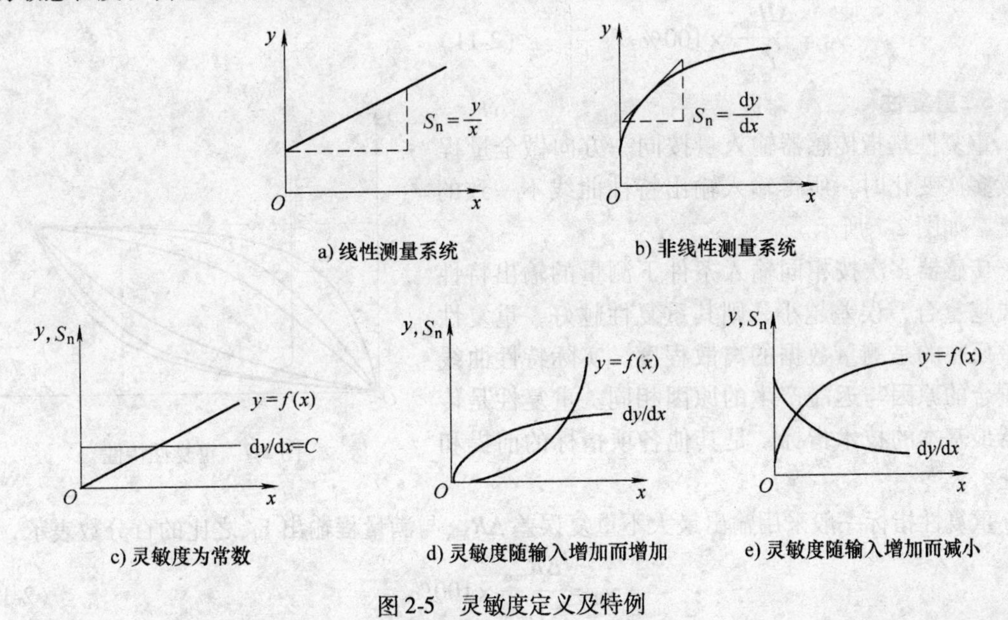

图 2-5　灵敏度定义及特例

从图 2-5 可知，图 2-5a 对应的是线性传感器，图 2-5b 对应的是非线性传感器，从图 2-5c ~ e 可知，传感器的灵敏度即传感器特性曲线的斜率值。

一般来说传感器的灵敏度越高越好，在满量程范围内是恒定的，即输入-输出特性为线性。但灵敏度越高，就越容易受外界干扰的影响，系统的稳定性就越差。

特别需要强调的是传感器检测系统的灵敏度具有传递特性（相乘关系）。

3. 分辨率

分辨率是指传感器可感受到被测量的最小变化的能力。也就是说，如果输入量从某一非零值缓慢地变化，但输入的变化值未超过某一数值时，传感器的输出不会发生变化，即传感器对此输入量的变化是分辨不出来的，只有当输入的变化值超过某一数值时，传感器的输出才会发生变化，使传感器的输出发生变化的这个数值就是传感器的分辨率。

通常传感器在满量程范围内各点的分辨率并不相同，因此常用满量程中能使输出量产生阶跃变化的输入量中的最大变化值作为衡量分辨率的指标。

分辨率越高测量结果就越精确，传感器的价格就越高。选择传感器时要尽量考虑测量的精确性和经济性。

4. 迟滞

迟滞是指传感器在正反行程期间特性曲线不重合的现象。这种现象产生的主要原因是由于敏感元件的物理性质和机械零部件的缺陷所造成的，例如，弹性滞后、运动摩擦、紧固件松动等。图 2-6 为迟滞特性图。

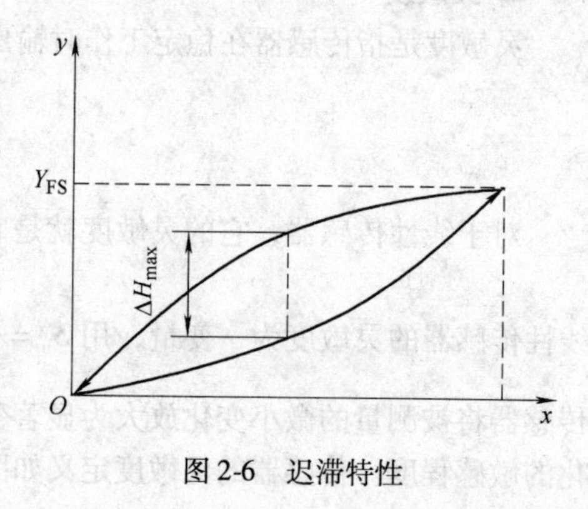

图 2-6　迟滞特性

迟滞的大小一般通过实验的方法来确定。用正反行程间的最大输出差值 ΔH_{max} 与满量程输出 Y_{FS} 的百分比来表示，即

$$\gamma_H = \frac{\Delta H_{max}}{Y_{FS}} \times 100\% \tag{2-11}$$

5. 重复性

重复性是指传感器输入量按同一方向做全量程连续多次变化时，所得输入输出特性曲线不一致的程度，如图 2-7 所示。

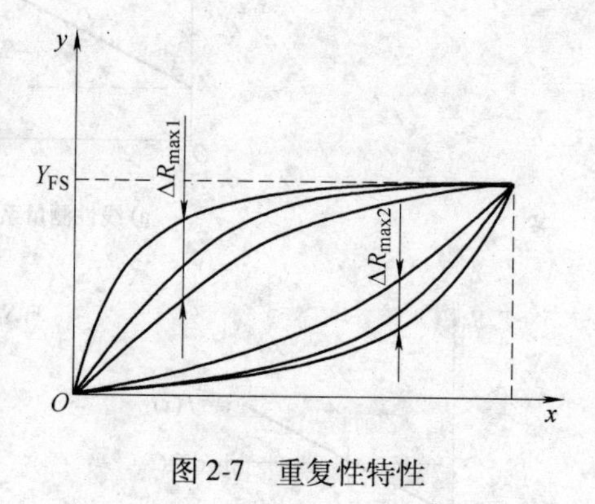

图 2-7　重复性特性

传感器多次按相同输入条件下测量的输出特性曲线越重合，误差越小，则其重复性越好，重复性误差反映的是测量数据的离散程度。实际特性曲线不重合的原因与迟滞产生的原因相同。重复性是传感器最基本的技术指标，是其他各项指标的前提和保证。

重复性指标一般采用输出最大不重复误差 ΔR_{max} 与满量程输出 Y_{FS} 之比的百分数表示，即

$$\gamma_R = \frac{\Delta R_{max}}{Y_{FS}} \times 100\% \tag{2-12}$$

6. 漂移

传感器的漂移是指在外界的干扰下，输出量发生和输入量无关的、不需要的变化。漂移将影响传感器的稳定性。漂移包括零点漂移和灵敏度漂移等。其中，零点漂移或灵敏度漂移又可分为时间漂移和温度漂移。时间漂移是指在规定的条件下，零点或灵敏度随时间推移而发生的缓慢的变化。温度漂移是指由环境温度的变化而引起的零点或灵敏度的漂移。产生漂移的原因主要有两个：一是传感器自身结构参数的老化；二是测试过程中周围环境（如温

度、湿度、压力等）发生变化。

2.3.2　传感器的动态特性

1. 传感器的动态特性和误差概念

传感器的动态特性是传感器测量中非常重要的问题，它是传感器对输入激励的输出响应特性。一个动态特性好的传感器，随时间变化的输出曲线能同时再现输入随时间变化的曲线，即输出—输入具有相同类型的时间函数。在动态的输入信号情况下，输出信号一般来说不会与输入信号具有完全相同的时间函数，这种输出和输入间的差异就是所谓的动态误差。

不难看出，具有良好静态特性的传感器，未必具有良好的动态特性。这是由于在动态（快速变化）的输入信号情况下，要有较好的动态特性，不仅要求传感器能精确地测量信号的幅值大小，而且需要能测量出信号变化过程的波形，即要求传感器能迅速准确地响应信号幅值变化和无失真地再现被测信号随时间变化的波形。

影响动态特性的“固有因素”任何传感器都有，只不过表现形式和作用程度不同而已。研究传感器的动态特性主要是为了从测量误差角度分析产生动态误差的原因以及提出改善措施。具体研究时，通常从时域和频域两方面采用阶跃响应法和频率响应法来分析。在时域分析时一般使用阶跃输入信号，对应的方法为阶跃响应法；在频域分析时一般使用正弦信号作为输入信号，对应的方法为频率响应法。

2. 阶跃响应特性

当给静止的传感器输入一个单位阶跃信号时，其输出特性称为阶跃响应特性，如图 2-8 所示。

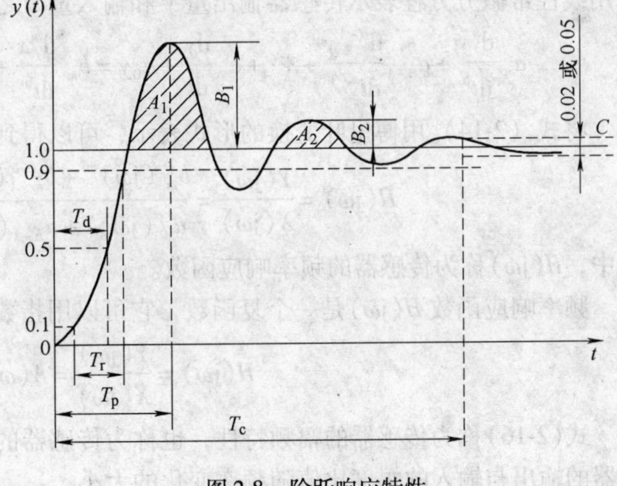

图 2-8　阶跃响应特性

衡量阶跃响应特性的几项指标如下：

（1）最大偏移量 $\sigma_{\rm p}$

最大偏移量就是影响曲线偏离阶跃曲线的最大值，常用百分数来表示。当稳态值为 1 时，则最大百分比偏移量为

$$\sigma_{\rm p}=\frac{y(t_{\rm p})-y(\infty)}{y(\infty)}\times 100\% \tag{2-13}$$

式中，$y(\infty)$ 为传感器阶跃响应的稳态值；$y(t_{\rm p})$ 为图 2-8 中响应时间为 $t_{\rm p}$ 时传感器所对应的响应输出值。

最大偏移量反映了传感器的稳定性。

（2）延迟时间 $t_{\rm d}$

$t_{\rm d}$ 是阶跃响应达到稳态值 50% 所需要的时间，反映了传感器对输入信号响应的延迟程度。

（3）上升时间 $t_{\rm r}$

对于有振荡的传感器常用响应曲线从零上升到第一次稳态时所需要的时间；对于无振荡的传感器常用响应曲线达到稳态值的10% ~90%所需的时间来表示。

（4）峰值时间 t_p

响应曲线达到第一个峰值所需要的时间。

（5）响应时间 t_s

响应曲线衰减到与稳态值之差不超过 ±2%或 ±5%时所需的时间。

（6）稳态偏差 C

当系统响应值与稳态值的偏差在 C 的范围之内时，即认为系统的响应进入了稳态过程。

上述是时域响应的主要指标。对于一个传感器，并非每个指标均要标出，往往只要提出几个被认为是最重要的性能指标就可以了。由于传感器的动态参数测量的特殊性，如果不注意控制这些误差，将会导致严重的测量误差。

3. 频率响应特性

绝大多数传感器都属于连续变化的模拟系统之列。描述模拟系统的一般方法是采用微分方程。在实际的传感器建模过程中，一般采用线性时不变系统理论描述传感器的动态特性，即用线性常微分方程表示传感器输出量 y 和输入量 x 之间的关系。其通式如下：

$$a_n \frac{d^n y}{dt^n} + a_{n-1}\frac{d^{n-1}y}{dt^{n-1}} + \cdots + a_1 \frac{dy}{dt} + a_0 y = b_m \frac{d^m x}{dt^m} + b_{m-1}\frac{d^{m-1}x}{dt^{m-1}} + \cdots + b_1 \frac{dx}{dt} + b_0 x \tag{2-14}$$

将式（2-14）用傅里叶变换的形式表示，可以得到

$$H(j\omega) = \frac{Y(j\omega)}{X(j\omega)} = \frac{b_m (j\omega)^m + b_{m-1}(j\omega)^{m-1} + \cdots + b_0}{a_n (j\omega)^n + a_{n-1}(j\omega)^{n-1} + \cdots + a_0} \tag{2-15}$$

式中，$H(j\omega)$称为传感器的频率响应函数。

频率响应函数 $H(j\omega)$是一个复函数，它可以用指数形式表示，即

$$H(j\omega) = \frac{Y(j\omega)}{X(j\omega)} = A(\omega)e^{j\varphi} \tag{2-16}$$

式(2-16)称为传感器的幅频特性，也称为传感器的动态灵敏度(或增益)。$A(\omega)$表示传感器的输出与输入的幅度比值随频率变化的大小。

$$A(\omega) = |H(j\omega)| = \sqrt{[H_R(\omega)]^2 + [H_I(\omega)]^2} \tag{2-17}$$

$$H_R(\omega) = \mathrm{Re}\left[\frac{Y(j\omega)}{X(j\omega)}\right], H_I(\omega) = \mathrm{Im}\left[\frac{Y(j\omega)}{X(j\omega)}\right]$$

若分别以 $H_R(\omega) = \mathrm{Re}\left[\frac{Y(j\omega)}{X(j\omega)}\right]$和 $H_I(\omega) = \mathrm{Im}\left[\frac{Y(j\omega)}{X(j\omega)}\right]$为 $H(j\omega)$的实部和虚部，则频率特性的相角是

$$\varphi(\omega) = \arctan\left|\frac{H_I(\omega)}{H_R(\omega)}\right| = \arctan\left\{\frac{\mathrm{Im}\left[\frac{Y(j\omega)}{X(j\omega)}\right]}{\mathrm{Re}\left[\frac{Y(j\omega)}{X(j\omega)}\right]}\right\} \tag{2-18}$$

对于传感器，φ（ω）通常为负值，表示传感器的输出滞后于输入的相位角度，而且 φ 随 ω 而变，故称之为传感器的相频特性。由于相频特性与幅频特性之间有一定的内在关系，

所以研究传感器的频域特性主要研究其幅频特性。

2.4　传感器的标定

传感器的标定是指通过实验建立传感器输入量与输出量之间的关系，同时确定出不同使用条件下的误差关系。

传感器的标定工作可分为如下两个方面：

1）新研制的传感器需要进行全面技术性能的检定，用检定数据进行量值传递，同时检定数据也是改进传感器设计的重要依据。

2）经过一段时间的存储和使用后，对传感器的复测工作。

传感器的标定分为静态标定和动态标定两种。静态标定的目的是确定传感器的静态特性指标，如线性度、灵敏度、迟滞和重复性等。动态标定的目的是确定传感器的动态特性参数，如频率响应、时间常数、固有频率和阻尼比等。

2.4.1　传感器的静态标定

1. 静态标准条件

没有加速度、振动、冲击（除非这些参数本身就是被测物理量），环境温度一般为室温（20℃ ±5℃），相对湿度不大于 85% RH，大气压为（107 ±7） kPa。

2. 标定仪器设备准确度等级的确定

对传感器进行标定，就是根据实验数据确定传感器的各项性能指标，实际上也是确定传感器测量的准确度。标定传感器时，所用的测量仪器的准确度至少要比被标定的传感器的准确度高一个等级。这样，通过标定确定的传感器的静态性能指标才是可靠的，所确定的准确度才是可信的。

3. 静态标定的方法

静态特性标定过程可按以下步骤进行：

1）将传感器全量程等分为若干点。

2）根据传感器量程分点情况，由小到大逐点输入标准量值，并记录与各输入值相对应的输出值。

3）由大到小逐点输入标准量值，同时记录各输入值对应的输出值。

4）按步骤 2）和 3）所述过程，对传感器进行正、反行程的多次测试，将得到的输入输出数据用表格列出或画成曲线。

5）对测试数据进行必要的处理，根据处理结果就可以确定传感器的线性度、灵敏度、迟滞特性和重复性等静态特性指标。

下面以测力传感器的静态标定过程为例说明静态标定的方法。

在对测力传感器进行静态标定时，把被标定传感器安装在标准测力设备上加载，当把被标定传感器接入标准测量装置后，先超负荷加载 20 次以上，超载量为传感器的额定负荷的 120% ~150%。然后按正行程加载和反行程卸载 10% 的速率进行。这样多次试验后的数据经过计算机处理，即可求得传感器的全部静态特性。

在无负荷情况下对传感器缓慢加温或降温到一定温度，可测得传感器的温度稳定性和温度误差系数。对传感器或实验设备加恒温罩，则可测得零点漂移。加额定负荷，温度缓慢变化时，可测得灵敏度的温度系数；温度恒定时，加载若干个小时，可测得传感器的时间稳定性。

2.4.2 传感器的动态标定

动态标定主要是对传感器的动态响应指标进行标定，主要是时间常数、固有频率和阻尼比。有时根据需要也对非测量因素的灵敏度、温度响应、环境影响等进行标定。对传感器进行动态标定时，需有一标准信号源对它激励，常用的标准信号源有两类：一类是周期函数，如正弦波等；另一类是瞬变函数，如阶跃函数等。用标准信号激励后得到传感器的输出信号，经技术分析、数据处理，便可得到其频率特性，即幅频特性、阻尼和动态灵敏度等。

1. 阶跃信号响应法

（1）一阶传感器时间常数 τ 的确定

输入 $x(t)$ 是幅值为 A 的阶跃函数时，由一阶传感器的微分方程可得

$$y(t)=1-e^{-\frac{t}{\tau}} \tag{2-19}$$

由此可得

$$\tau=-\frac{t}{\ln[1-y(t)]} \tag{2-20}$$

由式（2-20）可知，只要测得一系列的 $y(t)$—t 对应值，就可以得到时间常数 τ。

（2）二阶传感器阻尼比 ζ 和固有频率 ω_0 的确定

二阶传感器一般设计成 $\zeta=0.7\sim0.8$ 的欠阻尼系统来测得传感器阶跃响应的输出曲线，从而获得曲线振荡频率、稳态值、最大超调量与其发生的时间，并可推导出 ζ 和 ω_0。

2. 正弦信号响应法

通过测量传感器正弦稳态响应的幅值和相角，就可以得到稳态正弦输入输出的幅值比和相位差。逐渐改变输入正弦信号的频率，重复前述过程，即可得到幅频和相频特性曲线。

（1）一阶传感器时间常数 τ 的确定

将一阶传感器的频率特性曲线绘制成波特图，则其对数幅频曲线下降 3dB 处，所测取的角频率 $\omega_0=1/\tau$，由此可确定一阶传感器的时间常数 τ。

（2）二阶传感器阻尼比 ζ 和固有频率 ω_0 的确定

根据二阶传感器的幅频特性曲线，在欠阻尼的情况下，从曲线上可以大体确定 ζ 和 ω_0。

工程上常采用比较法进行标定，这种方法是用特性参数已知的传感器与被标定传感器在同一个激励源的作用下，用标准传感器来标定被测传感器。这种方法的准确度不如绝对标定法，但是其操作简单，并且所需设备也不复杂。

2.5 检测技术基本概念

2.5.1 检测系统的组成

一个完整的检测系统或检测装置通常由电源、传感器、信号处理电路、显示记录装置、

传输通道等几部分组成，有的还有数据处理仪器及执行机构等部分，分别完成信息获取、转换、显示和处理等功能，检测系统的组成框图如图 2-9 所示。

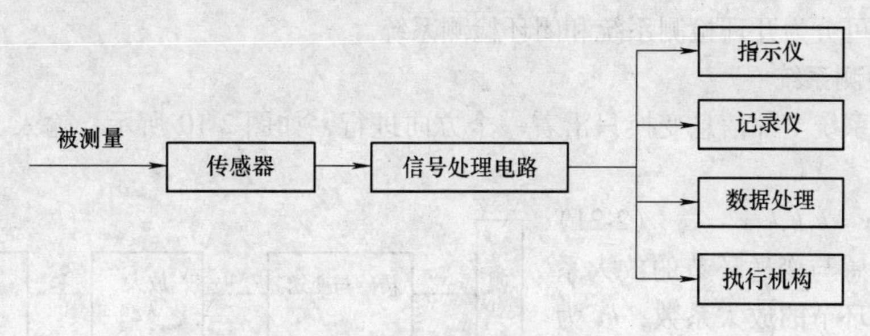

图 2-9　检测系统的组成框图

1. 传感器

传感器使检测系统与被测对象直接发生联系，它处于被测对象和检测系统的接口位置，是信息输入的主要窗口，它为检测系统提供必要的原始信息。它是整个检测系统极其重要的环节，其获得的信息正确与否，关系到整个检测系统的精度。

2. 信号处理电路

通常传感器的输出信号是微弱的，还不能满足显示记录装置或执行机构的要求。信号处理电路的作用就是将传感器的输出信号转换成易于测量、具有一定功率的电压、电流或频率等信号。根据需要和传感器的类型，信号处理电路不仅能进行信号放大，还能进行阻抗匹配、微分、积分、线性化补偿等信号处理工作。随着半导体器件与集成技术在传感器中的应用，已经实现了将传感器的敏感元件与传导调理转换电路集成在同一芯片上的传感器模块和集成电路传感器。

3. 显示记录装置

显示记录装置是检测人员和检测系统联系的主要环节，检测人员通过显示记录装置了解和掌握数据大小及变化的过程。

目前常用的显示装置有模拟显示、数字显示和图像显示。模拟显示是利用指针对标尺的相对位置表示被测量数值的大小，如各种指针式电气测量仪表、模拟光柱等。数字显示是用发光二极管（LED）和液晶显示器（LCD）等以数字的形式显示读数。图像显示一般用 CRT 或 LCD 来显示数据或显示被测参数的变化曲线，有时还可用图表及彩色图等形式反映多组检测数据。

记录仪的主要作用是记录被测量的动态变化过程，常用的记录仪有笔式记录仪、光线示波器、磁带记录仪、快速打字机等。

4. 数据处理装置

数据处理装置用来对检测结果进行处理（如 A-D 转换）、运算、分析，它利用计算机完成数据处理和控制执行机构的工作。

5. 执行机构

执行机构通常是指各种继电器、电磁铁、电磁阀门、伺服电动机等在电路中起通断、控制、调节、保护等作用的电气设备。许多检测系统能输出与被测量有关的电流或电压信号，以驱动这些执行机构，从而为自动控制系统提供控制信号。

2.5.2　检测系统的类型

检测系统可分为开环检测系统和闭环检测系统。

1. 开环检测系统

开环检测系统全部信息变换只沿着一个方向进行，如图 2-10 所示。输入、输出关系表示如下：

$$y = k_1 k_2 k_3 x \tag{2-21}$$

式中，k_1 为传感与变送环节的放大系数；k_2 为放大环节的放大系数；k_3 为显示环节的放大系数；x 为数量；y 为输出量。

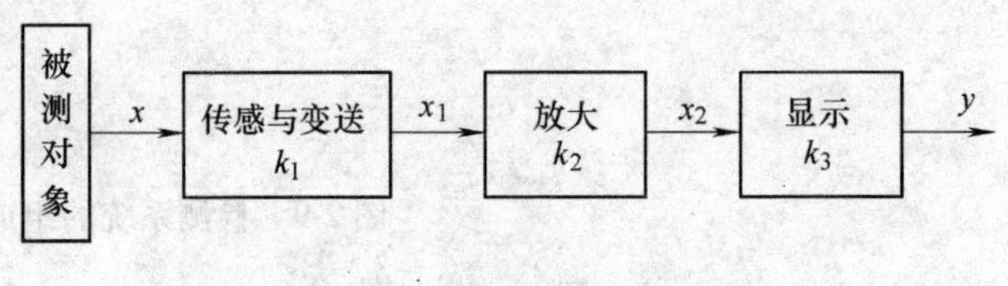

图 2-10　开环检测系统框图

因为开环检测系统是由多个环节串联而成的，因此系统的相对误差等于各个环节相对误差之和，即

$$\delta = \sum_{i=1}^{n} \delta_i \tag{2-22}$$

2. 闭环检测系统

闭环检测系统有两个通道：一个正向通道，一个反馈通道，其结构如图 2-11 所示。其中 Δx 为正向通道的输入量，β 为反馈环节的传递系数，正向通道总传递系数 $k = k_2 k_3$。

由图 2-11 可知

$$\Delta x = x_1 - x_f = x_1 - \beta y \tag{2-23}$$

$$y = k\Delta x = k(x_1 - x_f) = kx_1 - k\beta y \tag{2-24}$$

$$y = \frac{k}{1 + k\beta} x_1 = \frac{1}{\beta + \frac{1}{k}} x_1 \tag{2-25}$$

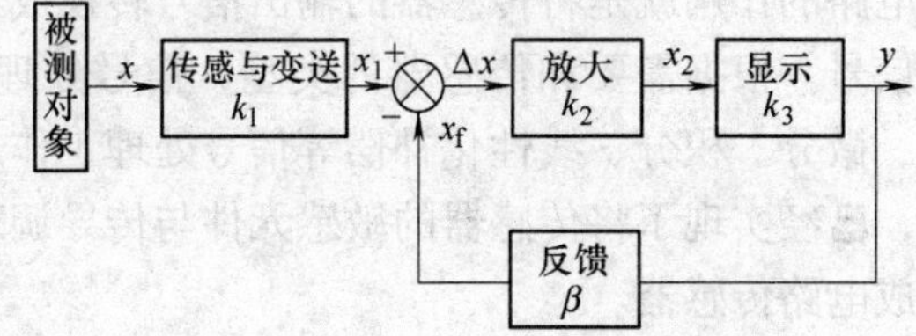

图 2-11　闭环检测系统框图

2.5.3　测量方法的分类

测量方法是指测量时所采用的测量原理、测量器具和测量条件的综合。针对不同测量任务，进行具体分析，找出切实可行的测量方法，对测量工作是十分重要的。

对于测量方法，不同的角度有不同的测量方法。根据获得测量值的方法可分为直接测量、间接测量和组合测量；根据测量方式可分为偏差式测量、零位式测量与微差式测量；按测量结果的读数值不同可分为绝对测量和相对测量；按被测件表面与测量器具测头是否有机械接触分为接触测量和非接触测量；按测量在工艺过程中所起的作用可分为主动测量和被动测量；按被测工件在测量时所处的状态分为静态测量和动态测量；按测量中测量因素是否发生变化可分为等精度测量和不等精度测量。

对于一个具体的测量过程，可能兼有几种测量方法的特征。例如，在内圆磨床上用两点式测头在加工零件过程中进行的检测，属于主动测量、动态测量、直接测量、接触测量和相对测量等。测量方法的选择应考虑零件结构特点、精度要求、生产批量、技术条件及经济效果等。

1. 直接测量、间接测量和组合测量

在使用仪表或传感器进行测量时，测量值直接与标准量进行比较，不需要经过任何运算，直接得到被测量的数值，这种测量方法称为直接测量。

2. 偏差式测量、零位式测量与微差式测量

用仪表指针的位移（即偏差）决定被测量的量值，这种测量方法称为偏差式测量。用指零仪表的零位反映测量系统的平衡状态，在测量系统平衡时，用已知的标准量决定被测量的量值，这种测量方法称为零位式测量。微差式测量是综合了偏差式测量与零位式测量的优点而提出的一种测量方法。它将被测量与已知标准量相比较，取得差值后，再用偏差法测得此差值。

3. 等精度测量与不等精度测量

在测量过程中，若影响和决定误差大小的全部因素始终保持不变，如由同一个测量者，用同一台仪器，用同样的方法，在同样的环境条件下，对同一被测量进行多次重复测量，称为等精度测量。

有时在科学研究或高精度测量中，往往在不同的测量条件下，用不同精度的仪表，不同的测量方法，不同的测量次数以及不同的测量者进行测量和对比，这种测量称为不等精度测量。

4. 静态测量和动态测量

被测量在测量过程中认为是固定不变的，对这种被测量进行的测量称为静态测量。静态测量不需要考虑时间因素对测量的影响。若被测量在测量过程中随时间不断变化，对这种被测量进行的测量称为动态测量。

2.5.4　测量技术的性能指标

技术性能指标是选择和使用测量器具、研究和判断测量方法正确性的重要依据，它主要有以下几项：

1. 量具的标称值

标注在量具上用以表明其特性或指导其使用的量值。如标在量块上的尺寸、标在刻线尺上的尺寸、标在角度量块上的角度等。

2. 分度值

测量器具的标尺上，相邻两刻线所代表的量值之差。如一外径千分尺的微分筒上相邻两刻线所代表的量值之差为 0.01mm，则该测量器具的分度值为 0.01mm。分度值是一种测量器具所能直接读出的最小单位量值，它反映了读数精度的高低，从一个侧面说明了该测量器具的测量精度。

3. 示值范围

测量器具所显示或指示的最低值到最高值的范围。

4. 标称范围

标称范围是指测量仪器的操纵器件调到特定位置时可得到的示值范围。量程是标称范围的上限和下限之差的绝对值。

5. 测量范围

测量范围是指测量仪器的误差处于规定的极限范围内的被测量的示值范围。例如：万用

表的操纵器件调到 ×10 档，其标尺上、下限的数码为 0 ~ 10，则其标称范围为 0 ~ 100V。

有些测量仪器的测量范围与其标称范围相同，如体温计、电流表等。而有的测量仪器处在下限时的相对误差会急剧增大，例如地秤，这时应规定一个能保证其示值误差处在一个规定极限内的示值范围作为测量范围。可见，测量范围总是等于或小于标称范围。

2.6 检测系统测量误差分析

2.6.1 测量误差的概念

测量误差是指检测结果与被测量的客观真值的差值。在检测过程中，被测对象、检测系统、检测方法和检测人员都会受到各种因素的影响。有时，对被测量的转换也会改变被测对象的原有状态，造成测量误差。由误差原理知识可知任何实验结果都是有误差的，误差存在于一切科学实验和测量之中，被测量的真值是永远难以得到的。但是，可以改进检测装置和检测手段，并通过对测量误差进行分析处理，使测量误差处于允许的范围内。

测量的目的是希望通过测量求取被测量的真值。在分析测量误差时，采用的被测量的真值是指在确定条件下被测量客观存在的实际值。判断真值的方法有三种：一是理论设计和理论公式的表达值，称为理论真值。例如，三角形的内角之和为 180°。二是由国际计量学确定的基本的计量单位称为约定真值。例如，在标准条件下水的冰点和沸点分别是 0℃ 和 100℃。三是精度高一级的仪表与精度低一级的仪表相比，把高一级仪表的测量值称为相对真值。相对真值在测量中应用最为广泛。

2.6.2 测量误差的来源

测量误差的来源多种多样，如测量环境不理想、测量装置不够精良、测量方法不合理、测量人员专业素质不达标等，它们对测量结果的影响或大或小。测量误差的来源可以归纳为以下几个方面：

1. 测量环境误差

任何传感器的标定都是在一定的标准环境下进行的，因此，任何测量都有一定的环境条件。测量环境误差是测量仪器的工作环境与规定的标准状态不一致时所造成的误差，典型的有温度、湿度、大气压力、振动、重力加速度、电磁干扰等。

2. 测量装置误差

测量装置误差是由于测量仪表本身不完善或测量精度不高所带来的误差，包括标准量具误差、仪器误差、附件误差。如高精度的测量要求却选用了低精度的测量仪表。

3. 测量方法误差

测量方法误差是指由于测量方法不合理或不完善所引起的误差。如用电压表测量电压时没有正确地估计电压表的内阻，或用近似公式、经验公式或简化的电路模型作为测量依据；或通过测量圆的半径来计算其周长时对 π 的不同近似取值可能引起的误差。

4. 测量人员误差

测量人员误差是指由于测量人员本身的专业素质不高所引起的误差。如不良的测量习惯、对测量结果的分辨力不强、操作不规范或疏忽大意等引起的误差。

2.6.3　测量误差的表示方法

检测系统的误差通常有以下几种表示形式：

1. 绝对误差

检测系统的测量值（即示值）X 与被测量的真值 X_0 之间的代数差值 Δx 称为检测系统测量值的绝对误差，即

$$\Delta x = X - X_0 \tag{2-26}$$

式中，真值 X_0 可为约定真值，也可是由高精度标准仪器所测得的相对真值。绝对误差 Δx 说明了系统示值偏离真值的大小，其值可正可负，具有和被测量相同的纲量。

2. 相对误差

采用绝对误差表示测量误差时，不能很好地说明测量质量的好坏。如测量一个人的身高和珠穆朗玛峰的高度，测量的绝对误差都是 0.2m，那么很明显，后者的测量精度要比前者高很多，因此这里引入了相对误差的概念。

检测系统测量值的绝对误差 Δx 与被测量真值 X_0 的比值，称为检测系统测量值的相对误差 δ，常用百分数表示，即

$$\delta = \frac{\Delta x}{X_0} \times 100\% \tag{2-27}$$

用相对误差通常比用绝对误差更能说明不同测量的精确程度，一般来说相对误差小，其测量精度就高。

3. 引用误差

在评价检测系统的精度或测量质量时，有时利用相对误差作为衡量标准也不很准确。例如，用任一确定准确度等级的仪表测量一个靠近测量范围下限的小量，计算得到的相对误差通常比测量接近上限的大量得到的相对误差大得多。故引入引用误差的概念。

检测系统的测量值的绝对误差 Δx 与系统量程 x_m 的比值，称为检测系统测量值的引用误差 γ。引用误差通常仍以百分数表示，即

$$\gamma = \frac{\Delta x}{x_m} \times 100\% \tag{2-28}$$

当测量值为检测系统量程范围内的不同数值时，各示值的绝对误差 Δx 也可能不同。因此，即使是同一检测系统，其测量范围内的不同示值处的引用误差也不一定相同。为此，可以取引用误差的最大值，既能克服上述的不足，又能更好地说明检测系统的测量精度。

4. 最大引用误差

在规定的工作条件下，当被测量平稳增加或减少时，在检测系统全量程所有测量值引用误差（绝对值）的最大者，或者说所有测量值中最大绝对误差（绝对值）与量程的比值的百分数，称为该系统的最大引用误差，用符号 γ_{max} 表示。

$$\gamma_{max} = \frac{|\Delta x_{max}|}{x_m} \times 100\% \tag{2-29}$$

最大引用误差是检测系统的基本误差的主要形式，故也常称为检测系统的基本误差。它是检测系统最主要的质量指标，能很好地表征检测系统的测量精度。

2.6.4 测量误差的分类

为了便于误差的分析和处理，可以按误差的规律性将其分为三类，即系统误差、随机误差和粗大误差。

1. 系统误差

在相同的条件下，对同一物理量进行多次测量时，如果误差按照一定的规律出现，则把这种误差称为系统误差。系统误差可分为定值系统误差（简称定值系差）和变值系统误差（简称变值系差）。数值和符号都保持不变的系统误差称为定值系差。数值和符号按照一定规律变化的系统误差称为变值系差。变值系差按其变化规律又可分为线性系统误差、周期系统误差和按复杂规律变化的系统误差。

系统误差的来源包括仪表制造、安装或使用方法不当，测量设备的基本误差、读数方法不正确以及环境误差等，系统误差是一种有规律的误差，故可以通过理论分析采用修正值或补偿校正等方法来减小或消除。

2. 随机误差

当对某一物理量进行多次重复测量时，若误差出现的大小和符号均以不可预知的方式变化，则该误差为随机误差。随机误差产生的原因比较复杂，虽然测量是在相同条件下进行的，但测量环境中温度、湿度、压力、振动、电场等总会发生微小变化，因此，随机误差是大量对测量值影响微小且互不相关的因素所引起的综合结果。随机误差就个体而言并无规律可循，但其总体却服从统计规律，总的来说随机误差具有如下特性：

（1）对称性

绝对值相等、符号相反的误差在多次重复测量中出现的可能性相等。

（2）有界性

在一定测量条件下，随机误差的绝对值不会超出某一范围。

（3）单峰性

绝对值小的随机误差比绝对值大的随机误差在多次重复测量中出现的概率大。

（4）抵偿性

随机误差的算术平均值随测量次数的增加而趋近于零。

随机误差的变化通常难以预测，因此也无法通过实验方法确定、修正和消除。但是通过多次测量比较可以发现随机误差服从某种统计规律（如正态分布、均匀分布、泊松分布等）。

3. 粗大误差

明显超出规定条件下的预期值的误差称为粗大误差。粗大误差一般是由于操作人员粗心大意、操作不当或实验条件没有达到预定要求就进行实验等造成的，如读错、测错、记错数值、使用有缺陷的测量仪表等。含有粗大误差的测量值称为坏值或者异常值，所有的坏值在数据处理时应被剔除掉。

2.6.5 测量误差的处理

1. 系统误差的处理

为了进行正确的测量，并取得可靠的数据，在测量前或测量过程中，必须尽力减少和消除系统误差的来源，尽量将误差从产生根源上加以消除。首先，要检查仪表本身的性能是否符合要求，工作是否正常；其次，使用前应仔细检查仪器仪表是否处于正常的工作条件，如安装位置及环境条件是否符合技术要求，零位是否合理；此外必须正确选择仪表的型号和量程，检查测量系统和测量方法是否正确。比较简单且经常采用的减少系统误差的方法有：

（1）检定修正法

指在测量前，预先对测量装置进行标定或检定，获取仪表的修正值。在测量过程中，对实际测量值进行修正，虽然此时不能完全消除系统误差，但可大大减小。

（2）直接比较法

也称为零位式测量法，用被测量与标准量进行直接比较，调整标准量使之与被测量相等，测量系统达到平衡，指零仪指零。直接比较法的测量误差主要取决于参与比较的标准量的误差。由于标准量具的精度较高，测量误差小。

（3）置换法

也称替代法，在一定测量条件下，用可调的标准量具代替被测量接入测量仪表，然后调整标准量具，使测量仪表的指示值与被测量接入时相同，则测试的标准量具的示值即等于被测量。由于测量值的精度取决于标准量的精度，只要检测系统的灵敏度足够高，就可达到消除系统误差的目的。

（4）差值法

也称测差法、微差法，用与被测量相近的固定不变的标准量与被测量相减，然后对二者的差值进行测量。由于测量仪表所测量的这个差值远远小于标准量，故测量的微差的误差对测量结果的影响极小，测量误差主要由标准量具的精度决定。

（5）交换比较法

将测量中某些条件（如被测物的位置）进行交换，使产生系统误差的原因对测量结果起相反的作用，从而抵消系统误差。

2. 粗大误差的处理

在一系列等精度多次测量所得的结果中，有时会发现个别值明显偏离其算术平均值，则该值可能为粗大误差，也可能是误差较大的正常值，不能随便剔除。正确处理方法是：首先可以采用物理判别法，如果是由于写错、记错、误操作等，或是外界条件突变产生的，可以剔除；如果不能确定哪个是坏值，就要采用统计判别法，基本方法是规定一个置信概率和相应的置信系数，即设定一个置信区间，如误差超过此区间的测量值，就认为它不属于随机误差，应该剔除。统计判别方法有拉依达准则、肖维勒准则、格拉布斯准则等，在此只介绍拉依达准则（3σ 准则）。

该准则通常把等于 3σ 的误差称为极限误差，对于正态分布的随机误差，落在 $\pm 3\sigma$ 以外的概率只有 0.27%，它在有限次测量中发生的可能性极小。拉依达准则就是如果一组测量数据中某个测量值的残余误差的绝对值 $|v_i| > 3\sigma$，则该测量值判定为含有粗大误差，应剔除。

3. 随机误差的统计处理

（1）算术平均值

在实际的工程测量中，测量的次数有限，而测量的真值 x_0 也不可能知道。根据对已消

除系统误差的一组等精度测量值 x_1，x_2，…，x_n，其算术平均值 $\bar{x}$ 为

$$\bar{x} = \frac{1}{n}\sum_{i=1}^{n} x_i \tag{2-30}$$

根据概率理论，当测量次数 n 足够大时（即 $n\to\infty$），算术平均值 $\bar{x}$ 是被测参数的真值 x_0 的最佳估计值，即用 $\bar{x}$ 代替真值 x_0。

（2）残差

测量值 x_i 与平均值 $\bar{x}$ 之差成为残差，某次测量的残差 v_i 为 $v_i = x_i - \bar{x}$，如果将 n（$n\to\infty$）个测量值残差求代数和，其值为0，即

$$\sum_{i=1}^{n} v_i = v_1 + v_2 + \cdots + v_n = 0 \tag{2-31}$$

（3）总体标准偏差 σ

由随机误差的性质可知，它服从统计规律，其对测量结果的影响一般用标准偏差 σ 来表征，即

$$\sigma = \sqrt{\frac{1}{n}\sum_{i=1}^{n}(x_i - x_0)^2} \quad (n\to\infty) \tag{2-32}$$

式中，x_0 是真值。

（4）标准偏差的估计值

在实际测量中，一般用 n 次等精度测量值的算术平均值来代替真值 x_0。用残差代替绝对误差，这时只能得到 σ 的估计值 σ_s

$$\sigma_s = \sqrt{\frac{1}{n-1}\sum_{i=1}^{n}(x_i - \bar{x})^2} \tag{2-33}$$

（5）算术平均值的标准偏差 $\sigma_{\bar{x}}$

$\sigma_{\bar{x}}$ 是针对测量列中的最佳值即算术平均值而言的，因为 $\bar{x}$ 是比测量列中任何一个值 x_i 更加接近真值，算术平均值的精度可由算术平均值的标准差 $\sigma_{\bar{x}}$ 来表示，由误差理论可知

$$\sigma_{\bar{x}} = \frac{\sigma_s}{\sqrt{n}} \tag{2-34}$$

（6）置信区间与置信概率

在研究随机误差的统计规律时，不仅要知道随机变量在哪个范围内取值，而且要知道在该范围内取值的概率。随机变量取值的范围称为置信区间，它常用正态分布的标准差的倍数 σ 来表示，即 $\pm z\sigma$，z 为置信系数，σ 是置信区间宽度的一半。置信概率是随机变量在置信区间 $\pm z\sigma$ 范围内取值的概率，若对正态分布函数 $y=f(x)$ 在 $-\sigma \sim +\sigma$（即 $z=1$）积分有 $p = \int_{-\sigma}^{+\sigma} f(x)\mathrm{d}x = 68.27\%$，若置信系数 $z=2$ 或3，则置信概率 p 分别为95.45%和99.73%。

下面以例题来说明含有随机误差的测量结果是如何表示的。

例：某一组不含系统误差和粗大误差的等精度测量值为237.4、237.2、237.9、237.1、238.1、237.5、237.4、237.6、237.6、237.4，单位均为mm，求最终的测量结果。

解：首先根据测量值可以求出该组测量的算术平均值 $\bar{x}=237.52\text{mm}$，接着计算出标准差的估计值为

$$\sigma_s = \sqrt{\frac{1}{n-1}\sum_{i=1}^{n}(x_i - \bar{x})^2} = \sqrt{\frac{0.816}{10-1}}\text{mm} \approx 0.30\text{mm}$$

$$\sigma_{\bar{x}} = \frac{\sigma_s}{\sqrt{n}} = \frac{0.30}{\sqrt{10}}\text{mm} \approx 0.09\text{mm}$$

因此，测量结果可表示为

$$x = \bar{x} \pm \sigma_{\bar{x}} = (237.52 \pm 0.09)\ \text{mm} \qquad (p = 68.27\%)$$

$$x = \bar{x} \pm 3\sigma_{\bar{x}} = (237.52 \pm 0.27)\ \text{mm} \qquad (p = 99.73\%)$$

4. 测量结果数据处理的步骤

为了得到比较准确的测量结果，对某一参数进行多次测量之后，通常按下列步骤处理：

1）在测量前尽可能消除系统误差，将数据列表。

2）计算测量结果的算术平均值 $\bar{x}$，确定有效位数。

3）计算残余误差 v_i 并列于表中。

4）计算标准差的估计值 σ_s。

5）判断是否有粗大误差，如果有则剔除，从步骤2）重新计算。

6）判断是否有不可忽略的系统误差，如有要减弱，重新计算。

7）计算算术平均值的方均根误差 $\sigma_{\bar{x}}$。

8）写出测量结果表达式：$x = \bar{x} \pm z\sigma_s$（$z$ = 1，2，3），并注明置信概率。

思考题与习题

1. 传感器是如何定义的？由哪几部分组成？

2. 传感器的分类方法有哪几种？

3. 什么是传感器的静态特性，其静态特性指标有哪些？

4. 什么是传感器的动态特性，其动态特性指标有哪些？

5. 一个完整的检测系统由哪几部分组成？各部分的功能是什么？

6. 闭环检测系统和开环检测系统的特点是什么？

7. 测量误差的来源有哪些？

8. 当某应变仪的输入应变量由 35με 增大至 70με 时，应变仪的输出电流由 500μA 增大至 700μA。求：

（1）此应变仪的灵敏度。

（2）应变仪的输出电流送至记录仪，记录仪的灵敏度为 5mm/mA，当应变仪的输入应变变化了 300με 时，求记录仪输出的偏移量。（注：με 代表一个应变单位）

9. 某压力传感器输入压力为 0 时，输出电流为 4mA，最大输入压力为 10kPa 时，输出电流为 20mA，在校准时测得的数据如下表：

输入压力值/kPa	0	2	4	6	8	10
输出电流值/mA	4	7.0	10.3	13.5	17.0	20

求：（1）若该传感器的线性表达式为 $y = kx + b$，试用最小二乘法计算 k 和 b。

（2）求该传感器的灵敏度和线性度。

10. 试计算某压力传感器的迟滞误差和重复性误差（一组测试数据如下表）。已知该传感器输入压力为 0Pa 时输出电压为 0mV，输入压力最大为 12×10^5Pa 时，输出电压为 1000mV。

行程	输入压力 /×10^5Pa	输出电压/mV		
		(1)	(2)	(3)
正行程	2.0	190.0	191.1	191.3
	4.0	382.8	383.2	383.5
	6.0	575.8	576.1	576.6
	8.0	769.4	769.8	770.4
	10.0	963.6	964.6	965.2
反行程	10.0	964.4	965.1	965.7
	8.0	770.6	771.0	771.4
	6.0	577.3	577.4	578.4
	4.0	384.1	384.2	384.7
	2.0	191.6	191.6	192.0

第3章　电阻应变式传感器

3.1　电阻应变式传感器简介

电阻是各类电子元器件中应用最广、最基本的元件之一。根据电阻的物理特性，可以制成具有各类物理性质的探测器及检测元件。电阻应变式传感器是一种利用电阻应变片将应变转化为电阻变化的传感器。弹性体（敏感元件）受到所测量的力而产生形变，并使附着其上的电阻应变片一起变形，应变片再将形变转换为电阻值的变化，从而可以测量力、压力、扭矩、位移、加速度和温度等物理量。电阻应变式传感器具有悠久的历史，已经广泛应用于许多领域，如航空、机械、电力、化工、建筑、医学等。虽然基于新材料、新工艺的应变式传感器不断涌现，但电阻应变片具有体积小、重量轻、结构简单、灵敏度高、性能稳定、适于动态和静态测量的特点，可以预见在今后较长时间里电阻应变式传感器仍是一种主要的测试工具。电阻应变式传感器的各种应用如图3-1所示。

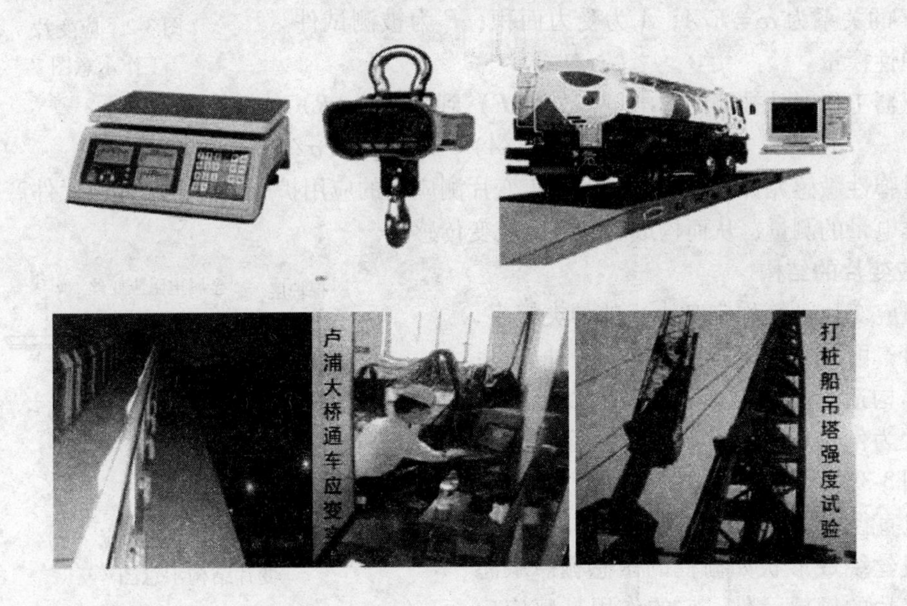

图3-1　电阻应变式传感器的各种应用

3.2　电阻应变片的工作原理

3.2.1　金属的应变效应

要理解金属的应变效应，首先要理解什么是应变和弹性应变。所谓应变就是物体在外部拉力或压力的作用下发生形变的效应。当外力除去后物体又能完全恢复其原来的尺寸和形状的应变称为弹性应变。具有弹性应变特性的物体称为弹性元件。本书所指的应变均为弹性应变。

根据电阻定律，金属丝的电阻随着它所受的机械变形（拉伸或压缩）的大小而发生相应的变化，这种现象称为金属的应变效应。

3.2.2　应变片的结构和工作原理

电阻应变式传感器是利用电阻应变片将应变转换为电阻变化的器件。电阻应变式传感器通过在弹性元件（感知与力相关的量并产生形变）上粘贴电阻应变片作为应变敏感元件或转换元件将应变转换为电阻的变化。电阻应变式传感器工作时引起的电阻变化很小，但其测量灵敏度很高。

应变片工作时，在外力的作用下产生形变，导致其阻值发生变化，只要测得阻值的变化，就能够通过相应的物理关系推导出应变片的受力，其工作示意图如图 3-2 所示。

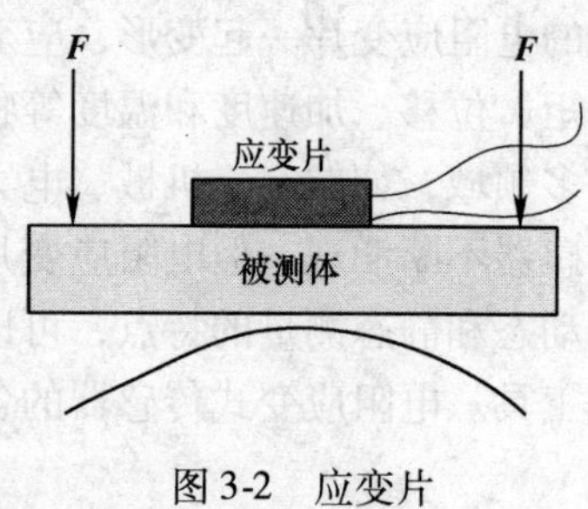

图 3-2　应变片工作示意图

这里需要说明的是应力与应变的关系式为

$$\sigma = E\varepsilon \tag{3-1}$$

式中，σ 为被测试件所受的应力；ε 为应变片的应变量，其与外力 $\boldsymbol{F}$ 的关系为 $\sigma = \boldsymbol{F}/A$，$A$ 为受力面积；E 为被测试件材料的弹性模量。

传感器工作时从被测的非电量（外力 $\boldsymbol{F}$）到电量（ΔR）的转换过程如下：

$$外力\ \boldsymbol{F} \rightarrow 应力\ \sigma\ (\boldsymbol{F}/A) \rightarrow 应变\ \varepsilon\ (\sigma/E) \rightarrow \Delta R$$

通过弹性敏感元件的作用，可以将应变片测应变的应用扩展到能引起弹性元件产生应变的各种非电量的测量，从而构成各种电阻应变传感器。

1. 应变片的结构

电阻应变片（简称应变片）的种类繁多，根据需要，可以设计成各种形式、各种类型，但其基本构造大体相同。这里我们以金属丝式应变片为例进行说明。金属丝式应变片的结构如图 3-3 所示。

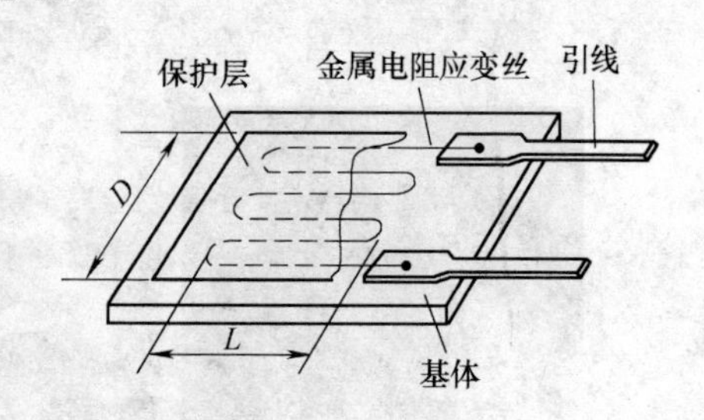

图 3-3　金属丝式应变片结构示意图

它以直径 0.012 ~ 0.050mm 的高电阻率的合金电阻丝绕成形状如栅栏的敏感栅。敏感栅为应变片的敏感元件，它的作用是感应应变片应变的大小。敏感栅粘贴在基体上，基体除能固定敏感栅外，还有绝缘作用；敏感栅上面粘贴有保护层；敏感栅电阻丝两端焊接引出线，用以和外接导线连接。

2. 电阻应变效应

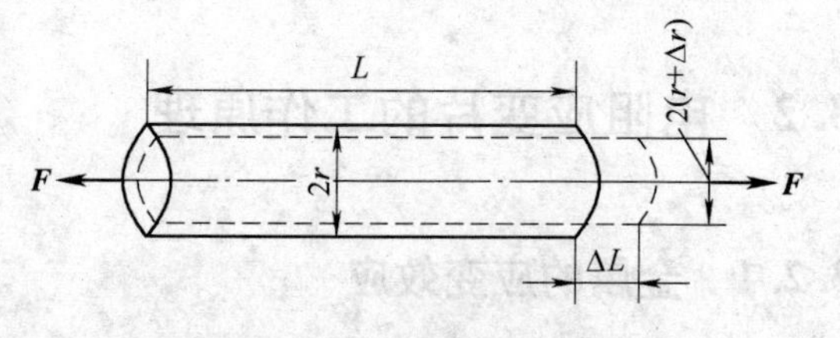

图 3-4　电阻丝应变过程

如图 3-4 所示，一根具有应变效应的金属电阻丝，在未受力时，原始电阻值为

$$R=\frac{\rho L}{A} \tag{3-2}$$

式中，R、ρ、L、A分别为电阻丝的电阻、电阻率、长度和截面积。

当电阻丝受到拉力$\boldsymbol{F}$作用时将伸长，横截面积相应减小，电阻率也将因形变而改变，故引起的电阻值相对变化量通过对式（3-2）进行全微分可得

$$\mathrm{d}R=\frac{L}{A}\mathrm{d}\rho+\frac{\rho}{A}\mathrm{d}L-\frac{\rho L}{A^2}\mathrm{d}A \tag{3-3}$$

结合式（3-1）可得相对变化量为

$$\frac{\mathrm{d}R}{R}=\frac{\mathrm{d}\rho}{\rho}+\frac{\mathrm{d}L}{L}-\frac{\mathrm{d}A}{A} \tag{3-4}$$

为了分析简单，假设电阻丝截面是圆形的，半径为r，则有$A=\pi r^2$，微分后可得

$$\mathrm{d}A=2\pi r\mathrm{d}r \tag{3-5}$$

则圆形电阻丝的截面积相对变化量$\frac{\mathrm{d}A}{A}$可以用径向应变来替代，即

$$\frac{\mathrm{d}A}{A}=2\,\frac{\mathrm{d}r}{r} \tag{3-6}$$

因弹性应变范围内，电阻丝的轴向伸长和径向缩短都很小，故可以用$\Delta\rho$、ΔL、Δr分别代替$\mathrm{d}\rho$、$\mathrm{d}L$、$\mathrm{d}r$，于是可得

$$\frac{\Delta R}{R}=\frac{\Delta\rho}{\rho}+\frac{\Delta L}{L}-2\,\frac{\Delta r}{r} \tag{3-7}$$

式中，$\Delta L/L$是电阻式轴向（长度方向）的相对变化量，即轴向应变，用ε来表示，即

$$\varepsilon=\frac{\Delta L}{L} \tag{3-8}$$

基于材料力学的相关知识，径向应变与轴向应变的关系为

$$\frac{\Delta r}{r}=-\mu\,\frac{\Delta L}{L}=-\mu\varepsilon \tag{3-9}$$

式中，μ为电阻丝材料的泊松比。对于某一种固定的材料，μ的值为常数。

式（3-9）中，负号表示径向应变与轴向应变方向相反，即金属丝受拉力时，沿轴向伸长，沿径向缩短。

将式（3-8）、式（3-9）代入式（3-7）可得

$$\frac{\Delta R}{R}=\frac{\Delta\rho}{\rho}+(1+2\mu)\varepsilon \tag{3-10}$$

人们通常把单位应变引起的电阻丝电阻值的相对变化量称为电阻丝的灵敏系数，表示为

$$K_{\mathrm{s}}=\frac{\Delta R/R}{\varepsilon}=(1+2\mu)+\frac{\Delta\rho}{\rho\varepsilon} \tag{3-11}$$

K_s 的值越大，单位形变引起的电阻的相对变化越大，故越灵敏。

由式（3-11）可知，电阻丝的灵敏系数受两个因素的影响：第一项（$1+2\mu$）是由于金属丝受拉伸后，材料的几何尺寸发生变化引起的；第二项 $\frac{\Delta\rho}{\rho\varepsilon}$ 是由于材料发生变形时，其自由电子的活动能力和数量均发生了变化的缘故，这项可能是正值，也可能是负值，但通常选这部分为正值的材料作为应变片，否则会降低灵敏度。

3. 横向效应

如图 3-5 所示，应变片的敏感栅由多条直线和圆弧部分组成，应变片受拉时，其直线段沿轴向拉应变，应变量为 ε_x，会导致电阻丝电阻增大；其圆弧段则沿轴向压应变，应变量为 ε_y，会导致电阻丝电阻减小。

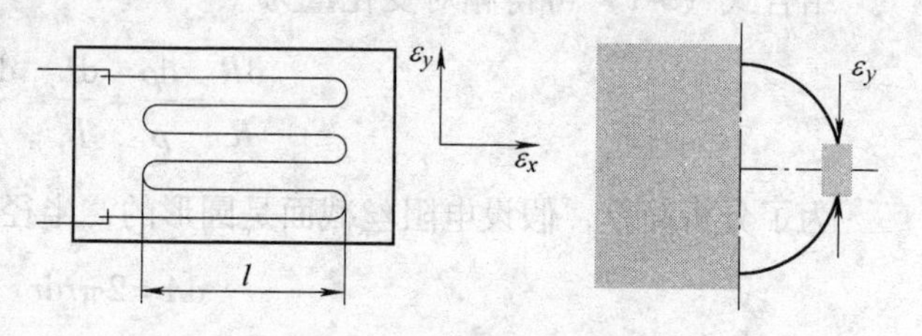

图 3-5　横向效应示意图

电阻应变片的横向效应定义为：将金属丝绕成敏感栅构成应变片后，在轴单向应力作用下，由于敏感栅“横栅段”（圆弧或直线）上的应变状态不同于敏感栅“直线段”上的应变，使应变片敏感栅的电阻变化较相同长度直线金属丝在单向应力作用下的电阻变化小，因此灵敏系数有所降低。

也就是说，电阻应变片的灵敏系数 K 小于电阻丝的灵敏系数 K_s。通常减小横向效应误差的措施是采用箔式应变片。

3.3　电阻应变片的种类

目前，常用的电阻应变片有金属电阻应变片和半导体电阻应变片。

1. 金属电阻应变片（以应变效应为主）

金属电阻应变片有金属丝式和金属箔式结构两种。金属丝式应变片是用直径为 0.012 ~ 0.050mm 之间的金属丝按照图 3-6a 所示形状弯曲后用胶粘剂贴于衬底，衬底用纸或有机聚合物等材料制成。金属箔式应变片是用光刻、腐蚀等工艺方法制成的一种厚度在 0.003 ~ 0.010mm 之间的很薄的金属箔栅，其结构如图 3-6b 所示。由于金属箔式应变片表面积和截面积之比大，散热条件好，允许通过的电流大，可做成任意的形状，便于大量生产，且其横向效应比丝式应变片小。这些优点的存在，使得箔式应变片的应用越来越广泛，并有逐渐取代丝式应变片的趋势。

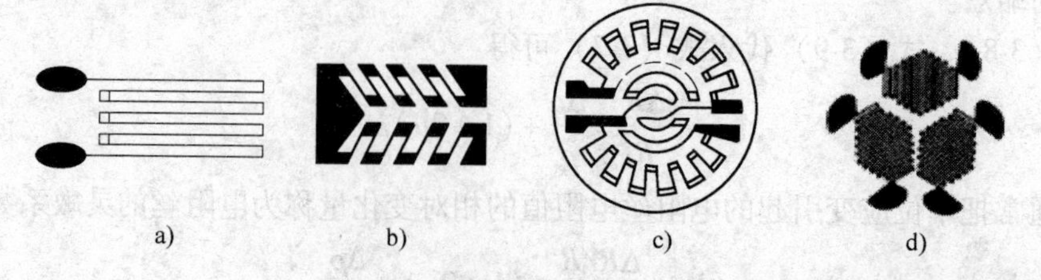

图 3-6　各式电阻应变片片花图

大量实验证明，金属电阻应变片在极限应变范围内的灵敏系数K可认为是一常数：

$$K=\frac{\Delta R/R}{\varepsilon}\approx 1+2\mu \tag{3-12}$$

对比式（3-11）可知，对于金属应变片，发生应变时，$\frac{\Delta\rho}{\rho\varepsilon}$的值非常小。

金属应变片的标准电阻有60Ω，120Ω，350Ω，600Ω，1000Ω等，其中常用的是120Ω。

2. 半导体电阻应变片（以压阻效应为主）

半导体电阻应变片最简单的结构如图3-7所示。半导体应变片的工作原理是基于半导体的压阻效应，它的使用方法与金属应变片相同。压阻效应是指单晶体半导体材料（如P-Si，NP-Si）沿某方向受到外力作用时其电阻率ρ发生变化，导致电阻值变化的现象。

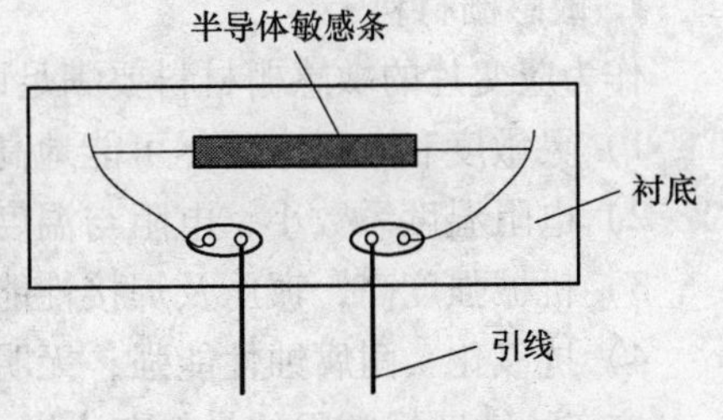

图3-7　半导体电阻应变片结构

半导体材料具有一些特殊的性质，如在压力、温度、光辐射作用或掺入杂质后，会使半导体的电阻率发生很大变化。分析表明，单晶体半导体在外力作用下，原子点阵排列规律发生变化，导致载流子迁移率及载流子浓度的变化，从而引起电阻率的变化。

大量实验证明，与金属电阻应变片的情况刚好相反，半导体电阻应变片的灵敏系数K主要受半导体材料电阻率变化的影响，其表达式为

$$K=\frac{\Delta R/R}{\varepsilon}\approx\frac{\Delta\rho}{\rho\varepsilon} \tag{3-13}$$

半导体电阻应变片产生压阻效应时其电阻率的相对变化与应力间的关系为

$$\frac{\Delta\rho}{\rho}=\pi\sigma=\pi E\varepsilon \tag{3-14}$$

式中，π为半导体材料的压阻系数。

因此，对于半导体电阻应变片来说，其灵敏系数为

$$K\approx\frac{\Delta\rho}{\rho\varepsilon}=\pi E \tag{3-15}$$

其K值是金属电阻应变片的50～70倍。

目前国产的半导体电阻应变片大多采用P型和N型硅材料制作，其结构有体型、薄膜型和扩散型。

体型半导体应变片一般分为普通型、温度自动补偿型、高电阻型、超线性型和P-N组合温度补偿型。高电阻型的阻值一般为2～10kΩ，可加较高电压；超线性型适用于大应变范围的场合；P-N组合温度补偿型具有较好的温度特性和线性度，适用于普通钢做弹性元件的场合。

薄膜型半导体应变片是利用真空沉积技术将半导体材料沉积在带有绝缘层的试件上或蓝宝石上制作而成的，灵敏度约为30，电阻值为120～160Ω，非线性误差约为0.2%，使用温度范围为-150℃～200℃，也是一种粘贴式应变片。

扩散硅型半导体应变片是在硅材料的基片上用集成电路工艺制成的扩散电阻构成的。其

特点是稳定性好、机械滞后和蠕变小。其线性度较金属应变片和体型半导体应变片差，灵敏度和温度系数与体型相同，都比金属型和薄膜型大。

半导体电阻应变片最突出的优点是灵敏度高，机械滞后小，横向效应小，体积小，使用范围广。最大的缺点是热稳定性差；因掺杂等因素影响，灵敏度离散度大；在较大应变作用下，非线性误差大等。

3.4 电阻应变片的材料

1. 敏感栅材料

作为应变片的敏感栅材料要满足以下几点要求：

1）灵敏度和电阻率要尽可能地高而且稳定，线性度好。

2）电阻温度系数小，电阻与温度间的线性关系和重复性好。

3）机械强度高，辗压及焊接性能好，与其他金属之间接触热电动势小。

4）抗氧化、耐腐蚀性能强，无明显机械滞后。

应变片敏感栅常用的材料有康铜、镍铬合金、铁铬铝合金、贵金属（铂、铂钨合金等）等，各种材料的性能和适用环境如表 3-1 所示。

表 3-1　常见应变片材料性能表

名称	牌号及成分	ρ /(Ω · mm²/m)	α ×10⁵/℃	K_s	β_g ×10⁻⁶/(mm/℃)	最高使用温度/℃
康铜	Ni45Cu55	0.45 ~ 0.52	±20	1.9 ~ 2.1	15	300(静态) 400(动态)
镍铬合金	Cr20Ni80	1.0 ~ 1.1	110 ~ 130	2.1 ~ 2.3	14	450(静态) 800(动态)
卡玛	6J22 Ni74Cr20Fe3AB	1.24 ~ 1.42	±20	2.4 ~ 2.6	13.3	450(静态) 800(动态)
伊文	6J23 Ni75Cr20Al3Cu2	1.24 ~ 1.42	±20	2.4 ~ 2.6	13.3	450(静态) 800(动态)
铁铬铝合金	Fe70Cr25A15	1.3 ~ 1.5	19 ~ 40	2.3 ~ 2.8	14	550(静态) 1000(动态)
贵金属	Pt Pt92W8	0.09 ~ 0.11 0.68	3900 227	4 ~ 6 3.5	8.9 8.3 ~ 9.2	800(静态) 1000(动态)

2. 基底材料

作为应变片的基底材料应满足以下几点要求：

1）机械强度高，挠性好。

2）粘贴性能好。

3）电绝缘性能好。

4）热稳定性和抗湿性好。

5）滞后和蠕变小。

应变片常用的基底材料有纸基和胶基（聚合物）材料两大类，胶基材料性能好，正逐渐取代纸基材料。胶基材料是由环氧树脂、酚醛树脂和聚酰亚胺等制成的胶膜，厚度为0. 03 ~0. 05mm。

3. 引线材料

康铜丝敏感栅应变片的引线采用直径为0. 05 ~0. 18mm的银铜丝，与敏感栅点焊相接。其他类型敏感栅，多采用直径与上述相对的镍铬、卡玛、铁铬铝合金金属丝或扁带作为引线，与敏感栅点焊相接。

3. 5　应变片的主要参数

为了达到一定的测量精度和控制成本的目的，在选用应变片前需要根据测量任务选择合适的应变片，那么就需要首先了解应变片的主要参数。

应变片的主要参数包括电阻值、机械滞后、疲劳寿命、灵敏系数、横向灵敏度、应变极限、零漂蠕变和绝缘电阻。不同等级的应变片，其参数的等级及允许偏差如表3-2所示。

表3-2　应变片主要参数特性表

参数（特性）	解　释	等　级			
		A	B	C	D
电阻值	对名义值的偏差（%） 对平均名义值的偏差（%）	0. 5	2	5	10
机械滞后	指示应变、微应变	0. 1 25	0. 2 50	0. 5 100	1. 0 200
疲劳寿命	要求循环数（室温）	10^7	10^6	10^5	10^4
灵敏系数	对平均名义值的偏差（%）	1	2	3	5
横向灵敏度	指示应变（%），当横向应变为1000μs时	0. 3	0. 5	2. 0	5. 0
应变极限	应变（%）（室温）	2	1	0. 5	0. 25
零　漂	微应变/小时，在高的工作温度下	5	25	250	2000
蠕　变	指示应变值（室温）	0	5	10	25
绝缘电阻	千兆欧（室温）	50	10	8	0. 5

3. 6　应变片的误差及补偿

讨论应变片的特性时通常是以室温恒定为前提条件。在实际应用中，应变片工作的环境温度常常会发生变化，工作条件的改变影响其输出特性。这种单纯由温度变化引起的应变片电阻值变化的现象称为温度效应。

1. 温度误差及产生原因

应变片安装在自由膨胀的试件上，在没有外力作用下，如果环境温度发生变化，应变片的电阻也会发生变化，这种变化叠加在测量结果中，产生应变片的温度误差。应变片的温度误差的来源有两个：一是应变片本身电阻温度系数α_t；二是试件材料的线膨胀系数β_t。

这里我们仍以电阻丝式应变片为例进行说明，已知电阻丝的电阻值与温度的关系为

$$R_t = R_0(1+\alpha_t \Delta t) = R_0 + R_0\alpha_t \Delta t \tag{3-16}$$

温度变化 Δt 引起电阻丝的电阻变化为

$$\Delta R_t = R_t - R_0 = R_0\alpha_t \Delta t \tag{3-17}$$

产生电阻的相对变化为

$$\frac{\Delta R_t}{R_0} = \alpha_t \Delta t \tag{3-18}$$

当试件材料的膨胀系数与电阻丝的膨胀系数不同时，试件使应变片产生的附加形变造成电阻变化，产生的附加电阻相对变化为

$$\left(\frac{\Delta R_t}{R_0}\right)_g = k(\beta_g - \beta_s)\Delta t \tag{3-19}$$

式中，k 为常数；β_s 为试件的线膨胀系数；β_g 为敏感栅材料的线膨胀系数。因此，由于温度变化引起的总电阻相对变化可表示为

$$\frac{\Delta R_t}{R_0} = \alpha_t \Delta t + k(\beta_g - \beta_s)\Delta t \tag{3-20}$$

折合到温度变化引起的总的应变量输出为

$$\varepsilon_t = \frac{\Delta R_t / R_0}{k} = \frac{\alpha_t}{k} + (\beta_g - \beta_s)\Delta t \tag{3-21}$$

由式（3-21）可以清楚地看到，因环境变化引起的附加电阻变化造成的应变输出由两部分组成：一部分是由敏感栅的电阻变化造成的；另一部分是由敏感栅与试件热膨胀不匹配所引起的，这种变化与温度变化有关，也与应变片本身的性能参数有关。

2. 温度误差的补偿方法

温度误差补偿的目的是消除由于温度变化引起的应变输出对测量结果的干扰，补偿方法常采用电桥线路（简称桥路）补偿、自补偿、辅助测量补偿、热敏电阻补偿、计算机补偿等。

（1）温度自补偿法

温度自补偿法也称为应变片自动补偿法，是利用温度补偿片进行补偿。温度补偿片是一种特制的、具有温度补偿作用的应变片，将其粘贴在被测试件上，当温度变化时，与产生的附加应变相互抵消，这种应变片称为自补偿片。由式（3-21）可知，要实现自补偿，必须满足下列条件：

$$\varepsilon_t = \frac{\Delta R_t / R_0}{k} = \frac{\alpha_t}{k} + (\beta_g - \beta_s)\Delta t = 0$$

即 $\alpha_t = -k\ (\beta_g - \beta_s)$。

通常，被测试件是已知的，即 k、β_s、β_g 是确定的，可选择合适的应变片敏感材料满足补偿条件，制作中通过改变栅丝的合金成分，控制温度系数 α_t，就可以达到自补偿的目的。

（2）桥路补偿法

桥路补偿是最常用的效果较好的补偿方法。桥路补偿法又称为补偿片补偿法，应变片通

常作为平衡电桥的一个臂来测量应变，如图 3-8 所示。

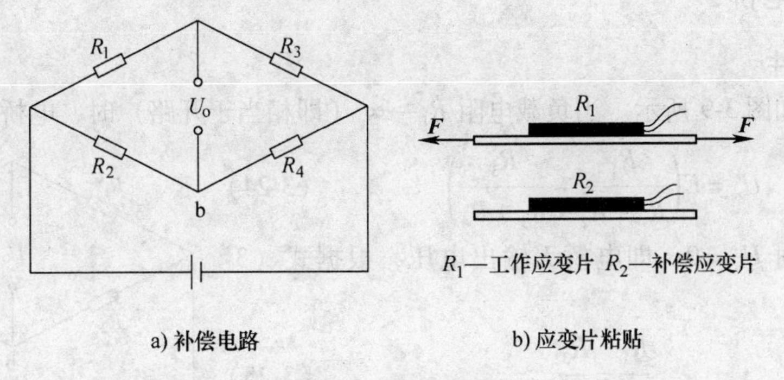

a) 补偿电路　　b) 应变片粘贴

图 3-8　桥路补偿法

在被测试件感受应变的位置上安装一个应变片 R_1，称工作应变片；在试件不受力的位置粘贴一个应变片 R_2，称补偿应变片，2 个应变片安装靠近，完全处于同一个温度场中。

测量时，两者相连接在相邻的电桥桥臂上，当温度变化时，电阻 R_1、R_2 都发生变化，当温度变化相同时，因材料相同、温度系数相同，因此温度引起电阻的变化相同，使电桥输出 U_o 与温度无关。电桥输出电压 U_o 与桥臂参数的关系为

$$U_o = A(R_1R_4 - R_2R_3) \tag{3-22}$$

式中，A 为常数，由电桥的参数决定。

应变片未受外力产生应变时，$R_1 = R_2 = R_3 = R_4$，电桥的输出电压 U_o 为 0；当温度发生变化时，$\Delta R_1 = \Delta R_2$，电桥仍处于平衡状态，输出电压 U_o 仍然为 0。当工作应变片受力产生应变时，R_1 有增量 ΔR_1，而补偿应变片 R_2 无变化，$\Delta R_2 = 0$。此时电桥的输出电压可表示为

$$U_o = A((R_1 + \Delta R_1)R_4 - R_2R_3) = A\Delta R_1R_4 \tag{3-23}$$

可见，应变引起的电压输出与温度无关，补偿片起到了温度补偿的作用。

为了达到完全补偿的效果，必须满足以下几个条件：

1）在应变片工作过程中，必须保证 R_3 和 R_4 始终相等。

2）工作应变片和补偿应变片应具有相同的温度系数、线膨胀系数、灵敏系数和初始电阻值。

3）粘贴补偿应变片的材料和粘贴工作片的被测试件材料必须一样，两者线膨胀系数相同。

4）工作应变片和补偿应变片应处于同一温度场中。

3.7　测量电路

应变片一般用来测量微小的机械变化量。机械应变一般都很小，在 10^{-6} ~ 10^{-3} 范围内，而常规的电阻应变片的灵敏系数值很小，所以其电阻的变化量很小，为 10^{-4} ~ $10^{-1}\Omega$ 数量级，要把微小的应变引起的电阻的微小变化精确地测量出来，需要采用特别设计的测量电路。通常采用直流电桥或交流电桥。

3.7.1 直流电桥

1. 平衡条件

直流电桥如图 3-9 所示。当负载电阻 $R_L \to \infty$（即相当于开路）时，电桥的输出电压为

$$U_o = E\left(\frac{R_1}{R_1+R_2} - \frac{R_3}{R_3+R_4}\right) \tag{3-24}$$

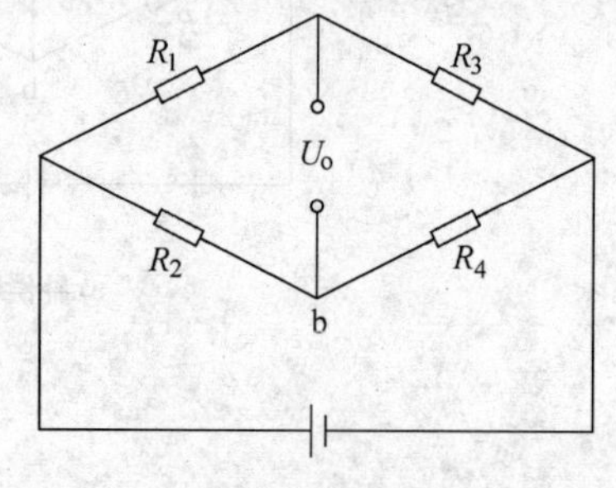

图 3-9　直流电桥

电桥平衡时 $U_o = 0$，即电桥无输出电压，根据式（3-24）则有

$$\frac{R_1}{R_2} = \frac{R_3}{R_4} \tag{3-25}$$

这是电桥的平衡条件，即相邻两臂电阻的比值相等。

2. 电压灵敏度

为了测量应变片的电阻微小变化，通常需加入放大器，放大器的输入阻抗比电桥输出阻抗大得多，因此仍可将电桥视为开路状态。当产生应变时，若应变片电阻变化为 ΔR_1（工作应变片为 R_1），其他桥臂固定不变，电桥输出电压 $U_o \neq 0$，则电桥（不平衡）的输出电压值为

$$U_o = E\left[\frac{R_1+\Delta R_1}{(R_1+\Delta R_1)+R_2} - \frac{R_3}{R_3+R_4}\right] = E\frac{\Delta R_1 R_4}{[(R_1+\Delta R_1)+R_2](R_3+R_4)}$$

$$= E\frac{\dfrac{R_4 \Delta R_1}{R_3 R_1}}{\left(1+\dfrac{\Delta R_1}{R_1}+\dfrac{R_2}{R_1}\right)\left(1+\dfrac{R_4}{R_3}\right)} \tag{3-26}$$

如果设桥臂比 $\frac{R_2}{R_1} = n$，由于 $\Delta R_1 \ll R_1$，因此分母中的 $\frac{\Delta R_1}{R_1}$ 可忽略，结合电桥平衡条件 $\frac{R_2}{R_1} = \frac{R_4}{R_3}$，可将式（3-26）化简为

$$U_o = E\frac{n}{(1+n)^2}\frac{\Delta R_1}{R_1} \tag{3-27}$$

这里，我们定义电桥的电压灵敏度为

$$K_U = \frac{U_o}{\Delta R_1 / R_1} = E\frac{n}{(1+n)^2} \tag{3-28}$$

电桥的电压灵敏度越大，说明应变片电阻相对变化引起的电桥输出电压变化越大，电桥越灵敏。由式（3-28）可知：

1）电桥的电压灵敏度正比于电桥的供电电压，要提高电桥的灵敏度，可以提高电源电压，但这要受到应变片功率的限制。

2）电桥的电压灵敏度是桥臂电阻比 n 的函数，恰当地选择 n 的值可以提高灵敏度。

在电桥供电电压 E 确定的时候，要使 K_U 的值最大，可以通过计算导数 $\mathrm{d}K_U/\mathrm{d}n = 0$ 求

解。

$$dK_U/dn = E\frac{1-n^2}{(1+n)^4} = 0 \tag{3-29}$$

所以，当 $n=1$（即 $R_1=R_2=R_3=R_4$）时，K_U 的值最大，电桥的电压灵敏度最高，此时有

$$U_o = \frac{E}{4}\frac{\Delta R_1}{R_1} \tag{3-30}$$

$$K_U = \frac{E}{4} \tag{3-31}$$

由此可知：当电源的电压 E 和电阻相对变化量 $\Delta R_1/R_1$ 不变时，电桥的输出电压及灵敏度不变，且与各桥臂电阻阻值大小无关。

3. 非线性误差及补偿

式（3-27）是在略去分母中的较小量 $\Delta R_1/R_1$ 后得到的理想值，实际值应为

$$U_o' = E\frac{n\frac{\Delta R_1}{R_1}}{\left(1+\frac{\Delta R_1}{R_1}+n\right)(1+n)} \tag{3-32}$$

非线性误差为

$$\gamma_L = \frac{U_o - U_o'}{U_o} = \frac{\frac{\Delta R_1}{R_1}}{1+n+\frac{\Delta R_1}{R_1}} \tag{3-33}$$

如果电桥是等臂电桥，即 $R_1 = R_2 = R_3 = R_4$，$n=1$，则

$$\gamma_L = \frac{\frac{\Delta R_1}{R_1}}{2+\frac{\Delta R_1}{R_1}} \tag{3-34}$$

对于一般的应变片来说，所受应变一般在 5×10^{-3} 以下，根据 $\Delta R_1/R_1 = K\varepsilon$，对于不同 K，就可以求得不同的非线性误差。如 $K=2$，取 $\varepsilon = 5\times10^{-3}$，则 $\Delta R_1/R_1 = K\varepsilon = 10^{-2}$，代入式（3-34）可求得非线性误差约为 0.5%。若采用半导体应变片，假设 $K=100$，则可求得非线性误差为 $\Delta R_1/R_1 = K\varepsilon = 0.5$，代入式（3-34）可求得非线性误差约 20%。如此大的测量误差必须予以消除。

减小或消除非线性误差的方法有

（1）提高桥臂比

由式（3-33）可知，提高桥臂比，非线性误差将减小。但由式（3-28）可知，电桥的灵敏度会降低，此时为了保证灵敏度不降低，必须相应地提高供电电压。

（2）采用差动电桥

差动电桥分为半桥差动和全桥差动两种形式。

半桥差动如图 3-10a 所示，只有两个相邻桥臂接入电阻应变片。该电桥的输出电压为

$$U_o = E\left[\frac{R_1 + \Delta R_1}{(R_1 + \Delta R_1) + (R_2 - \Delta R_2)} - \frac{R_3}{R_3 + R_4}\right] \tag{3-35}$$

如果 $\Delta R_1 = \Delta R_2$，$R_1 = R_2 = R_3 = R_4$，则可得到

$$U_o = \frac{E}{2}\frac{\Delta R_1}{R_1} \tag{3-36}$$

$$K_U = \frac{E}{2} \tag{3-37}$$

可见，U_o 与 ΔR_1 成线性关系，即半桥差动电路无非线性误差，且电桥电压灵敏度比单臂应变片提高了一倍。

若将电桥四臂都接入应变片，如图 3-10b 所示，构成全桥差动电路，则有

$$U_o = E\left[\frac{R_1 + \Delta R_1}{(R_1 + \Delta R_1) + (R_2 - \Delta R_2)} - \frac{R_3 - \Delta R_3}{(R_3 - \Delta R_3) + (R_4 + \Delta R_4)}\right] \tag{3-38}$$

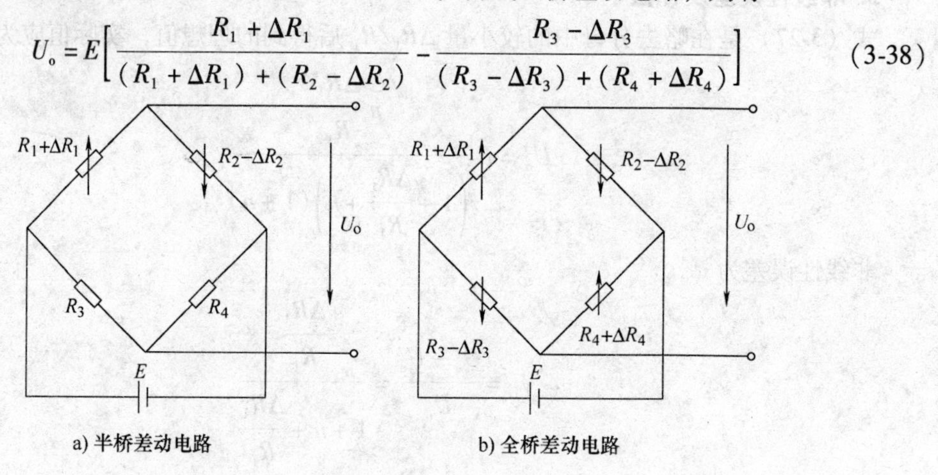

图 3-10　差动电路

如果 $\Delta R_1 = \Delta R_2 = \Delta R_3 = \Delta R_4$，$R_1 = R_2 = R_3 = R_4$，则可得到

$$U_o = E\frac{\Delta R_1}{R_1} \tag{3-39}$$

$$K_U = E \tag{3-40}$$

可见，全桥差动电路不仅没有非线性误差，且电压灵敏度是单臂时的 4 倍。

例：图 3-11 为等强度梁测力系统，R_1、R_2 为两片分别粘贴在等强度梁上下两侧的金属电阻应变片，两个应变片在未发生应变时其阻值 $R_1 = R_2 = 100\Omega$，应变片材料的泊松系数 $\mu = 2.0$。当梁受力 $\boldsymbol{F}$ 时，每个应变片承受的平均应变 $\varepsilon = 50000\mu\text{m/m}$。求解如下问题。

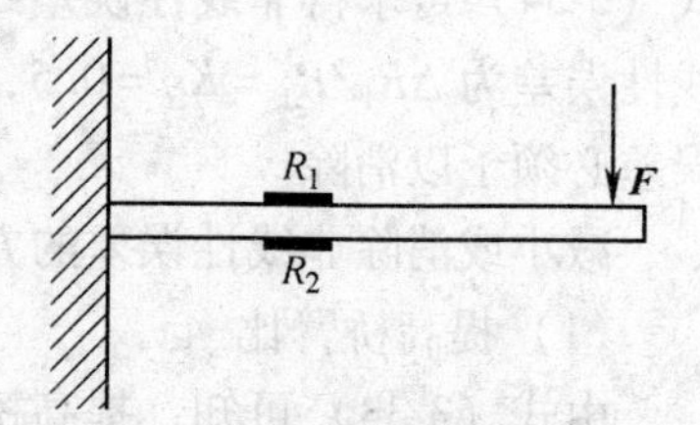

图 3-11　等强度梁测力系统

（1）电阻应变片的灵敏系数。

（2）应变片电阻变化量 ΔR_1 和电阻相对变化量 $\Delta R_1/R_1$。

（3）将电阻应变片 R_1、R_2 置于等臂直流电桥的相邻两个桥臂，若电桥供电电压为 5V，求电桥的输出电压。

（4）求此电桥测量电路的非线性误差。

解：（1）$K=1+2\mu=1+2\times2=5.0$

（2）$\dfrac{\Delta R_1}{R_1}=K\varepsilon=5\times50000\times10^{-6}=0.25$

$\Delta R_1=K\varepsilon R_1=0.25\times100\Omega=25\Omega$

（3）$U_o=\dfrac{E}{2}\dfrac{\Delta R_1}{R_1}=2.5\times0.25\text{V}=0.625\text{V}$

（4）此测量电路为半桥测量电路，不存在非线性误差，非线性误差为零。

3.7.2　交流电桥

直流电桥有电源稳定、电路简单的优点，但也有放大器电路比较复杂，存在零点漂移、工频干扰等缺点。在某些情况下会采用交流电桥及其配套的交流放大器。

交流电桥也称为不平衡电桥，采用交流供电，是利用电桥的输出电流或输入电压与电桥的各个参数之间的关系进行工作的。交流电桥放大电路简单，无零漂，不易受干扰，为特定传感器带来方便，但需要专用的测量仪器或电路，不易取得高精度。

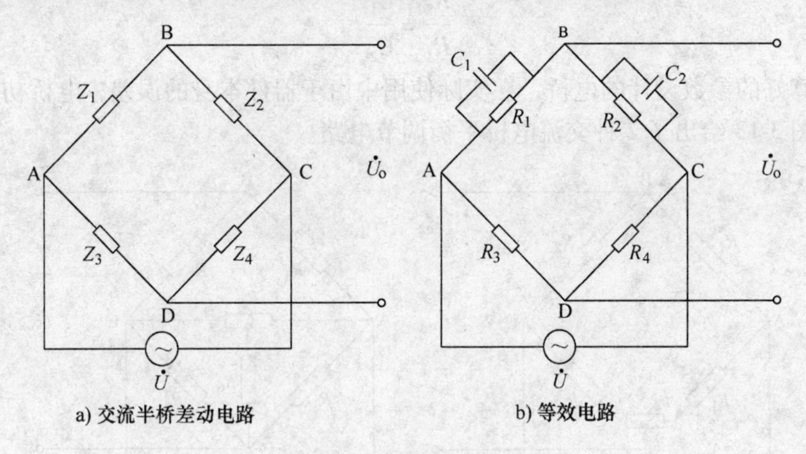

图 3-12　差动交流电桥

图 3-12 为差动交流电桥的一般形式，$\dot{U}$ 为交流电压源，开路输出电压为 $\dot{U}_o$，由于电桥电源为交流电源，引线分布电容使得两个桥臂应变片呈现复阻抗特性，即相当于两个应变片各并联了一个电容，则每个桥臂上的复阻抗分别为

$$\begin{cases}Z_1=\dfrac{R_1}{R_1+\mathrm{j}\omega R_1C_1}\\ Z_2=\dfrac{R_2}{R_2+\mathrm{j}\omega R_2C_2}\\ Z_3=R_3\\ Z_4=R_4\end{cases}\tag{3-41}$$

式中，C_1、C_2 为应变片引线分布电容。

由交流电路分析可得

$$\dot{U}_o = \frac{\dot{U}(Z_1Z_4 - Z_2Z_3)}{(Z_1 + Z_2)(Z_3 + Z_4)} \tag{3-42}$$

要满足电桥的平衡条件，即 $\dot{U}_o = 0$，则有

$$Z_1Z_4 = Z_2Z_3 \tag{3-43}$$

将式（3-41）代入式（3-43）可得

$$\frac{R_1}{1 + \mathrm{j}\omega R_1 C_1}R_4 = \frac{R_2}{1 + \mathrm{j}\omega R_2 C_2}R_3 \tag{3-44}$$

整理式（3-44）可得

$$\frac{R_3}{R_1} + \mathrm{j}\omega R_3 C_1 = \frac{R_4}{R_2} + \mathrm{j}\omega R_4 C_2 \tag{3-45}$$

因其实部、虚部分别相等，等式（3-45）才能成立，整理后可得交流电桥的平衡条件为

$$\frac{R_2}{R_1} = \frac{R_4}{R_3} \tag{3-46}$$

及

$$\frac{R_2}{R_1} = \frac{C_1}{C_2} \tag{3-47}$$

按照计算好的参数设计的电桥，在实际使用中由于器件本身的误差，电桥初始状态并不一定平衡，图 3-13 给出了 2 种交流电桥平衡调节电路。

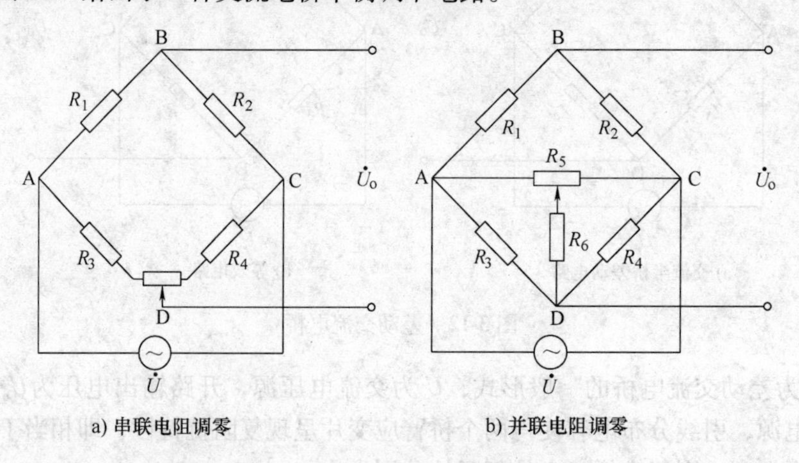

图 3-13　交流电桥平衡调节电路

图 3-13a 所示为串联电阻调零电路图，通过调节电阻 R_5 来调节电桥平衡。图 3-13b 所示为并联电阻调零电路图，电阻 R_6 决定可调的范围，R_6 越小，可调的范围越大，但测量误差也大，R_5 和 R_6 通常取相同的值。这两种方法同时也可用于直流电桥的调零。

3.7.3　测量电路设计注意事项

1）当增大电桥供电电压时，虽然会使输出电压增大，放大电路本身的漂移和噪声相对

减小，但电源电压或电流的增大，会造成应变片发热，从而造成测量误差，甚至使应变传感器损坏，故一般电桥的供电电压应低于 6V。

2）由于应变片电阻的分散性，即使应变片处于无电压的状态，电桥仍然会有电压输出，故电桥应设计调零电路。

3）由于应变片受温度的影响，应考虑温度补偿电路。

3.8　应变式传感器的应用

3.8.1　测力与称重传感器

载荷和力传感器是工业测量中使用较多的一种传感器，传感器量程从几克到几百吨。测力传感器主要作为各种电子秤和材料试验的测力元件，或用于发动机推力测试，水坝坝体承载状况的监测等。力传感器的弹性元件有柱式、梁式、轮辐式、环式等，下面分别介绍前两种。

1. 柱式测力传感器

柱式测力传感器如图 3-14 所示，有实心（柱式）和空心（筒式），其结构是在弹性元件的圆筒或圆柱上按一定方式粘贴应变片，圆柱（筒）在外力作用下产生形变，实心圆柱因外力作用产生的应变为

$$\varepsilon = \frac{\Delta l}{l} = \frac{\sigma}{E} = \frac{F}{SE} \tag{3-48}$$

式中，l 为弹性元件的长度；Δl 为弹性元件长度的变化量；S 为弹性元件横截面积；σ 为应力；E 为弹性模量。

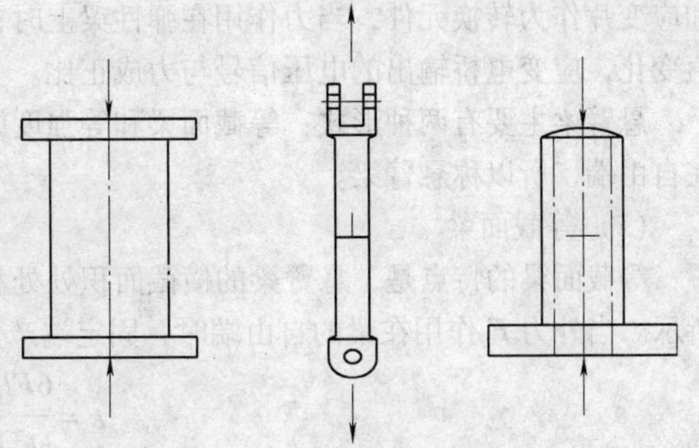

图 3-14　柱式测力传感器

由式（3-48）可知，减小横截面积可提高应力与应变的变换灵敏度，但 S 越小抗弯能力越差，易产生横向干扰，为解决这一矛盾，力传感器的弹性元件多采用空心圆筒。在同样横截面积情况下，空心圆筒的横向刚度更大。弹性元件的高度 H 对传感器的精度和动态特性会有影响，实验研究结果建议选用以下方案：

实心圆柱：$H \geqslant 2D + L$；

空心圆柱：$H \geqslant Dd + L$；

这里，H、D、L 分别为圆柱的高、外径、应变片基长；d 为空心圆柱的内径。

目前我国 BLR-1 型电阻应变式拉力传感器、BHR 型荷重传感器都采用空心圆柱，其量程为 0.1 ~ 100t。在火箭发动机承受载荷试验台架实验时，也多采用空心结构传感器，其额定荷重达数十吨。

柱式弹性元件上应变片的粘贴和桥路连接如图 3-15 所示，原则是尽可能地清除偏心和弯矩的影响，R_1 与 R_3、R_2 与 R_4 分别串联摆放在两对臂内，应变片均匀粘贴在圆柱表面中间，当有偏心应力时，一方受拉另一方受压，产生相反变化，可减小弯矩的影响。横向粘贴

的应变片为补偿片，并且有 $R_5=R_6=R_7=R_8$，可提高灵敏度，减小非线性。

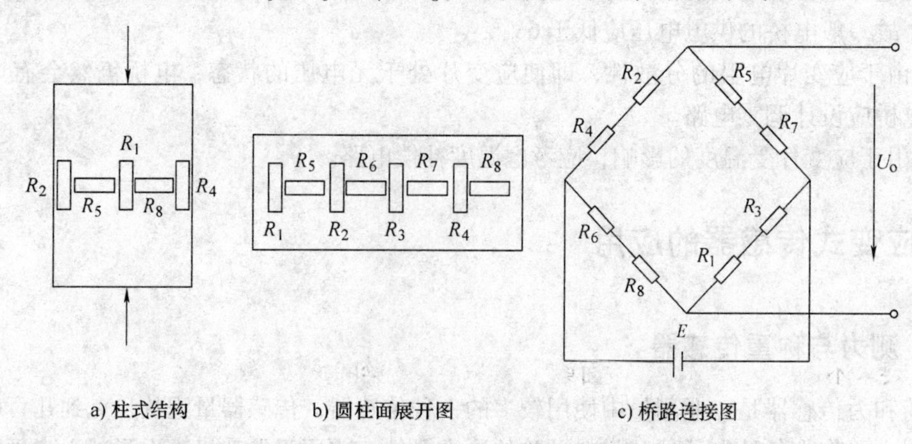

图 3-15　柱式弹性元件上应变片的粘贴和桥路连接

2. 悬臂梁式力传感器

悬臂梁式力传感器是一种高精度、性能优良，结构简单的称重测力传感器，最小可以测量几十克，最大可以测量几十吨的质量，精度可达 0.02% FS。悬臂梁式传感器采用弹性梁和应变片作为转换元件，当力作用在弹性梁上时，弹性梁与应变片一起变形，使应变片电阻值变化，应变电桥输出的电压信号与力成正比。

悬臂梁主要有两种形式：等截面梁和等强度梁。结构特征为弹性元件一端固定，力作用在自由端，所以称悬臂梁。

（1）等截面梁

等截面梁的特点是，悬臂梁的横截面积处处相等，所以称等强度梁，其结构如图 3-16a 所示。当外力 $\boldsymbol{F}$ 作用在梁的自由端时，固定端产生的应变最大，粘贴在应变片处的应变为

$$\varepsilon=\frac{6Fl_0}{bh^2E} \tag{3-49}$$

式中，l_0 为梁上应变片至自由端距离；b 和 h 分别为梁的宽度和梁的厚度。

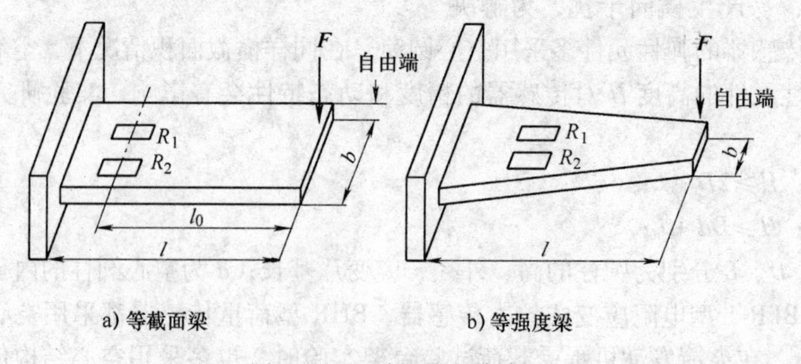

图 3-16　悬臂梁式力传感器

等截面梁测力时，因为应变片的应变大小与力作用距离有关，所以应变片应粘贴在距固定端较近的表面，顺梁的长度方向上下各粘贴两个应变片，四个应变片组成全桥。上面两个

受压时，下面两个受拉，应变大小相等，极性相反。这种称重传感器适用于测量 500kg 以下的荷重。

（2）等强度梁

等强度梁的结构如图 3-16b 所示，悬臂梁长度方向的截面积按一定规律变化，是一种特殊形式的悬臂梁。当力 $\boldsymbol{F}$ 作用在自由端时，距作用点任何位置横截面上应力相等。应变片处的应变大小为

$$\varepsilon = \frac{6\boldsymbol{F}l}{bh^2E} \tag{3-50}$$

在力的作用下，梁表面整个长度上产生大小相等的应变，所以等强度梁对应变片粘贴在什么位置要求不高。另外，除等截面梁、等强度梁，梁的形式还有很多，如平行双孔梁、工字梁、S 形拉力梁等。图 3-17 给出了三种常见的梁式结构。

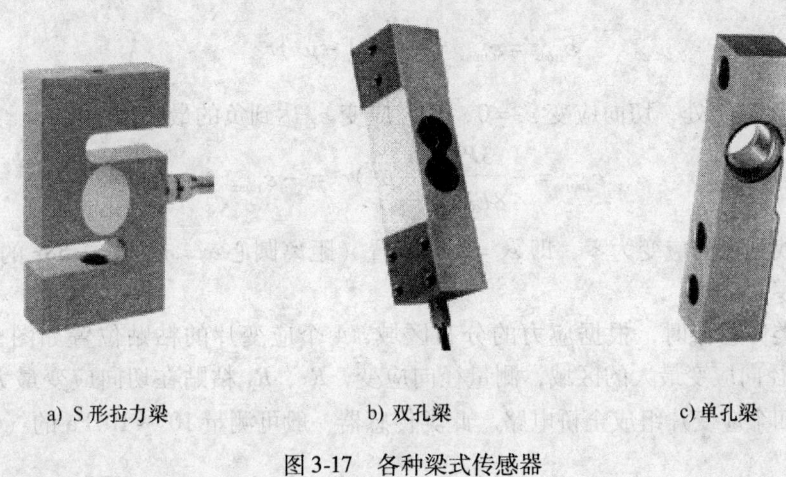

a) S 形拉力梁　　b) 双孔梁　　c) 单孔梁

图 3-17　各种梁式传感器

3. 薄壁圆环式力传感器

圆环式弹性元件结构也较简单，如图 3-18 所示。它的特点是在外力作用下，各点的应力差别较大。

图 3-18 所示的薄壁圆环的厚度为 h，外半径为 R，圆环的宽度为 b，应变片 R_1、R_4 贴在外表面，R_2、R_3 贴在内表面，贴片处的应变量为

$$\varepsilon = \pm\frac{3\boldsymbol{F}[R-(h/2)]}{bh^2E}\left(1-\frac{2}{\pi}\right) \tag{3-51}$$

其线性误差可达 0.2%，滞后误差可达 0.1%，但上下受力点必须是线接触。

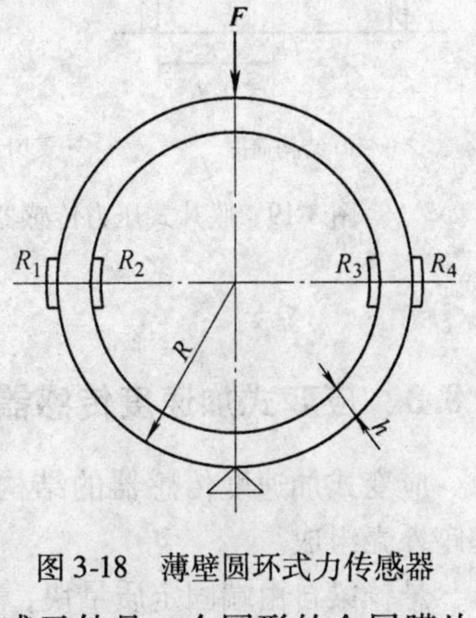

图 3-18　薄壁圆环式力传感器

3.8.2　膜片式压力传感器

膜片式压力传感器主要用于测量管道内部的压力，如内燃机燃气的压力、压差、喷射力，发动机和导弹试验中脉动压力以及各种领域中的流体压力。这类传感器的弹性敏感元件是一个圆形的金属膜片，

结构如图 3-19a 所示，金属弹性元件的膜片周边被固定，当膜片一面收到压力 $\boldsymbol{P}$ 作用时，膜片的另一面有径向应变和切向应变，如图 3-19b 所示，径向应变 ε_r 和切向应变 ε_t 的应变值分别为

$$\varepsilon_r = \frac{3\boldsymbol{P}}{8Eh^2}(1-\mu^2)(r^2-3x^2) \tag{3-52}$$

$$\varepsilon_t = \frac{3\boldsymbol{P}}{8Eh^2}(1-\mu^2)(r^2-x^2) \tag{3-53}$$

式中，r、h 分别为膜片半径和厚度；x 为任意点离圆心距离；E 为膜片的弹性模量；μ 为泊松比。

由膜片式传感器应变变化特性可知，膜片中心（即 $x=0$ 处），径向应变 ε_r 和切向应变 ε_t 都达到正的最大值，这时 ε_r 和 ε_t 大小相等，即

$$\varepsilon_{rmax} = \varepsilon_{tmax} = \frac{3\boldsymbol{P}}{8Eh^2}(1-\mu^2)r^2 \tag{3-54}$$

在膜片边缘 $x=r$ 处，切向应变 $\varepsilon_t=0$，径向应变 ε_r 达到负的最大值。

$$\varepsilon_{rmin} = -\frac{3\boldsymbol{P}}{8Eh^2}(1-\mu^2)r^2 = -\varepsilon_{rmax} \tag{3-55}$$

由此可以找到径向应变为零，即 $\varepsilon_r=0$ 的位置（距离圆心 $x=r/\sqrt{3}\approx0.58r$ 的圆环附近，径向应变变为零）。

在制作此类传感器时，根据应力的分布区域，4 个应变片的粘贴位置如图 3-20 所示。R_1、R_4 粘贴在径向应变最大的区域，测量径向应变，R_2、R_3 粘贴在切向应变最大的区域测量切向应变，四个应变片组成全桥电路。此类传感器一般可测量 $10^5\sim10^6$Pa 的气体压力。

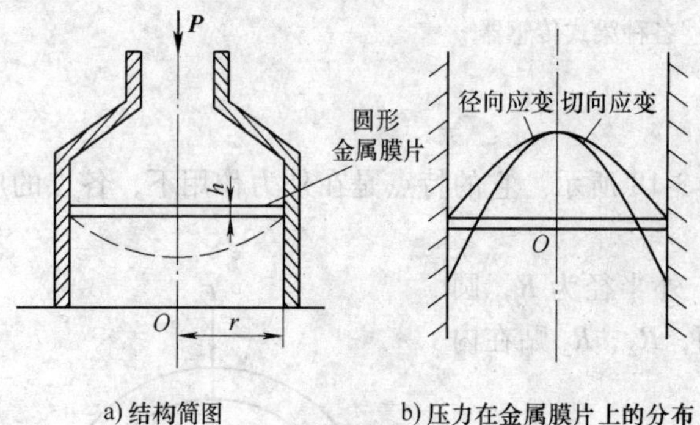

图 3-19　膜片式压力传感器的原理及特性

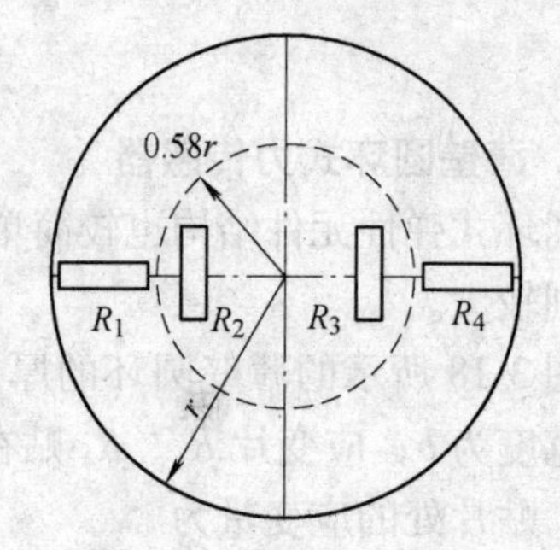

图 3-20　膜片式压力传感器应变片粘贴位置

3.8.3　应变式加速度传感器

应变式加速度传感器的结构原理图如图 3-21 所示，主要由悬臂梁、应变片、质量块、基座外壳组成。

悬臂梁自由端固定质量块，壳体内充满硅油，产生必要的阻尼。基本工作原理是，当壳体与被测物体一起做加速运动时，悬臂梁在质量块的惯性作用下反方向运动，使梁体发生形

变，粘贴在梁上的应变片阻值发生变化。通过测量阻值的变化求出待测物体的加速度。

已知加速度 $a=\boldsymbol{F}/m$，物体与质量块有相同的加速度，物体运动的加速度 a 与它上面产生的惯性力 $\boldsymbol{F}$ 成正比，应变由下式计算：

$$\varepsilon=\frac{6ml}{bh^2E}a \tag{3-56}$$

式中，m 为质量块质量；l 为梁的长度；b 为梁的宽度；h 为梁的厚度。

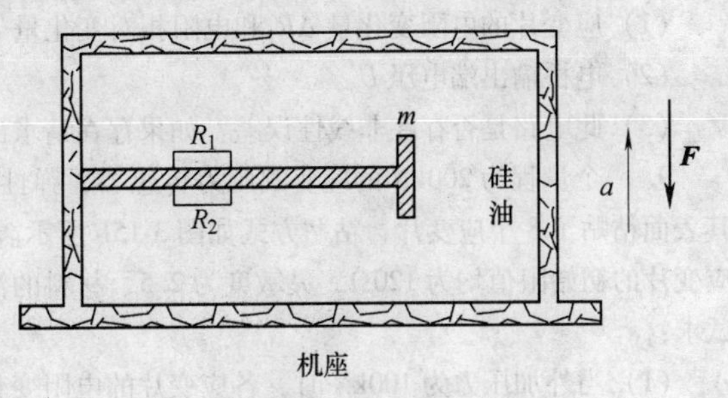

图 3-21　应变式加速度传感器的结构原理图

惯性力的大小可由悬臂梁上的应变片电阻值变化测量，电阻变化引起电桥不平衡输出。梁的上下可各粘贴两个应变片组成全桥。应变片式加速度传感器不适用于测量较高频率的振动冲击，常用于低频振动测量，一般为10~60Hz。

思考题与习题

1. 什么是电阻应变效应？

2. 常用的电阻应变片有哪两种？它们各自是基于什么效应制成的？

3. 应变片的温度误差是如何产生的？采用电桥补偿法时，需要注意哪几点？

4. 等臂的单臂、半桥和全桥测量电路其电压灵敏度之间的关系是什么样的？

5. 减小惠斯顿电桥非线性误差的方法有哪些？

6. 将120Ω的应变片粘贴在弹性试件上，如果试件的截面积为 $S=2.5\times10^{-4}\text{m}^2$，弹性模量为 $E=2\times$ 1011N/m^2，若 $\boldsymbol{F}=1\times105$N 的拉力引起应变片电阻的变化为2Ω，试求该应变片的灵敏度。如果将此应变片接入到等臂电桥的一臂，电桥供电电压为4V，求电桥的输出电压 U_o。

7. 设粘贴于等强度梁上的金属电阻应变片 R_1，其材料的泊松系数为1.0（不考虑横向效应），未受应变时，$R_1=100\Omega$。当试件受力变形后，应变片的电阻变化量 $\Delta R_1=1\Omega$。试求：

（1）该电阻应变片的灵敏度。

（2）应变片所承受的平均应变是多少？

（3）如 R_1 是等臂电桥的一臂，电桥电源为直流5V，求此时电桥输出电压。

（4）该测量电路是否存在非线性误差，如果存在，请计算其非线性误差。

8. 某直流电桥，供电电源电压 $E=5$V，R_1、R_2、R_3、R_4 均为电阻应变片，它们的灵敏度均为 $K=2.0$，未受应变时 $R_1=R_2=R_3=R_4=120\Omega$。应变片粘贴于等强度梁上，如图3-22所示。

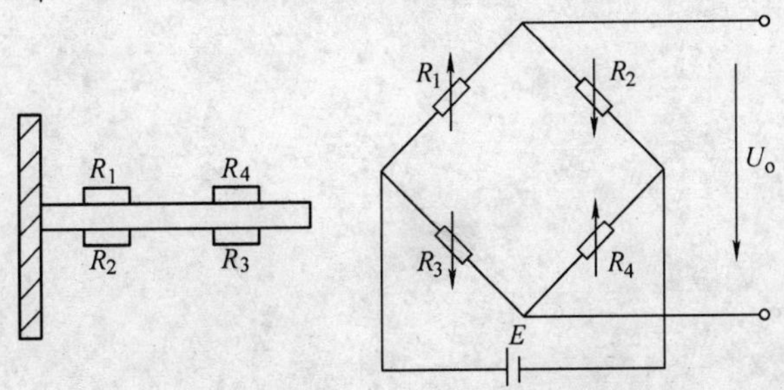

图 3-22　应变片布置及桥路连接图

设等强度梁在受力后产生的应变为 $\varepsilon = 1000\mu m/m$，试求：

（1）应变片的电阻变化量 ΔR_1 和电阻相对变化量 $\Delta R_1/R_1$。

（2）电桥输出端电压 U_o。

（3）此电路是否存在非线性误差？如果存在请求出。

9. 一个量程为200kN的应变式压力传感器，弹性元件为薄壁圆筒式，外径为100mm，内径为90mm，其表面粘贴了8个应变片，粘贴方式如图3-15b所示。接入全桥电路后，桥路连接方式如图3-15c所示。各应变片的初始阻值均为120Ω，灵敏度为2.5，材料的泊松比为0.4，材料的弹性模量为 $E = 2 \times 1011 N/m^2$，试求：

（1）当外加压力为100kN时，各应变片的电阻变化量是多少？

（2）如果电桥供电电压为5V，传感器满量程时，计算电桥输出电压。

（3）计算此传感器的灵敏度。

第4章　温度传感器

温度传感器（Temperature Transducer）是指能感受温度并转换成可用输出信号的传感器，它是通过物体随温度变化而改变某种特性来间接测量的。温度传感器随温度而引起物理参数变化的有：电阻、电容、电动势、磁性能、膨胀、频率、光学特性及热噪声等。温度传感器按测量方式可分为接触式和非接触式两大类。接触式温度传感器需要与被测介质保持热接触，使两者进行充分的热交换而达到同一温度，这一类传感器主要有电阻式、热电偶等。非接触式温度传感器无需与被测介质接触，而是通过被测介质的热辐射或对流传到温度传感器，以达到测温的目的，这一类传感器主要有红外测温传感器。本章主要介绍接触式温度传感器热电阻、热敏电阻及热电偶。

4.1　热电阻

热电阻是利用导体材料的电阻值随温度变化而变化的特性制成的。通过测量其阻值推算出被测物体的温度，以此来实现对温度的测量。基于这个原理构成的传感器就是电阻温度传感器。这种传感器主要用于 -200 ~500℃温度范围内的温度测量。

4.1.1　热电阻的结构与分类

1. 热电阻材料的特性

纯金属是热电阻的主要制造材料，目前使用的纯金属材料有铂（Pt）、铜（Cu）、镍（Ni）和钨（W）等；合金材料有铑铁及铂钴等。工业中应用最广的金属热电阻是铂电阻和铜电阻。

热电阻的材料应具有以下特性：

1）电阻温度系数要大而且稳定，电阻值与温度之间应具有良好的线性关系。

2）电阻率高，热容量小，反应速度快。

3）材料的复现性和工艺性好，价格低。

4）在测温范围内化学物理特性稳定。

2. 热电阻的结构

热电阻由电阻体、保护套管和接线盒等部件组成，如图4-1所示。热电阻丝是绕在骨架上的，骨架采用石英、云母、陶瓷或塑料等材料制成，可根据需要将骨架制成不同的外形。

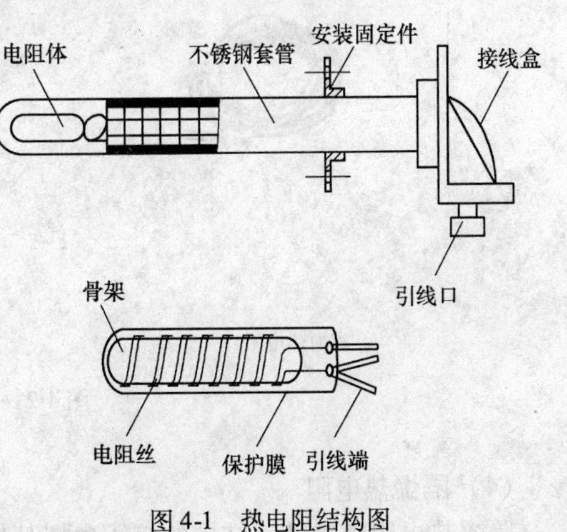

图4-1　热电阻结构图

具体主要分为以下几种形式：

（1）装配热电阻

工业常用装配热电阻，其型式如图4-2a

所示。装配热电阻由感温元件、外保护管、接线盒以及各种用途的固定装置组成，有单支和双支元件两种规格，保护管不但具有抗腐蚀性能，而且具有足够的机械强度，保证产品能安全地使用在各种场合。

（2）铠装热电阻

铠装热电阻是由感温元件（电阻体）、引线、绝缘材料、不锈钢套管组合而成的坚实体，型式如图 4-2b 所示。铠装热电阻与装配热电阻相比，具有直径小、易弯曲、抗振性好、抗污染性强和机械性能好等优点，适宜安装在环境恶劣和装配热电阻无法安装的场合。

（3）端面热电阻

端面热电阻感温元件由特殊处理的电阻丝材绕制，紧贴在温度计端面，其型式如图 4-2c 所示。它与一般轴向热电阻相比，能更正确和快速地反映被测端面的实际温度，适用于测量轴瓦和其他机件的端面温度。

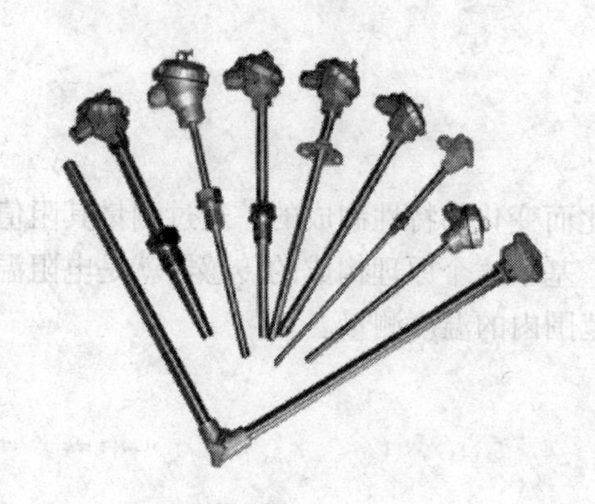

a) 装配热电阻

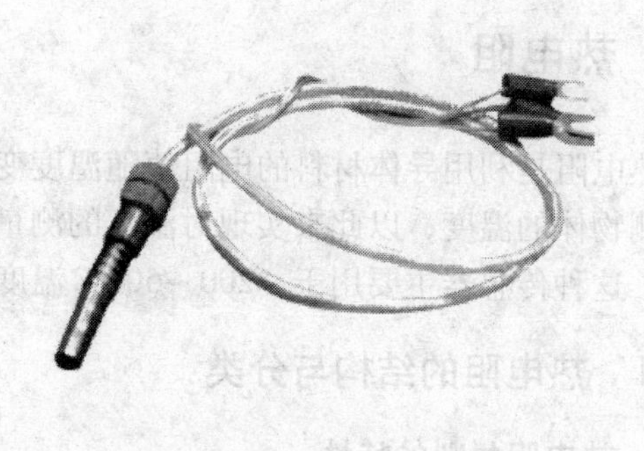

b) 铠装热电阻

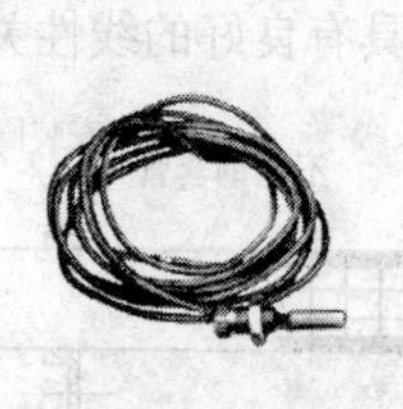

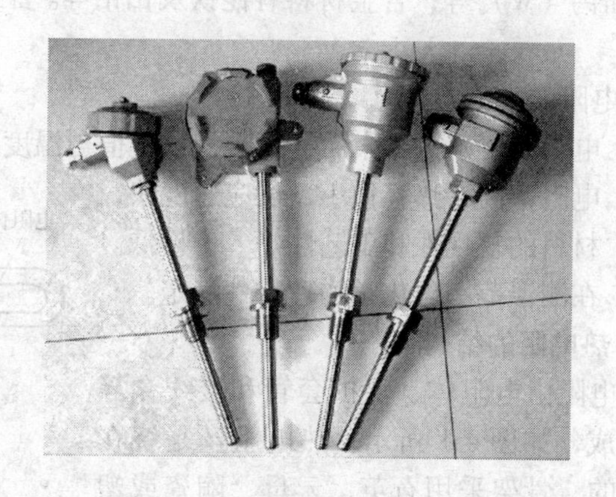

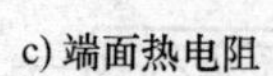

c) 端面热电阻

d) 隔爆热电阻

图 4-2　热电阻分类

（4）隔爆热电阻

隔爆热电阻通过特殊结构的接线盒把其外壳内部爆炸性混合气体因受到火花或电弧等影

响而发生的爆炸局限在接线盒内，生产现场不会发生爆炸。隔爆热电阻可用于 B1a ~ B3c 级区内具有爆炸危险场所的温度测量。型式如图 4-2d 所示。

3. 铂热电阻

铂热电阻以金属铂作为感温元件，内有引线、外有保护套管。其结构图如图 4-3 所示。它通常还与外部的测量电路、控制装置及机械装置等连接在一起构成测温系统。铂热电阻主要有两种形式，分别是 Pt_{100} 和 Pt_{10}，其分度表见附录 A。Pt_{100} 和 Pt_{10} 的电阻值在 0℃时分别为 100Ω 和 10Ω。

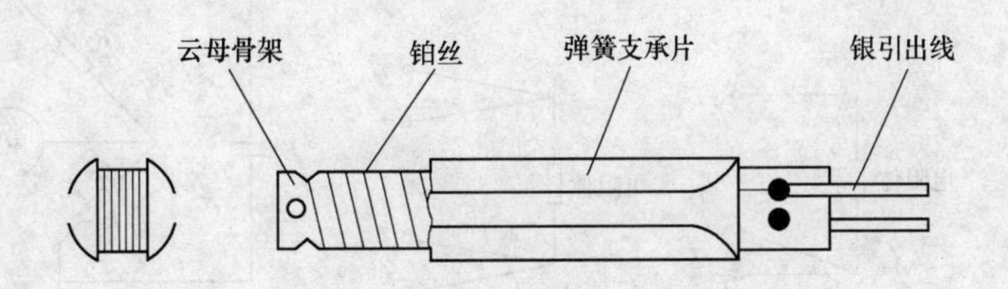

图 4-3 铂热电阻结构示意图

铂电阻与温度之间的关系接近于线性，在 0 ~ 850℃范围内可用式（4-1）表示：

$$R_t = R_0(1 + At + Bt^2) \tag{4-1}$$

在 −200 ~ 0℃范围内可用式（4-2）表示

$$R_t = R_0[1 + At + Bt^2 + C(t - 100)t^3] \tag{4-2}$$

式中，R_0、R_t 为温度 0℃及 t°时铂电阻的电阻值，t 为任意温度，A、B、C 为温度系数，由实验确定，$A = 3.908 \times 10^{-3}/℃$，$B = -5.802 \times 10^{-7}/℃^2$，$C = -4.274 \times 10^{-12}/℃^4$。

由式（4-1）和式（4-2）看出，当 R_0 值不同时，在同样温度下，其 R_t 值也不同。

按照《工业铂热电阻技术条件及分度表》JB/T 8622—1977 查到的温度系数，结果保留到小数点后 3 位。

4. 铜热电阻

在测温精度要求不高，且测温范围比较小的情况下，可采用铜电阻做成热电阻材料代替铂电阻。铜热电阻结构示意图如图 4-4 所示。铜热电阻主要有两种形式，分别是 Cu_{100} 和 Cu_{50}，其分度表见附录 B。Cu_{100} 和 Cu_{50} 的电阻值在 0℃时分别为 100Ω 和 50Ω。

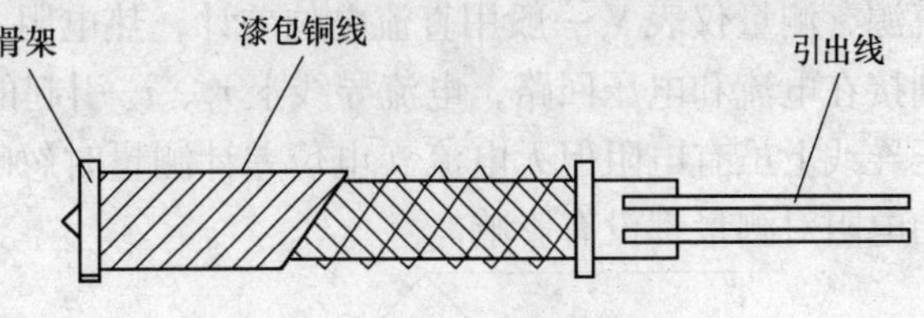

图 4-4 铜热电阻结构示意图

在 −50 ~ 150℃，铜电阻与温度成线性关系，其电阻与温度关系的表达式可用式（4-3）表示

$$R_t = R_0(1 + \alpha t) \tag{4-3}$$

式中，α 为 0℃时铜热电阻温度系数，$\alpha = 4.28 \times 10^{-3}/℃$。

4.1.2 热电阻的测量电路

热电阻传感器的测量电路常采用直流电桥电路。由于工业用热电阻安装在生产现场，离控制室较远，因此热电阻的引出线对测量结果有较大影响。目前，热电阻引出线的连接方式有两线制、三线制和四线制三种。热电阻内部引线方式如图 4-5 所示。

1. 两线制

两线制的连接形式如图 4-6 所示。从图中可以看出，引线电阻 r 和 R_t 一起构成测量电阻，即测量电阻为 R_t+2r。这种引线连接形式简单、费用低，但引线电阻及引线电阻的变化会带来附加误差。因此，两线制适用于引线不长、测温精度要求较低的场合，确保引线电阻值远小于热电阻值。

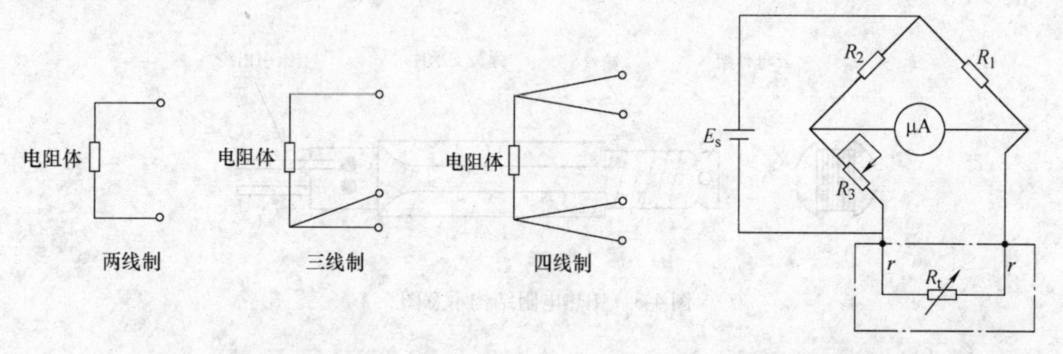

图 4-5　热电阻内部引线方式　　　　图 4-6　热电阻两线制接线图

2. 三线制

为了消除两线制中引线电阻的影响，工业热电阻通常采用三线制连接形式，如图 4-7 所示。这种引线连接形式，由于在邻臂中也引入了一个电阻 r，因此可以部分消除两线制中引线电阻的影响，其测量精度高于两线制，在工业测温系统中广泛应用。

3. 四线制

在高精度测量中，热电阻引出线的连接形式可采用四线制，如图 4-8 所示。图中 I 为恒流源，测量仪表 V 一般用直流电位差计，热电阻上引出各为 r_1、r_4 和 r_2、r_3 的四根导线，分别接在电流和电压回路，电流导线上 r_1、r_4 引起的电压降，不在伏特表的测量范围内，而电压导线上虽有电阻但无电流（电位差计测量时忽略电流，认为内阻无穷大），所以四根导线的电阻对测量都没有影响。

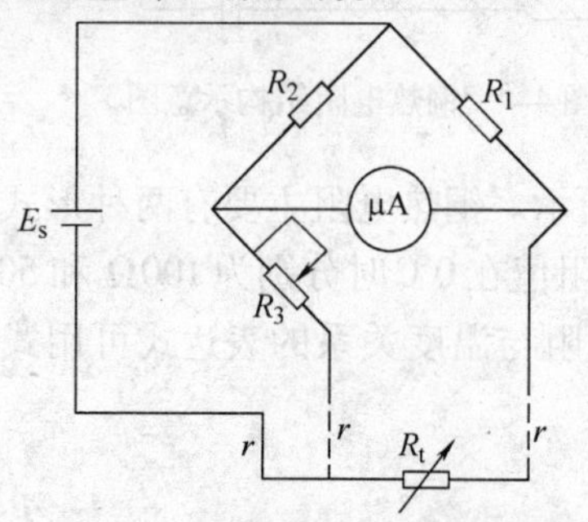

图 4-7　热电阻三线制接线图

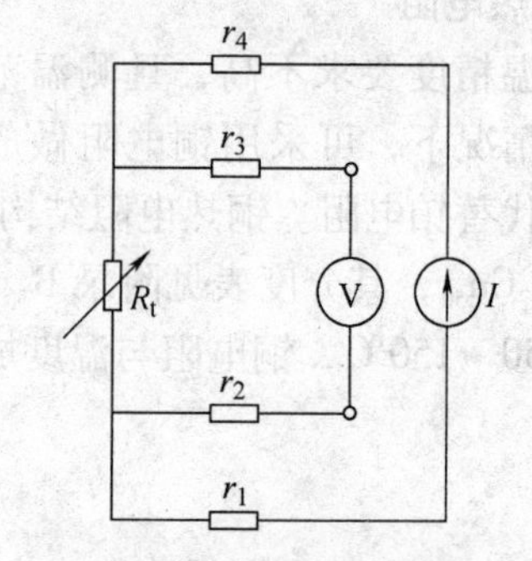

图 4-8　热电阻四线制接线图

4.1.3　热电阻的应用

热电阻传感器主要用于测量温度以及与温度有关的物理量，例如，压力、流量、气体和液体的成分分析等。此外，可作温度补偿、过负荷保护、火灾报警以及温度控制等，应用十分广泛。

1. 测温电路

利用铂电阻进行高精度温度测量的电路原理图如图4-9所示。该电路测温范围为20～120℃，对应的输出电压为0～2V，该输出电压可作为输入信号在单片机上进行显示和控制。该铂电阻型号为EL-700，它是一种新型的厚膜铂电阻。它采用三线制接入测量电桥中，以便减少连接引线带来的测量误差。测量电桥的输出电压经A1进行信号放大，经由A2组成的低通滤波器进行滤波。测量前的电路调节采用标准电阻箱来代替传感器，在$T=20$℃时，调节RP1使输出$U_o=0$V；在$T=120$℃时，调节RP2使$U_o=2.0$V。

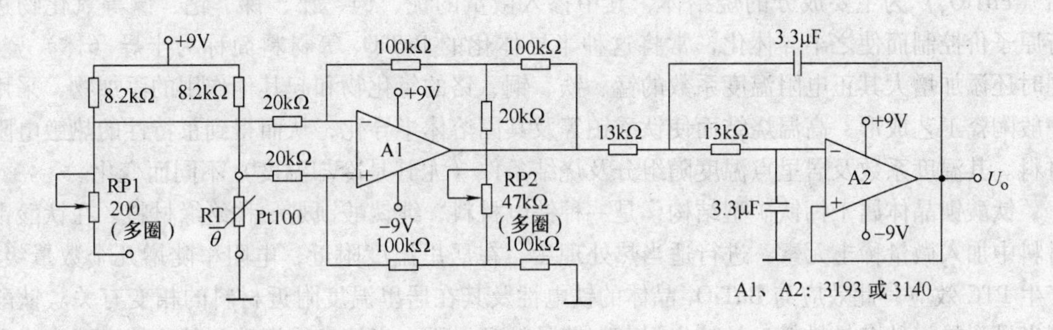

图4-9　铂电阻测温电路

2. 管道流量测量

利用热电阻流量计进行管道流量测量的原理图如图4-10所示。RT_1、RT_2分别为两个铂电阻探头，其中，RT_1放在管道中央，它的散热情况受介质流速的影响；RT_2放在温度与流体相同但不受介质流速影响的小室中。将RT_1、RT_2接入电桥电路当中，当介质处于静止状态时，电桥处于平衡状态，流量计没有指示。当介质流动时，由于介质流动会带走热量，此时RT_1周围的温度发生变化从而引起其阻值变化，导致电桥失去平衡而有输出，因此，电流计的指示就直接反映了流量的大小。

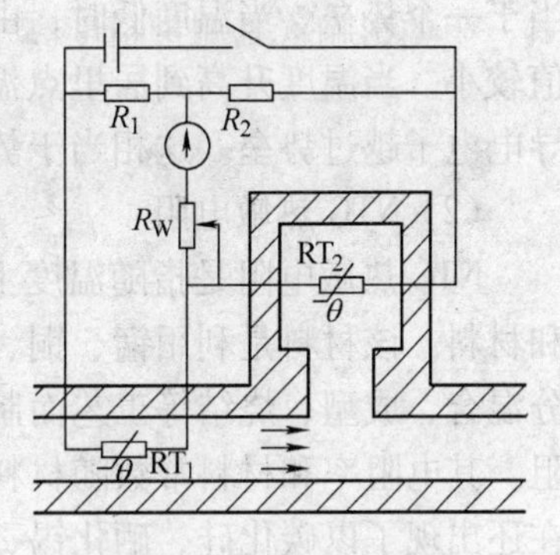

图4-10　管道流量测量

4.2 热敏电阻

热敏电阻是一种热敏元件，它是利用半导体材料电阻率随温度显著变化的特性制成的。热敏电阻通常由金属氧化物和化合物按不同的配方比例烧结而成。

热敏电阻的主要特点是：灵敏度较高，其电阻温度系数要比金属大10～100倍，能检测出10^{-6}℃的温度变化；工作温度范围宽，常温器件适用于-55～315℃，高温器件适用温度高于315℃（目前最高可达到2000℃），低温器件适用于-273～55℃；体积小，能够测量其他温度计无法测量的空隙、腔体及生物体内血管的温度；使用方便，电阻值可在（0.1 ~ 100）kΩ 间任意选择；易加工成复杂的形状，可大批量生产；稳定性好、过载能力强。

1. 分类

热敏电阻包括正温度系数（Positive Temperature Coefficient，PTC）热敏电阻、负温度系数（Negative Temperature Coefficient，NTC）热敏电阻和临界温度系数热敏电阻（Critical Temperature Resistors，CTR）。

（1）PTC 热敏电阻

PTC 热敏电阻是指在某一温度下电阻急剧增加、具有正温度系数的热敏电阻现象或材料，可专门用作恒定温度传感器。该材料是以钛酸钡（$BaTiO_3$）、钛酸锶（$SrTiO_3$）或钛酸铅（$PbTiO_3$）为主要成分的烧结体，其中掺入微量的铌、钽、铋、锑、钇、镧等氧化物进行原子价控制而使之半导体化，常将这种半导体化的 $BaTiO_3$ 等材料简称为半导（体）瓷；同时还添加增大其正电阻温度系数的锰、铁、铜、铬的氧化物和起其他作用的添加物，采用一般陶瓷工艺成形、高温烧结而使钛酸铂等及其固溶体半导化，从而得到正特性的热敏电阻材料。其温度系数及居里点温度随组分及烧结条件（尤其是冷却温度）不同而变化。

钛酸钡晶体属于钙钛矿型结构，是一种铁电材料，纯钛酸钡是一种绝缘材料。在钛酸钡材料中加入微量稀土元素，进行适当热处理后，在居里温度附近，电阻率陡增几个数量级，产生 PTC 效应，此效应与 $BaTiO_3$ 晶体的铁电性及其在居里温度附近材料的相变有关。钛酸钡半导瓷是一种多晶材料，晶粒之间存在着晶粒间界面。当该半导瓷达到某一特定温度或电压时，晶体粒界就发生变化，从而电阻急剧变化。

钛酸钡半导瓷的 PTC 效应起因于粒界（晶粒间界）。对于导电电子来说，晶粒间界面相当于一个势垒。当温度低时，由于钛酸钡内电场的作用，导致电子极容易越过势垒，则电阻值较小。当温度升高到居里点温度（即临界温度）附近时，内电场受到破坏，它不能帮助导电电子越过势垒。这相当于势垒升高，电阻值突然增大，产生 PTC 效应。

（2）NTC 热敏电阻

NTC 热敏电阻是指随温度上升电阻呈指数关系减小、具有负温度系数的热敏电阻现象和材料。该材料是利用锰、铜、硅、钴、铁、镍、锌等两种或两种以上的金属氧化物进行充分混合、成型、烧结等工艺而制成的半导体陶瓷，可制成具有负温度系数（NTC）的热敏电阻。其电阻率和材料常数随材料成分比例、烧结气氛、烧结温度和结构状态不同而变化。现在还出现了以碳化硅、硒化锡、氮化钽等为代表的非氧化物系 NTC 热敏电阻材料。

NTC 热敏电阻器的发展经历了漫长的阶段。1834 年，科学家首次发现了硫化银有负温度系数的特性。1930 年，科学家发现氧化亚铜 - 氧化铜也具有负温度系数的性能，并将之成功地运用在航空仪器的温度补偿电路中。随后，由于晶体管技术的不断发展，热敏电阻器的研究取得重大进展。1960 年研制出了 NTC 热敏电阻器。

（3）CTR 热敏电阻

CTR 热敏电阻是指具有负电阻突变特性的热敏电阻现象和材料，在某一温度下，电阻值随温度的增加急剧减小，具有很大的负温度系数。构成材料是钒、钡、锶、磷等元素氧化物的混合烧结体，是半玻璃状的半导体，也称 CTR 为玻璃态热敏电阻。骤变温度随添加锗、钨、钼等的氧化物而变。这是由于掺入不同的杂质，使氧化钒的晶格间隔不同造成的。若在适当的还原气氛中五氧化二钒变成二氧化钒，则电阻急变温度变大；若进一步还原为三氧化二钒，则急变消失。产生电阻急变的温度对应于半玻璃半导体物性急变的位置，因此产生半导体－金属相移。CTR 能够作为控温报警等应用。

2. 基本特性

热敏电阻的温度特性曲线如图4-11所示。

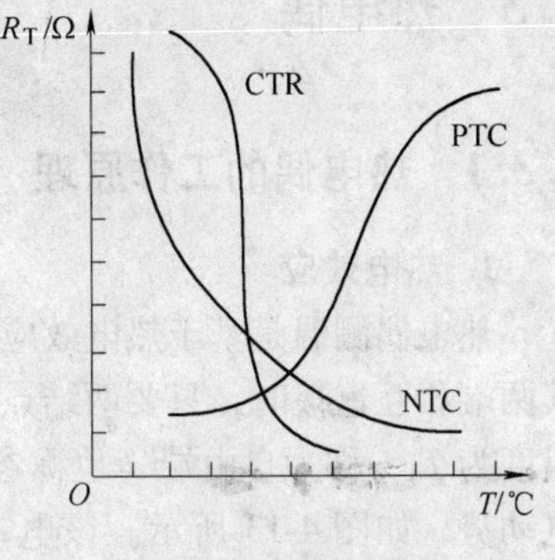

图4-11　热敏电阻的温度特性曲线

PTC 热敏电阻的电阻-温度特性可近似用实验公式表示为

$$R_T = R_{T_0}\exp[A(T-T_0)] \tag{4-4}$$

式中，R_T、R_{T_0}为热敏电阻在温度分别为T(K)、T_0(K)时的电阻值，A为热敏电阻的材料常数。其中，T(K)$=t$(℃)+273.15。

NTC 热敏电阻的电阻-温度特性可近似表示为

$$R_T = R_{T_0}\exp\left[B\left(\frac{1}{T}-\frac{1}{T_0}\right)\right] \tag{4-5}$$

式中，R_T、R_{T_0}为热敏电阻在温度分别为T（K）、T_0（K）时的电阻值，B为热敏电阻的材料常数。其中，T（K）$=t$（℃）+273.15。

3. 热敏电阻的应用

热敏电阻在工业上可用于温度的测量与控制，利用 NTC 热敏电阻的自热特性可实现自动增益控制、温度补偿，可构成 RC 振荡器稳幅电路、延迟电路和保护电路，在自热温度远大于环境温度时阻值还与环境的散热条件有关，因此还可以利用热敏电阻这一特性制成流速计、流量计、气体分析仪、热导分析中的专用检测元件。

热敏电阻在日常生活中，可用于汽车某部位的温度检测与调节，还可大量用于民用设备，如控制瞬间开水器的水温、空调器与冷库的温度、彩色电视自动消磁、火灾报警等。

除此之外，热敏电阻还能起到“开关”的作用，兼有敏感元件、加热器和开关三种功能，称之为“热敏开关”。即电流通过元件后引起温度升高，即发热体的温度上升，当超过居里点温度后，电阻增加，从而限制电流增加，于是电流的下降导致元件温度降低，电阻值的减小又使电路电流增加，元件温度升高，周而复始，因此具有使温度保持在特定范围的功能，又起到开关作用。利用这种阻温特性做成加热源，可对电气设备起到过热保护，还可以作为暖风器、电烙铁、烘衣柜、空调等设备的加热元件。

利用热敏电阻制成的电子体温计的电路原理图如图4-12所示。热敏电阻 RT 和 R_1、R_2、R_3 及 RP_1 构成电桥电路。在温度为20℃时，选择 R_1、R_3 并调节 RP_1，使电桥平衡。当温度升高时，热敏电阻 RT 的阻值变小，电桥处于不平衡状态，电桥输出的不平衡电压由运算放大器放大，放大后的不平衡电压引起接在运算放大器反馈电路中的微安表的相应偏转。再将毫安表数值转换为对应的温度数值，即可实现体温的测量。图中热敏电阻器选用的阻值在500～

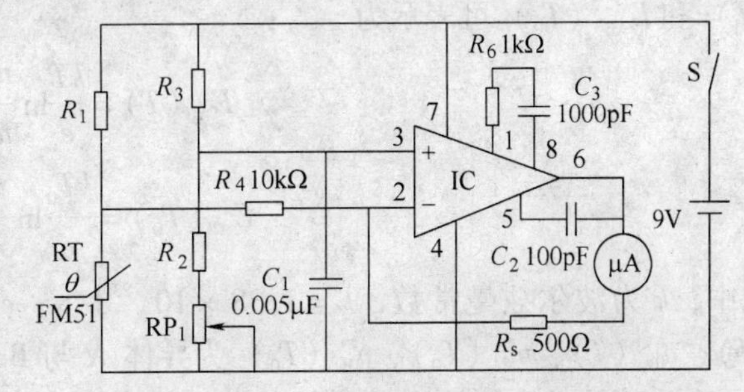

图4-12　电子体温计电路图

5000Ω 之间。本例中采用的热敏电阻的阻值为 1000Ω。

4.3 热电偶

4.3.1 热电偶的工作原理

1. 热电效应

热电偶测温是基于热电效应原理。当有两种不同的导体或半导体 A 和 B 组成一个回路，其两端相互连接时，只要两结点处的温度不同，一端温度为 T，称为工作端或热端，另一端温度为 T_0，称为自由端（也称参考端）或冷端，则回路中就有电流产生，即回路中存在的电动势，如图 4-13 所示。该电动势称为热电动势。两种不同导体或半导体的组合称为热电偶。这种由于温度不同而产生电动势的现象称为热电效应（即塞贝克效应）。

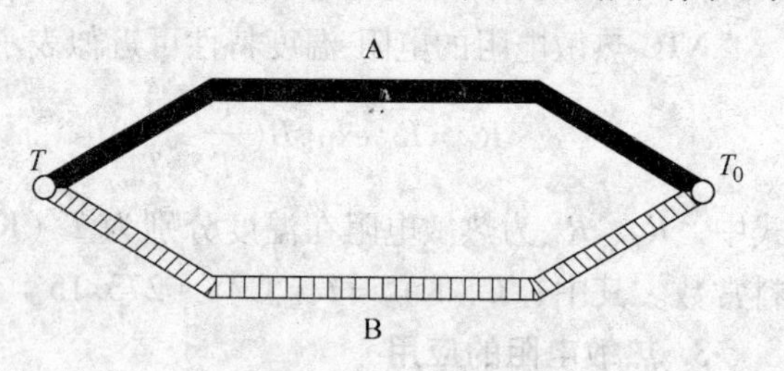

图 4-13　热电偶原理图

热电偶的热电动势 E_{AB}（T，T_0）是由接触电动势和温差电动势组成的。

2. 接触电动势

接触电动势是指两种不同的导体或半导体在接触处产生的电动势。当两种不同导体或半导体连接在一起时，由于不同导体或半导体的自由电子密度不同，在接触点处就会发生电子迁移扩散。失去自由电子的导体或半导体带正电，得到自由电子的导体或半导体带负电，如图 4-14 所示。当扩散达到平衡时，在两种导体或半导体的接触处形成电动势，称为接触电动势。接触电动势的大小取决于两种不同导体或半导体的材料特性和接触点的温度，而与导体或半导体的直径、长度、几何形状等无关。在温度为 T 时，两接触点的接触电动势 E_{AB}（T）和 E_{AB}（T_0）可表示为

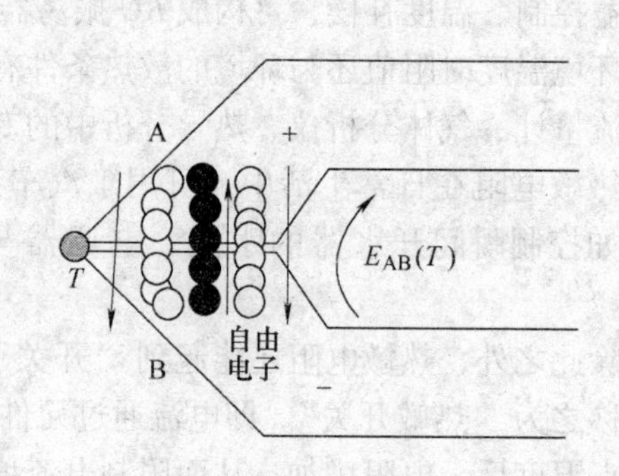

图 4-14　接触电动势

$$E_{AB}(T)=\frac{kT}{e}\ln\frac{n_A(T)}{n_B(T)} \tag{4-6}$$

$$E_{AB}(T_0)=\frac{kT_0}{e}\ln\frac{n_A(T_0)}{n_B(T_0)} \tag{4-7}$$

式中，k 为波尔兹曼常数，$k=1.38\times10^{-23}$ J/K；e 为电子的电荷量，$e=1.6\times10^{-19}$ C；n_A（T）、n_B（T）、n_A（T_0）、n_B（T_0）为导体 A 与 B 分别在温度 T 和 T_0 下的自由电子密度；T、T_0 为两接触点处的绝对温度。

3. 温差电动势

温差电动势是指同一导体或半导体在温度不同的两端产生的电动势。对于同一导体或半导体，如果其两端的温度不同，在导体或半导体内部，热端的自由电子具有较大的动能，将

向冷端移动，导致热端失去电子带正电，冷端得到电子带负电。在导体或半导体两端便形成温差电动势。温差电动势只与导体或半导体的性质和两端的温度有关，而与导体或半导体的长度、截面积大小、沿其长度方向的温度分布无关。温差电动势可表示为

$$E_A(T,T_0)=\frac{k}{e}\int_{T_0}^{T}\frac{1}{n_A(T)}\mathrm{d}[n_A(T)T] \tag{4-8}$$

$$E_B(T,T_0)=\frac{k}{e}\int_{T_0}^{T}\frac{1}{n_B(T)}\mathrm{d}[n_B(T)T] \tag{4-9}$$

4. 总电动势

热电偶回路中产生的总热电动势由接触电动势和温差电动势组成。如图4-15所示。但实践证明，热电偶回路中所产生的热电动势主要是由接触电动势引起的，温差电动势所占比例极小，可以忽略不计。因此回路的总热电动势可表示为

$$\begin{aligned}E_{AB}(T,T_0)&=E_{AB}(T)-E_A(T,T_0)-E_{AB}(T_0)+E_B(T,T_0)\\&\approx E_{AB}(T)-E_{AB}(T_0)\\&=\frac{k}{e}\left[T\ln\frac{n_A(T)}{n_B(T)}-T_0\ln\frac{n_A(T_0)}{n_B(T_0)}\right]\end{aligned} \tag{4-10}$$

有关热电偶回路的几个结论：

1）如果组成热电偶回路的两种导体材料相同，即 $n_A=n_B$，则无论热电偶两端温度如何，热电偶回路内的总热电动势为零。

2）如果热电偶两端温度相同，即 $T=T_0$，则尽管组成热电偶的两种导体材料不同，热电偶回路内的总热电动势亦为零。

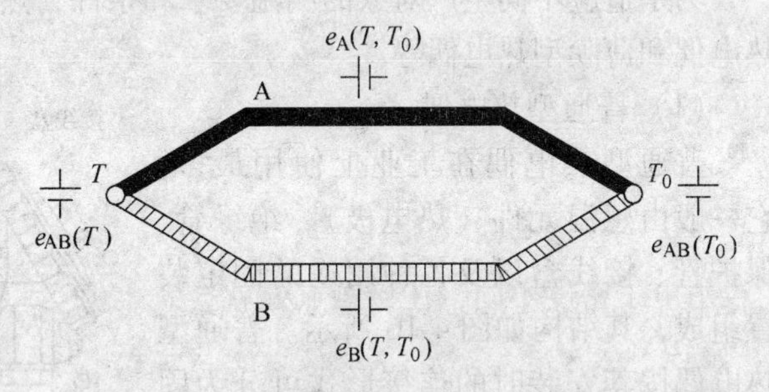

图4-15 热电偶回路总热电动势原理图

3）热电偶产生的热电动势大小与导体材料（n_A、n_B）和接触点温度（T、T_0）有关，与其尺寸、形状等无关。

4）电子密度取决于热电偶材料的特性和温度，当热电极A、B选定后，总热电动势 E_{AB}（T，T_0）就是两接触点温度 T 和 T_0 的函数差，即

$$E_{AB}(T,T_0)=f(T)-f(T_0) \tag{4-11}$$

如果冷端温度 T_0 固定不变，则热电偶的总热电动势就只与温度 T 成一定的函数关系，即

$$E_{AB}(T,T_0)=f(T)-C=\varphi(T) \tag{4-12}$$

5）已知热电偶两接触点温度为 T_1、T_3，热电偶中间温度为 T_2，则热电偶的热电动势 E_{AB}（T_1，T_3）与 A、B 材料中间温度 T_2 无关，只与端点温度 T_1、T_3 有关。即

$$\begin{aligned}E_{AB}(T_1,T_3)&=E_{AB}(T_1,T_2)+E_{AB}(T_2,T_3)\\&=E_{AB}(T_1)-E_{AB}(T_2)+E_{AB}(T_2)-E_{AB}(T_3)\\&=E_{AB}(T_1)-E_{AB}(T_3)\end{aligned} \tag{4-13}$$

对于不同金属组成的热电偶，温度与热电动势之间有不同的函数关系，一般通过实验方法来确定，并将不同温度下所测得的结果列成表格，编制出针对各种热电偶的热电动势与温度的对照表，称为分度表，供使用时查阅。见附录C。表中的温度按10℃分档，其中间值可按内插法计算，即

$$T_M = T_L + \frac{E_M - E_L}{E_H - E_L}(T_H - T_L) \tag{4-14}$$

式中，T_M 为被测温度值；T_H 为高温度值；T_L 为低温度值；E_M、E_H、E_L 分别为温度 T_M、T_H、T_L 所对应的热电动势。

4.3.2 热电偶的结构与分类

工业热电偶作为测量温度的传感器，通常和显示仪表、记录仪表和电子调节器配套使用，它可以直接测量各种生产过程中0～1800℃范围的液体、蒸汽和气体介质以及固体表面的温度。

1. 热电偶的结构

为了适应不同生产对象的测温要求和条件，热电偶的结构型式有普通型热电偶、铠装型热电偶和薄膜型热电偶等。

（1）普通型热电偶

普通型热电偶在工业上使用最多，它一般由感温元件（热电极）、绝缘管、保护管、接线盒以及各种用途的固定装置组成，其结构如图4-16所示。普通型热电偶按其安装时的连接形式可分为固定螺纹连接、固定法兰连接、活动法兰连接、无固定装置等多种形式。

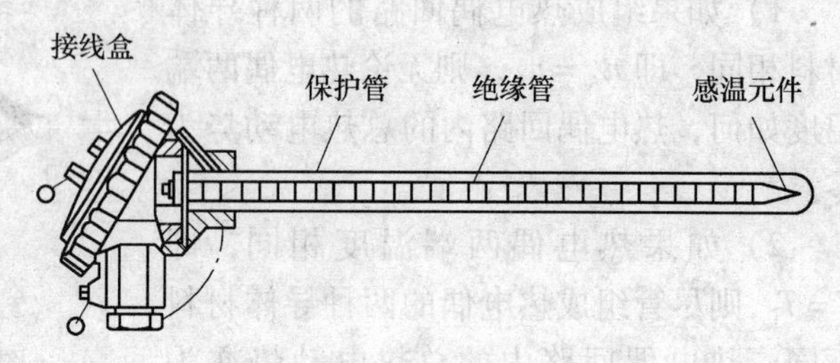

图4-16　普通型热电偶结构图

感温元件又叫热电极，它是热电偶的基本组成部分。普通金属做成的热电极，其直径一般在0.5～3.2mm；贵重金属做成的热电极，其直径一般在0.3～0.6mm。热电极的长度由使用情况和安装条件决定，通常为300～2000mm，常用长度为350mm。

绝缘管是用于热电极之间及热电极和保护管之间的绝缘保护，其形状一般为圆形或椭圆形，中间开有两个、四个或六个孔，热电极穿孔而过。制作绝缘管的材料一般为粘土、高铝、刚玉等。

保护管是用来保护热电偶感温元件免受被测介质化学腐蚀和机械损伤的装置。它应具有耐高温、耐腐蚀的特性，且导热性、气密性好。制作材料包括金属、非金属及金属陶瓷三大类。

接线盒是用来固定接线座和作为连接补偿导线的装置。根据被测对象和现场环境条件，设计有普通式、防溅式、防水式和插座式四种结构。

（2）铠装型热电偶

铠装型热电偶又称套管热电偶。它是由热电偶丝、绝缘材料和金属套管三者经拉伸加工而成的坚实组合体，铠装型热电偶的主要优点是测温端热容量小，动态响应快，机械强度

高，弯曲性好，可安装在结构复杂的装置上，因此被广泛用在许多工业部门中。其结构如图4-17所示。

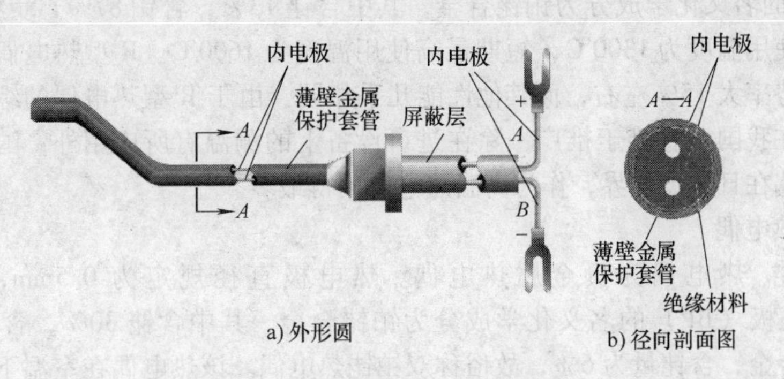

a) 外形圆　　b) 径向剖面图

图4-17　铠装型热电偶结构图

(3) 薄膜型热电偶

薄膜型热电偶是由两种薄膜热电极材料用真空蒸镀、化学涂层等办法蒸镀到绝缘基板上而制成的一种特殊热电偶，薄膜型热电偶的热接点可以做得很小（0.01～0.1μm)，具有热容量小、反应速度快等特点，热响应时间达到微秒级，适用于微小面积上的表面温度以及快速变化的动态温度测量。其结构如图4-18所示。

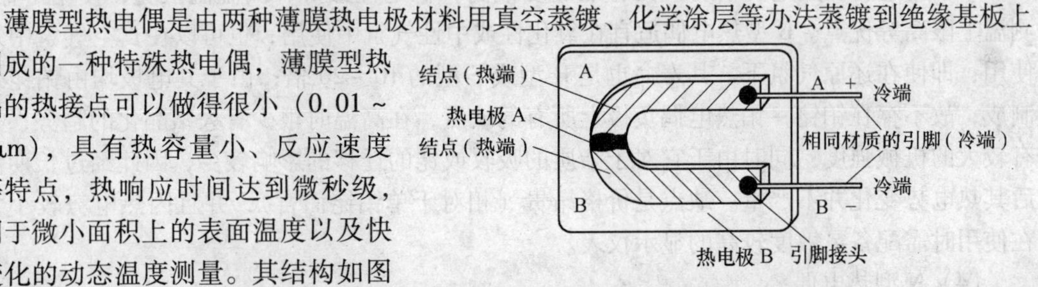

图4-18　薄膜型热电偶结构图

2. 热电偶的种类

常用热电偶可分为标准化热电偶和非标准化热电偶两大类。标准化热电偶是指国家标准规定了其热电势与温度的关系、允许误差、并有统一的标准分度表的热电偶，有与其配套的显示仪表可供选用。非标准化热电偶在使用范围或数量级上均不及标准化热电偶，一般也没有统一的分度表，主要用于某些特殊场合的测量。我国从1988年1月1日起，热电偶和热电阻全部按国际电工委员会（IEC）国际标准生产，并推荐了8种类型的热电偶作为标准化热电偶，即为T型、E型、J型、K型、N型、B型、R型和S型。其中S型、R型、B型属于贵金属热电偶，N型、K型、J型、E型、T型属于廉金属热电偶。

(1) S型热电偶

铂铑$_{10}$-铂热电偶为贵金属热电偶。热电极直径规定为0.5mm，允许偏差－0.015mm，其正极（SP）的名义化学成分为铂铑合金，其中含铑10%，含铂90%，负极（SN）为纯铂，故俗称单铂铑热电偶。该热电偶长期最高使用温度为1300℃，短期最高使用温度为1600℃。该热电偶的优点是材料热电性能稳定、抗氧化性强、宜在氧化性气氛中连续使用；测量精度高，它是在所有热电偶中准确度等级最高的，可做成标准热电偶或基准热电偶，用于实验室或校验其他热电偶；测量温度较高，一般用来测量1000℃以上高温；使用范围较广，均匀性及互换性好。主要缺点是热电势较弱，因而灵敏度较低；材料属贵金属，成本较高；机械强度低，不适宜在还原性气氛或有金属蒸气的条件下使用。

（2）R 型热电偶

铂铑$_{13}$ - 铂热电偶为贵金属热电偶。热电极直径规定为 0.5mm，允许偏差 -0.015mm，其正极（RP）的名义化学成分为铂铑合金，其中含铑 13%，含铂 87%，负极（RN）为纯铂，长期最高使用温度为 1300℃，短期最高使用温度为 1600℃。R 型热电偶同 S 型热电偶相比，它的电势率大 15% 左右，而其他性能几乎相同。由于 R 型热电偶的综合性能与 S 型热电偶相当，在我国一直难于推广，除在进口设备上的测温有所应用外，国内测温很少采用。该种热电偶在日本产业界，作为高温热电偶用得最多。

（3）B 型热电偶

铂铑$_{30}$-铂铑$_{6}$ 热电偶为贵金属热电偶。热电极直径规定为 0.5mm，允许偏差 -0.015mm，其正极（BP）的名义化学成分为铂铑合金，其中含铑 30%，含铂 70%，负极（BN）为铂铑合金，含铑量为 6%，故俗称双铂铑热电偶。该热电偶在室温下，其热电势很小，故在测量时一般不用补偿导线，可忽略冷端温度变化的影响；长期最高使用温度为 1600℃，短期最高使用温度为 1800℃。

B 型热电偶在热电偶系列中具有准确度最高，稳定性最好，测温温区宽，使用寿命长，测温上限高等优点。B 型热电偶适宜在氧化性或中性气氛中使用，也可以在真空气氛中短期使用；即使在还原气氛下，其寿命也是 R 型或 S 型的 10 ~ 20 倍；由于其电极均由铂铑合金制成，故不存在铂铑 - 铂热电偶负极上所有的缺点，在高温时很少有大结晶化的趋势，且具有较大的机械强度；同时由于它对于杂质的吸收或铑的迁移的影响较少，因此经过长期使用后其热电势变化并不严重。缺点是价格昂贵（相对于单铂铑而言），并且因热电势较小，故在使用时需配备灵敏度较高的显示仪表。

（4）N 型热电偶

镍铬硅-镍硅热电偶为廉金属热电偶，是一种最新国际标准化的热电偶，是在 20 世纪 70 年代初由澳大利亚国防部实验室研制成功的，它克服了 K 型热电偶的两个重要缺点：K 型热电偶在 300 ~ 500℃ 由于镍铬合金的晶格短程有序而引起的热电动势不稳定；在 800℃ 左右由于镍铬合金发生择优氧化引起的热电动势不稳定。正极（NP）的名义化学成分为 Ni: Cr: Si = 84.4: 14.2: 1.4，负极（NN）的名义化学成分为 Ni: Si: Mg = 95.5: 4.4: 0.1，其使用温度为 -200 ~ 1300℃。在 1300℃ 以下调温抗氧化能力强，长期稳定性及短期热循环复现性好，耐核辐射及耐低温性能好。另外，在 400 ~ 1300℃ 范围内，N 型热电偶的热电特性的线性比 K 型热电偶要好；但在低温范围内（-200 ~ 400℃）的非线性误差较大。同时，材料较硬难以加工。

N 型热电偶具有线性度好，热电动势较大，灵敏度较高，稳定性和均匀性较好，抗氧化性能强，价格便宜，不受短程有序化影响等优点，其综合性能优于 K 型热电偶，是一种很有发展前途的热电偶。

（5）K 型热电偶

镍铬 - 镍硅（镍铝）热电偶的正极（KP）为含铬 10% 的镍铬合金（用 88.4% ~ 89.7% 镍、9% ~ 10% 铬、0.6% 硅、0.3% 锰、0.4% ~ 0.7% 钴冶炼而成），负极（KN）为含硅 3% 的镍硅合金（用 95.7% ~ 97% 镍、2% ~ 3% 硅、0.4% ~ 0.7% 钴冶炼而成，有些国家的产品负极为纯镍）。该热电偶使用温度为 -200 ~ 1300℃。适宜在氧化性及惰性气体中连续使用，短期使用温度为 1200℃，长期使用温度为 1000℃，其热电势与温度的关系近似线性，价格便宜，是目前用量最大的热电偶。

K型热电偶具有线性度好，热电动势较大，灵敏度高，稳定性和均匀性较好，抗氧化性能强，价格便宜等优点。但不适宜在真空、含硫、含碳气氛及氧化还原交替的气氛下裸丝使用；当氧分压较低时，镍铬极中的铬将择优氧化，使热电势发生很大变化，但金属气体对其影响较小，因此，多采用金属制保护管。

K型热电偶的缺点：热电势的高温稳定性较N型热电偶及贵重金属热电偶差，在较高温度下（例如超过1000℃）往往因氧化而损坏；在250～500℃范围内短期热循环稳定性不好，即在同一温度点，在升温降温过程中，其热电势示值不一样，其差值可达2～3℃；其负极在150～200℃范围内要发生磁性转变，致使在室温至230℃范围内分度值往往偏离分度表，尤其是在磁场中使用时往往出现与时间无关的热电势干扰；长期处于高通量中系统辐照环境下，由于负极中的锰（Mn）、钴（Co）等元素发生蜕变，使其稳定性欠佳，致使热电势发生较大变化。

（6）J型热电偶

铁-铜镍热电偶又称铁－康铜热电偶，也是一种价格低廉的廉金属热电偶。它的正极（JP）的名义化学成分为纯铁，负极（JN）为康铜（铜镍合金），其名义化学成分为55%的铜和45%的镍以及少量却十分重要的锰、钴、铁等元素，尽管它叫康铜，但不同于镍铬-康铜和铜-康铜的康铜，故不能用EN和TN来替换。其特点是价格便宜，适用于真空氧化的还原或惰性气氛中，温度范围为－200～800℃，但常用温度只是500℃以下，因为超过这个温度后，铁热电极的氧化速率加快，如采用粗线径的丝材，尚可在高温中使用且有较长的寿命；该热电偶能耐氢气（H_2）及一氧化碳（CO）气体腐蚀，但不能在高温（例如500℃）含硫（S）的气氛中使用。J型热电偶还具有线性度好，热电动势较大，灵敏度较高，稳定性和均匀性较好，价格便宜等优点。

（7）E型热电偶

镍铬-铜镍热电偶又称镍铬－康铜热电偶，也是一种廉金属的热电偶，正极（EP）为镍铬$_{10}$合金，化学成分与KP相同，负极（EN）为铜镍合金，名义化学成分为55%的铜、45%的镍以及少量的锰、钴、铁等元素。该热电偶的使用温度为－200～900℃。E型热电偶最大特点是在常用的热电偶中，其热电势最大，即灵敏度最高；它的应用范围虽不及K型热电偶广泛，但在要求灵敏度高、热导率低、可容许大电阻的条件下，常常被选用；使用中的限制条件与K型相同，但对于含有较高湿度气氛的腐蚀不很敏感，宜用于湿度较高的环境。E型热电偶还具有稳定性好，抗氧化性能优于铜－康铜、铁－康铜热电偶，价格便宜等优点，能用于氧化性和惰性气氛中，广泛为用户采用。

（8）T型热电偶

铜-铜镍热电偶又称铜-康铜热电偶，也是一种最佳测量低温的廉金属热电偶。它的正极（TP）是纯铜，负极（TN）为铜镍合金，常称之为康铜，它与镍铬-康铜的康铜EN通用，与铁-康铜的康铜JN不能通用。铜-铜镍热电偶的主要特点是：在廉金属热电偶中，它的准确度最高、热电极的均匀性好；它的使用温度是－200～350℃，因铜热电极易氧化，并且氧化膜易脱落，故在氧化性气氛中使用时，一般不能超过300℃，在－200～300℃范围内，它们灵敏度比较高，铜-康铜热电偶还有一个特点是价格便宜，是常用几种定型产品中最便宜的一种。

除了以上 8 种常用的热电偶外，作为非标准化热电偶还有钨铼热电偶、铂铑系热电偶、铱锗系热电偶、铂钼系热电偶和非金属材料热电偶等。

热电偶的主要种类区别在其热电极（两根偶丝）的材质不同，它所输出的电动势也不同，表 4-1 列出几种常用热电偶的特点比较。

表 4-1　几种常用热电偶的特点比较

名称	型号（代号）	分度号	测温范围/℃	允许偏差/℃
镍铬-镍硅	WRN	K	0～1200	±2.5 或 0.75% | t |
镍铬-铜镍	WRE	E	0～900	±2.5 或 0.75% | t |
铂铑$_{10}$-铂	WRP	S	0～1600	±1.5 或 0.25% | t |
铂铑$_{30}$-铂铑$_6$	WRR	B	600～1700	±1.5 或 0.25% | t |
铜-铜镍	WRC	T	-40～350	±1.0 或 0.75% | t |
铁-铜镍	WRF	J	-40～750	±2.5 或 0.75% | t |

说明：表中“t”为实测温度。

4.3.3　热电偶的基本定律

热电偶的基本定律主要包括以下几种：

1. 均质导体定律

由同一种均质材料（导体或半导体）两端焊接组成闭合回路，无论导体截面如何以及温度如何分布，将不产生接触电动势，温差电动势相抵消，回路中总热电动势为零。可见，热电偶必须由两种不同的均质导体或半导体构成。若热电极材料不均匀，由于温度梯存在，将会产生附加热电动势。

2. 中间导体定律

在热电偶回路中接入中间导体（第三种导体），只要中间导体两端温度相同，中间导体的引入对热电偶回路总热电动势没有影响，这就是中间导体定律。如图 4-19 所示。依据中间导体定律，在热电偶实际测温应用中，常采用热端焊接、冷端开路的形式，冷端经连接导线与显示仪表连接构成测温系统。当用导线连接热电偶冷端到仪表读取 mV 值，在导线与热电偶连接处产生的接触电动势会使测量产生附加误差。而按照热电偶的中间导体定律来考虑的话，只要导线两端温度相同，这个附加误差就是不存在的。

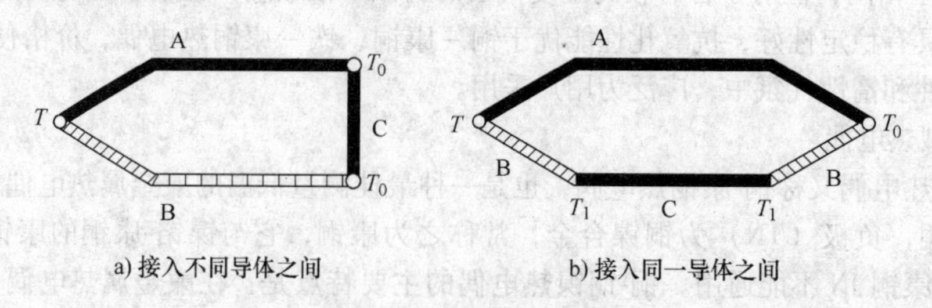

图 4-19　中间导体定律

3. 中间温度定律

在热电偶回路中，两接触点温度为 T、T_0 时的热电动势，等于该热电偶在接触点温度为

T、T_n 和 T_n、T_0 时热电动势的代数和。如图4-20所示，即

$$E_{AB}(T,T_0)=E_{AB}(T,T_n)+E_{AB}(T_n,T_0) \tag{4-15}$$

式中，T_n 为中间温度。

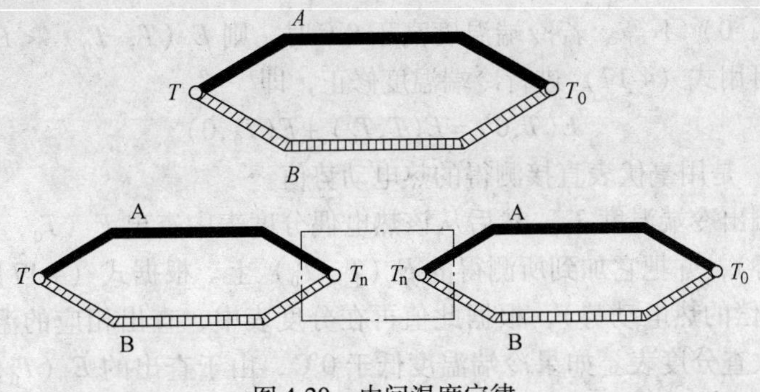

图4-20　中间温度定律

在实际测量中，利用热电偶的中间温度定律，可对参考端温度不为0℃时的热电动势进行修正。

4. 标准电极定律

标准电极结构如图4-21所示。两种导体A、B分别与第三种导体C组成热电偶，如果A、C和B、C热电偶的热电动势已知，那么这两种导体A、B组成的热电偶产生的热电动势可由式（4-16）求得

$$E_{AB}(T,T_0)=E_{AC}(T,T_0)-E_{BC}(T,T_0) \tag{4-16}$$

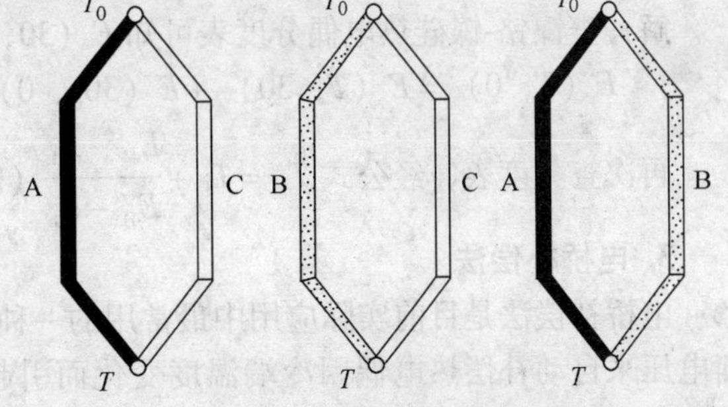

图4-21　标准电极定律

在实际处理中，由于铂的物理化学特性稳定，通常选用高纯度铂丝做标准电极，只要测得它与各种金属组成的热电偶的热电动势，则各种金属间相互结合成热电偶的热电动势就可以根据标准电极定律计算出来。假设镍铬-镍硅热电偶的正负极分别和标准电极配对，它们的热电动势相加之和等于这支镍铬-镍硅的热电动势。

4.3.4　热电偶的冷端温度补偿

在温度控制系统中，热电偶是一种重要的传感器，常用于高温环境的温度测量。但由于热电偶产生的热电动势取决于其两端的温度，只有在冷端温度保持恒定时，其输出的热电动势才是测量端（热端）温度的单值函数。而且，工程技术上广泛使用的热电偶分度表和根据分度表刻划的测温显示仪的刻度都是根据冷端温度为0℃而制作的。因此，对它的冷端温度必须进行补偿，才能保证热电偶的测量精度。

为了消除或补偿热电偶的冷端温度损失，常用的方法有以下几种：

1. 冷端恒温法

这是一种最直接的冷端温度处理方法。就是把热电偶的冷端（也就是补偿导线接二次仪表的一端）放入恒温装置中，以保证冷端温度不受热端测量温度的影响。恒温装置可以是电热恒温器或冰点槽（槽中装冰水混合物，温度保持在0℃），前者的温度不为0℃，还

需要对热电偶进行冷端温度校正；后者又可称为冰浴法。这种方法多用于实验室中。

2. 冷端温度校正法

当热电偶的冷端温度不等于0℃时，测得的热电动势 $E(T, T_0)$ 与冷端为0℃时所测得的热电动势 $E(T, 0)$ 不等。若冷端温度高于0℃时，则 $E(T, T_0) < E(T, 0)$。因此，在实际计算时，可用式（4-17）进行冷端温度修正，即

$$E(T,0)=E(T,T_0)+E(T_0,0) \tag{4-17}$$

式中，$E(T, T_0)$ 是用毫伏表直接测得的热电动势值。

校正时，先测出冷端温度 T_0，然后从该热电偶分度表中查出 $E(T_0, 0)$（此值相当于损失掉的热电动势），并把它加到所测得的 $E(T, T_0)$ 上。根据式（4-17）求出 $E(T, 0)$（此值是已得到补偿的热电动势），根据此值再在分度表中，查出相应的温度值。冷端温度校正法需要分两次查分度表。如果冷端温度低于0℃，由于查出的 $E(T_0, 0)$ 是负值，所以仍可用式（4-17）计算修正。这种方法适合于带计算机的测温系统。

例： 用镍铬-镍硅热电偶测量加热炉温度。已知冷端温度 $t_0=30℃$，测得热电动势 $E_{AB}(t, t_0)=33.29\text{mV}$，求加热炉温度。

解： 查镍铬-镍硅热电偶分度表可知 $E(30, 0)=1.203\text{mV}$，则

$$E(T, 0)=E(T, 30)+E(30_0, 0)=33.29\text{mV}+1.203\text{mV}=34.493\text{mV}$$

再次查分度表，经公式 $T_M=T_L+\dfrac{E_M-E_L}{E_H-E_L}(T_H-T_L)$ 计算，可知 $T=829.78℃$。

3. 电桥补偿法

电桥补偿法是目前实际应用中最常用的一种处理方法。它是利用不平衡电桥产生的不平衡电压来自动补偿热电偶因冷端温度变化而引起的热电势变化值。热电偶经补偿导线接至补偿电桥，热电偶的冷端与电桥处于同一环境温度中，桥臂电阻 R_1、R_2、R_3 由电阻温度系数很小的锰铜丝绕制而成，R_{Cu}是由温度系数较大的铜丝绕制的。如图 4-22 所示。

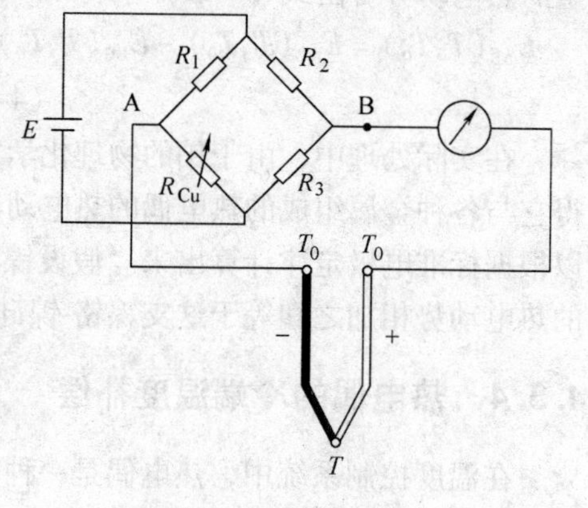

图 4-22　补偿电桥

补偿电桥与热电偶参考端处在同一环境温度，设计时使电桥在20℃（或0℃）处于平衡状态，此时电桥的 A、B 两端无电压输出，电桥对仪表读数无影响。当环境温度变化时，热电偶冷端温度随之变化，这将导致热电动势发生改变，但此时 R_{Cu} 的阻值也随温度变化而变化，电桥平衡被破坏，电桥 A、B 两端将有不平衡电压输出，不平衡电压与热电偶的热电动势叠加在一起输入测量仪表。如果适当选择桥臂电阻和桥路电流，就可以使电桥产生的不平衡电压 U_{AB} 正好补偿由于参考端温度变化引起的热电动势 $E(T, T_0)$ 的变化量，从而达到自动补偿的目的。

4. 补偿导线法

热电偶长度一般只有 1m 左右，要保证热电偶的冷端温度不变，可以把热电极加长，使自由端远离工作端，放置到恒温或温度波动较小的地方，但这种方法对于由贵金属材料制成的热电偶来说将使投资增加。解决办法：采用一种称为补偿导线的特殊导线，将热电偶的冷

端延伸出来，如图 4-23 所示。补偿导线实际上是一对与热电极化学成分不同的导线，在 0 ~ 150℃温度范围内与配接的热电偶具有相同的热电特性，但价格相对便宜。利用补偿导线将热电偶的冷端延伸到温度恒定的场所（如仪表室），且它们具有一致的热电特性，相当于将热电极延长，根据中间温度定律，只要热电偶和补偿导线的两个接触点温度一致，就不会影响热电动势的输出。

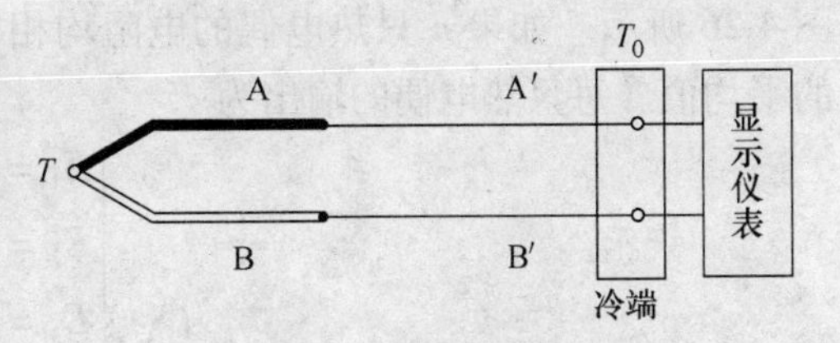

图 4-23　补偿导线连接图

5. 仪表机械零点调整法

当热电偶与动圈式仪表配套使用时，若热电偶的冷端温度比较恒定，对测量精度要求又不太高时，可将动圈仪表的机械零点调整至热电偶冷端所处的 T_0 处，这相当于在输入热电偶的热电动势前就给仪表输入一个热电动势 $E(T_0, 0)$。这样，仪表在使用时所指示的值约为 $E(T_0, 0) + E(T, T_0)$。进行仪表机械零点调整时，首先必须将仪表的电源及输入信号切断，然后用螺钉旋具调节仪表面板上的螺钉使指针指到 T_0 的刻度上。当气温变化时，应及时修正指针的位置。此法虽有一定的误差，但非常简便，在工业上经常采用。

4.3.5　热电偶的实用测温电路

1. 测量单点温度

图 4-24 所示是一只热电偶和一个仪表配用的连接电路，用于测量单点温度。图中 A、B 为热电偶。热电偶在测温时，还可以和温度补偿器连接，转换成标准电流信号输出。

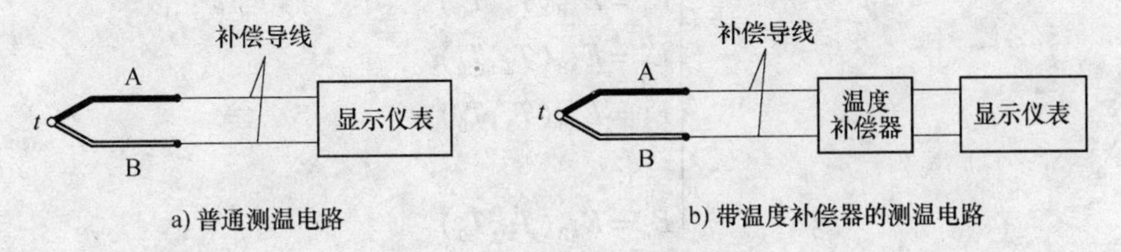

图 4-24　热电偶单点测温电路图

2. 测量两点温度差

图 4-25 所示是两只热电偶和一个仪表配合测量两点之间温度差的连接电路。图中两只热电偶型号相同并配用相同的补偿导线，其接线应使两只热电偶反向串联，则两只热电偶产生的热电动势方向相反，因此仪表的输入是其差值，而这一差值反映了两只热电偶热端的温度差。为了减少测量误差，提高测量精度，要保证选用的两只热电偶热电特性相同，同时两只热电偶的冷端温度也要相同。

设回路总热电动势为 E_T，根据热电偶的工作原理可得

$$E_T = E_{AB}(T_1, T_0) - E_{AB}(T_2, T_0) = E_{AB}(T_1, T_2) \tag{4-18}$$

3. 测量多点平均温度

工业生产中一些大型设备有时需要测量多点的平均温度，可以通过采用多只型号相同的热电偶并联或串联的测量电路来实现。

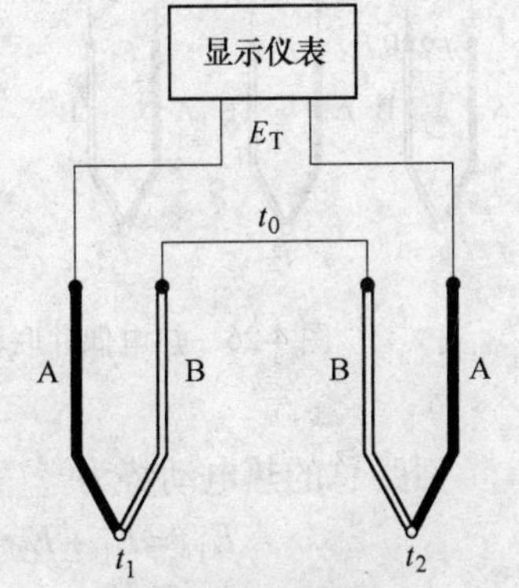

图 4-25　热电偶测两点温度差电路图

（1）热电偶并联测量电路

将 n 只同型号热电偶的正极和负极分别连接在一起的电路称为热电偶并联测量电路。如图 4-26 所示。如果 n 只热电偶的电阻均相等，则测量仪表中指示的是 n 点热电偶热电动势的平均值。每只热电偶的输出为

$$\begin{cases} E_1 = E_{AB}(T_1, T_0) \\ E_2 = E_{AB}(T_2, T_0) \\ E_3 = E_{AB}(T_3, T_0) \\ \vdots \\ E_n = E_{AB}(T_n, T_0) \end{cases} \tag{4-19}$$

回路总的热电动势为

$$\begin{aligned} E_T &= \frac{E_1 + E_2 + E_3 + \cdots + E_n}{n} = \frac{E_{AB}(T_1 + T_2 + T_3 + \cdots + T_n, nT_0)}{n} \\ &= E_{AB}\left(\frac{T_1 + T_2 + T_3 + \cdots + T_n}{n}, T_0\right) \end{aligned} \tag{4-20}$$

热电偶并联测量电路中，当其中有一只热电偶断路时，难以察觉，它也不会中断整个测温系统的工作。

（2）热电偶串联测量电路

将 n 只同型号热电偶的正负极依次连接起来的电路称为热电偶串联测量电路。如图 4-27 所示。串联测量电路的总热电动势等于 n 只热电偶的热电动势之和。每只热电偶的输出为

$$\begin{cases} E_1 = E_{AB}(T_1, T_0) \\ E_2 = E_{AB}(T_2, T_0) \\ E_3 = E_{AB}(T_3, T_0) \\ \vdots \\ E_n = E_{AB}(T_n, T_0) \end{cases} \tag{4-21}$$

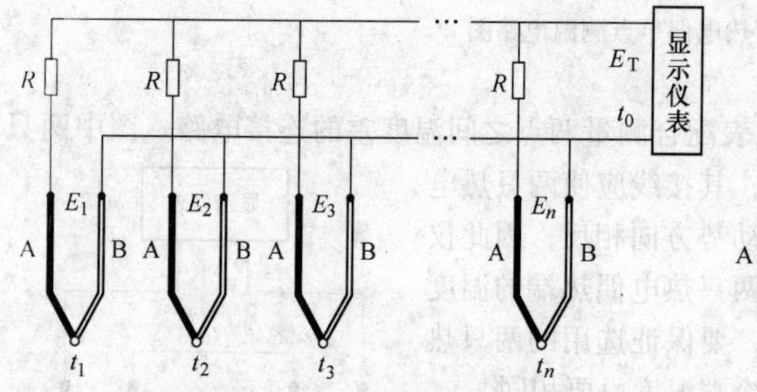

图 4-26　热电偶并联测量电路图

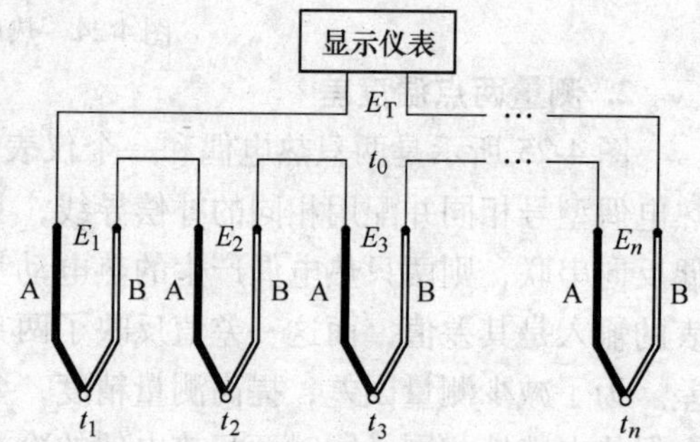

图 4-27　热电偶串联测量电路图

回路总的热电动势为

$$\begin{aligned} E_T &= E_1 + E_2 + E_3 + \cdots + E_n = E_{AB}(T_1 + T_2 + T_3 + \cdots + T_n, nT_0) \\ &\overset{T_0=0}{=\!=\!=} E_{AB}(T_1 + T_2 + T_3 + \cdots + T_n, 0) \end{aligned} \tag{4-22}$$

热电偶串联测量电路的主要优点是热电动势大，仪表的灵敏度大大提高，且避免了热电

偶并联测量电路存在的缺点，只要有一只热电偶断路，总的热电动势消失，立即可以发现有断路。缺点是只要有一只热电偶断路，整个测温系统就无法工作。

4.3.6　热电偶的应用

常用炉温测量控制系统结构如图4-28所示。毫伏定值器给出给定温度的相应毫伏值，热电偶的热电势与定值器的毫伏值相比较，若有偏差则表示炉温偏离给定值，此偏差经放大器送入调节器，再经过晶闸管触发器推动晶闸管执行器来调整电炉丝的加热功率，直到偏差被消除，从而实现控制温度。

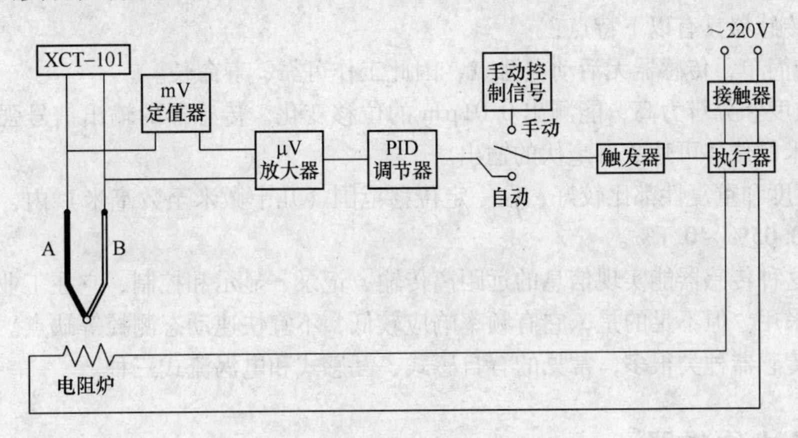

图4-28　常用炉温测量控制系统结构图

思考题与习题

1. 简述热电阻的特点。
2. 简述热电阻的结构与分类。
3. 简述热敏电阻的特点及分类。
4. 简述热电偶测温的基本原理。
5. 什么是热电动势、接触电动势和温差电动势？
6. 热电偶的基本定律有哪些？
7. 热电偶冷端温度补偿方法有哪些？
8. 热电偶引线连接方式有哪些？工业上常采用哪一种方式？为什么？
9. 已知铂铑$_{10}$-铂热电偶的冷端温度为40℃，用高精度毫伏表测得这时的热电动势为29.188mV，求被测点的温度。
10. 已知镍铬-镍硅热电偶的热端温度$T=700$℃，冷端温度$T_0=20$℃，求$E(T, T_0)$。
11. 用两只K型热电偶测量两点温度差，其连接电路如图4-29所示。已知$t_1=400$℃，$t_0=30$℃，测得两点的温差电动势为15.24mV，问两点温差是多少？如果测量t_1温度的那只热电偶错用的是E型热电偶，其他都正确，则两点的实际温度差是多少？
12. 将一支镍铬-镍硅热电偶与电压表相连，电压表接线端是40℃，若电位计上读数是5.0mV，问热电偶热端温度是多少？

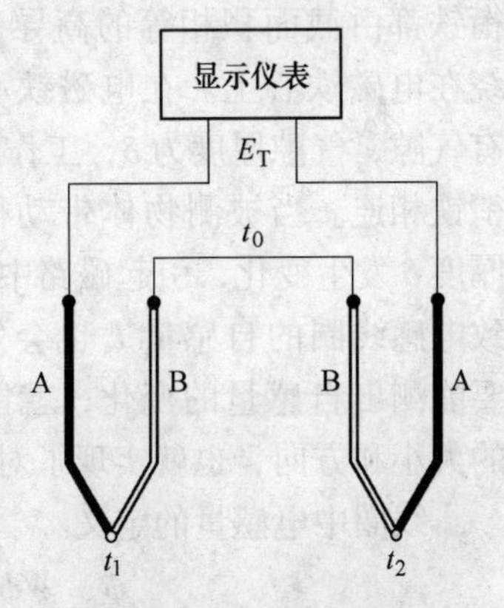

图4-29　测两点温度差电路原理图

第5章　电感式传感器

电感式传感器（Inductance Type Transducer）是利用电磁感应把被测的物理量（如位移、压力、流量、振动等）转换成线圈的自感系数或互感系数的变化，再由测量电路转换为电压或电流的变化量输出，实现非电量到电量的转换。

电感式传感器具有以下特点：

1）结构简单，传感器无活动电触点，因此工作可靠、寿命长。

2）灵敏度和分辨力高，能测出0.01μm的位移变化。传感器的输出信号强，电压灵敏度一般每毫米的位移可达数百毫伏的输出。

3）线性度和重复性都比较好，在一定位移范围（几十微米至数毫米）内，传感器非线性误差可达0.05%～0.1%。

同时，这种传感器能实现信息的远距离传输、记录、显示和控制，它在工业自动控制系统中广泛被采用。但不足的是，它有频率响应较低，不宜快速动态测控等缺点。

电感式传感器种类很多，常见的有自感式、互感式和电涡流式三种。

5.1　自感式传感器

自感式传感器是把被测量的变化转换成自感系数 L 的变化，通过一定的转换电路转换成电压或电流输出。按磁路几何参数变化形式的不同，目前常用的自感式传感器有变气隙式、变截面积式和螺线管式三种。

5.1.1　工作原理

自感式传感器又称为变磁阻式传感器，其结构示意图如图5-1所示。它是由线圈、电磁铁心、活动衔铁三部分组成。电磁铁心和活动衔铁都由截面积相等的高导磁材料做成，线圈绕在电磁铁心上。在电磁铁心与活动衔铁之间有气隙，气隙厚度为 δ，工作时被测物体与活动衔铁相连。当被测物体带动衔铁移动时，气隙厚度 δ 发生变化，引起磁路中磁阻变化，从而导致电感线圈的自感量 L 也会发生变化。因此只要能测出自感量的变化，就能确定衔铁位移量的大小和方向，也就实现了对被测物体的测量。

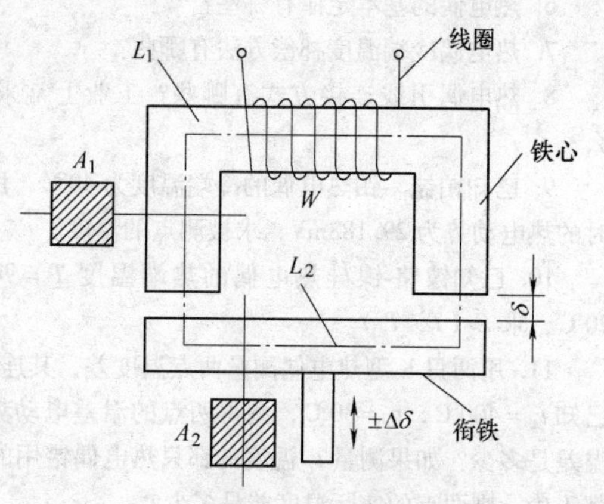

图5-1　变磁阻式传感器的结构

线圈中电感量的定义

$$L=\frac{\psi}{I}=\frac{W\phi}{I} \tag{5-1}$$

式中，ψ 为线圈总磁链；I 为通过线圈的电流；W 为线圈的匝数；ϕ 为穿过线圈的磁通。

由磁路理论得知，线圈通以电流 I 后激励的磁通量为

$$\phi=\frac{IW}{R_m} \tag{5-2}$$

式中，R_m 为磁路总磁阻。

式（5-2）与电路的欧姆定律相似，称为磁路的欧姆定律。

磁路总磁阻为

$$R_m=R_1+R_2+R_\delta \tag{5-3}$$

式中，R_1、R_2 分别为铁心和衔铁的磁阻；R_δ 为空气气隙的磁阻，它们相当于是串联，且有

$$\begin{cases} R_1=\dfrac{L_1}{\mu_1 A_1} \\ R_2=\dfrac{L_2}{\mu_2 A_2} \\ R_\delta=\dfrac{2\delta}{\mu_0 A_0} \end{cases} \tag{5-4}$$

式中，L_1、L_2 分别为铁心和衔铁的磁路长度（m）；δ 为空气气隙的厚度；μ_1、μ_2 分别为铁心材料和衔铁材料的磁导率（H/m）；$\mu_0=4\pi\times10^{-7}$H/m 为真空及空气的磁导率；A_0、A_1、A_2 分别为气隙、铁心和衔铁的横截面积（m^2）。

由于 $R_1+R_2 \ll R_\delta$，常常忽略 R_1、R_2，则线圈电感为

$$L\approx\frac{W^2}{R_\delta}=\frac{\mu_0 A_0 W^2}{2\delta} \tag{5-5}$$

可见，当线圈匝数一定时，L 与 A 成正比，与 δ 成反比。如果自感式传感器以 δ 作为输入量，可构成变气隙式自感传感器；若以 A 作为输入量，则可构成变截面积式自感传感器；若线圈中放入圆柱形衔铁，则是一个可变自感，当衔铁上下移动时，自感量将相应发生变化，这就构成了螺线管型自感传感器。一般常用变气隙式自感传感器。

1. 输出特性

由式（5-5）可知，线圈自感量 L 与气隙厚度 δ 呈非线性关系，其特性曲线如图 5-2 所示。

当活动衔铁处于初始位置时，传感器的初始气隙为 δ_0，初始电感量为 L_0，则有

$$L_0=\frac{\mu_0 A_0 W^2}{2\delta_0} \tag{5-6}$$

当活动衔铁上移 $\Delta\delta$ 时，即传感器气隙减小 $\Delta\delta$，气隙厚度为 $\delta=\delta_0-\Delta\delta$，则此时电感量为

$$L=L_0+\Delta L \tag{5-7}$$

代入式（5-5）中，整理后得

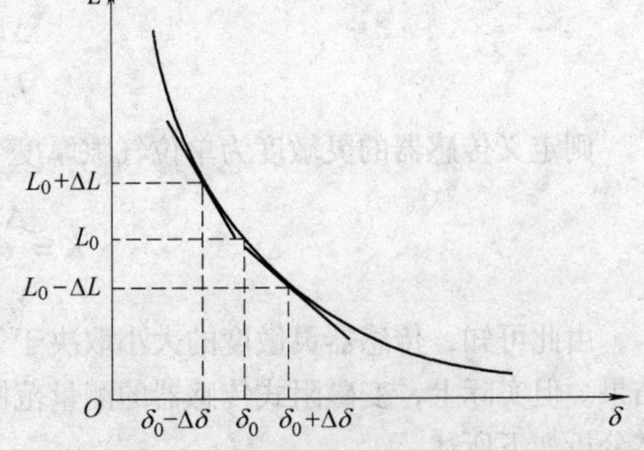

图 5-2　变磁阻式传感器的输出特性

$$L = L_0 + \Delta L = \frac{\mu_0 A_0 W^2}{2(\delta_0 - \Delta\delta)} = \frac{L_0}{1 - \dfrac{\Delta\delta}{\delta_0}} \tag{5-8}$$

当$\dfrac{\Delta\delta}{\delta_0} << 1$时，可将式（5-8）用泰勒（Tylor）级数展开

$$L = L_0 + \Delta L = L_0\left[1 + \left(\frac{\Delta\delta}{\delta_0}\right) + \left(\frac{\Delta\delta}{\delta_0}\right)^2 + \left(\frac{\Delta\delta}{\delta_0}\right)^3 + \cdots\right] \tag{5-9}$$

所以有

$$\Delta L = L_0\frac{\Delta\delta}{\delta_0}\left[1 + \left(\frac{\Delta\delta}{\delta_0}\right) + \left(\frac{\Delta\delta}{\delta_0}\right)^2 + \left(\frac{\Delta\delta}{\delta_0}\right)^3 + \cdots\right] \tag{5-10}$$

当活动衔铁下移$\Delta\delta$时，即传感器气隙增加$\Delta\delta$，气隙厚度为$\delta = \delta_0 + \Delta\delta$，则此时电感量为

$$L = L_0 - \Delta L \tag{5-11}$$

代入式（5-5）中，整理后得

$$L = L_0 - \Delta L = \frac{\mu_0 A_0 W^2}{2(\delta_0 + \Delta\delta)} = \frac{L_0}{1 + \dfrac{\Delta\delta}{\delta_0}} \tag{5-12}$$

当$\dfrac{\Delta\delta}{\delta_0} << 1$时，可将式（5-8）用泰勒级数展开

$$L = L_0 - \Delta L = L_0\left[1 - \left(\frac{\Delta\delta}{\delta_0}\right) + \left(\frac{\Delta\delta}{\delta_0}\right)^2 - \left(\frac{\Delta\delta}{\delta_0}\right)^3 + \cdots\right] \tag{5-13}$$

所以有

$$\Delta L = L_0\frac{\Delta\delta}{\delta_0}\left[1 - \left(\frac{\Delta\delta}{\delta_0}\right) + \left(\frac{\Delta\delta}{\delta_0}\right)^2 - \left(\frac{\Delta\delta}{\delta_0}\right)^3 + \cdots\right] \tag{5-14}$$

若不考虑高次项，则不论活动衔铁上移还是下移，都有

$$\frac{\Delta L}{L_0} = \frac{\Delta\delta}{\delta_0} \tag{5-15}$$

则定义传感器的灵敏度为单位气隙厚度变化所引起的电感量相对变化，即

$$K = \frac{\Delta L / L_0}{\Delta\delta} = \frac{1}{\delta_0} \tag{5-16}$$

由此可知，传感器灵敏度的大小取决于气隙的初始厚度，这是在作线性化处理后的近似结果。但实际上，变磁阻式传感器的测量范围（由$\Delta\delta$表征）与灵敏度及线性度相矛盾，具体分析如下所述。

（1）$\Delta\delta$与K

如图5-2所示，曲线上某一点的切线斜率代表了该点的灵敏度。对于活动衔铁上移的情

况，$\Delta\delta$ 越大，切线斜率越大，对应的灵敏度也就越大，即

$$K=\frac{\Delta L/L_0}{\Delta\delta}=\frac{1}{\delta_0}\left[1+\left(\frac{\Delta\delta}{\delta_0}\right)+\left(\frac{\Delta\delta}{\delta_0}\right)^2+\left(\frac{\Delta\delta}{\delta_0}\right)^3+\cdots\right] \tag{5-17}$$

显然，$\Delta\delta$ 增加将导致灵敏度增大。对于活动衔铁下移的情况，$\Delta\delta$ 越大，切线斜率越小，对应的灵敏度也就越小，即

$$K=\frac{\Delta L/L_0}{\Delta\delta}=\frac{1}{\delta_0}\left[1-\left(\frac{\Delta\delta}{\delta_0}\right)+\left(\frac{\Delta\delta}{\delta_0}\right)^2-\left(\frac{\Delta\delta}{\delta_0}\right)^3+\cdots\right] \tag{5-18}$$

显然，$\Delta\delta$ 增加将导致灵敏度减小。而不管活动衔铁上移或下移，在气隙厚度 $\Delta\delta$ 变化很小时，对灵敏度的影响不大。

（2）$\Delta\delta$ 与线性度

当活动衔铁上移时，有

$$\left(\frac{\Delta L}{L_0}\right)_{\text{非线性部分}}=\left(\frac{\Delta\delta}{\delta_0}\right)^2+\left(\frac{\Delta\delta}{\delta_0}\right)^3+\cdots \tag{5-19}$$

当活动衔铁下移时，有

$$\left(\frac{\Delta L}{L_0}\right)_{\text{非线性部分}}=-\left(\frac{\Delta\delta}{\delta_0}\right)^2+\left(\frac{\Delta\delta}{\delta_0}\right)^3-\cdots \tag{5-20}$$

由以上两式可知，无论活动衔铁是上移还是下移，气隙厚度 $\Delta\delta$ 增加都将导致非线性的绝对值增大，线性度变差。

因此，变磁阻式传感器主要适用于测量微小位移的场合，为了减少非线性误差，在实际测量中广泛采用差动变磁阻式传感器。

2. 差动变隙式传感器

差动变隙式电感传感器的结构如图5-3所示。它由两个完全相同的电感线圈和磁路组成，其结构特点是上下两个磁体的几何尺寸、材料、电气参数均完全一致。测量时，活动衔铁与被测物体相连，当被测物体上下移动时，带动活动衔铁以相同的位移上下移动，两个磁路的磁阻发生大小相等、方向相反的变化，一个线圈的电感量增加，另一个线圈的电感量减少，形成差动结构。

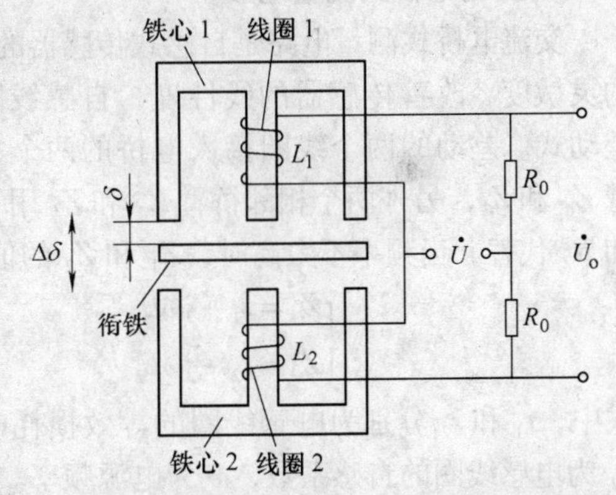

图5-3　差动变隙式电感传感器的结构

传感器的两个电感线圈接入交流电桥的相邻桥臂，另外两个桥臂由电阻组成，构成交流电桥的四个桥臂，电桥供电电源为交流电压 $\dot{U}$，电桥输出为交流电压 $\dot{U}_o$。开始衔铁位于中间位置，上下两边气隙厚度相等，因此两只电感线圈的电感量相等，接在电桥相邻臂上，电桥输出为零，即电桥处于平衡状态。当衔铁偏离中心位置，向上或向下移动时，造成上下两边气隙厚度不一样，使两只电感线圈的电感量发生变化，电桥不平衡，电桥的输出电压与线圈的电感变化量 ΔL 有关，其大小与活动衔铁移动的大小成比例，其相位则与活动衔铁移动量的方向

有关。

当活动衔铁上移时，两个线圈的电感变化量 ΔL_1、ΔL_2 分别由式（5-10）和式（5-14）表示，差动变隙式电感传感器的电感总变化量为

$$\Delta L = \Delta L_1 + \Delta L_2 = 2L_0 \frac{\Delta\delta}{\delta_0}\left[1 + \left(\frac{\Delta\delta}{\delta_0}\right)^2 + \left(\frac{\Delta\delta}{\delta_0}\right)^4 + \cdots\right] \tag{5-21}$$

而当活动衔铁下移时，情况相同，电感总变化量仍为式（5-21）所表达的形式。

对式（5-21）进行线性化处理（即忽略高次项），可得

$$\frac{\Delta L}{L_0} = 2\frac{\Delta\delta}{\delta_0} \tag{5-22}$$

传感器的灵敏度为

$$K = \frac{\Delta L/L_0}{\Delta\delta} = \frac{2}{\delta_0} \tag{5-23}$$

电感量相对变化的非线性部分表达式为

$$\left(\frac{\Delta L}{L_0}\right)_{\text{非线性部分}} = 2\left[\left(\frac{\Delta\delta}{\delta_0}\right)^3 + \left(\frac{\Delta\delta}{\delta_0}\right)^5 + \cdots\right] \tag{5-24}$$

比较单线圈变隙式和差动变隙式两种电感传感器的特性可知，差动变隙式电感传感器的灵敏度是单线圈变隙式的两倍；差动变隙式电感传感器的线性度得到明显改善。

因此，只要能测量出输出电压的大小和相位，就可以决定活动衔铁位移的大小和方向，活动衔铁带动连动机构就可以测量多种非电量，如位移、液面高度、速度等。

5.1.2　测量电路

自感式传感器的测量电路有交流电桥式、交流变压器式和谐振式等几种。

1. 交流电桥式测量电路

交流电桥式测量电路是自感式传感器的主要测量电路，如图 5-4 所示。为了提高传感器的灵敏度、改善传感器的线性度，自感线圈一般接成差动式。差动的两个线圈接入电桥的两个相邻工作桥臂 Z_1 和 Z_2，另外两个相邻桥臂 Z_3 和 Z_4 用平衡电阻 R_1 和 R_2 代替。当频率不太高时，Z_1 和 Z_2 的值分别为

$$\begin{cases} Z_1 = r_1 + \mathrm{j}\omega L_1 \\ Z_2 = r_2 + \mathrm{j}\omega L_2 \end{cases} \tag{5-25}$$

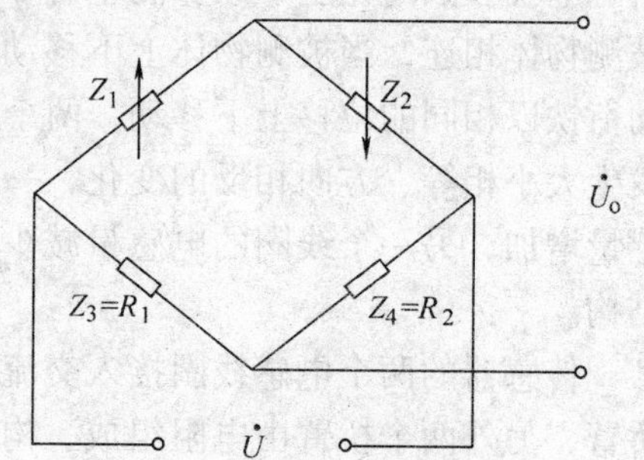

图 5-4　交流电桥式测量电路

式中，r_1 和 r_2 分别为电感线圈的等效损耗电阻，L_1 和 L_2 为电感线圈的自感系数，ω 为电源频率。

一般情况下，取 $R_1 = R_2 = R$，当传感器无输入时，电桥处于平衡状态，电桥输出电压为零，则

$$Z_1 = Z_2 = Z_0 \tag{5-26}$$

工作时，传感器的的活动衔铁从平衡位置移开，产生位移，那么当活动衔铁向上移动时，则

$$\begin{cases} Z_1 = Z_0 + \Delta Z_1 \\ Z_2 = Z_0 - \Delta Z_2 \end{cases} \tag{5-27}$$

如果传感器的线圈具有高品质因数且采用差动式结构的话，有

$$\begin{cases} Z_0 = \mathrm{j}\omega L_0 \\ \Delta Z_1 = \Delta Z_2 = \Delta Z = \mathrm{j}\omega \Delta L \end{cases} \tag{5-28}$$

则此时的电桥输出电压为

$$\dot{U}_o = \dot{U}\left[\frac{Z_1}{Z_1 + Z_2} - \frac{R}{R + R}\right] = \frac{\Delta Z}{2Z_0}\dot{U} = \frac{\Delta L}{2L_0}\dot{U} \tag{5-29}$$

由此得到测量电路的输出为

$$\dot{U}_o = \frac{\Delta\delta}{2\delta_0}\dot{U} \tag{5-30}$$

由此可见，电桥输出电压与气隙的变化量 $\Delta\delta$ 有关，相位与活动衔铁的移动方向有关。由于是交流信号，还要经过适当电路（如相敏检波电路）处理才能判别活动衔铁的位移大小及方向。

2. 交流变压器式测量电路

交流变压器式测量电路如图 5-5 所示。本质上与交流电桥的分析方法完全一致。

电桥两臂 Z_1 和 Z_2 为传感器线圈阻抗，另外两臂为交流变压器二次绕组的 1/2 阻抗。当负载阻抗无穷大时，桥路输出电压为

$$\dot{U}_o = \frac{Z_2}{Z_1 + Z_2}\dot{U} - \frac{1}{2}\dot{U} = \frac{1}{2}\cdot\frac{Z_2 - Z_1}{Z_1 + Z_2}\dot{U} \tag{5-31}$$

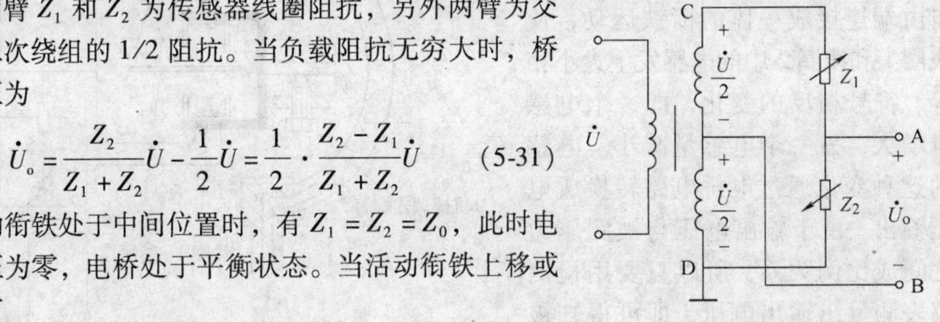

图 5-5　交流变压器式测量电路

当活动衔铁处于中间位置时，有 $Z_1 = Z_2 = Z_0$，此时电桥输出电压为零，电桥处于平衡状态。当活动衔铁上移或下移时，有

$$\dot{U}_o = \mp\frac{\Delta Z}{2Z_0}\dot{U} = \mp\frac{\Delta\delta}{2\delta_0}\dot{U} \tag{5-32}$$

得到与交流电桥完全一致的结果。由此可知，活动衔铁上下移动相同距离时，输出电压相位相反，大小随活动衔铁的位移而变化。

3. 谐振式测量电路

谐振式测量电路可分为谐振式调幅电路和谐振式调频电路两种。谐振式调幅电路如图 5-6a 所示。L 代表电感式传感器的电感，它与电容 C 和变压器的一次绕组串联在一起，接入交流电源 $\dot{U}$，变压器的二次侧将有电压 $\dot{U}_o$ 输出，输出电压的频率与电源频率相同，但其幅值却随着传感器电感 L 的变化而变化，其输出特性如图 5-6b 所示。

谐振式调频电路如图 5-7a 所示。传感器的电感 L 的变化将引起输出电压的频率变化，即

$$f = \frac{1}{2\pi\sqrt{LC}} \tag{5-33}$$

由图 5-7b 可知，f 与 L 成非线性关系。当 L 变化时，振荡频率随之变化，根据频率 f 的

大小即可确定被测量的值。

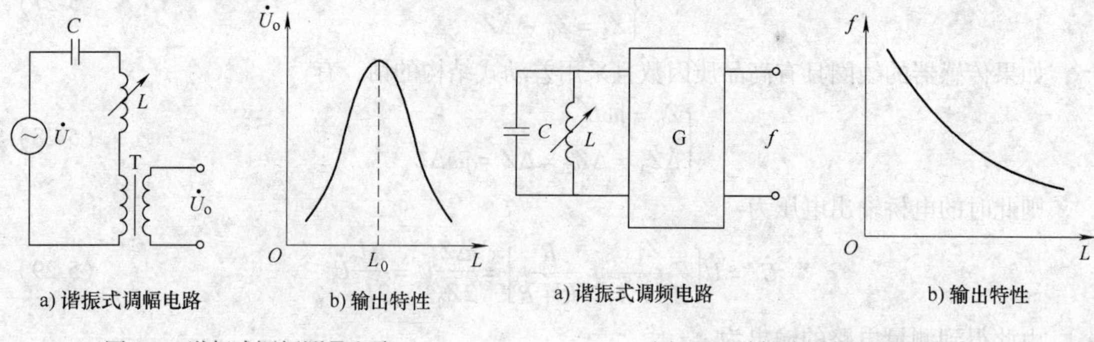

a) 谐振式调幅电路　b) 输出特性

图 5-6　谐振式调幅测量电路

a) 谐振式调频电路　b) 输出特性

图 5-7　谐振式调频测量电路

5.1.3　自感式传感器的应用

差动变隙式压力传感器的结构如图 5-8 所示。它主要由 C 形弹簧管、衔铁、铁心、线圈组成。其工作过程：当被测压力进入 C 形弹簧管时，C 形弹簧管产生形变，其自由端发生位移，带动与自由端连接成一体的衔铁运动，使线圈 1 和线圈 2 中的电感发生大小相等、符号相反的变化，即一个电感量增大，另一个电感量减小。电感的这种变化通过电桥电路转换成电压输出。由于输出电压与被测压力之间成比例关系，所以只要用检测仪表测量出输出电压，即可得知被测压力的大小。

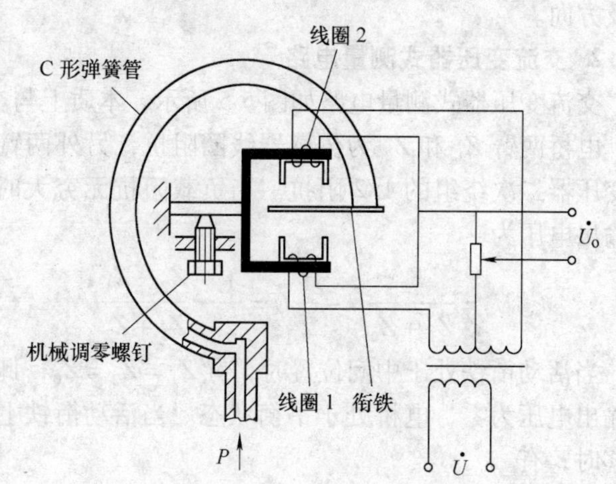

图 5-8　差动变隙式压力传感器结构

5.2　互感式传感器

互感式传感器是把被测的非电量变化转换为线圈互感量变化的传感器。这种传感器是基于变压器的工作原理制成的，而且其二次绕组都采用差动形式连接，所以又称差动变压器式传感器。其结构形式同自感式传感器，也分为三种：变隙式、变面积式和螺线管式。不论采用哪一种结构形式，其基本工作原理都是一样的。在这里我们以螺线管式差动变压器为例，说明差动变压器式传感器的工作原理。

1. 工作原理

螺线管式差动变压器结构如图 5-9a 所示。它是由一个一次绕组，两个二次绕组，衔铁、铁心等组成。其中，两个二次绕组反相串联。其工作过程类似于变压器的工作过程。一、二次绕组间的耦合能随衔铁的移动而变化，即绕组间的互感量随被测位移的改变而变化。

螺线管式差动变压器按线圈绕组排列方式不同可分为一节式、二节式、三节式、四节式和五节式等类型，如图 5-10 所示。一节式灵敏度高，三节式零点残余电压较小，通常采用的是二节式和三节式两类。

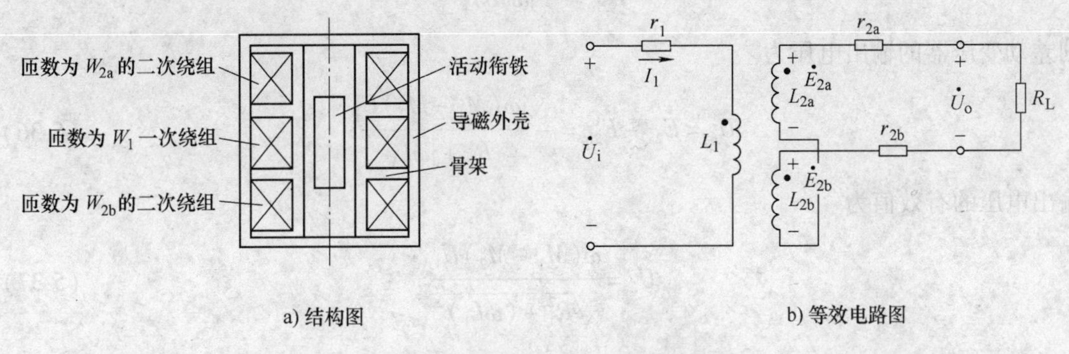

a) 结构图　　b) 等效电路图

图 5-9　螺线管式差动变压器

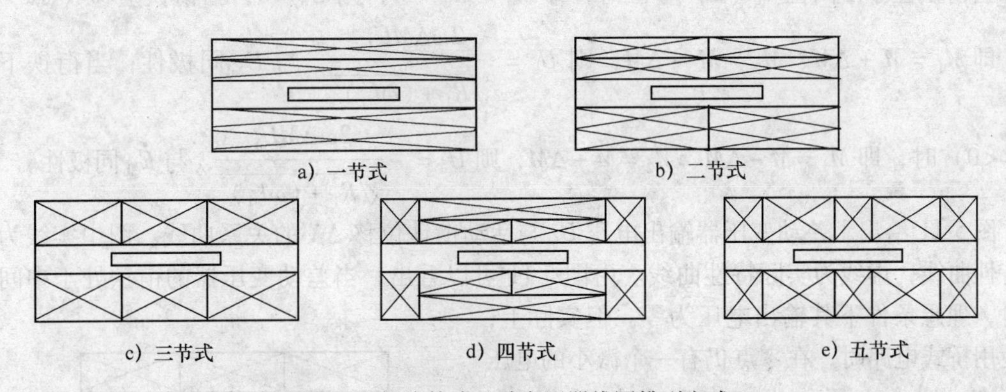

图 5-10　螺线管式差动变压器线圈排列方式

在理想情况下，螺线管式差动变压器的等效电路如图 5-9b 所示。当一次绕组 W_1 加以激励电压 $\dot{U}_1$ 时，根据变压器的工作原理，在两个二次绕组 W_{2a} 和 W_{2b} 中便会产生感应电动势 $\dot{E}_{2a}$ 和 $\dot{E}_{2b}$。如果工艺上保证变压器结构完全对称，则当衔铁处于初始平衡位置时，必有 $M_1 = M_2$，则 $\dot{E}_{2a} = \dot{E}_{2b}$，差动变压器输出电压为 $\dot{U}_o = \dot{E}_{2a} - \dot{E}_{2b} = 0$

当衔铁上移时，有 $M_1 > M_2$，使 $\dot{E}_{2a}$ 增加、$\dot{E}_{2b}$ 减小；反之，当衔铁下移时，有 $M_1 < M_2$，使 $\dot{E}_{2a}$ 减小、$\dot{E}_{2b}$ 增加，即随衔铁位移的变化，输出电压也将发生变化。也就是说，此时输出电压的大小与极性反映被测物体位移的大小和方向。

2. 输出特性

由螺线管式差动变压器的等效电路分析可知，当二次侧开路时，一次绕组激励电流为

$$\dot{I}_1 = \frac{\dot{U}_1}{R_1 + j\omega L_1} \tag{5-34}$$

式中，ω 为激励电压 $\dot{U}_1$ 的角频率；$\dot{U}_1$ 为一次绕组激励电压；$\dot{I}_1$ 为一次绕组激励电流；R_1、L_1 为一次绕组直流电阻和电感。

根据电磁感应定律，在二次绕组中产生感应电动势为

$$\dot{E}_{2a} = -j\omega M_1 \dot{I}_1$$
$$\dot{E}_{2b} = -j\omega M_2 \dot{I}_1 \tag{5-35}$$

则差动变压器的输出电压为

$$\dot{U}_o = \dot{E}_{2a} - \dot{E}_{2b} = -\frac{j\omega(M_1 - M_2)\dot{U}_1}{R_1 + j\omega L_1} \tag{5-36}$$

输出电压的有效值为

$$U_o = \frac{\omega(M_1 - M_2)U_1}{\sqrt{R_1^2 + (\omega L_1)^2}} \tag{5-37}$$

分析：

当衔铁位于中间位置（$\Delta x = 0$）时，即 $M_1 = M_2 = M$，则 $\dot{U}_o = 0$；当衔铁上移（$\Delta x > 0$）时，即 $M_1 = M + \Delta M$、$M_2 = M - \Delta M$，则 $U_o = \frac{2\omega\Delta M U_1}{\sqrt{R_1^2 + (\omega L_1)^2}}$，与 $\dot{E}_{2a}$ 同极性；当衔铁下移（$\Delta x < 0$）时，即 $M_1 = M - \Delta M$、$M_2 = M + \Delta M$，则 $U_o = -\frac{2\omega\Delta M U_1}{\sqrt{R_1^2 + (\omega L_1)^2}}$，与 $\dot{E}_{2b}$ 同极性。

图 5-11 给出了差动变压器输出电压 U_o 与活动衔铁位移 ΔX 的关系曲线。图中实线为理论特性曲线，虚线为实际特性曲线。由图 5-11 可以看出，当差动变压器的衔铁处于中间位置时，理想条件下其输出电压为零。但实际上，当使用桥式电路时，在零点仍有一个微小的电压值存在，这个电压称为零点残余电压，记作 ΔU_o。零点残余电压的存在使传感器的输出特性不经过零点，造成实际特性与理论特性不完全一致。零点残余电压的大小是衡量差动变压器式传感器性能好坏的重要指标。

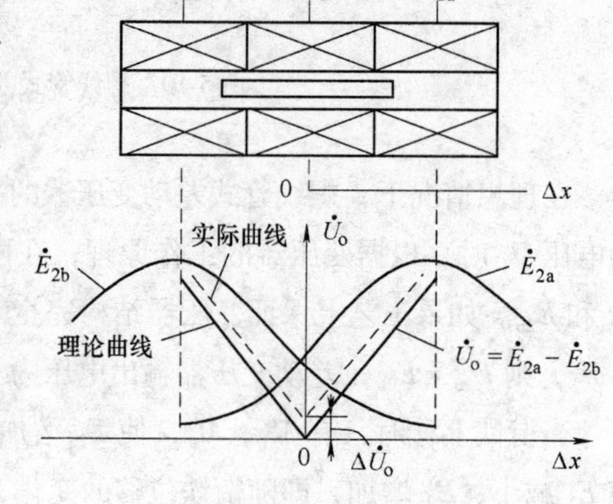

图 5-11　螺线管式差动变压器输出电压的特性曲线

零点残余电压产生原因：

1）传感器的两个二次绕组的电气参数与几何尺寸不对称，导致它们产生的感应电动势幅值不等、相位不同，构成了零点残余电压的基波。

2）由于磁性材料 B－H 特性曲线的非线性，产生了零点残余电压的高次谐波。

3）励磁电压本身含有高次谐波。

消除零点残余电压方法：

（1）从设计和工艺上保证结构对称性

为保证线圈和磁路的对称性，首先，要求提高加工精度，线圈选配成对，采用磁路可调节结构。其次，应选高磁导率、低矫顽力、低剩磁感应的导磁材料。并应经过热处理，消除残余应力，以提高磁性能的均匀性和稳定性。由高次谐波产生的因素可知，磁路工作点应选在磁化曲线的线性段。

(2) 选用合适的测量线路

采用相敏检波电路不仅可鉴别衔铁移动方向，而且可以把衔铁在中间位置时，因高次谐波引起的零点残余电压消除掉。如图5-12所示，采用相敏检波后衔铁反行程时的特性曲线由1变到2，从而消除了零点残余电压。

(3) 采用补偿线路

在差动变压器二次绕组串、并联适当大小的电阻、电容元件，当调整这些元件时，可使零点残余电压减小。

①图5-13a中由于两个二次绕组感应电压相位不同，并联电容可改变绕组的相位，并联电阻R起分流作用，使流入传感器线圈的电流发生变化，从而改变磁化曲线的工作点，减小高次谐波所产生的残余电压。图5-13b中串联电阻R可以调整二次绕组的电阻分量。

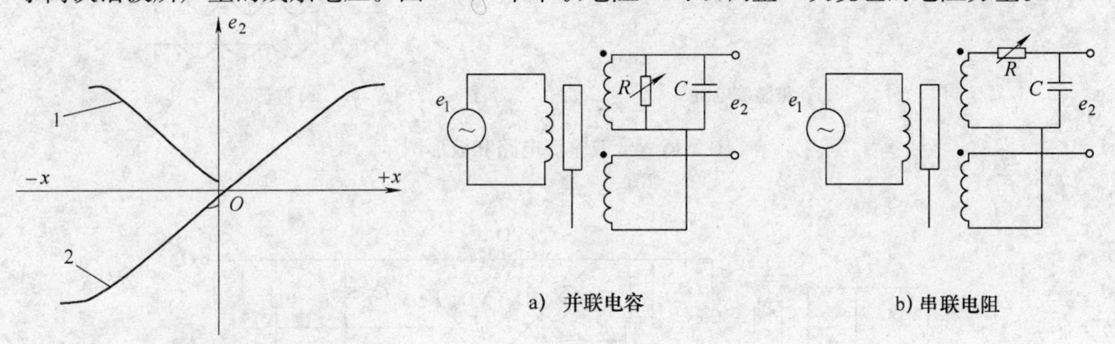

图5-12　相敏检波后的输出特性　　图5-13　调相位式残余电压补偿电路

②并联电位器W用于电气调零，改变二次绕组输出电压的相位，如图5-14所示。电容C（0.02μF）可防止调整电位器时使零点移动。

3. 测量电路

差动变压器的输出是交流电压，若用交流电压表测量，只能反映衔铁位移的大小，不能反映移动的方向。另外，其测量值中将包含零点残余电压。为了达到能辨别移动方向和消除零点残余电压的目的，实际测量时，常常采用差动整流电路和相敏检波电路。

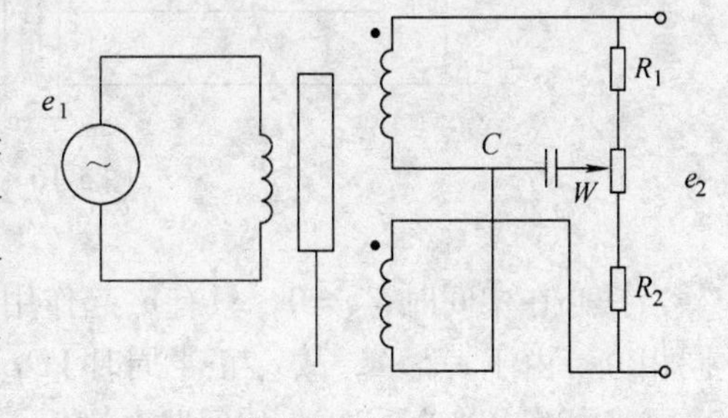

图5-14　电位器调零点残余电压补偿电路

(1) 差动整流电路

差动整流电路如图5-15所示，根据半导体二极管单向导通原理进行解调。如果传感器的一个二次绕组的输出瞬时电压极性，在f点为“+”，e点为“−”，则电流路径是fgdche（参看图5-15a）。反之，如f点为“−”，e点为“+”，则电流路径是ehdcgf。可见，无论二次绕组的输出瞬时电压极性如何，通过电阻R的电流总是从d到c。同理可分析另一个二次绕组的输出情况。输出的电压波形见图5-15b，其值为$U_{SC}=e_{ab}+e_{cd}$。

(2) 相敏检波电路

相敏检波电路如图5-16所示。相敏检波电路容易做到输出平衡，便于阻抗匹配。图5-16中调制电压e_r和e同频，经过移相器使e_r和e保持同相或反相，且满足$e_r \gg e$。调节电位器R可调平衡，图中电阻$R_1=R_2=R_0$，电容$C_1=C_2=C_0$，输出电压为U_{CD}。

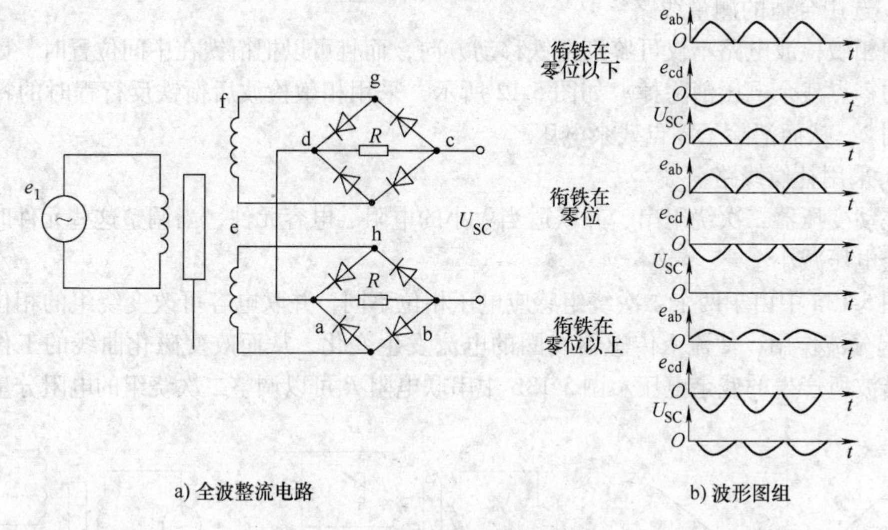

图 5-15　全波整流电路和波形图

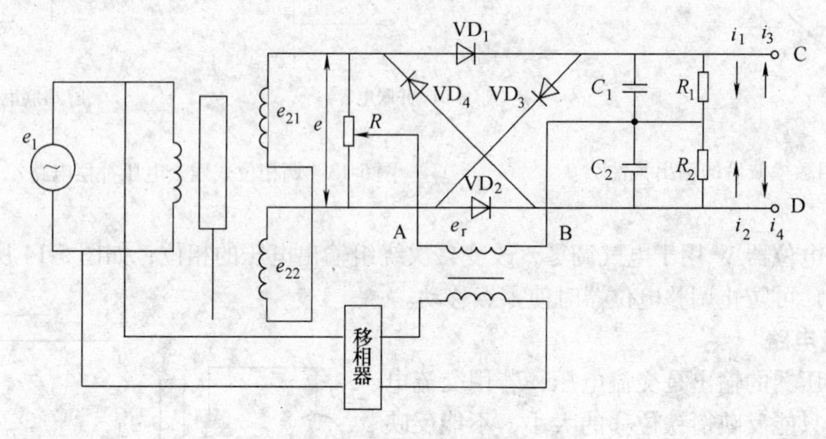

图 5-16　相敏检波电路

当铁心在中间时，$e=0$，只有 e_r 起作用，输出电压 $U_{CD}=0$。若铁心上移，$e\neq0$，设 e 和 e_r 同相位，由于 $e_r>>e$，故 e_r 正半周时 VD_1、VD_2 仍导通，但 VD_1 回路内总电势为 e_r+e，而 VD_2 回路内总电势为 e_r-e，故回路电流 $i_1>i_2$，输出电压 $U_{CD}=R_0$（i_1-i_2）>0。当 e_r 负半周时，$U_{CD}=R_0$（i_4-i_3）>0，因此铁心上移时输出电压 $U_{CD}>0$。当铁心下移时，e 和 e_r 相位相反。同理可得 $U_{CD}<0$。

由此可见，该电路能判别铁心移动的方向。

4. 典型应用

差动变压器式传感器可直接用于测量位移或与位移相关的机械量，比如振动、厚度、压力、加速度、应变等各种物理量。

差动变压器式加速度传感器原理图如图 5-17 所示，它由悬臂梁和差动变压器构成。测量时，将悬臂梁底座及差动变压器的线圈骨架固定，而将衔铁的 A 端与被测振动体相连，此时传感器作为加速度测量中的惯性元件，它的位移与被测加速度成正比，使加速度测量转变为位移的测量。当被测体带动衔铁以 $\Delta x(t)$ 振动时，导致差动变压器的输出电压也按相同规律变化。当差动变压器式加速度传感器用于测定振动物体的频率和振幅时其激磁频率必须是振动频率的10倍以上，才能得到精确的测量结果。可测量的振幅为0.1～5mm，振动频率为0～150Hz。

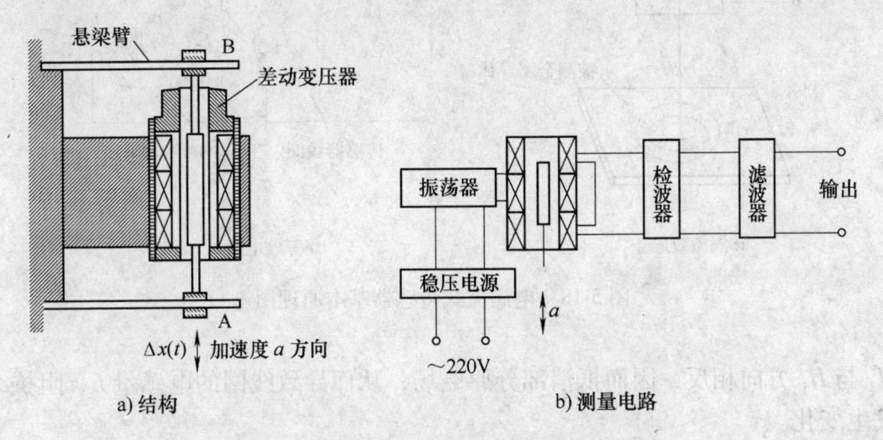

图5-17　差动变压器式加速度传感器原理图

5.3　电涡流式传感器

在电路中，我们学过：当导体处于交变磁场中时，铁心会因电磁感应而在内部产生自行闭合的电涡流而发热。因而，为了减小电涡流，避免发热，变压器和交流电动机的铁心都是用硅钢片叠制成的。生产生活中也可以利用电涡流做有用的工作，比如电磁炉、中频炉、高频淬火等都是利用电涡流原理而工作的。

电涡流式传感器是基于电涡流效应原理制成的传感器。要形成涡流必须具备下列两个条件：①存在交变磁场；②导电体处于交变磁场之中。因此，涡流式传感器主要由产生交变磁场的通电线圈和置于线圈附近处于交变磁场中的金属导体两部分组成。金属导体也可以是被测对象本身。

1. 工作原理

金属导体置于变化的磁场中，导体内就会产生感应电流，这种电流像水中旋涡那样在导体内转圈，称之为电涡流或涡流，这种现象称为涡流效应。如图5-18a所示。

涡流效应的特性：由于涡流效应在金属导体内产生电涡流 I_2，I_2 在金属导体的纵深方向并不是均匀分布的，而只集中在金属导体的表面，这称为趋肤效应。电涡流具有趋肤效应，它与激励源频率 f、工件的电导率 σ、磁导率 μ 等有关。频率越高，电涡流的渗透深度就越浅，趋肤效应就越严重。由于存在趋肤效应，电涡流方法只能检测导体表面的各种物理参量。改变频率 f，可控制检测深度。激励源频率一般为100kHz～1MHz。为了使电涡流深入金属导体深处，或对距离较远的金属体进行检测，可采用十几千赫兹甚至几百赫兹的低频激励频率。

一个通有交变电流 $\dot{I}_1$ 的传感器线圈，由于电流的变化，在线圈周围就产生一个交变磁场 $\dot{H}_1$，当被测金属置于该磁场范围内，金属导体内便产生涡流 $\dot{I}_2$，涡流也将产生一个新磁

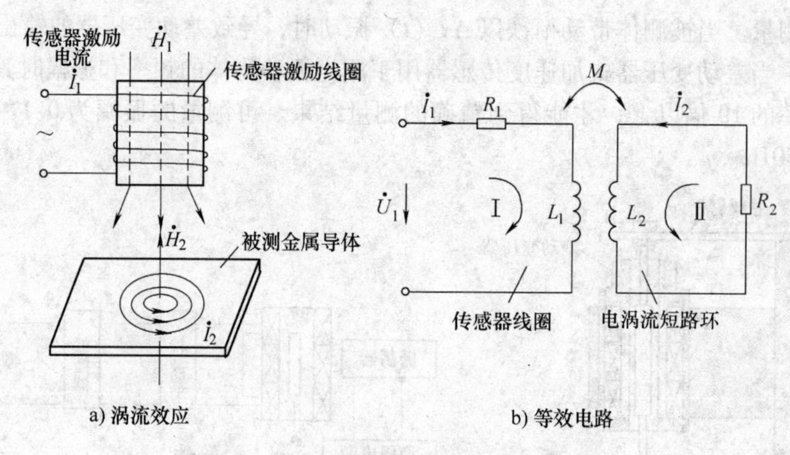

图 5-18　电涡流式传感器基本原理图

场 $\dot{H}_2$，$\dot{H}_2$ 与 $\dot{H}_1$ 方向相反，因而抵消部分原磁场，从而导致线圈的电感量 L、阻抗 Z 和品质因数 Q 发生变化。

由此可以看出，线圈与金属导体之间存在着磁性联系。若把导体形象地看作一个短路线圈，那么线圈与导体间的关系可用图 5-18b 所示的电路来表示。线圈与金属导体之间可以定义一个互感系数 M，它将随着间距 x 的减少而增大。根据基尔霍夫定律，可列出电路方程组为

$$\begin{cases} R_1\dot{I}_1 + \mathrm{j}\omega L_1\dot{I}_1 - \mathrm{j}\omega M\dot{I}_2 = \dot{U} \\ R_2\dot{I}_2 + \mathrm{j}\omega L_2\dot{I}_2 - \mathrm{j}\omega M\dot{I}_1 = 0 \end{cases} \tag{5-38}$$

解此方程组，得传感器工作时的等效阻抗为

$$Z = \frac{\dot{U}}{\dot{I}} = R_1 + R_2\frac{\omega^2 M^2}{R_2^2 + \omega^2 L_2^2} + \mathrm{j}\omega\left[L_1 - L_2\frac{\omega^2 M^2}{R_2^2 + \omega^2 L_2^2}\right] \tag{5-39}$$

等效电阻、等效电感分别为

$$\begin{cases} R = R_1 + R_2\dfrac{\omega^2 M^2}{R_2^2 + \omega^2 L_2^2} \\ L = L_1 - L_2\dfrac{\omega^2 M^2}{R_2^2 + \omega^2 L_2^2} \end{cases} \tag{5-40}$$

线圈的品质因数为

$$Q = \frac{\omega L}{R} = \frac{\omega L_1}{R_1}\,\frac{1 - \dfrac{L_2}{L_1}\,\dfrac{\omega^2 M^2}{R_2^2 + \omega^2 L_2^2}}{1 + \dfrac{R_2}{R_1}\,\dfrac{\omega^2 M^2}{R_2^2 + \omega^2 L_2^2}} \tag{5-41}$$

可以看出，当被测参数变化时，既能引起线圈阻抗 Z 变化，也能引起线圈电感 L 和线圈品质因数 Q 值变化。

而这些参数的变化量的大小与导体的电阻率 ρ、磁导率 μ 和线圈与导体的距离 x 以及线圈激励电流的角频率 ω 和导体的表面因素 r 等参数有关，都将通过涡流效应和磁效应与线圈阻抗发生联系。或者说，线圈组抗是这些参数的函数，可写成

$$Z = f(\rho, \mu, x, r, \omega) \tag{5-42}$$

控制其中大部分参数恒定不变，只改变其中一个参数，这样阻抗就能成为这个参数的单值函数。例如，被测材料的情况不变，激励电流的角频率不变，则阻抗 Z 就成为距离 x 的单值函数。利用此原理便可制成涡流位移传感器。

实验证明，当距离 x 减小时，电涡流线圈的等效电感 L 减小，等效电阻 R 增大。线圈的感抗 XL 的变化比 R 的变化快，则涡流线圈的阻抗是减小的，线圈中的电流 i_1 是增大的。反之，则 i_1 减小。而且由于线圈的品质因数 $Q\left(Q = \frac{XL}{R} = \frac{\omega L}{R}\right)$ 与等效电感成正比，与等效电阻成反比，所以当电涡流增大时，Q 下降很多。利用此原理可以制作多种电涡流传感器，如位移测量、转速测量、接近开关等。

2. 电涡流式传感器的结构

电涡流式传感器主要是一个绕制在框架上的绕组，常用的是矩形截面的扁平绕组。导线选用电阻率小的材料，一般采用高强度漆包线、银线或银合金线。框架要求采用损耗小、电性能好、热膨胀系数小的材料，一般选用聚四氟乙烯、高频陶瓷等。

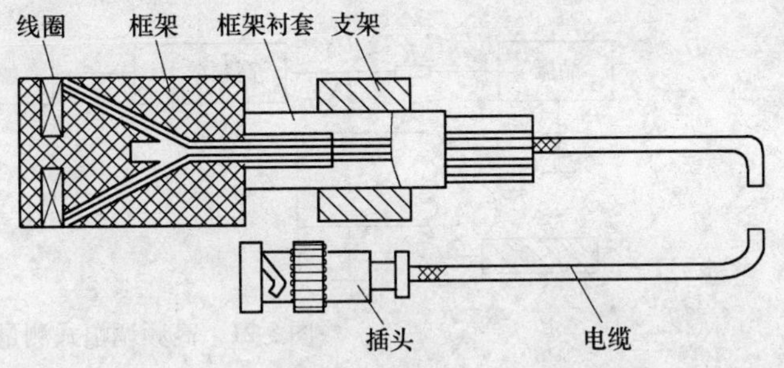

图 5-19　CZF1 型涡流传感器的结构图

以 CZF1 型涡流传感器为例，如图 5-19 所示。这种传感器的线圈与被测金属之间是磁性耦合的，并利用其耦合程度的变化作为测量值，无论是被测体的物理性质，还是它的尺寸和形状都与测量装置的特性有关。作为传感器的测量装置的线圈仅为实际传感器的一半，而另一半是被测体。

CZF1 型涡流传感器的性能见表 5-1。

表 5-1　CZF1 型涡流传感器的性能

型号	线性范围/μm	线圈外径/mm	分辨率/μm	线性误差/%	使用温度范围/℃
CZF1-1000	1000	7	1	<3	−15 ~ +80
CZF1-3000	3000	15	3	<3	−15 ~ +80
CZF1-5000	5000	28	5	<3	−15 ~ +80

3. 测量电路

电涡流探头与被测物之间的互感量变化可以转换为传感器线圈阻抗 Z 和品质因数 Q 等参数的变化。转换电路的作用是把这些参数转换为电压或电流的输出。

（1）交流电桥电路

交流电桥电路原理图如图 5-20 所示。图中线圈 L_1、L_2 为传感器线圈，它们与电容 C_1、

C_2，电阻 R_1、R_2 组成电桥的四个臂。振荡器提供电源，振荡频率根据需要选择。当线圈阻抗变化时，电桥失去平衡，将电桥不平衡造成的输出信号进行放大和检波，就可以得到与被测量成正比的输出。

电桥法主要用于两个电涡流线圈组成的差动式传感器。

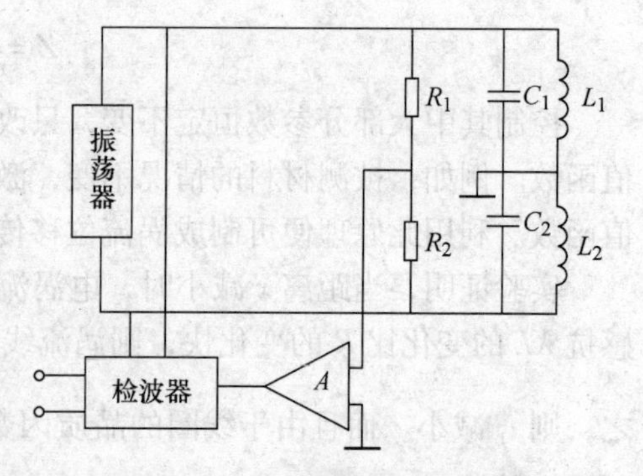

图 5-20　交流电桥电路原理图

(2) 调幅式测量电路

调幅式测量电路是以输出高频信号的幅度来反映电涡流探头与被测导体之间的关系。图 5-21 是高频调幅式测量电路。

石英晶体振荡器通过耦合电阻 R，向由探头线圈和一个微调电容 C_0 组成的并联谐振回路提供一个稳幅的高频激励信号，相当于一个恒流源。测量时，先调节 C_0，使 LC_0 的谐振频率等于石英晶体振荡器的频率 f_0，此时谐振回路的 Q 值和阻抗 Z 也最大，恒定电流 I_i 在 LC_0 并联谐振回路上的压降 U_0 也最大。即

$$U_0 = I_i Z \tag{5-43}$$

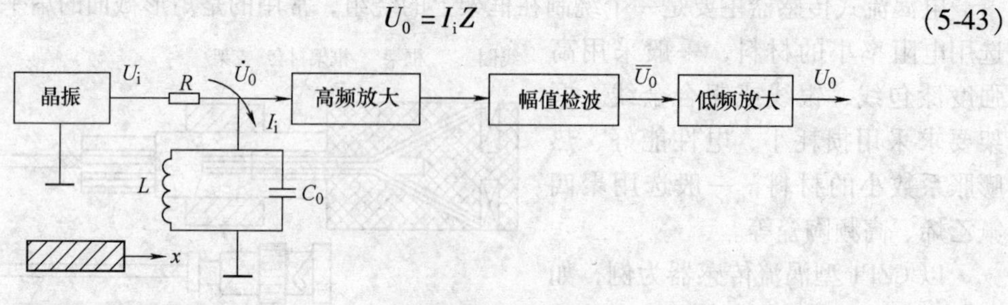

图 5-21　高频调幅式测量电路

(3) 调频式测量电路

调频式测量电路就是将探头线圈的电感量 L 与微调电容 C_0 构成 LC 振荡器的电感元件，以振荡器的频率 f 作为输出量。此频率可通过频率-电压转换器（又称鉴频器）转换成电压，由表头显示。也可以直接将频率信号（TTL 电平）信号送到计算机的计数定时器，测出频率。如图 5-22 所示。

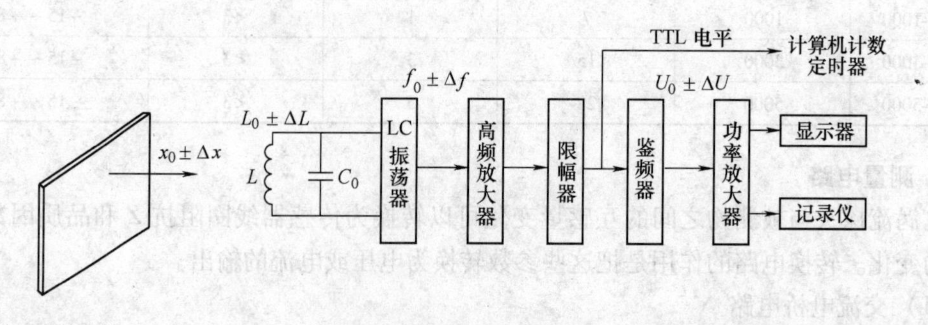

图 5-22　调频式测量电路

并联谐振回路的谐振频率为

$$f=\frac{1}{2\pi\sqrt{LC_0}} \tag{5-44}$$

当电涡流线圈与被测体的距离 x 改变时，电感量 L 随之改变，引起 LC 振荡器的输出频率改变，此频率可直接用计算机测量。用模拟仪表显示，必须用鉴频器，将频率 Δf 转换为电压 ΔU。

4. 电涡流传感器的应用

总体来讲，电涡流传感器系统广泛应用于电力、石油、化工、冶金等行业和一些科研单位。对汽轮机、水轮机、鼓风机、压缩机、空分机、齿轮箱、大型冷却泵等大型旋转机械轴的径向振动、轴向位移、键相器、轴转速、胀差、偏心以及转子动力学研究和零件尺寸检验等进行在线测量和保护。

电涡流式传感器可以测量的物理量有：位移、振动、厚度、表面温度、电解质浓度、速度（流量）、应力、硬度、探伤等。电涡流式传感器能实现非接触式测量，而且是根据与被测导体的耦合程度来测量，因此可以通过灵活设计传感器的构造外形和巧妙安排它与被测导体的布局来达到各种应用的目的。

（1）位移测量

在测量位移方面，除可直接测量金属零件的动态位移、汽轮机主轴的轴向窜动等位移量外，还可测量如金属材料的热膨胀系数、钢水液位、纱线张力、流体压力、加速度等可变换成位移量的参量。

例如，某些旋转机械，若高速旋转的汽轮机对轴向位移的要求很高。当汽轮机运行时，叶片在高压蒸汽推动下高速旋转，它的主轴承受巨大的轴向推力。若主轴的位移超过规定值时，叶片有可能与其他部件碰撞而断裂。利用电涡流原理可以测量汽轮机主轴的轴向位移、电动机轴向窜动等。电涡流轴向位移监测保护装置电涡流探头的安装如图5-23所示。

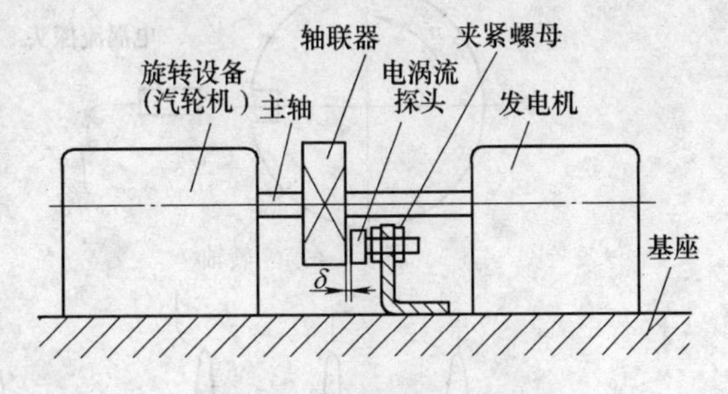

图5-23　轴向位移的监测

在设备停机时，将探头安装在与联轴器端面2mm距离的机座上，调节二次仪表使示值为零。当汽轮机起动后，长期监测其轴向位移量。可以发现，由于轴向推力和轴承的磨损而使探头与联轴器端面的间隙 δ 减小，二次仪表的输出电压从零开始增大。可调整二次仪表面板上的报警设定值，当位移量达到危险值时，二次仪表发出报警信号或发出停机信号以避免事故发生。上述测量属于动态测量。

（2）振动测量

在测量振动方面，电涡流式传感器是测量汽轮机、空气压缩机转轴的径向振动和汽轮机叶片振幅的理想器件。还可以用多个传感器并排安置在轴侧，并通过多通道指示仪表输出至记录仪，以测量轴的振动形状并绘出振型图。

电涡流式传感器可以无接触地测量各种振动的振幅、频谱分布等参数。在研究机器振动时，常常采用多个传感器放置在机器不同部位进行检测，得到各个位置的振幅值和相位值，从而画出振型图，测量方法如图5-24所示。

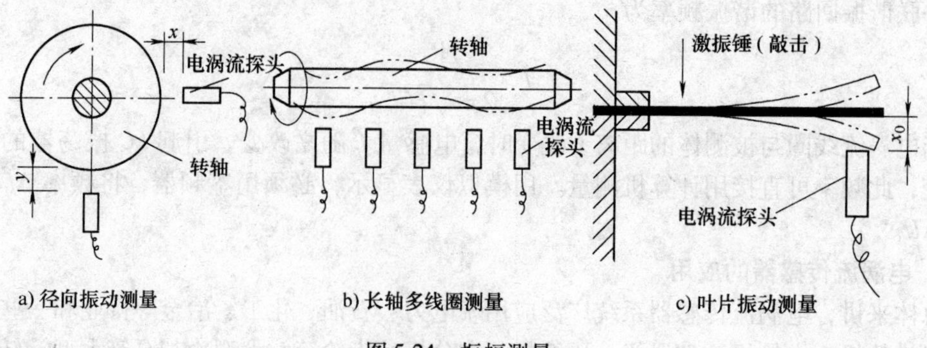

图 5-24　振幅测量

（3）转速测量

在测量转速方面，只要在旋转体上加工或加装一个有凹缺口的圆盘状或齿轮状的金属体，并配以电涡流传感器，就能准确地测出转速。

若旋转体上已开有一条或数条槽或做成齿状，则可在旁边安装一个电涡流式传感器，如图 5-25 所示。当转轴转动时，传感器周期地改变着与旋转体表面之间的距离。于是它的输出电压也周期性地发生变化，此脉冲电压信号经放大、变换后，可以用频率计测出其变化的重复频率，从而测出转轴的转速，若转轴上开 z 个槽（或齿），频率计的读数为 f（单位为 Hz），转速按下式求得

$$n = 60\frac{f}{z} \tag{5-45}$$

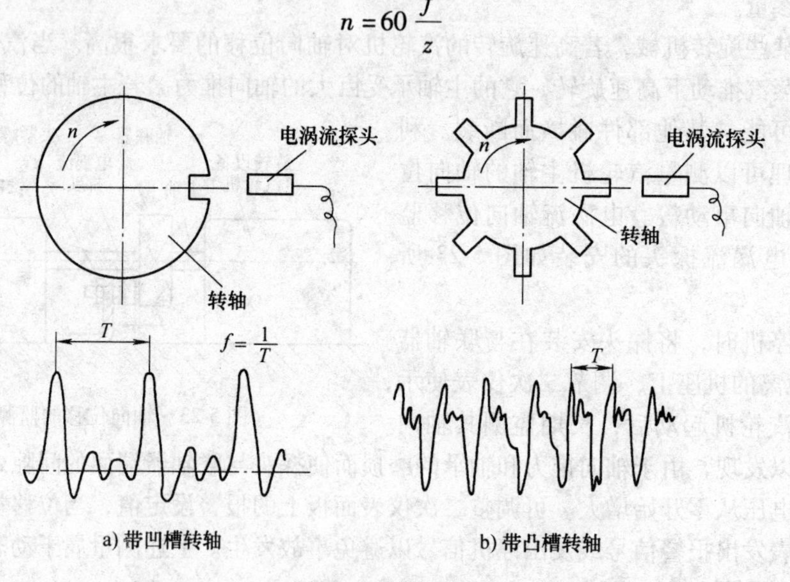

图 5-25　转速测量

此外，利用导体的电阻率与温度的关系，保持线圈与被测导体之间的距离及其他参量不变，就可以测量金属材料的表面温度，还能通过接触气体或液体的金属导体来测量气体或液体的温度。电涡流测温是非接触式测量，适用于测低温到常温的范围，且有不受金属表面污物影响和测量快速等优点。保持传感器与被测导体的距离不变，还可实现电涡流探伤。探测时如果遇到裂纹，导体电阻率和磁导率就发生变化，电涡流损耗，从而输出电压也相应改

变。通过对这些信号的检验就可确定裂纹的存在。

思考题与习题

1. 简述自感传感器的工作原理？
2. 变隙式自感传感器的输出特性与哪些因素有关？如何改善其性能？
3. 已知变隙式电感传感器的铁心截面积 $A=1.6\text{cm}^2$，磁路长度 $L=25\text{cm}$，相对磁导率 $\mu_r=4000$，气隙厚度 $\delta_0=0.5\text{cm}$，$\Delta\delta=\pm0.1\text{cm}$，真空磁导率 $\mu_0=4\pi\times10^{-7}\text{H/m}$，线圈匝数 $W=2000$，求单线圈式传感器的灵敏度及提高灵敏度的方法？
4. 简述差动变压器式传感器的工作原理。
5. 什么是残余误差？其产生原因及解决办法？
6. 为了实现对位移大小和方向的判定采用何种测量电路？简述其工作过程。
7. 什么是涡流效应？
8. 举例说明电涡流传感器的应用，并分析其工作原理。
9. 电感式传感器的测量电路有哪些？

第6章　电容式传感器

电容式传感器（capacitive transducer）是将被测量（比如位移、力、速度等）的变化转换成电容变化的传感器。从能量转换的角度而言，电容式传感器（即变换器）为无源变换器，它需要将所测得的量转换成电压或电流后进行放大和处理。力学量中的线位移、角位移、间隔、距离、厚度、拉伸、压缩、膨胀、变形等无不与长度有着密切的联系；这些量又都是通过长度或者长度比值进行测量的量，而其测量方法的相互关系也很密切。另外，在有些条件下，这些力学量变化相当缓慢，而且变化范围极小，如果要求测量极小距离或位移时要有较高的分辨率，其他传感器很难做到，在精密测量中普遍使用的差动变压器传感器的分辨率仅达到1～5μm；而有一种电容测微仪，它的分辨率为0.01μm，比前者提高了两个数量级，最大量程为100±5μm，因此它在精密小位移测量中受到青睐。

对于上述这些力学量，尤其是缓慢变化或微小量的测量，一般来说采用电容式传感器进行检测比较适宜，主要是这类传感器具有以下突出优点：

1）测量范围大，其相对变化率可超过100%。

2）灵敏度高，如用比率变压器电桥测量，相对变化量可达10^{-7}数量级。

3）动态响应快，因其可动质量小，固有频率高，高频特性既适宜动态测量，也可静态测量。

4）稳定性好，由于电容器极板多为金属材料，极板间衬物多为无机材料，如空气、玻璃、陶瓷、石英等，因此可以在高温、低温强磁场、强辐射下长期工作，尤其是解决高温高压环境下的检测难题。

6.1　工作原理

电容由两个金属极板和在其中间的绝缘介质组成。现以平板电容器为例说明电容传感器的工作原理。由两个相对金属板组成（中间有绝缘介质）的电容器原理如图6-1所示，若忽略边缘效应，平行板电容器的电容量为

$$C=\frac{\varepsilon A}{d}=\frac{\varepsilon_0\varepsilon_r A}{d} \tag{6-1}$$

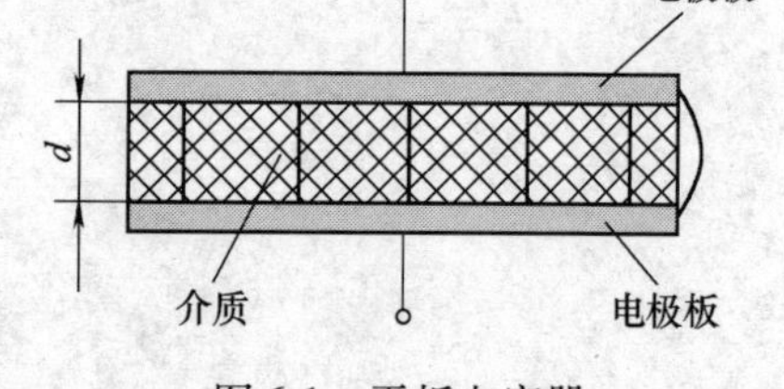

图6-1　平板电容器

式中，C为电容器的电容量（F）；ε为极板间介质的介电常数（F/m）；A为两平行极板相互覆盖的面积；d为两极板间的距离（m）；ε_0为真空介电常数（8.8542×10^{-12}F/m）；ε_r为两极板间绝缘介质的相对介电常数。

由式（6-1）可知，电容器的电容量C是ε、A、d的函数，当被测量的变化使ε、A、d任意一个参数发生变化时，电容量也随之改变，从而可实现由被测量到电容量的转换。

电容式传感器的工作原理就是建立在上述关系上的。若保持式（6-1）中的某两个参数

不变，仅改变另一参数，就可把该参数的变化转换为电容量的变化，通过测量电路再转换为电量输出。因此，电容式传感器可分为变面积型、变介质型和变极距型三种类型。图 6-2 所示为各种不同结构形式的电容式传感器。

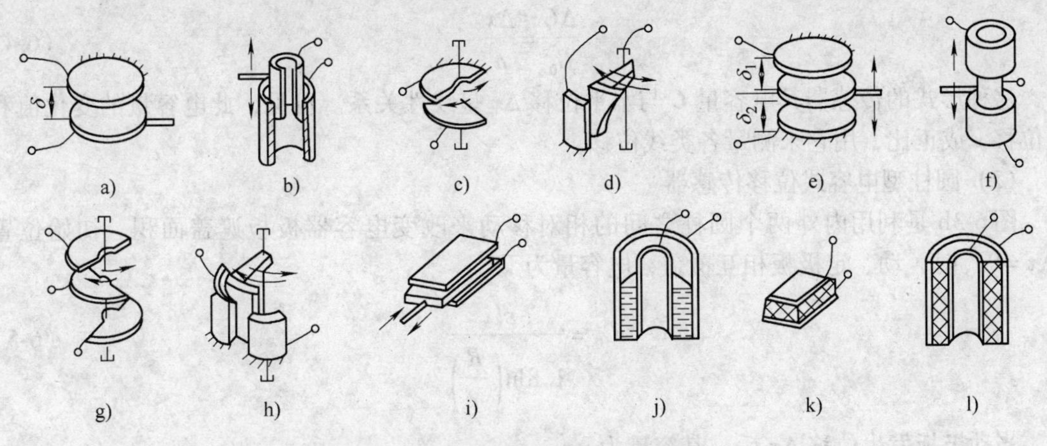

图 6-2　电容式传感元件的各种结构形式

1. 变面积型

被测量通过动极板移动引起两极板有效覆盖面积 A 改变，从而得到电容量的变化。图 6-3 是变面积型电容传感器的结构图。

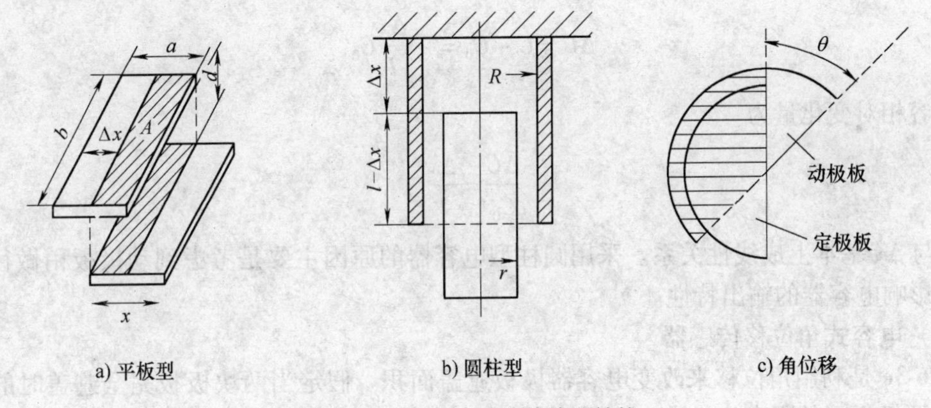

图 6-3　变面积型电容传感器结构

（1）平板型电容式位移传感器

图 6-3a 是利用线位移来改变电容器极板的遮盖面积。如果初始状态极板全部遮盖，则遮盖面积 $A_0=ab$，当两块极板相对位移变化 Δx 时，极板的遮盖面积变为 $A_1=b\ (a-\Delta x)$。在介电常数和极板距离不变时，电容量分别为

$$\begin{cases} C_0=\dfrac{\varepsilon A_0}{d}=\dfrac{\varepsilon ab}{d} \\ C=\dfrac{\varepsilon(a-\Delta x)b}{d}=C_0\left(1-\dfrac{\Delta x}{a}\right) \end{cases} \tag{6-2}$$

电容的变化量为

$$\Delta C = C - C_0 = -\frac{\Delta x}{a}C_0 \tag{6-3}$$

电容相对变化量为

$$\frac{\Delta C}{C_0} = \frac{\Delta x}{a} \tag{6-4}$$

这种形式的传感器其电容量 C 与水平位移 Δx 呈线性关系。可见，此电容量的变化值和线位移 x 成正比，用它来测量各类线位移。

（2）圆柱型电容式位移传感器

图 6-3b 是利用内外两个圆柱之间的相对移动来改变电容器极板遮盖面积。初始位置（$\Delta x=0$）时，动、定极板相互覆盖，电容量为

$$C_0 = \frac{\varepsilon l}{1.8\ln\left(\frac{R}{r}\right)} \tag{6-5}$$

当动极板发生位移 Δx 后，其容量为

$$C = \frac{\varepsilon(l-\Delta x)}{1.8\ln\left(\frac{R}{r}\right)} = C_0\left(1-\frac{\Delta x}{l}\right) \tag{6-6}$$

电容的变化量为

$$\Delta C = C - C_0 = -\frac{\Delta x}{l}C_0 \tag{6-7}$$

电容相对变化量为

$$\frac{\Delta C}{C_0} = \frac{\Delta x}{l} \tag{6-8}$$

C 与 Δx 基本上成线性关系。采用圆柱型电容器的原因主要是考虑到动极板稍做径向移动时不影响电容器的输出特性。

（3）电容式角位移传感器

图 6-3c 是利用角位移来改变电容器极板遮盖面积。假定当两块极板完全遮盖时的面积为 A_0，两极板间的距离为 d，极板间介质的介电常数为 ε。当忽略边缘效应时，该电容器的初始电容量为

$$C_0 = \frac{\varepsilon A_0}{d} \tag{6-9}$$

如果其动极板相对定极板转过 θ 角，则极板间的相互遮盖面积为

$$A = A_0 - \frac{\theta}{\pi}A_0 = A_0\left(1-\frac{\theta}{\pi}\right) \tag{6-10}$$

因而电容量也就变化了，其值为

$$C = \frac{\varepsilon A}{d} = \frac{\varepsilon A_0\left(1-\frac{\theta}{\pi}\right)}{d} = C_0 - C_0\frac{\theta}{\pi} \tag{6-11}$$

这样电容器的电容变化量为

$$\Delta C = C - C_0 = -C_0\frac{\theta}{\pi} \tag{6-12}$$

电容相对变化量为

$$\frac{\Delta C}{C_0} = \frac{\theta}{\pi} \tag{6-13}$$

可见，此电容量的变化值和角位移成正比，以此用来测量角位移。

同样道理，为提高变面积型传感器的灵敏度和克服某些外界因素影响，常将电容器做成差动式结构。

2. 变介质型

图6-4所示是两种改变介质介电常数的电容式传感器的结构图。图6-4a常用来检测液位的高度，图6-4b常用来检测片状材料的厚度和介电常数。

（1）圆柱型

圆柱型电容式传感器的结构如图6-4a所示。图中由两个同心圆筒构成电容器的两个极板，假定电容器部分浸入被测量液体中（液体应不能导电，若能导电，则电极需作绝缘处理）。这样，极板间的介质就由两部分组成：空气介质和液体介质，由此形成了电容式液位传感器，由于液体介质的液面发生变化，从而导致电容器的电容 C 也发生变化。这种方法测量的精度很高，且不受周围环境的影响。总电容 C 由液体介质部分电容 C_1 和空气介质部分电容 C_2 两部分组成。

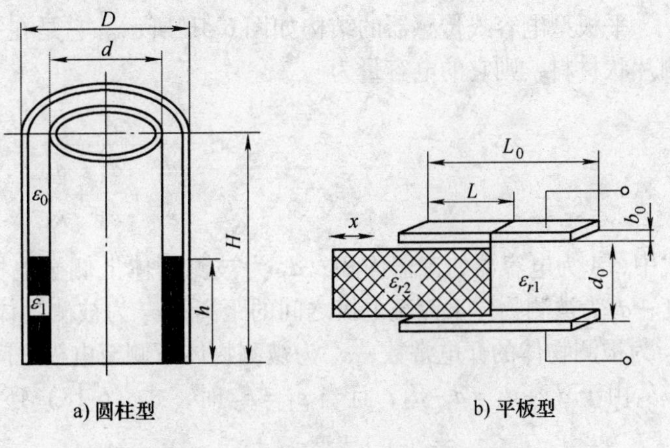

图6-4 变介质型电容式传感器结构

$$C_1 = \frac{2\pi h\varepsilon_1}{\ln\frac{D}{d}}$$
$$C_2 = \frac{2\pi(H-h)\varepsilon_0}{\ln\frac{D}{d}} \tag{6-14}$$

所以总电容量 C 为

$$C = C_1 + C_2 = \frac{2\pi h\varepsilon_1}{\ln\frac{D}{d}} + \frac{2\pi(H-h)\varepsilon_0}{\ln\frac{D}{d}} = \frac{2\pi H\varepsilon_0}{\ln\frac{D}{d}} + \frac{2\pi(\varepsilon_1-\varepsilon_0)}{\ln\frac{D}{d}}h \tag{6-15}$$

式中，H 为总高度；h 为电容器浸入液体中的深度；D 为同心圆电极的外直径；d 为同心圆电极的内直径；ε_1 为被测液体的介电常数；ε_0 为空气的介电常数。

容器的尺寸和被测介质确定后，则 H、h、D、d、ε_1 和 ε_0 均为常数，令

$$a_0=\frac{2\pi H\varepsilon_1}{\ln\dfrac{D}{d}}$$
$$b_0=\frac{2\pi(\varepsilon_1-\varepsilon_0)}{\ln\dfrac{D}{d}} \tag{6-16}$$

则有

$$C=a_0+b_0h \tag{6-17}$$

这说明，电容量 C 的大小与电容器浸入液体的深度 h 成正比。

（2）平板型

平板型电容式传感器的结构如图 6-4b 所示。它是在一个固定电容器的极板之间放入被测片状材料，则它的电容量为

$$C=\frac{A}{\dfrac{d_1}{\varepsilon_1}+\dfrac{d_2}{\varepsilon_2}+\dfrac{d_3}{\varepsilon_3}} \tag{6-18}$$

式中，A 为电容器的遮盖面积；d_1 为被测物体上侧至电极之间的距离；d_2 为被测物体的厚度；d_3 为被测物体下侧至电极之间的距离；ε_1 为被测物体上侧至电极之间介质的介电常数；ε_2 为被测物体的介电常数；ε_3 为被测物体下侧至电极之间介质的介电常数。

由于 $d_1+d_3=d-d_2$，且当 $\varepsilon_1=\varepsilon_3$ 时，式（6-18）还可写为

$$C=\frac{A}{\dfrac{d-d_2}{\varepsilon_1}+\dfrac{d_2}{\varepsilon_2}} \tag{6-19}$$

式中，d 为两极板之间的距离。

显然，在电容器极板的遮盖面积 A，两极板之间的距离 d，被测物体上下侧至电极之间介质的介电常数 ε_1 和 ε_3 确定时，电容量的大小就和被测材料的厚度 d_2 及介电常数 ε_2 有关。如被测材料介电常数 ε_2 已知，就可以测量被测材料的厚度 d_2；或者被测材料的厚度 d_2 已知，就可测量其介电常数 ε_2。这就是电容式测厚仪和电容式介电常数测量仪的工作原理。

根据前面的分析可知，介质的介电常数将影响电容式传感器的电容量大小，不同介质的介电常数各不相同。一些典型电介质的相对介电常数如表 6-1 所示。

表 6-1　电介质材料的相对介电常数

材　料	相对介电常数 ε_r	材　料	相对介电常数 ε_r
真空	1.000 00	硬橡胶	4.3
其他气体	1～1.2	石英	4.5
纸	2.0	玻璃	5.3～7.5
聚四氟乙烯	2.1	陶瓷	5.5～7.0

（续）

材　料	相对介电常数 ε_r	材　料	相对介电常数 ε_r
石油	2.2	盐	6
聚乙烯	2.3	云母	6～8.5
硅油	2.7	三氧化二铝	8.5
米及谷类	3～5	乙醇	20～25
环氧树脂	3.3	乙二醇	35～40
石英玻璃	3.5	甲醇	37
二氧化硅	3.8	丙三醇	47
纤维素	3.9	水	80
聚氯乙烯	4.0	碳酸钡	1000～10000

3. 变极距型

变极距型电容传感器的原理图如图 6-5 所示。电容器由两块极板构成，其中极板 1 为固定极板，极板 2 为与被测物体相连的活动极板，可上下移动。当极板间的遮盖面积为 A，极板间介质的介电常数为 ε，初始极板间距为 d_0 时，初始电容 $C_0=\dfrac{\varepsilon A}{d_0}$。

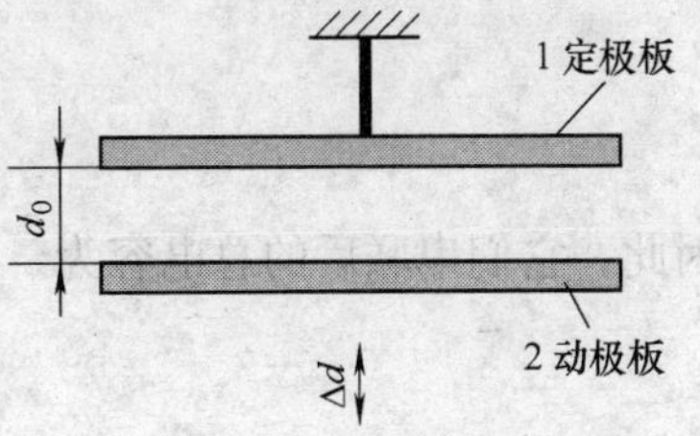

1 定极板

d_0

2 动极板

Δd

图 6-5　变极距型电容传感器结构

当活动极板 2 在被测物体的作用下向固定极板 1 位移 Δd 时，此时电容 C 为

$$C=\frac{\varepsilon A}{d_0-\Delta d}=\frac{\varepsilon A}{d_0\left(1-\dfrac{\Delta d}{d_0}\right)}=C_0\frac{1}{1-\dfrac{\Delta d}{d_0}} \tag{6-20}$$

电容的变化量为

$$\Delta C=C-C_0=C_0\frac{1}{1-\dfrac{\Delta d}{d_0}}-C_0=C_0\frac{\Delta d}{d_0}\left(1-\frac{\Delta d}{d_0}\right)^{-1} \tag{6-21}$$

当电容器的活动极板 1 移动距离极小时，即 $\Delta d \ll d_0$ 时，式（6-21）按泰勒级数展开为

$$\Delta C=C_0\frac{\Delta d}{d_0}\left[1+\frac{\Delta d}{d_0}+\left(\frac{\Delta d}{d_0}\right)^2+\left(\frac{\Delta d}{d_0}\right)^3+\cdots\right] \tag{6-22}$$

电容器的电容变化量与位移 Δd 之间成非线性关系，只有当 $\dfrac{\Delta d}{d_0}\ll 1$ $\left(\text{通常取}\dfrac{\Delta d}{d_0}=0.02\sim 0.1\right)$ 时，可去除高次项，即

$$\Delta C\approx C_0\frac{\Delta d}{d_0} \tag{6-23}$$

这时电容器的电容变化量 ΔC 才近似地和位移变化量 Δd 成正比。

由式（6-23）和图 6-6 可知，对于同样的极板间距变化 Δd，较小的 d_0 可获得更大的电容量变化，从而提高传感器的灵敏度，但 d_0 过小，容易导致电容器击穿或短路。因此，可在极板间加入高介电常数材料（如云母），如图 6-7 所示。

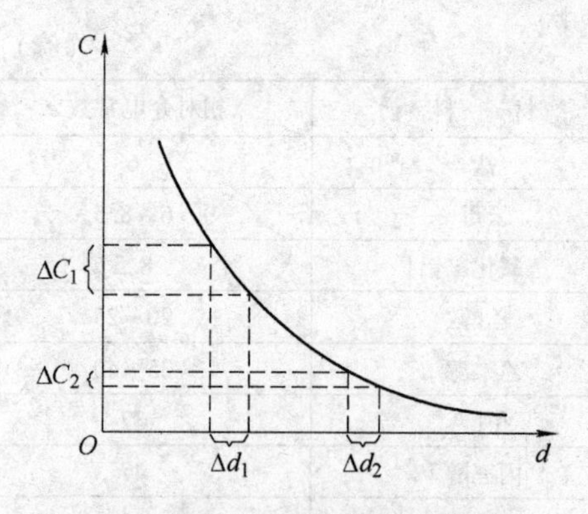

图 6-6 电容量与极板间距的非线性关系

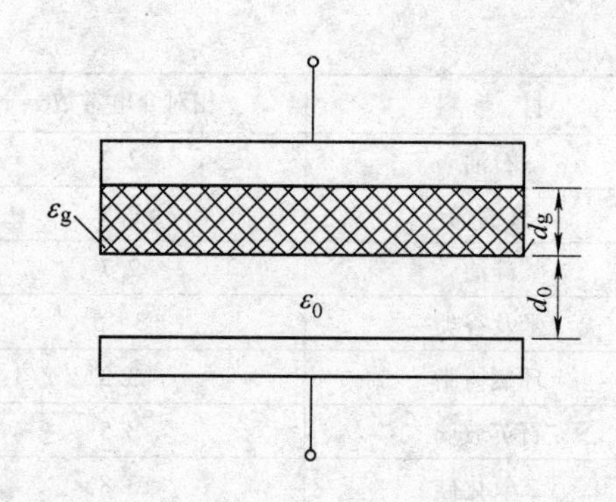

图 6-7 放置云母片的电容传感器结构

此时，电容器相当于云母和空气介质构成的两个电容器的串联，它们的电容量分别为

$$C_g = \frac{\varepsilon_0 \varepsilon_g A}{d_g}$$
$$C_0 = \frac{\varepsilon_0 \varepsilon_r A}{d_0} \tag{6-24}$$

因此，它们串联后的总电容为

$$C = \frac{C_g C_0}{C_g + C_0} = \frac{A}{\dfrac{d_g}{\varepsilon_0 \varepsilon_g} + \dfrac{d_0}{\varepsilon_0}} \tag{6-25}$$

式中，ε_g 为云母的相对介电常数。

云母片的相对介电常数约为空气的 7 倍，其击穿电压远高于空气，在这种情况下，极板间距可以大大减小。一般极板间距在 25 ~ 200μm 范围内，而最大位移应小于间距的十分之一，因此这种电容式传感器主要用于微位移测量。

根据前面的分析，我们定义电容式传感器的灵敏度为单位极距变化所引起的电容相对变化量，即

$$K = \frac{\Delta C / C_0}{\Delta d} = \frac{1}{d_0} \tag{6-26}$$

其相对非线性误差为

$$\delta = \frac{\left| \left(\dfrac{\Delta d}{d} \right)^2 \right|}{\left| \dfrac{\Delta d}{d_0} \right|} \times 100\% = \left| \frac{\Delta d}{d_0} \right| \times 100\% \tag{6-27}$$

显然，这种单边活动的电容传感器随着测量范围的增大，相应的误差也增大。在实际应用中，为了提高这类传感器灵敏度、提高测量范围和减小非线性误差，常做成差动式电容器，如图 6-8 所示。

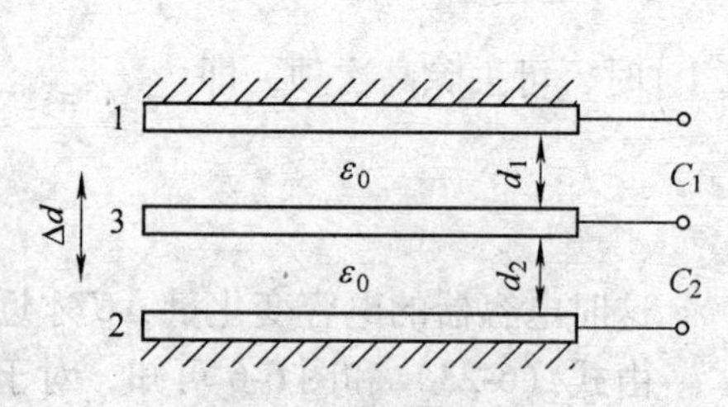

图 6-8 差动式变极距型电容传感器结构

图中 1、2 是固定的电极板，3 是活动极板。若活

动极板的初始位置距离两个固定极板的距离均为 d_0，则固定极板1和活动极板3之间、固定2和活动极板3之间的初始电容相等，若令其为 C_0。当活动极板3在被测物体作用下向固定极板1移动 Δd 时，则位于中间的活动极板到两侧的固定极板的距离分别为

$$\begin{aligned} d_1 &= d_0 - \Delta d \\ d_2 &= d_0 + \Delta d \end{aligned} \tag{6-28}$$

由上述推导可知，活动极板和两个固定极板构成电容分别为

$$\begin{aligned} C_1 &= \frac{C_0}{1-\dfrac{\Delta d}{d_0}} = C_0\left[1+\frac{\Delta d}{d_0}+\left(\frac{\Delta d}{d_0}\right)^2+\left(\frac{\Delta d}{d_0}\right)^3+\cdots\right] \\ C_2 &= \frac{C_0}{1+\dfrac{\Delta d}{d_0}} = C_0\left[1-\frac{\Delta d}{d_0}+\left(\frac{\Delta d}{d_0}\right)^2-\left(\frac{\Delta d}{d_0}\right)^3+\cdots\right] \end{aligned} \tag{6-29}$$

则差动式电容器的电容变化量为

$$\Delta C = C_1 - C_2 = 2C_0\left[\frac{\Delta d}{d_0}+\left(\frac{\Delta d}{d_0}\right)^3+\left(\frac{\Delta d}{d_0}\right)^5+\cdots\right] \tag{6-30}$$

虽然电容的变化量仍旧和位移 Δd 成非线性关系，但是如果消除了级数中的偶次项，可以使其非线性得到改善。当 $\dfrac{\Delta d}{d_0} \ll 1$ 时（在微小量检测中，如线膨胀测量等，一般都能满足这个条件），略去高次项，得

$$\Delta C \approx 2C_0\frac{\Delta d}{d_0} \tag{6-31}$$

其灵敏度为

$$K = \frac{\Delta C/C_0}{\Delta d} = \frac{2}{d_0} \tag{6-32}$$

其相对非线性误差为

$$\delta = \frac{\left|\left(\dfrac{\Delta d}{d}\right)^3\right|}{\left|\dfrac{\Delta d}{d_0}\right|}\times 100\% = \left|\left(\frac{\Delta d}{d_0}\right)^2\right|\times 100\% \tag{6-33}$$

比较式（6-26）和式（6-32）可见，灵敏度提高了1倍。

比较式（6-27）和式（6-33）可见，在 $\dfrac{\Delta d}{d_0} \ll 1$ 时，非线性误差将大大下降。

6.2　测量电路

电容式传感器的电容值及其电容变化量一般都很小，为几皮法至几十皮法，这样微小的电容量是不容易直接显示、记录和传输的，因此必须借助于测量电路才能检测出，同时将其转换成与之有确定对应关系的电信号。目前，经常采用的测量电路有调频电路、运算放大

器、二极管双 T 形交流电桥、脉冲宽度调制电路等。

1. 调频电路

把电容式传感器作为振荡器谐振回路的一部分，当输入量导致电容量发生变化时，振荡器的振荡频率就发生变化。可将频率作为输出量用以判断被测非电量的大小，但此时系统是非线性的，不易校正，因此必须加入鉴频器，将频率的变化转换为电压振幅的变化，经过放大就可以用仪器指示或记录仪记录下来。如图 6-9 所示。图中调频振荡器的振荡频率为

$$f=\frac{1}{2\pi\sqrt{LC}} \tag{6-34}$$

式中，C 为振荡回路的总电容，$C=C_1+C_2+C_x$，其中 C_1 为振荡回路固有电容，C_2 为传感器引线分布电容，$C_x=C_0\pm\Delta C$ 为传感器的电容。

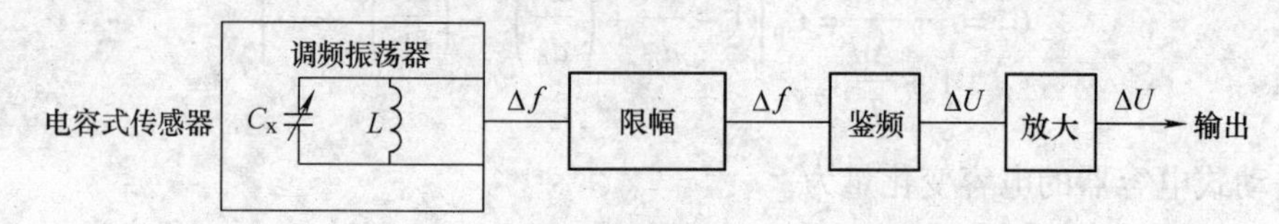

图 6-9 调频电路

当被测信号为 0 时，$\Delta C=0$，则 $C=C_1+C_2+C_0$，所以振荡器有一个固有频率 f_0，即

$$f_0=\frac{1}{2\pi\sqrt{L(C_1+C_2+C_0)}} \tag{6-35}$$

当被测信号不为 0 时，$\Delta C\neq 0$，振荡器频率有相应变化，此时频率为

$$f=\frac{1}{2\pi\sqrt{L(C_1+C_2+C_0\mp\Delta C)}}=f_0\pm\Delta f \tag{6-36}$$

调频电容式传感器测量电路具有较高的灵敏度，可以测量高至 0.01μm 级位移变化量。信号的输出频率易于用数字仪器测量，并与计算机进行通信，抗干扰能力强，可以发送、接收，以达到遥测遥控的目的。其缺点是寄生电容对测量精度的影响较大。

2. 运算放大器式电路

由于运算放大器的放大倍数非常大，并且输入阻抗 Z_i 很高，根据运算放大器的这一特点将其作为电容式传感器的测量电路，其测量原理如图 6-10 所示。图中 C_x 为传感器电容，C_0 为固定电容，由运算放大器反馈原理可知，O 点为“虚地”，因此 $\dot{I}_i=0$，于是有

$$\begin{aligned}
\dot{U}_i&=Z_{C_0}\dot{I}_0=\frac{1}{j\omega C_0}\dot{I}_0\\
\dot{U}_o&=Z_{C_x}\dot{I}_x=\frac{1}{j\omega C_x}\dot{I}_x\\
\dot{I}_0&+\dot{I}_x=0
\end{aligned} \tag{6-37}$$

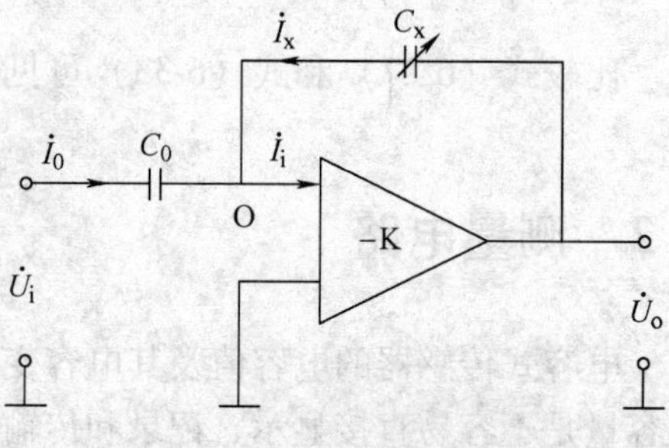

则运算放大器的输出电压为

$$\dot{U}_o=-\frac{C_0}{C_x}\dot{U}_i \tag{6-38}$$

图 6-10 运算放大器电路

式中，“－”号表示输出电压 U_o 的相位与电源电压反相。

如果传感器是一只平板电容，则 $C_x=\dfrac{\varepsilon A}{d}$，代入式（6-38），可得

$$\dot{U}_o=-\dot{U}_i\frac{C_0}{\varepsilon A}d \tag{6-39}$$

可见运算放大器的输出电压与极板间距离 d 成线性关系。

由此可知，运算放大器式测量电路最大特点是能够解决变极距型电容式传感器的非线性问题。但要注意的条件是要求运算放大器的输入阻抗 Z_i 及放大倍数 K 足够大。此外，为保证仪器精度，还要求电源电压 U_i 的幅值和固定电容 C 值稳定。

3. 二极管双T形交流电桥

二极管双T形交流电桥如图6-11所示。图中 e 是高频电源，它提供了幅值为 U 的对称方波，VD_1、VD_2 为特性完全相同的两只二极管，固定电阻 $R_1=R_2=R$，C_1、C_2 为传感器的两个差动电容。

（1）当传感器没有输入时，$C_1=C_2$

电路工作原理：当 e 为正半周时，二极管 VD_1 导通、VD_2 截止，于是电容 C_1 充电，其等效电路如图6-11b所示；在随后负半周出现时，电容 C_1 上的电荷通过电阻 R_1，负载电阻 R_L 放电，流过 R_L 的电流为 I_1。

当 e 为负半周时，VD_2 导通、VD_1 截止，则电容 C_2 充电，其等效电路如图6-11c所示；在随后出现正半周时，C_2 通过电阻 R_2，负载电阻 R_L 放电，流过 R_L 的电流为 I_2。

电流 $I_1=I_2$，且方向相反，在一个周期内流过 R_L 的平均电流为零。

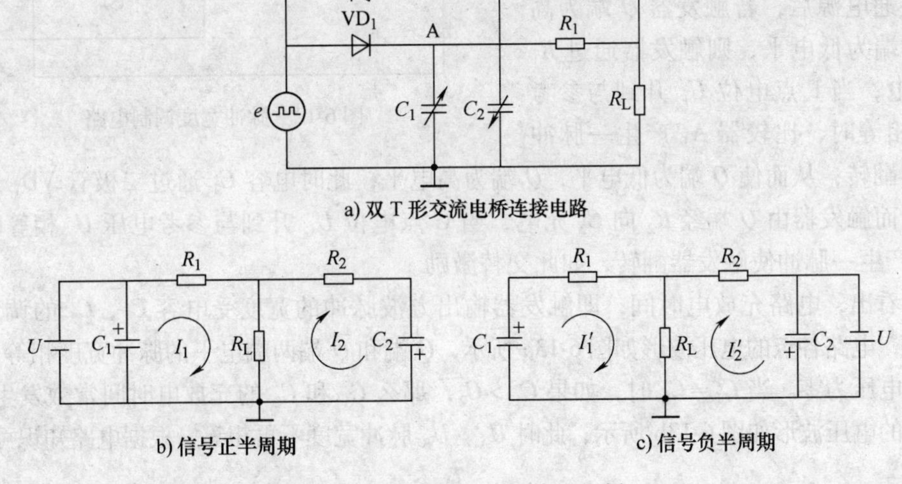

图6-11　二极管双T形交流电桥

（2）当传感器输入不为0时，$C_1\neq C_2$，$I_1\neq I_2$

此时在一个周期内通过 R_L 上的平均电流不为零，因此产生输出电压，输出电压在一个周期内平均值为

$$U_o = I_L R_L = \frac{1}{T}\int_0^T [I_1(t) - I_2(t)]\mathrm{d}tR_L \approx \frac{RR_L(R+2R_L)}{(R+R_L)^2}Uf(C_1 - C_2) \tag{6-40}$$

式中，f 为电源频率。

当 R_L 已知，令 $M=\frac{RR_L\ (R+2R_L)}{(R+R_L)^2}$（为常数），则式（6-40）可改写为

$$U_o = MUf(C_1 - C_2) \tag{6-41}$$

从式（6-41）可知，输出电压 U_o 不仅与电源电压幅值和频率有关，而且与 T 形网络中的电容 C_1 和 C_2 的差值有关。当电源电压确定后，输出电压 U_o 是电容 C_1 和 C_2 的函数。

电路的灵敏度与电源电压幅值和频率有关，故输入电源要求稳定。当 U 幅值较高，使二极管 VD_1、VD_2 工作在线性区域时，测量的非线性误差很小。电路的输出阻抗与电容 C_1、C_2 无关，而仅与 R_1、R_2 及 R_L 有关，约为（1～100）kΩ。输出信号的上升沿时间取决于负载电阻。对于 1kΩ 的负载电阻上升时间为 20μs 左右，故可用来测量高速的机械运动。

4. 脉冲宽度调制电路

脉冲宽度调制电路利用对传感器电容的充放电，使电路输出脉冲的宽度随传感器电容量的变化而变化，通过低通滤波器得到对应被测量变化的直流信号。其原理图如图 6-12 所示。图中 C_1、C_2 为差动式传感器的两个电容，若用单组式，则其中一个为固定电容，其电容值与传感器电容初始值相等；A_1、A_2 是两个比较器，U_r 为其参考电压。

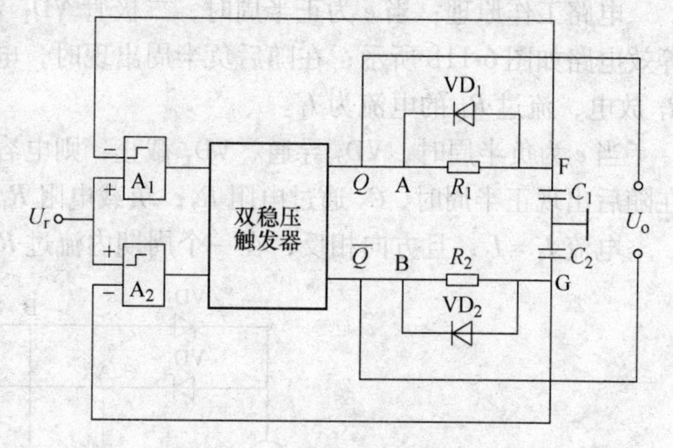

图 6-12　脉冲宽度调制电路

当接通电源后，若触发器 Q 端为高电平，$\overline{Q}$ 端为低电平，则触发器通过 R_1 对 C_1 充电，当 F 点电位 U_F 升到与参考电压 U_r 相等时，比较器 A_1 产生一脉冲使触发器翻转；从而使 Q 端为低电平，$\overline{Q}$ 端为高电平，此时电容 C_1 通过二极管 VD_1 迅速放电至零，而触发器由 $\overline{Q}$ 端经 R_2 向 C_2 充电，当 G 点电位 U_G 升到与参考电压 U_r 相等时，比较器 A_2 产生一脉冲使触发器翻转，如此交替激励。

可以看出，电路充放电时间，即触发器输出方波脉冲的宽度受电容 C_1、C_2 的调制。当 $C_1=C_2$ 时，电路各点的电压波形如图 6-13a 所示，Q 端和 $\overline{Q}$ 端两端电平的脉冲宽度相等，两端间的平均电压为零。当 $C_1 \neq C_2$ 时，如果 $C_1 > C_2$，那么 C_1 和 C_2 的充放电时间常数发生变化，电路各点的电压波形如图 6-13b 所示，此时 U_A、U_B 脉冲宽度不再相等，根据电路知识可得

$$\begin{aligned} U_A &= \frac{T_1}{T_1+T_2}U_1 \\ U_B &= \frac{T_2}{T_1+T_2}U_1 \end{aligned} \tag{6-42}$$

式中，U_1 为触发器输出的高电位；T_1、T_2 分别为 C_1、C_2 的充电时间，也就是图 6-13 中 Q 端和 $\overline{Q}$ 端输出方波脉冲宽度，它们分别为

$$T_1 = R_1 C_1 \ln \frac{U_1}{U_1 - U_r}$$

$$T_2 = R_2 C_2 \ln \frac{U_1}{U_1 - U_r} \tag{6-43}$$

此时A、B两点间的电压U_{AB}经低通滤波器滤波后获得，也就是说在一个周期（$T_1 + T_2$）时间内的输出平均电压值不为零，即输出电压U_o为

$$U_o = U_A - U_B = U_1 \frac{T_1 - T_2}{T_1 + T_2} \tag{6-44}$$

若$R_1 = R_2 = R$，将式（6-43）带入式（6-44）中，可得

$$U_o = U_1 \frac{C_1 - C_2}{C_1 + C_2} \tag{6-45}$$

由此可见，脉冲宽度调制电路输出的直流电压与传感器两电容差值成正比。

对于差动变面积型电容传感器而言，设电容器两极板间初始覆盖面积为A_0，面积的变化量为ΔA，则其输出信号经脉冲宽度调制电路处理后输出电压为

$$U_o = U_1 \frac{\Delta A}{A_0} \tag{6-46}$$

对于差动变极距型电容传感器而言，设电容器两极板间初始极距为δ_0，极距的变化量为$\Delta\delta$，则其输出信号经脉冲宽度调制电路处理后输出电压为

$$U_o = U_1 \frac{\Delta\delta}{\delta_0} \tag{6-47}$$

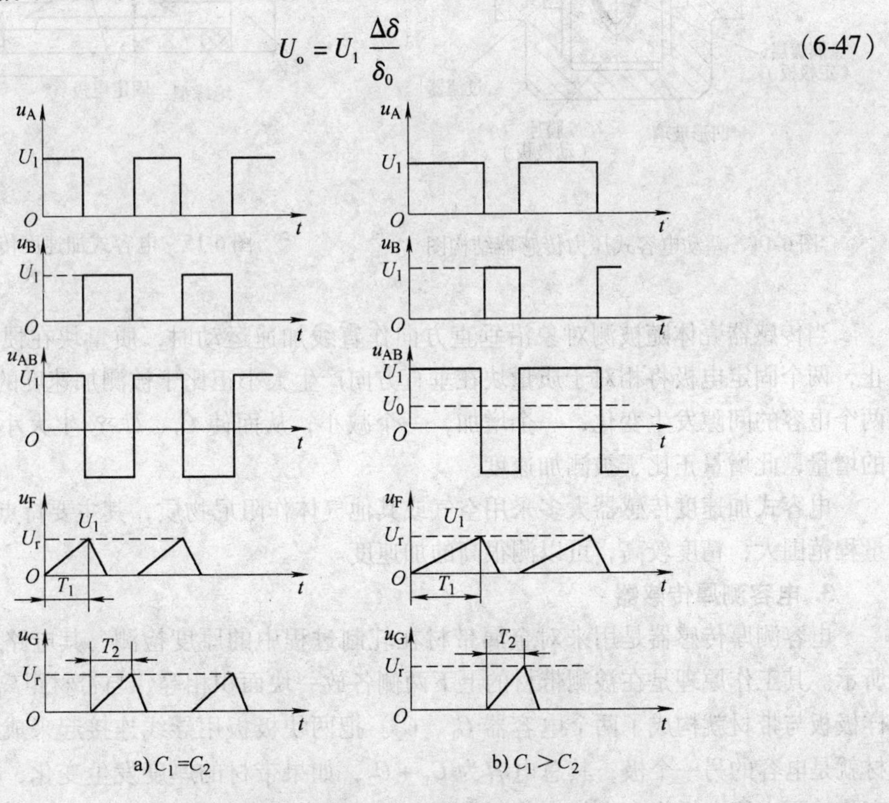

图6-13 脉冲宽度调制波形

6.3 电容式传感器的应用

1. 差动电容式压力传感器

差动电容式压力传感器结构图如图 6-14 所示。图中所示电容器是由一个膜片动电极和两个固定电极（在凹形玻璃上电镀成的）组成的差动电容器。当被测压力或压力差作用于膜片并使之产生位移时，形成的两个电容器的电容量，一个增大，一个减小。该电容值的变化经测量电路转换成与压力或压力差相对应的电流或电压的变化。

2. 电容式加速度传感器

电容式加速度传感器结构图如图 6-15 所示。它有两个固定电极，中间质量块的两个端面作为动极板。

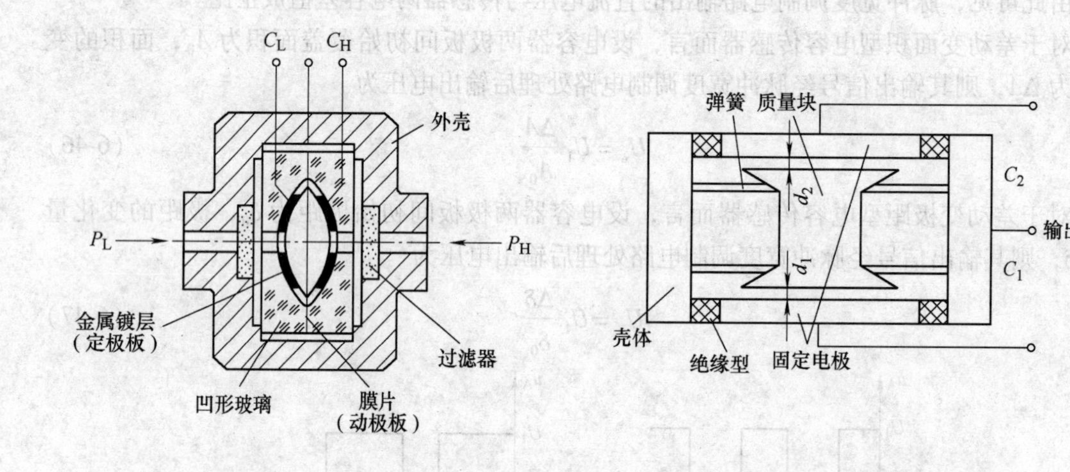

图 6-14　差动电容式压力传感器结构图　　图 6-15　电容式加速度传感器结构图

当传感器壳体随被测对象沿垂直方向作直线加速运动时，质量块在惯性空间中相对静止，两个固定电极将相对于质量块在垂直方向产生大小正比于被测加速度的位移。此位移使两个电容的间隙发生变化，一个增加，一个减小，从而使 C_1、C_2 产生大小相等、符号相反的增量，此增量正比于被测加速度。

电容式加速度传感器大多采用空气或其他气体作阻尼物质，其主要特点是频率响应快和量程范围大，精度较高，可以测很高的加速度。

3. 电容测厚传感器

电容测厚传感器是用来对金属带材在轧制过程中的厚度检测，其电路原理图如图 6-16 所示。其工作原理是在被测带材的上下两侧各放一块面积相等、与带材距离相等的极板，这样极板与带材就构成了两个电容器 C_1、C_2。把两块极板用导线连接起来成为一个极，而带材就是电容的另一个极，其总电容为 $C_1 + C_2$，如果带材的厚度发生变化，将引起电容量的变化，用交流电桥将电容的变化测出来，经过放大滤波后即可由电表指示测量结果。

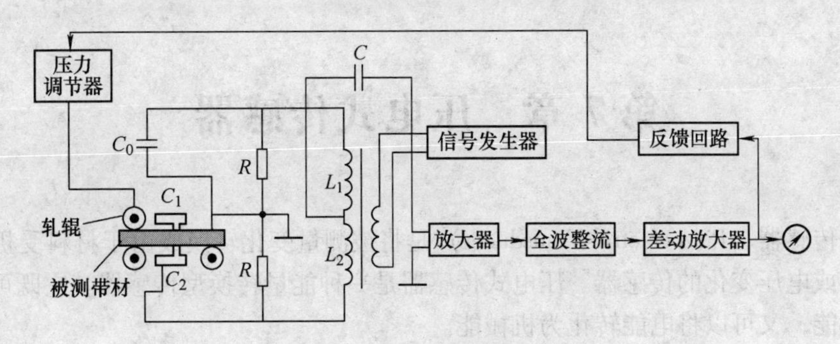

图6-16　电容测厚传感器原理图

思考题与习题

1. 简述电容式传感器的工作原理。

2. 简述电容式传感器的分类及应用场合。

3. 简述电容式传感器的测量电路有哪些?

4. 简述脉冲宽度调制电路的工作原理。

5. 试分析单一型电容传感器与差动电容式传感器的灵敏度和非线性误差。

6. 什么是电容式传感器的边缘效应？消除边缘效应的方法有哪些?

7. 有一变极距型电容传感器，两极板的重合面积为10cm^2，两极板的间距为1mm，已知空气的相对介电常数为1.0006，试计算该传感器的位移灵敏度?

8. 某电容式传感器（平行极板电容器）的圆形极板半径$r=6\text{mm}$，工作初始极距$\delta_0=0.2\text{mm}$，问:

(1) 工作时，如果极距变化量$\Delta\delta=\pm1\mu\text{m}$，此时电容变化量是多少?

(2) 如果测量电路的灵敏度$k_1=100\text{mV/pF}$，读数仪表的灵敏度$k_2=5$格/mV，在$\Delta\delta=\pm1\mu\text{m}$时，读数仪表的指示值变化多少格?

9. 已知平板电容位移传感器结构图如图6-17所示，已知极板尺寸$a=b=6\text{mm}$，间隙$d=1\text{mm}$，极板间介质为空气，其介质相对介电常数为$\varepsilon_r=1$，真空介电常数为$\varepsilon_0=8.85\times10^{-12}\text{F/m}$，问:

(1) 该传感器的相对灵敏度。

(2) 若极板沿x方向移动$\Delta x=2\text{mm}$，求此时的电容量。

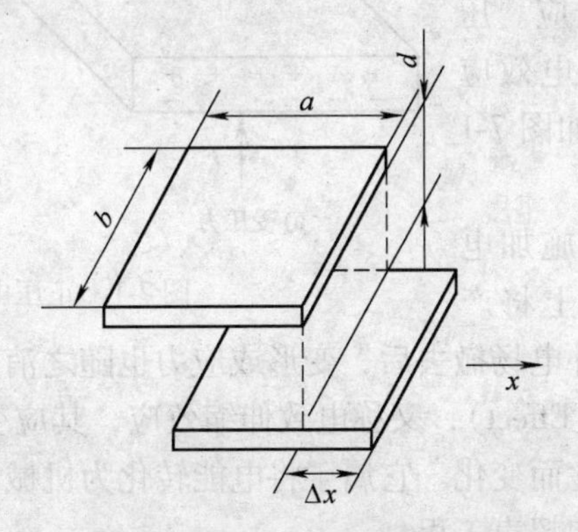

图6-17　平板式电容位移传感器

第7章　压电式传感器

压电式传感器（Piezoelectric Transducer）是将被测量变化转换成由于材料受机械力产生的静电电荷或电压变化的传感器。压电式传感器是一种能量转换型传感器。它既可以将机械能转换为电能，又可以将电能转化为机械能。

压电式传感器的工作原理是基于某些介质材料的压电效应，所以压电元件是压电式传感器的核心部件。当压电元件受力作用而变形时，其表面会有电荷产生，从而实现非电量测量。

压电式传感器具有体积小，质量轻，工作频带宽、灵敏度高、工作可靠、测量范围广等特点，因此在各种动态力、机械冲击与振动的测量，以及声学、医学、力学、宇航等方面都得到了非常广泛的应用。

7.1　工作原理

1. 压电效应

压电效应（Piezoelectric Effect）是指某些介质在施加外力造成本体变形而产生带电状态或施加电场而产生变形的双向物理现象，是正压电效应和逆压电效应的总称，一般习惯上压电效应指正压电效应。

当某些电介质沿一定方向受外力作用而变形时，在其一定的两个表面上产生异号电荷，当外力去除后，又恢复到不带电的状态，这种现象称为正压电效应（Positive Piezoelectric Effect）。其中电荷大小与外力大小成正比，极性取决于变形是压缩还是伸长，比例系数为压电常数，它与形变方向有关，在材料的确定方向上为常量。它属于将机械能转化为电能的一种效应。压电式传感器大多是利用正压电效应制成的。正压电效应示意图如图7-1所示。

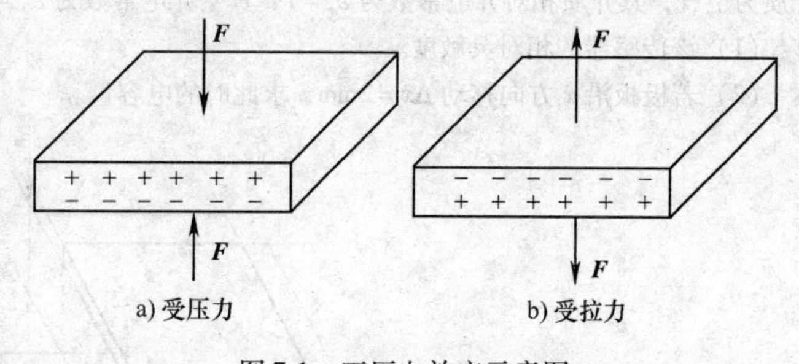

图7-1　正压电效应示意图

当在电介质的极化方向施加电场，某些电介质在一定方向上将产生机械变形或机械应力，当外电场撤去后，变形或应力也随之消失，这种物理现象称为逆压电效应（Reverse Piezoelectric Effect），又称电致伸缩效应，其应变的大小与电场强度的大小成正比，方向随电场方向变化而变化。它属于将电能转化为机械能的一种效应。用逆压电效应制造的变送器可用于电声和超声工程。

压电效应的可逆性如图7-2所示，利用这一特性可以实现机械能和电能的相互转换。

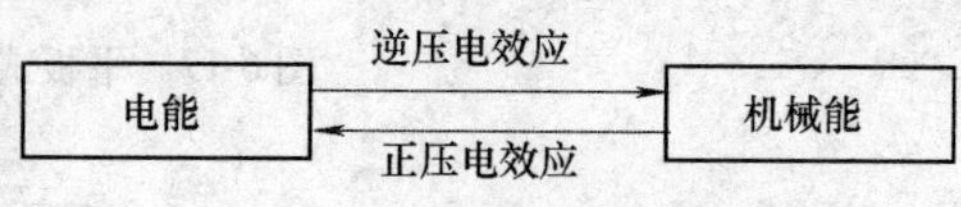

图7-2　压电效应的可逆性

2. 压电材料

具有压电效应的物质称为压电材料。常见的压电材料可分为三大类：一是压电晶体(单晶)，它包括压电石英晶体和其他压电单晶；二是压电陶瓷；三是新型压电材料，其中有压电半导体和有机高分子压电材料两种。

在传感器技术中，目前国内外普遍采用的是压电单晶中的石英晶体和压电多晶中的钛酸钡与钛酸铅系列压电陶瓷。因为它们都是性能优良的压电材料，都具有压电常数大、机械性能良好、时间稳定性好、温度稳定性好等特性。

压电材料的主要特性参数有：

①压电常数：压电常数是衡量材料压电效应强弱的参数，它直接关系到压电输出的灵敏度。

②弹性常数：压电材料的弹性常数、刚度决定着压电器件的固有频率和动态特性。

③介电常数：对于一定形状、尺寸的压电元件，其固有电容与介电常数有关，而固有电容又影响着压电传感器的频率下限。

④机械耦合系数：在压电效应中，其值等于转换输出能量（如电能）与输入的能量(如机械能）之比的二次方根。它是衡量压电材料机电能量转换效率的一个重要参数。

⑤电阻：压电材料的绝缘电阻将减少电荷泄漏，从而改善压电传感器的低频特性。

⑥居里点：压电材料开始丧失压电特性的温度称为居里点。

(1) 压电晶体

由晶体学可知，无对称中心的晶体，通常具有压电性。具有压电性的单晶体统称为压电晶体。石英晶体（SiO_2）是最典型且常用的压电晶体。石英晶体俗称水晶，有天然和人工之分。目前传感器中使用的均是以居里点为573℃、晶体的结构为六角晶系的α-石英，其外形如图7-3a所示，呈六角棱柱体。

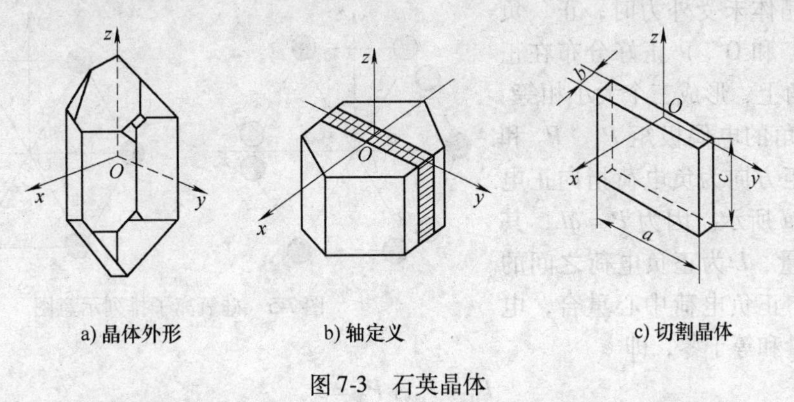

a) 晶体外形　b) 轴定义　c) 切割晶体

图7-3　石英晶体

石英晶体是各向异性材料，不同晶向具有各异的物理特性，在晶体学中，可用三根互相垂直的轴 x、y、z 来表示，如图7-3b所示。图7-3c中的 a、b 分别为晶体切片的长度和厚度。

其中，z 轴是通过锥顶端的轴线，是纵向轴，又称为光轴，沿该方向受力不会产生压电效应；x 轴是经过六面体的棱线并垂直于 z 轴的轴，又称为电轴，沿该方向受力产生的压电效应称为“纵向压电效应”，且压电效应只在该轴的两个表面产生电荷集聚；y 轴是与 x 轴、

z 轴同时垂直的轴，又称为机械轴，沿该方向受力产生的压电效应称为“横向压电效应”。

如果从石英晶体沿 y 轴方向切下一块如图 7-3c 所示的晶片，当在 x 轴方向施加作用力 F_x 时，在与 x 轴垂直的平面上将产生电荷 Q_x，其大小为

$$Q_x = d_{11} F_x \tag{7-1}$$

式中，d_{11} 为 x 轴方向受力的压电系数；F_x 为 x 轴方向作用力。

若在同一切片上，沿 y 轴方向施加作用力 F_y，则仍在与 x 轴垂直的平面上产生电荷 Q_y，其大小为

$$Q_y = d_{12} F_y \tag{7-2}$$

式中，d_{12} 为 y 轴方向受力的压电系数，且 $d_{12} = -d_{11}$；F_y 为 y 轴方向作用力。

电荷 Q_x 和 Q_y 的符号由所受力的性质决定。如图 7-4 所示。

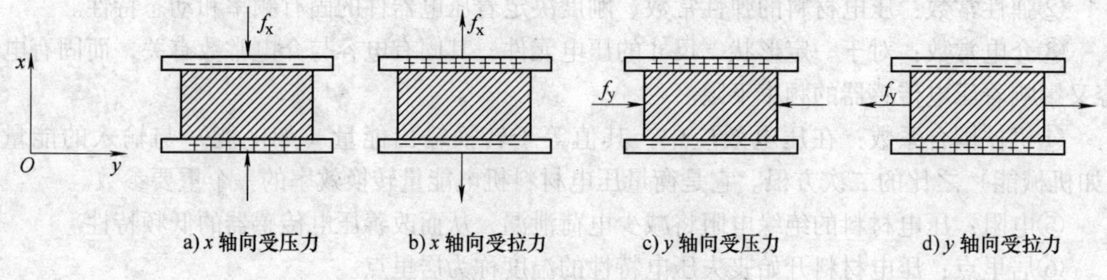

图 7-4　电荷符号和受力方向关系

石英晶体的上述特性是由其内部分子结构决定的。图 7-5 是一个单元组体中构成石英晶体的硅离子和氧离子，在垂直于 z 轴的 xy 平面上的投影，等效为一个正六边形排列。图中“+”代表硅离子 Si^{4+}，“−”代表氧离子 O^{2-}。

当石英晶体未受外力时，正、负离子（即 Si^{4+} 和 O^{2-}）正好分布在正六边形的顶角上，形成三个大小相等、互成 120°夹角的电偶极矩 P_1、P_2 和 P_3，电偶极矩方向为负电荷指向正电荷，如图 7-6a 所示。因为 $P = qL$，其中 q 为电荷量、L 为正负电荷之间的距离，此时，正负电荷中心重合，电偶极矩的矢量和等于零，即

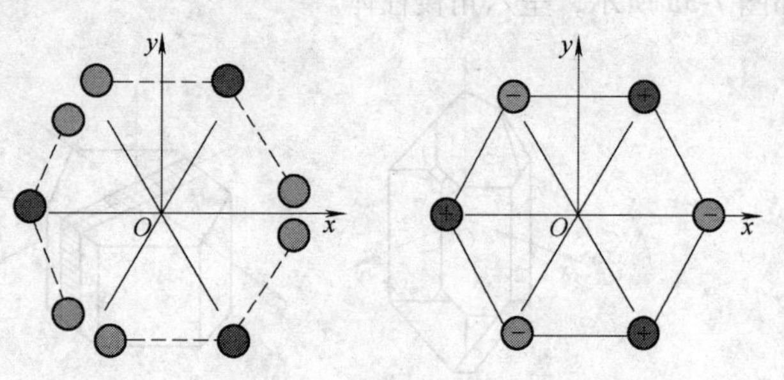

图 7-5　硅氧离子排列示意图

$$P_1 + P_2 + P_3 = 0 \tag{7-3}$$

这时晶体表面不产生电荷，呈电中性。

当石英晶体受到沿 x 轴方向的压力 F_x（$F_x < 0$）作用时，将产生压缩变形，正负离子的相对位置随之变动，正负电荷中心不再重合，如图 7-6b 所示。电偶极矩 P_1 减小，P_2 和 P_3 增大，它们在 x 轴方向上的分量不再为零，但在 y 轴和 z 轴方向上的分量均为零，即

$$\begin{cases}(P_1 + P_2 + P_3)_x > 0 \\ (P_1 + P_2 + P_3)_y = 0 \\ (P_1 + P_2 + P_3)_z = 0\end{cases} \tag{7-4}$$

此时，在 x 轴方向的晶体表面上出现正电荷，在垂直于 y 轴和 z 轴的晶体表面上不出现电荷。

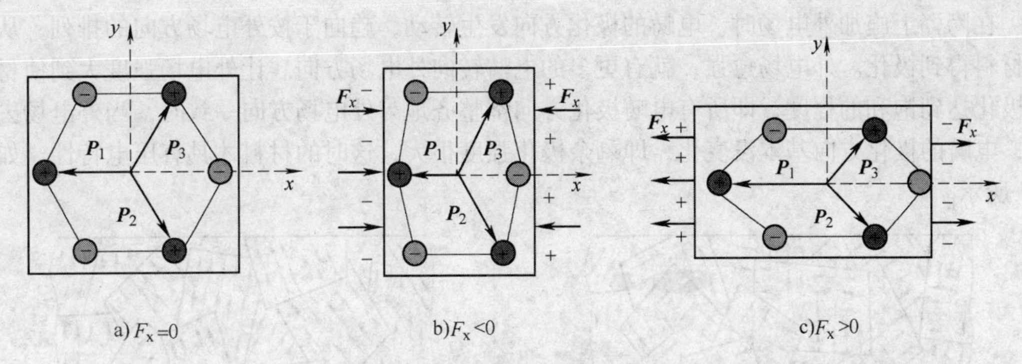

图7-6　石英晶体压电效应示意图

当石英晶体受到沿 x 轴方向的拉力 F_x（$F_x>0$）作用时，将产生拉长变形，正负离子的相对位置随之变动，正负电荷中心也不再重合，如图7-6c所示。电偶极矩 P_1 增大，P_2 和 P_3 减小，它们在 x 轴、y 轴和 z 轴方向上的分量为

$$\begin{cases}(P_1+P_2+P_3)_x<0\\(P_1+P_2+P_3)_y=0\\(P_1+P_2+P_3)_z=0\end{cases}\tag{7-5}$$

此时，在 x 轴方向的晶体表面上出现负电荷，在垂直于 y 轴和 z 轴的晶体表面上仍不出现电荷。这种沿 x 轴施加力 F_x，而在垂直于 x 轴晶面上产生电荷的现象，称为“纵向压电效应”。

石英晶体在 y 轴方向受力 F_y 作用下的情况与 F_x 相似。当石英晶体受到沿 y 轴方向的压力 F_y（$F_y<0$）作用时，晶体产生的形变与图7-6c所示相似；当石英晶体受到沿 y 轴方向的拉力 F_y（$F_y>0$）作用时，晶体产生的形变与图7-6b所示相似。由此可见，晶体在 y 轴方向的力 F_y 作用下，在 x 轴方向产生正压电效应，在 y、z 轴方向同样不产生压电效应。这种沿 y 轴施加力 F_y，而在垂直于 x 轴晶面上产生电荷的现象，称为“横向压电效应”。

当晶体受到沿 z 轴方向的力（无论是压力或拉力）作用时，因为晶体在 x 轴方向和 y 轴方向的变形相同，正、负电荷中心始终保持重合，电偶极矩在 x、y 轴方向的分量等于零。所以，沿光轴方向施加力，石英晶体不会产生压电效应。

（2）压电陶瓷

1942年，美国、前苏联和日本先后制成第一种压电陶瓷材料（钛酸钡）。1947年，钛酸钡拾音器（第一种压电陶瓷器件）诞生了。20世纪50年代初，又一种性能大大优于钛酸钡的压电陶瓷材料——锆钛酸铅研制成功。从此，压电陶瓷的发展进入了新的阶段。20世纪60年代到70年代，压电陶瓷不断改进，日趋完美。如用多种元素改进的锆钛酸铅二元系压电陶瓷，以锆钛酸铅为基础的三元系、四元系压电陶瓷也都应运而生。这些材料性能优异，制造简单，成本低廉，应用广泛。

压电陶瓷是人工制造的多晶体压电材料。材料内部的晶粒有许多自发极化的电畴，它有一定的极化方向，从而存在电场。在无外电场作用时，电畴在晶体中杂乱分布，它们各自的极化效应被相互抵消，压电陶瓷内极化强度为零。因此原始的压电陶瓷呈中性，不具有压电性质。

在陶瓷上施加外电场时，电畴的极化方向发生转动，趋向于按外电场方向的排列，从而使材料得到极化。外电场愈强，就有更多的电畴转向外电场方向。让外电场强度大到使材料的极化达到饱和的程度，即所有电畴极化方向都整齐地与外电场方向一致时，当外电场去掉后，电畴的极化方向基本没变化，即剩余极化强度很大，这时的材料才具有压电特性。如图7-7 所示。

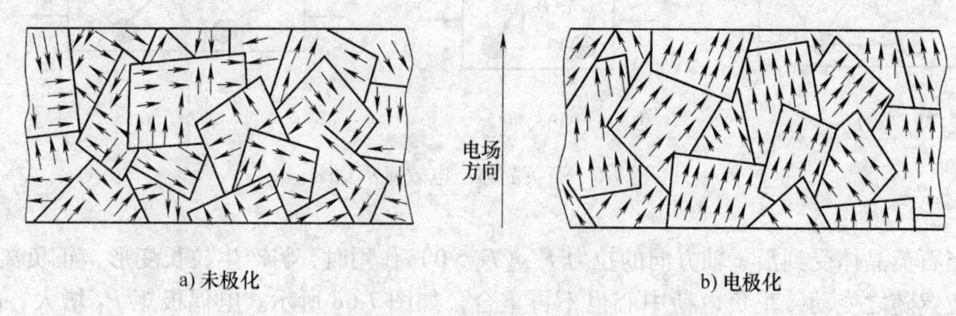

图 7-7　压电陶瓷的极化

陶瓷片内的极化强度总是以电偶极矩的形式表现出来，即在陶瓷的一端出现正束缚电荷，另一端出现负束缚电荷。由于束缚电荷的作用，在陶瓷片的电极面上吸附了一层来自外界的自由电荷。这些自由电荷与陶瓷片内的束缚电荷符号相反而数量相等，它屏蔽和抵消了陶瓷片内极化强度对外界的作用。

如果在陶瓷片上加一个与极化方向平行的压力 F，陶瓷片将产生压缩形变。片内的正、负束缚电荷之间的距离变小，极化强度也变小。释放部分吸附在电极上的自由电荷，而出现放电现象。当压力撤消后，陶瓷片恢复原状，极化强度也变大，因此电极上又吸附一部分自由电荷而出现充电现象。这就是压电陶瓷的正压电效应。如图 7-8a 所示。

若在片上加一个与极化方向相同的电场，电场的作用使极化强度增大。陶瓷片内的正、负束缚电荷之间距离也增大，即陶瓷片沿极化方向产生伸长形变。同理，如果外加电场的方向与极化方向相反，则陶瓷片沿极化方向产生缩短形变。这种由于电效应而转变为机械效应，或者由电能转变为机械能的现象，就是压电陶瓷的逆压电效应。如图 7-8b 所示。

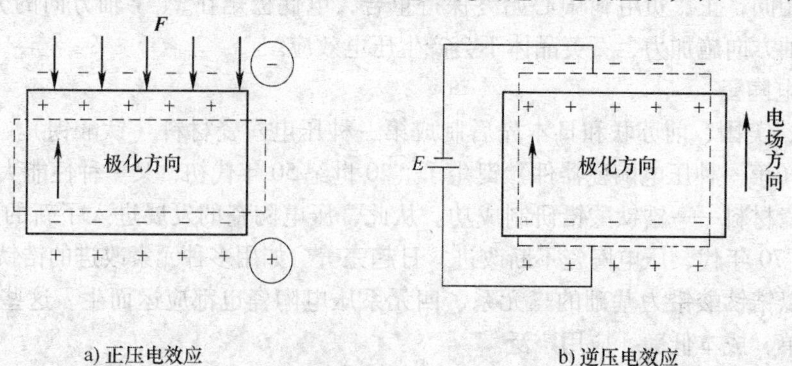

图 7-8　压电陶瓷的压电效应示意图

对于压电陶瓷，通常取它的极化方向为 z 轴，垂直于 z 轴的平面上任何直线都可作为 x 或 y 轴，这是和石英晶体的不同之处。当压电陶瓷在沿极化方向受力时，则在垂直于 z 轴的上、下两表面上将会出现电荷，其电荷量 Q 与作用力 F_z 成正比，即

$$Q = d_{33} F_z \tag{7-6}$$

式中，d_{33} 为压电陶瓷的压电系数；F_z 为 z 轴方向作用力。

压电陶瓷的压电系数比石英晶体的大得多，所以采用压电陶瓷制作的压电式传感器的灵敏度较高。极化处理后的压电陶瓷材料的剩余极化强度和特性与温度有关，它的参数也随时间变化，从而使其压电特性减弱。

常用压电晶体和陶瓷材料的主要性能参数如表 7-1 所示。

表 7-1　常用压电晶体和陶瓷材料的主要性能参数

性能参数 \ 压电材料	石英	钛酸钡	锆钛酸铅（PZT 系）		
			PZT-4	PZT-5	PZT-8
压电常数/（pC/N）	$d_{11}=2.31$ $d_{14}=0.73$	$d_{33}=190$ $d_{31}=-78$ $d_{15}=250$	$d_{33}=200$ $d_{31}=-100$ $d_{15}=410$	$d_{33}=415$ $d_{31}=-185$ $d_{15}=670$	$d_{33}=200$ $d_{31}=-90$ $d_{15}=410$
相对介电常数 ε_r	4.5	1200	1050	2100	1000
居里温度点/℃	573	115	310	260	300
最高使用温度 /℃	550	80	250	250	250
密度/（10^3kg/m^3）	2.65	5.5	7.45	7.5	7.45
弹性模量/（10^9N/m^2）	80	110	83.3	117	123
机械品质因数	$10^5 \sim 10^6$		≥500	80	≥800
最大安全应力/10^5N/m^2	95 ~ 100	81	76	76	83
体积电阻率/Ω · m	$>10^{12}$	10^{10}*	$>10^{10}$	$>10^{11}$	
最高允许相对湿度/%	100	100	100	100	

（3）新型压电材料

1）压电半导体材料。压电半导体材料有硫化锌（ZnS）、碲化镉（CdTe）、氧化锌（ZnO）、硫化镉（CdS）、碲化锌（ZnTe）和砷化镓（GaAs）等。这种材料具有灵敏度高，响应时间短等优点。此外用 ZnO 作为表面声波振荡器的压电材料，可检测力和温度等参数。

2）高分子压电材料。某些合成高分子聚合物薄膜经延展拉伸和电场极化后，具有一定的压电性能，这类薄膜称为高分子压电薄膜。目前出现的压电薄膜有聚偏二氟乙烯（PVF2）、聚氟乙烯（PVF）、聚氯乙烯（PVC）、聚 γ 甲基-L 谷氨酸脂（PMG）等。高分子压电材料是一种柔软的压电材料，不易破碎，可以大量生产和制成较大的面积。

目前已发现的压电系数最高、且已进行应用开发的压电高分子材料是聚偏氟乙烯，其压电效应可采用类似铁电体的机理来解释。这种聚合物中碳原子的个数为奇数，经过机械滚压和拉伸制作成薄膜之后，带负电的氟离子和带正电的氢离子分别排列在薄膜的对应上下两边上，形成微晶偶极矩结构，经过一定时间的外电场和温度联合作用后，晶体内部的偶极矩进一步旋转定向，形成垂直于薄膜平面的碳 - 氟偶极矩固定结构。正是由于这种固定取向后的极化和外力作用时的剩余极化的变化，引起了压电效应。

高分子材料属于有机分子半结晶或结晶聚合物，其压电效应较复杂，不仅要考虑晶格中均匀的内应变对压电效应的贡献，还要考虑高分子材料中做非均匀内应变所产生的各种高次效应以及同整个体系平均变形无关的电荷位移而表现出来的压电特性。

3. 压电晶片的连接

在实际应用中，由于单片的输出电荷很小，因此，组成压电式传感器的晶片不止一片，常常将两片或两片以上的晶片粘结在一起。粘结的方法有两种，即并联和串联。

（1）并联

并联连接形式如图 7-9a 所示。并联方法是将两片压电晶片的负电荷端粘结在一起，中间插入金属电极作为压电晶片连接件的负极，将另外两边连接起来作为连接件的正极。压电晶片并联连接的特点：传感器的电容量大、输出电荷量大、时间常数也大，故采用这种连接形式的传感器适用于测量缓变信号及以电荷量作输出的信号。与单片压电晶片相比，并联后的压电晶片各项参数如下：

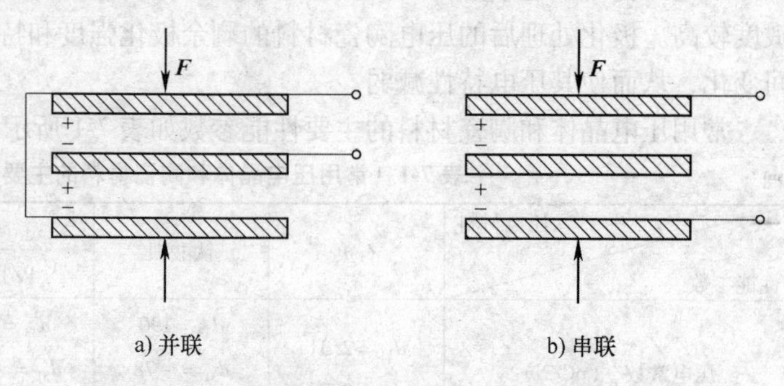

图 7-9　压电晶片连接示意图

$$
\begin{aligned}
q' &= 2q \\
U' &= U \\
C' &= 2C
\end{aligned}
\tag{7-7}
$$

式中，q、U、C 分别对应单个压电晶片的电荷量、电压、电容。

（2）串联

串联连接形式如图 7-9b 所示。串联方法是将两片压电晶片的不同极性粘结在一起，正电荷集中于上极板，负电荷集中于下极板。压电晶片串联连接的特点：传感器本身的电容量小、响应快、输出电压大，故采用这种连接形式的传感器适用于测量以电压作输出的信号和频率较高的信号。与单片压电晶片相比，串联后的压电晶片各项参数如下：

$$
\begin{aligned}
q' &= q \\
U' &= 2U \\
C' &= \frac{1}{2}C
\end{aligned}
\tag{7-8}
$$

7.2　等效电路

由压电元件的工作原理可知，当压电晶体承受应力作用时，在它的两个极面上出现极性相反但电量相等的电荷。故可把压电式传感器看成是一个电荷源与一个电容并联的电荷发生器。如图 7-10a 所示。其电容量为

$$
C_a = \frac{\varepsilon A}{d} = \frac{\varepsilon_r \varepsilon_0 A}{d} \tag{7-9}
$$

式中，A 为压电晶片的面积，d 为压电晶片的厚度；ε_0 为空气介电常数；ε_r 为压电材料的相

对介电常数。

当两极板聚集异性电荷时，板间就呈现出一定的电压，其大小为

$$U_a = \frac{q}{C_a} \tag{7-10}$$

因此，压电式传感器还可以等效为一个电压源 U_a 和一个电容器 C_a 的串联电路，如图 7-10b 所示。

实际使用时，压电式传感器通过导线与测量仪器相连接，连接导线的等效电容 C_c、前置放大器的输入电阻 R_i、输入电容 C_i 对电路的影响就必须一起考虑进去。当考虑了压电元件的绝缘电阻 R_a 以后，压电式传感器完整的等效电路可表示成图 7-11a、b 所示的电荷源等效电路和电压源等效电路。

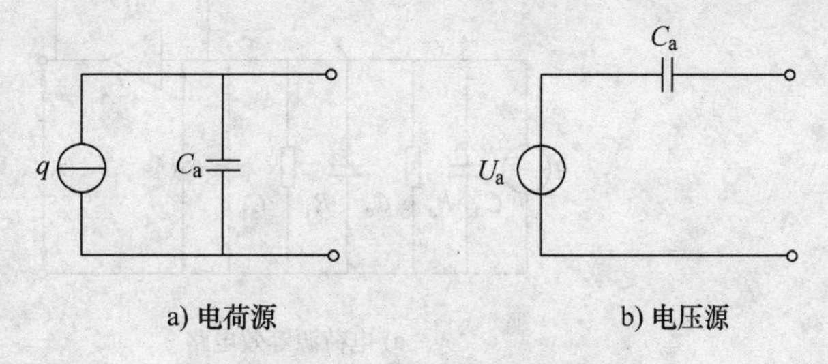

图 7-10　压电式传感器的等效电路

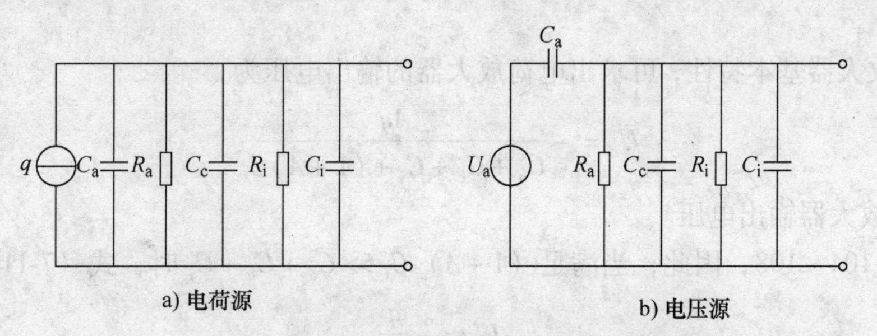

图 7-11　压电式传感器的实际等效电路

7.3　测量电路

利用压电式传感器测量静态或准静态量值时，力作用在压电式传感器上会产生电荷，电荷量很微弱，会由自身泄漏掉，因此，必须采取一定的措施。而在动态力作用下，电荷可以得到不断补充，可以供给测量电路一定的电流，故压电式传感器适宜作动态测量。

由于压电式传感器的输出电信号很微弱，通常先把传感器信号输入到高输入阻抗的前置放大器中，经过阻抗交换以后，方可用一般的放大检波电路将信号输入到指示仪表或记录器中。测量电路的关键在于高阻抗输入的前置放大器。

前置放大器的作用：一是将传感器的高阻抗输出变换为低阻抗输出；二是放大传感器输出的微弱电信号。

前置放大器电路有两种形式：一是用带电阻反馈的电压放大器，其输出电压与输入电压（即传感器的输出）成正比；另一种是用带电容反馈的电荷放大器，其输出电压与输入电荷成正比。由于电荷放大器电路的电缆长度变化的影响不大，几乎可以忽略不计，故而电荷放大器应用日益广泛。

1. 电荷放大器

电荷放大器常作为压电式传感器的输入电路，由一个反馈电容 C_f 和高增益运算放大器构成。由于运算放大器输入阻抗极高，放大器输入端几乎没有分流，故可略去 R_a 和 R_i 并联电阻。如图 7-12 所示。

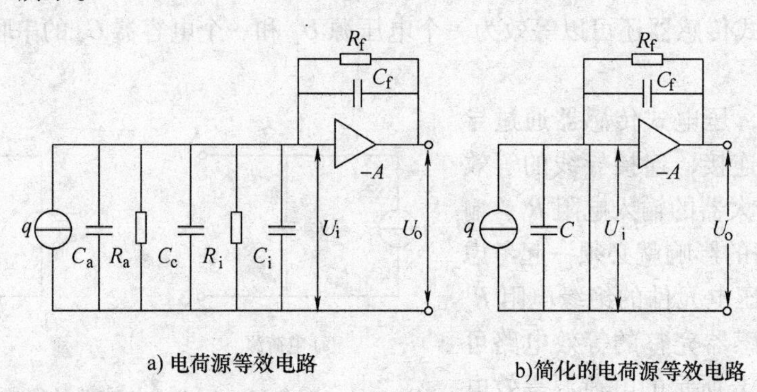

图 7-12　电荷放大器

由运算放大器基本特性，可求出电荷放大器的输出电压为

$$U_o = -\frac{Aq}{C_a + C_c + C_i + (1+A)C_f} \tag{7-11}$$

式中，U_o 为放大器输出电压。

通常 $A = 104 \sim 108$，因此，当满足 $(1+A)\ C_f >> C_a + C_c + C_i$ 时，式（7-11）可表示为

$$U_o \approx -\frac{q}{C_f} \tag{7-12}$$

由式（7-12）知，电荷放大器的输出电压 U_o 只取决于输入电荷与反馈电容 C_f，与电缆电容 C_c 无关，且与 q 成正比。因此，采用电荷放大器时，即使连接电缆长度在百米以上，其灵敏度也无明显变化，这是电荷放大器的最大特点。在实际电路中，C_f 的容量做成可选择的，范围一般为（100 ~ 104）pF。

2. 电压放大器（阻抗变换器）

电压放大器的等效电路图如图 7-13 所示。在图 7-13b 中，电阻 $R = R_a /\!/ R_i = \frac{R_a R_i}{R_a + R_i}$，电容 $C = C_c + C_i$，而 $U_a = \frac{q}{C_a}$，若压电元件受正弦力 $f = F_m \sin\omega t$ 的作用，则其电压为

$$\dot{U}_a = \frac{dF_m}{C_a}\sin\omega t = U_m \sin\omega t \tag{7-13}$$

式中，U_m 为压电元件输出电压幅值，$U_m = \frac{\mathrm{d}F_m}{C_a}$；$d$ 为压电系数。

由此可得放大器输入端电压 U_i，其复数形式为

$$\dot{U}_i = d_{33}\dot{F}\frac{\mathrm{j}\omega R}{1 + \mathrm{j}\omega R(C_a + C)} \tag{7-14}$$

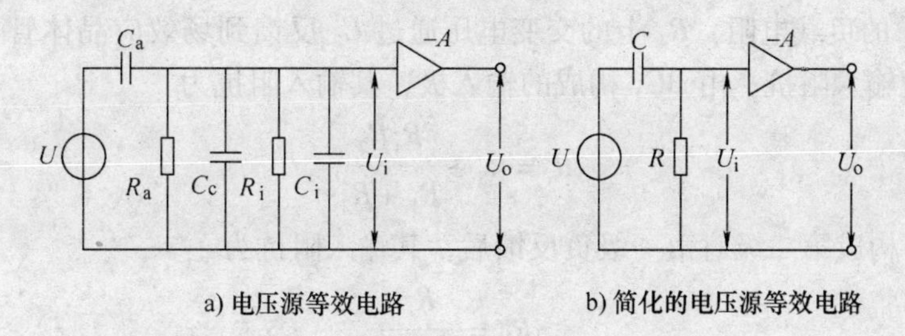

a) 电压源等效电路　　　　　　　　b) 简化的电压源等效电路

图7-13　电压放大器

U_i 的幅值 U_{im} 为

$$U_{im}(\omega)=\frac{d_{33}F_m\omega R}{\sqrt{1+\omega^2R^2\ (C_a+C_c+C_i)^2}} \tag{7-15}$$

输入电压和作用力之间相位差为

$$\varphi=\frac{\pi}{2}-\arctan[\omega(C_a+C_c+C_i)R] \tag{7-16}$$

在理想情况下，传感器的 R_a 电阻值与前置放大器输入电阻 R_i 都为无限大，即 ω（$C_a+C_c+C_i$）$R>>1$，那么由式（7-15）可知，理想情况下输入电压幅值 U_{im} 为

$$U_{im}=\frac{d_{33}F_m}{C_a+C_c+C_i} \tag{7-17}$$

式（7-17）表明前置放大器输入电压 U_{im} 与频率无关，一般在 $\frac{\omega}{\omega_0}>3$ 时，就可以认为 U_{im} 与 ω 无关，ω_0 表示测量电路时间常数之倒数，即

$$\omega_0=\frac{1}{(C_a+C_c+C_i)R} \tag{7-18}$$

这表明压电传感器有很好的高频响应，但是，当作用于压电元件的力为静态力（$\omega=0$）时，前置放大器的输出电压等于零，因为电荷会通过放大器输入电阻和传感器本身漏电阻漏掉，所以压电传感器不能用于静态力的测量。

当 ω（$C_a+C_c+C_i$）$R>>1$ 时，放大器输入电压 U_{im} 如式（7-17）所示，式中 C_c 为连接电缆电容，当电缆长度改变时，C_c 也将改变，因而 U_{im} 也随之变化。因此，压电传感器与前置放大器之间连接电缆不能随意更换，否则将引入测量误差。

图7-14给出了一个电压放大器的具体电路。它具有很高的输入阻抗（$>>1000\text{M}\Omega$）和很低的输出阻抗（$<100\Omega$），因此使用该阻抗变换器可将高阻抗的压电传感器与一般放大器匹配。

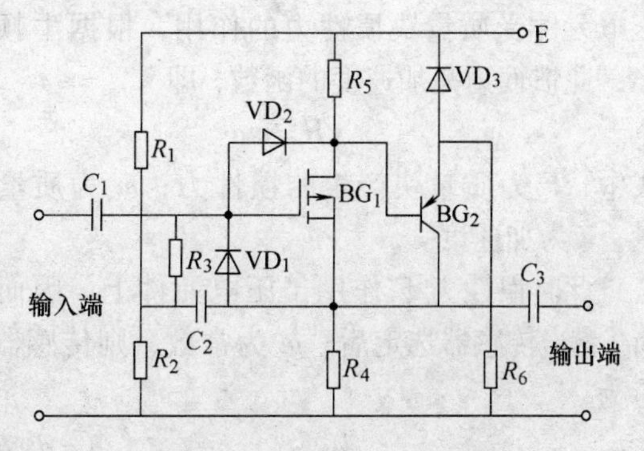

图7-14　实际电压放大器

BG_1 为MOS场效应晶体管，做阻抗变换，$R_3\geqslant100\text{M}\Omega$；$BG_2$ 管对输入端形成负反馈，以进一步提高输入阻抗。R_4 既是 BG_1 的源极接地

电阻，也是 BG_2 的负载电阻，R_4 上的交变电压通过 C_2 反馈到场效应晶体管 BG_1 的输入端，保证较高的交流输入阻抗。由 BG_1 构成的输入极，其输入阻抗为

$$R_i = R_3 + \frac{R_1 R_2}{R_1 + R_2} \tag{7-19}$$

引进 BG_2，构成第二级对第一级负反馈后，其输入阻抗为

$$R_{if} = \frac{R_i}{1 - A_u} \tag{7-20}$$

式中，A_u 是 BG_1 源极输出器的电压增益，其值接近 1。

所以，R_{if}可以提高到几百到几千兆欧。由 BG_1 所构成的源极输出器，其输出阻抗为

$$R_o = \frac{1}{g_m} /\!/ R_4 \tag{7-21}$$

式中，g_m 为场效应晶体管的跨导。

电压放大器的应用具有一定的限制，压电式传感器在与电压放大器配合使用时，连接电缆不能太长。电缆长，电缆电容 C_c 就大，电缆电容增大必然使传感器的电压灵敏度降低。不过由于固态电子器件和集成电路的迅速发展，微型电压放大电路可以和传感器做成一体，这样就可以解决这一问题，使它具有广泛的应用前景。

压电式传感器在测量低压力时线性度不好，主要是传感器受力系统中力传递系数非线性所致。为此，需要在力传递系统中加入预加力（也称预载）。这除了可以消除低压力使用中的非线性外，还可以消除传感器内外接触表面的间隙，提高刚度。特别是，它只有在加预载后才能用压电传感器测量拉力和拉压交变力及剪力和扭矩。

7.4　压电式传感器的应用

压电元件是一类典型的力敏感元件，可用来测量最终能转换成力的多种物理量。

1. 压电式加速度传感器

如图 7-15 所示是一种压电式加速度传感器的结构图。它主要由压电元件、质量块、预压弹簧、基座及外壳等组成。整个部件装在外壳内，并由螺柱加以固定。

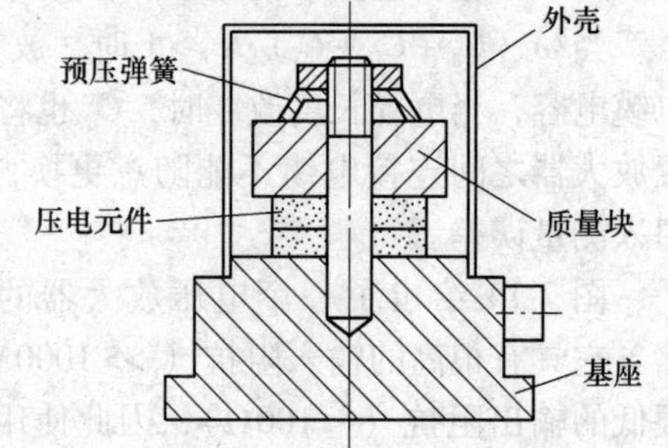

图 7-15　压电式加速度传感器的结构图

当加速度传感器和被测物一起受到冲击振动时，压电元件受质量块惯性力的作用，根据牛顿第二定律，此惯性力是加速度的函数，即

$$\boldsymbol{F} = ma \tag{7-22}$$

式中，$\boldsymbol{F}$ 为质量块产生的惯性力；m 为质量块的质量；a 为加速度。

此时惯性力 $\boldsymbol{F}$ 作用于压电元件上，因而产生电荷 q，当传感器选定后，m 为常数，则传感器输出电荷为

$$q = d_{33}\boldsymbol{F} = d_{33} ma \tag{7-23}$$

与加速度 a 成正比。因此，测得加速度传感器输出的电荷便可知加速度的大小。

2. 压电式单向测力传感器

如图 7-16 所示是压电式单向测力传感器的结构图，主要由石英晶片、绝缘套、电极、上盖及基座等组成。传感器上盖为传力元件，它的外缘壁厚为 0.1 ~ 0.5mm，外力作用使它产生弹性变形，将力传递到石英晶片上。石英晶片采用 xy 切型，利用其纵向压电效应，通过 d_{11} 实现力-电转换。

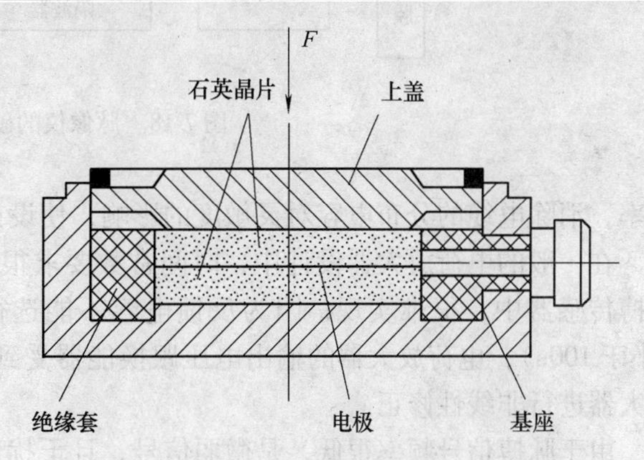

图 7-16　压电式单向测力传感器的结构图

3. 微振动检测仪

PV-96 压电式加速度传感器可用来检测微振动，其电路原理图如图 7-17 所示。该电路由电荷放大器和电压调整放大器组成。

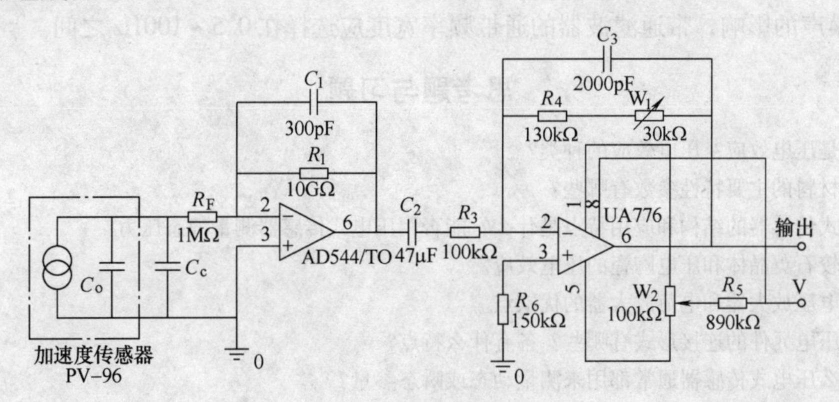

图 7-17　微振动检测电路

第一级是电荷放大器，其低频响应由反馈电容 C_1 和反馈电阻 R_1 决定。低频截止频率为 0.053Hz。R_F 是过载保护电阻。第二级为输出调整放大器，调整电位器 W_1 可使其输出约为 50mV/gal（1gal = 1cm/S^2）。

在低频检测时，频率越低，闪变效应的噪声越大，该电路的噪声电平主要由电荷放大器的噪声决定，为了降低噪声，最有效的方法是减小电荷放大器的反馈电容。但是当时间常数一定时，由于 C_1 和 R_1 呈反比关系，考虑到稳定性，则反馈电容 C_1 的减小应适当。

4. 基于 PVDF 压电膜传感器的脉象仪

由于 PVDF（聚偏氟乙烯）压电薄膜具有变力响应灵敏度高，柔韧易于制备，可紧贴皮肤等特点，因此可用人手指端大小的压电膜制成可感应人体脉搏压力波变化的脉搏传感器。脉象仪的硬件组成如图 7-18 所示。

因压电薄膜内阻很高，且脉搏信号微弱，设计其前置电荷放大器有两个作用：一是与换能器阻抗匹配，把高阻抗输入变为低阻抗输出；二是将微弱电荷转换成电压信号并放大。为提高测量的精度和灵敏度，前置放大电路采用线性修正的电荷放大电路，可获得较低的下限

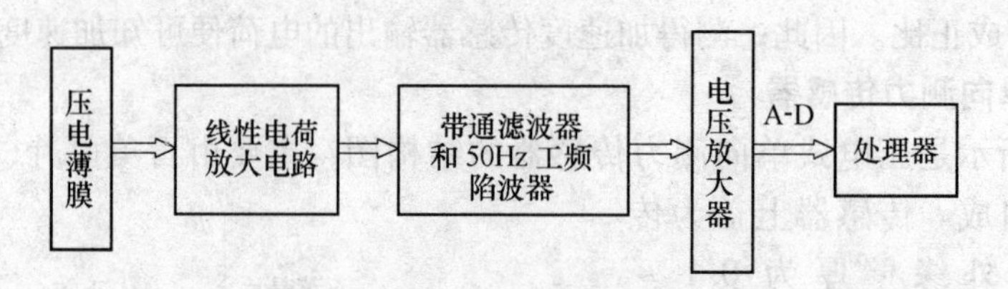

图 7-18　脉像仪的硬件组成

频率，消除电缆的分布电容对灵敏度的影响，使设计的传感器体积小型化。

在一般的电荷放大器设计中，时间常数要求很大（一般在10^5s 以上），在小型的 PVDF 脉搏传感器中，很难实现，因为反馈电容不能选得太小。在时间常数不足够大的情况下（小于 100s），电荷放大器的输出电压跟换能器受到的压力成非线性关系，因此需要对电荷放大器进行非线性修正。

由于脉搏信号频率很低，是微弱信号，且干扰信号较多，滤波电路在设计中非常重要。运算放大器应尽量选择低噪声、低温漂的器件。根据脉搏信号的特点，以及考虑高频噪声及温度效应噪声的影响，带通滤波器的通带频率宽度应选择在 0.5～100Hz 之间。

思考题与习题

1. 什么是压电效应？压电效应的种类？
2. 压电材料的主要特性参数有哪些？
3. 压电式传感器的结构和应用特点是什么？能否用压电式传感器测量静态压力？
4. 试比较石英晶体和压电陶瓷的压电效应。
5. 简述电压放大器和电荷放大器的优缺点。
6. 简述压电元件的连接形式有哪些？各有什么特点？
7. 为什么压电式传感器通常都用来测量动态或瞬态参量？
8. 设计压电式传感器检测电路的考虑因素有哪些？

第8章　光电式传感器

光电式传感器（Photoelectric Transducer）是基于光电效应原理制成的传感器。光电式传感器在受到可见光照射后即产生光电效应，将光信号转换成电信号输出。它除能测量发光强度之外，还能利用光线的透射、遮挡、反射、干涉等特性，测量多种物理量，如尺寸、位移、速度、温度等。

光电式传感器具有结构简单、响应速度快、精度高、分辨力高、可靠性好、抗干扰性强、能实现非接触测量等特点，加之半导体光敏器件具有体积小、质量轻、功耗低、便于集成等优点，因而广泛地应用于军事、宇航、通信、检测与工业自动控制等各个领域中。

8.1　基本概述

1. 光电效应

光子是具有能量的粒子，每个光子的能量可表示为

$$E = hv_0 \tag{8-1}$$

式中，h 为普朗克常数，$h = 6.626 \times 10^{-34}\,\mathrm{J \cdot s}$；$v_0$ 为光的频率。

根据爱因斯坦假设：一个光子的能量只能给一个电子。因此，如果一个电子要从物体中逸出，必须使光子能量 E 大于表面逸出功 A_0。这时，逸出表面的电子具有的动能可用光电效应方程表示为

$$E_k = \frac{1}{2}mv^2 = hv_0 - A_0 \tag{8-2}$$

式中，m 为电子质量；v 为电子逸出初始速度。

根据光电效应方程，当光照射在某些物体上时，光能量作用于被测物体而释放出电子，即物体吸收具有一定能量的光子后所产生的电效应，这就是光电效应。

光电效应一般分为外光电效应和内光电效应两大类。外光电效应：在光线的作用下，物体内的电子逸出物体表面向外发射的现象称为外光电效应。向外发射的电子叫做光电子。内光电效应：当光照射在物体上，使物体的电阻率 ρ 发生变化，或产生光生电动势的现象叫做内光电效应，它多发生于半导体内。根据工作原理的不同，内光电效应分为光电导效应和光生伏特效应两类。

光电导效应是指半导体材料在光照下禁带中的电子受到能量不低于禁带宽度的光子的激发而跃迁到导带，从而增加电导率的现象。能量对应于禁带宽度的光子的波长称光电导效应的临界波长。光生伏特效应是指光线作用使半导体材料产生一定方向电动势的现象。光生伏特效应又可分为势垒效应（结光电效应）和侧向光电效应。势垒效应的机理是在金属和半导体的接触区（或在PN结）中，电子受光子的激发脱离势垒（或禁带）的束缚而产生电子空穴对，在阻挡层内电场的作用下电子移向N区外侧，空穴移向P区外侧，形成光生电动势。侧向光电效应是当光电器件敏感面受光照不均匀时，受光激发而产生的电子空穴对的

浓度也不均匀，电子向未被照射部分扩散，引起光照部分带正电、未被光照部分带负电的一种现象。

2. 光电器件

根据光电效应制成的光电转换元件称为光电器件，它是光电传感器的主要构成部件。

基于外光电效应的光电器件有光电管、光电倍增管等。基于内光电效应的光电器件有光敏二极管、光敏晶体管、光敏电阻、光电池等。

（1）光电管

光电管有真空光电管和充气光电管两类。

1）真空光电管：由一个阴极（K 极）和一个阳极（A 极）组成，且密封在一只真空玻璃管里面。在阴极和阳极之间加有一定的电压，且阳极为正极、阴极为负极。当光通过光窗照在阴极上时，光电子就由阴极发射出去，在阴极和阳极之间的电场作用下，光电子在极间做加速运动，被高电位的中央阳极收集形成光电流。光电流的大小主要取决于阴极灵敏度和入射光辐射的强度。真空光电管的结构与测量电路如图 8-1 所示。

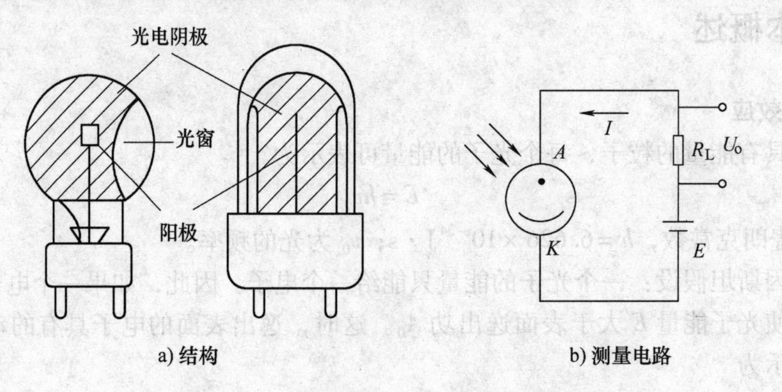

图 8-1　真空光电管的结构与测量电路

2）充气光电管：结构与真空光电管相同，只是管内充有少量的惰性气体如氩或氖。

（2）光电倍增管

结构组成：光电阴极、光电倍增极、阳极。倍增极上涂有 Sb-Cs 或 Ag-Mg 等光敏材料，并且电位逐级升高。结构如图 8-2 所示。

工作原理：当有入射光照射时，阴极发射的光电子以高速射到倍增极上，引起二次电子发射。这样，在阴极和阳极间的电场作用下，逐级产生二次电子发射，电子数量迅速递增。典型的倍增管一般有 10 个左右的倍增极，相邻极之间加有 200～400V 的电压，阴极和阳极间的总电压差可达几千伏，电流增益为 10^5 左右。

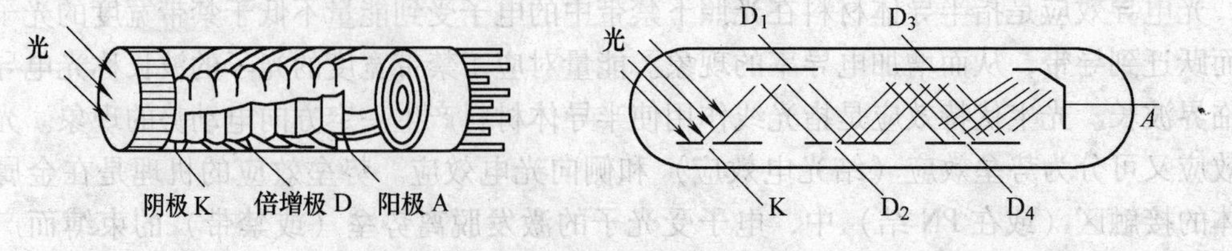

图 8-2　光电倍增管的外形与结构

（3）光敏电阻

光敏电阻是用半导体材料制成的光电器件。光敏电阻没有极性，使用时既可加直流电压，也可以加交流电压。无光照时，光敏电阻值（暗电阻）很大，电路中电流（暗电流）很小。当光敏电阻受到一定波长范围的光照时，它的阻值（亮电阻）急剧减小，电路中电流迅速增大。一般希望暗电阻越大越好，亮电阻越小越好，此时光敏电阻的灵敏度高。实际光敏电阻的暗电阻值一般在兆欧量级，亮电阻值在几千欧以下。光敏电阻结构如图8-3所示。

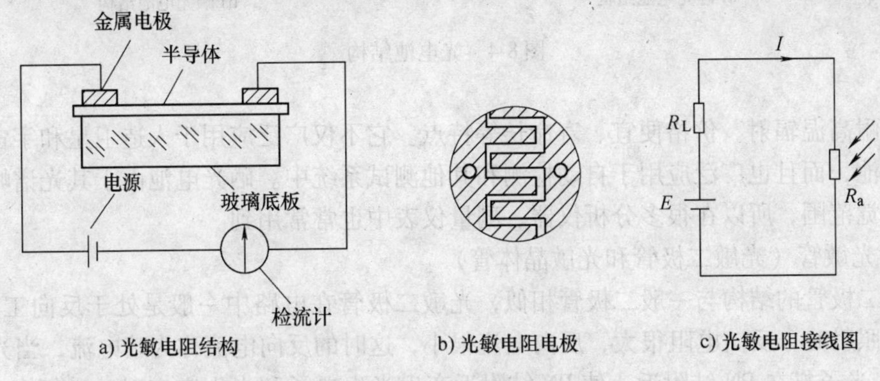

图8-3　光敏电阻结构

典型的光敏电阻包括：

1）硫化镉光敏电阻：这是最常见的光敏电阻，其光谱响应特性最接近人眼光谱视觉效率，在可见波段范围内的灵敏度最高。广泛应用于灯光的自动控制和照相机的自动测光。峰值响应波长为0.52μm。

2）硫化铅光敏电阻：在红外波段灵敏度最高，在2μm附近的红外辐射的探测灵敏度很高。常用于火灾等领域的探测。

3）锑化铟光敏电阻：这是3～5μm光谱范围内的主要探测器件之一。

4）碲化镉汞系列光敏电阻：这是目前所有红外探测器中性能最优良的探测器件，尤其是对于4～8μm大气窗口波段辐射的探测。

光敏电阻的主要参数：

1）暗电阻：光敏电阻在不受光照射时的阻值称为暗电阻，此时流过的电流称为暗电流。

2）亮电阻：光敏电阻在受光照射时的电阻称为亮电阻，此时流过的电流称为亮电流。

3）光电流：亮电流与暗电流之差。

（4）光电池

光电池是一种直接将光能转换为电能的光电器件，即电源。它的工作原理基于光生伏特效应。光电池实质上是一个大面积的PN结，当光照射到PN结的一个面，例如，P型面时，若光子能量大于半导体材料的禁带宽度，那么P型区每吸收一个光子就产生一对自由电子和空穴，电子-空穴对从表面向内迅速扩散，在结电场的作用下，最后建立一个与光照强度有关的电动势。

光电池的种类很多，有硅光电池、硒光电池、锗光电池、砷化镓光电池、氧化亚铜光电池等。其结构如图8-4所示。

最受人们重视的是硅光电池。因为它具有性能稳定、光谱范围宽、频率特性好、转换效

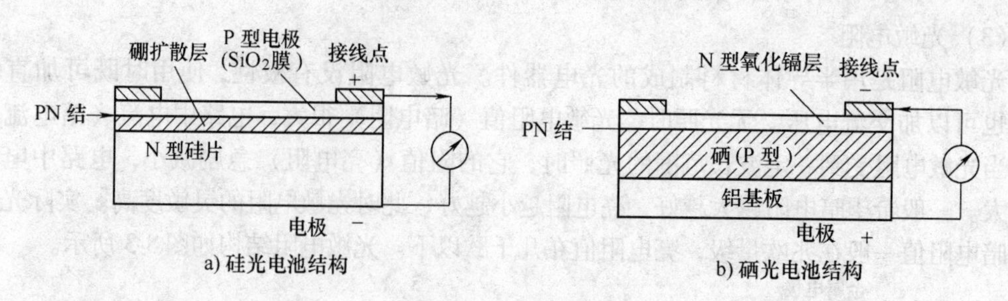

图 8-4　光电池结构

率高、能耐高温辐射、价格便宜、寿命长等特点。它不仅广泛应用于人造卫星和宇宙飞船作为太阳电池，而且也广泛应用于自动检测和其他测试系统中。硒光电池由于其光谱峰值位于人眼的视觉范围，所以在很多分析仪器、测量仪表中也常常用到。

（5）光敏管（光敏二极管和光敏晶体管）

光敏二极管的结构与一般二极管相似，光敏二极管在电路中一般是处于反向工作状态。在没有光照射时，反向电阻很大，反向电流很小，这时的反向电流称为暗电流，当光照射在 PN 结上，光子打在 PN 结附近，使 PN 结附近产生光生电子和光生空穴对，它们在 PN 结处的内电场作用下作定向运动，形成光电流。光的照度越大，光电流越大。光敏二极管在不受光照射时处于截止状态，受光照射时处于导通状态。

光敏晶体管与一般晶体管很相似，具有两个 PN 结，只是它的发射极一边做得很大，以扩大光的照射面积。大多数光敏晶体管的基极无引出线，当集电极加上相对于发射极为正的电压而不接基极时，集电结就是反向偏压，当光照射在集电结时，就会在结附近产生电子－空穴对，光生电子被拉到集电极，基区留下空穴，使基极与发射极间的电压升高，这样便会有大量的电子流向集电极，形成输出电流，且集电极电流为光电流的 β 倍，所以光敏晶体管有放大作用。光敏管结构如图 8-5 所示。

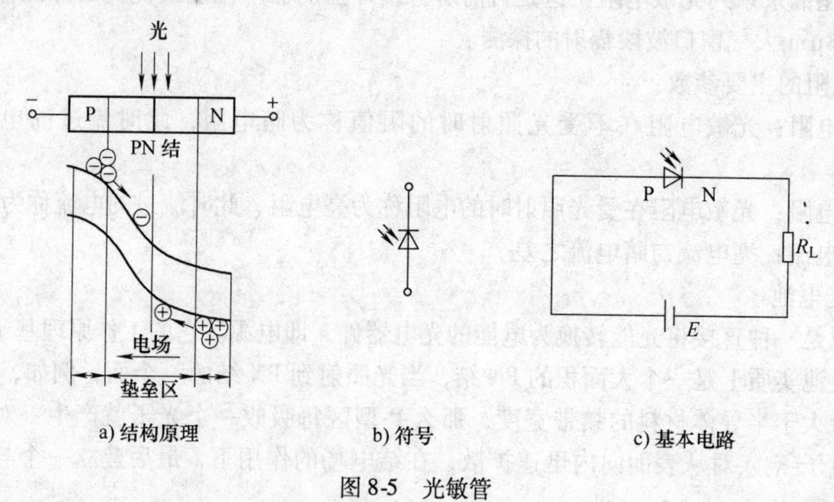

图 8-5　光敏管

3. 光电传感器的类别

按工作原理的不同，可将光电式传感器分为四类：

（1）光电效应传感器

光电效应传感器是应用光敏材料的光电效应制成的光敏器件。光照射到物体上使物体发射电子，或电导率发生变化，或产生光生电动势等，这些因光照引起物体电学特性改变的现象称为光电效应。

（2）红外热释电探测器

红外热释电探测器主要是利用辐射的红外光（热）照射材料时引起材料电学性质发生变化或产生热电动势原理制成的一类器件。

（3）固体图像传感器

固体图像传感器结构上分为两大类：一类是用 CCD 电荷耦合器件的光电转换和电荷转移功能制成 CCD 图像传感器；一类是用光敏二极管与 MOS 晶体管构成的将光信号变成电荷或电流信号的 MOS 金属氧化物半导体图像传感器。

（4）光纤传感器

光纤传感器利用发光二极管（LED）或激光二极管（LD）发射的光，经光纤传输到被检测对象，被检测信号调制后，光沿着光导纤维反射或送到光接收器，经接收解调后变成电信号。

4. 光电传感器的基本形式

光电传感器可用来测量光学量或已转换为光学量的其他被测量，输出电信号。测量光学量时，光电器件作为敏感元件使用；测量其他物理量时，作为转换元件使用。

光电传感器由光路及电路两大部分组成。光路部分实现被测信号对光量的控制和调制；电路部分完成从光信号到电信号的转换。

按测量光路组成来看，光电传感器可分为：透射式、反射式、辐射式、开关式四类。如图 8-6 所示。

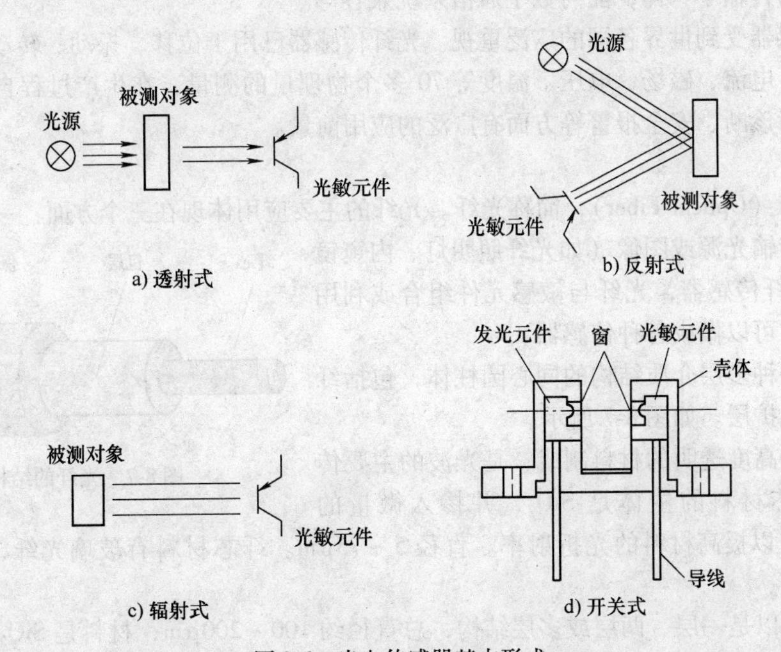

图 8-6　光电传感器基本形式

(1) 透射式光电传感器

1) 工作原理：利用光源发出一恒定光通量的光，并使之穿过被测对象，其中部分光被吸收，而其余的光则到达光敏元件上，转换为电信号输出。根据被测对象吸收光通量的多少就可确定出被测对象的特性，光敏器件上输出的光电流是被测对象所吸收光通量的函数。

2) 用途：测量液体、气体、固体的透明度、浑浊度等参数。

(2) 反射式光电传感器

1) 工作原理：将恒定光源发出的光投射到被测对象上，用光电器件接收其反射光通量，反射光通量的变化反映出被测对象的特性。

2) 应用：通过光通量变化的大小，可以反映出被测物体的表面光洁度；通过光通量的变化频率，可以反映出被测物体的转速。

(3) 辐射式光电传感器

工作原理：利用光电器件接收被测对象辐射能的强弱变化，光通量的强弱与被测参量（例如温度）的高低有关。

(4) 开关式光电传感器

1) 工作原理：在开关式光电传感器的光源与光敏器件间的光路上，有物体时，光路被切断；没有物体时，光路畅通，光敏器件上表示出有光就有电信号，无光则无电信号，即仅为“0”和“1”两种开关状态。

2) 使用形式：开关、计数、编码。

8.2 光纤传感器

光纤传感器的特点：极高的灵敏度和精度，安全性好，抗电磁干扰，高绝缘强度，耐腐蚀，集传感与传输于一体，能与数字通信系统兼容等。

光纤传感器受到世界各国的广泛重视。光纤传感器已用于位移、振动、转动、压力、速度、加速度、电流、磁场、电压、温度等70多个物理量的测量，在生产过程自动控制、在线检测、故障诊断、安全报警等方面有广泛的应用前景。

1. 光纤

光导纤维（Optical Fiber），简称光纤。光纤的主要应用体现在三个方面：一是光纤通信技术；二是传输光源或图像（如光纤照明灯、内窥镜等）；三是光纤传感器，光纤与敏感元件组合或利用本身的特性，可以做成各种传感器。

光纤是一种多层介质结构的同心圆柱体，包括纤芯、包层和保护层。如图8-7所示。

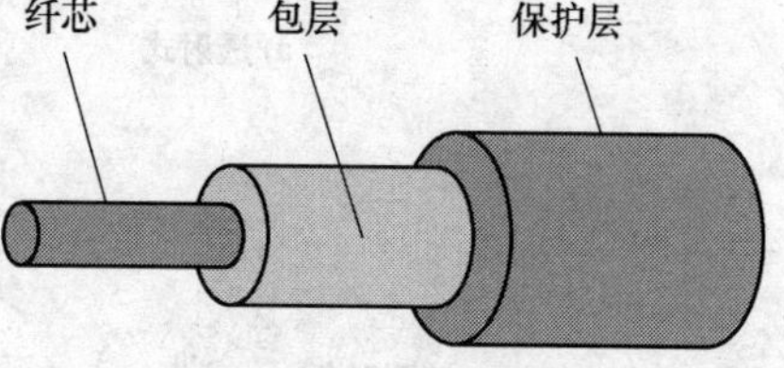

图8-7 光纤的结构

纤芯：由高度透明的材料制成，是光波的主要传输通道；纤芯材料的主体是 SiO_2，并掺入微量的 GeO_2、P_2O_5，以提高材料的光折射率。直径5～75μm。纤芯材料有玻璃光纤、塑料光纤、混合光纤等。

包层：可以是一层、两层或多层结构，总直径约100～200μm；材料是 SiO_2，并掺入微量的 B_2O_3 或 SiF_4；包层的折射率小于纤芯。

保护层（涂敷层及护套）：①涂敷层可保护光纤，使其不受水蒸气的侵蚀和机械擦伤，同时增加了光纤的柔韧性，起着延长光纤寿命的作用。②护套采用不同颜色的塑料管套，一方面起保护作用，另一方面以颜色区分多条光纤。

2. 光纤的传光原理

光在同一种介质中是直线传播，如图 8-8 所示。当光线以不同的角度入射到光纤端面时，在端面发生折射进入光纤，又入射到折射率 n_1 较大的光密介质（纤芯）与折射率 n_2 较小的光疏介质（包层）的交界面，光线在该处有一部分透射到光疏介质，一部分反射回光密介质。根据折射定律，有

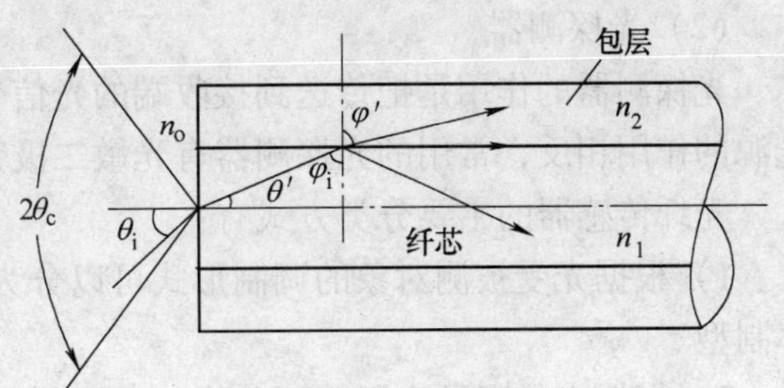

图 8-8　光纤传光原理

$$\frac{\sin\varphi_i}{\sin\varphi'}=\frac{n_2}{n_1}$$

$$\frac{\sin\theta_i}{\sin\theta'}=\frac{n_1}{n_0} \tag{8-3}$$

式中，θ_i 为光线端面的入射角；θ'为光线端面处的折射角；φ_i 为光密介质与光疏介质界面处的入射角；φ'为光密介质与光疏介质界面处的折射角；n_1 为纤芯材料的折射率；n_2 为包层材料的折射率。

在光纤材料确定的情况下，$\frac{n_2}{n_1}$、$\frac{n_1}{n_0}$均为定值，因此若要减小 θ_i，则 θ'也将减小，相应地，φ_i 增大，则 φ'也将增大。当 θ_i 达到 θ_c 时，使折射角 $\varphi'=90$，即折射光将沿界面方向传播，则称此时的入射角 θ_c 为临界角。有

$$\sin\theta_c=\frac{n_1}{n_0}\sin\theta'=\frac{n_1}{n_0}\cos\varphi_i=\frac{n_1}{n_0}\sqrt{1-\left(\frac{n_2}{n_1}\sin\varphi'\right)^2}=\frac{1_1}{n_0}\sqrt{n_1^2-n_2^2} \tag{8-4}$$

外界介质一般为空气，即 $n_0=1$，有

$$\theta_c=\arcsin\sqrt{n_1^2-n_2^2} \tag{8-5}$$

当入射角 θ_i 小于临界角 θ_c 时，光线就不会透过其界面全部反射到光密介质内部，即发生全反射。所以，光全反射条件为

$$\theta_i<\theta_c \tag{8-6}$$

在满足全反射条件下，光线就不会射出纤芯，而是在纤芯和包层界面不断地产生全反射向前传播，最后从光纤的另一端面射出。所以说，光的全反射是光纤工作的基础。

3. 光纤传感器

光纤传感器由光源、光纤耦合器、光纤、光探测器等组成。

（1）光源

一般要求光源的体积尽量小，以利于它与光纤耦合；光源发出的光波长应合适，以便减少光在光纤中传输的损失；光源要有足够亮度，以便提高传感器的输出信号。另外还要求光源稳定性好、噪声小、安装方便和寿命长等。

光纤传感器使用的光源种类很多，按照光的相干性可分为相干光和非相干光。非相干光

源有白炽光、发光二极管；相干光源包括各种激光器，如氦氖激光器、半导体激光二极管等。

（2）光探测器

光探测器的作用是把传送到接收端的光信号转换成电信号，以便做进一步的处理。它和光源的作用相反，常用的光探测器有光敏二极管、光敏晶体管、光电倍增管等。

光纤传感器的主要分类方式有：

1）根据光受被测对象的调制形式可以分为：强度调制型、偏振态制型、相位制型、频率制型。

2）根据光是否发生干涉可分为：干涉型和非干涉型。

3）根据是否能够随距离的增加连续地监测被测量可分为：分布式和点分式。

4）根据光纤在传感器中的作用可以分为两类：一类是功能型（Functional Fiber，FF）光纤传感器，又称为传感型光纤传感器；另一类是非功能型（Non Functional Fiber，NFF）光纤传感器，又称为传光型光纤传感器。

功能型光纤传感器的工作原理：利用光纤本身的特性把光纤作为敏感元件，被测量对光纤内传输的光进行调制，使传输的光的强度、相位、频率或偏振态等特性发生变化，再通过对被调制过的信号进行解调，从而得出被测信号。光纤在其中不仅是导光媒质，而且也是敏感元件，光在光纤内受被测量调制，多采用多模光纤。优点是结构紧凑、灵敏度高。缺点是必须采用特殊光纤，成本高。功能型光纤传感器的典型例子有光纤陀螺、光纤水听器等。

非功能型光纤传感器工作原理：利用其他敏感元件感受被测量的变化，光纤仅作为信息的传输介质，常采用单模光纤。光纤在其中仅起导光作用，光照在光纤型敏感元件上受被测量调制。优点是无需特殊光纤及其他特殊技术，比较容易实现，成本低。缺点是灵敏度较低。实用化的大都是非功能型光纤传感器。

4. 光纤传感器的应用

光纤传感器可以对温度、流量、速度、磁场、电压、电流等物理量进行测量，也可以进行光和图像传输。光纤内窥镜就是利用光导纤维传光、传像原理，通过目镜来观察被检测对象。由于光纤探头可以在水平与垂直方向上任意弯曲，所以很容易探入被检测对象内部，窥探其内部结构。光纤内窥镜主要分为工业用光纤内窥镜和医用光纤内窥镜，如图 8-9 所示。

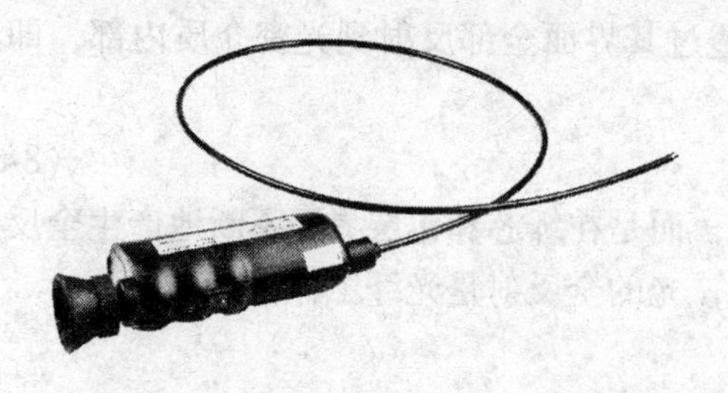

a）工业用光纤内窥镜（便携式汽车检测内窥镜）

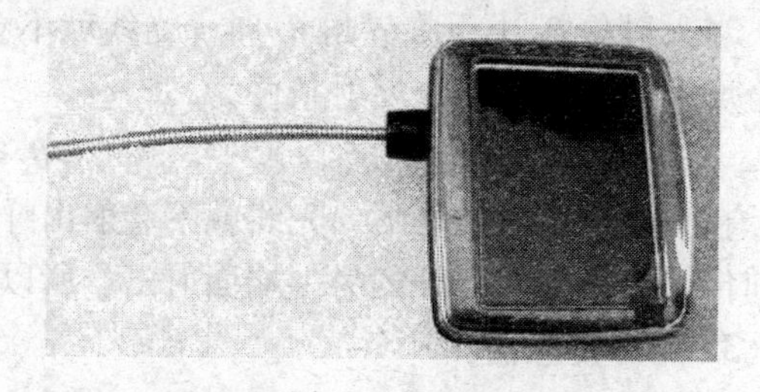

b）医用光纤内窥镜（气管插管内窥镜）

图 8-9　光纤内窥镜

光纤内窥镜，简称内镜或纤镜。其光学系统通常由照明系统、观察系统和照相记录系统等部分组成。

1）照明系统主要包括光源、导光束、凹透镜等。由光源发出的光经导光束传到内窥镜先端部的凹透镜上，经凹透镜发散，以获得更广阔的照明视角。

2）观察系统主要包括直角屋脊棱镜、成像物镜、传像束、目镜等。成像光线进入观察系统，首先经直角屋脊棱镜将光线作90°转向，之后传射到成像物镜，并由该物镜成像在传像束的一个端面上，再经光纤束传到传像束的另一端，通过目镜即可观察到清晰的物像。

3）照相记录系统在做照相记录时，使观察系统中的目镜起到照相机镜头的作用，当调整好焦距之后，按下照相机快门按钮，即可将成像记录在照相机底片上。

光纤内窥镜的结构以胃镜为例来说明，如图8-10所示。胃镜的结构主要包括先端部、导像管、导光管、导光管接头和操作部等。先端部，是最先插入体腔的部分，包括有导光窗口、观察窗口、凸透镜、棱镜和成像物镜等；导像管，管内有导像束、送气送水管道、吸引管等；导光管，管内有导光束和各种电缆；导光管接头，与冷光源连接，一般还装有水瓶连接嘴、光束罩、吸引嘴等部件；操作部，是内窥镜的控制和观察中心，上面还装有方向调节钮、紧固钮、送气送水按钮、吸引按钮、活检钳调节钮、目镜及照相摄像系统等。

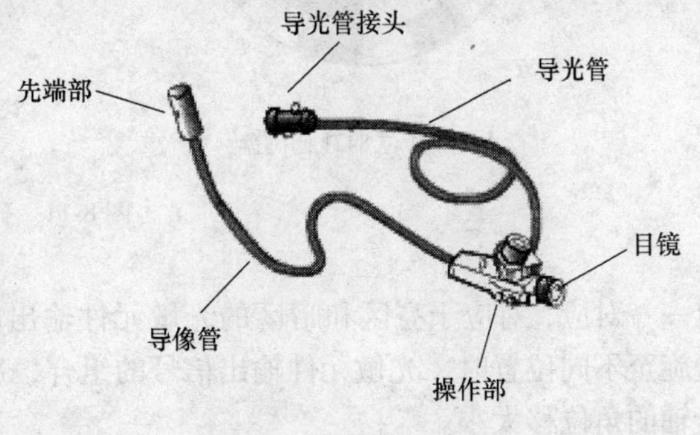

图8-10　胃镜结构图

8.3　光电编码器

编码器是将机械转动的位移（模拟量）转换成数字式电信号的传感器。编码器在角位移测量方面应用广泛，具有高精度、高分辨率、高可靠性的特点。光电式编码器从结构上可分为码盘式和脉冲盘式两种。

1. 码盘式编码器

码盘式编码器也称为绝对编码器，它将角度或直线坐标转换为数字编码，能方便地与数字系统（如微机）连接。码盘式编码器分为接触式编码器和非接触式编码器，非接触式编码器又包括电磁式编码器和光电式编码器。

接触式编码器是由码盘和电刷组成。码盘是利用制造印制电路板的工艺，在铜箔板上制作某种码制图形的盘式印制电路板，如图8-11所示。电刷是一种活动触头结构，在外界力的作用下旋转码盘时，电刷与码盘接触处就产生某种码制的某一数字编码输出。以8421码制作的码盘为例，该码盘上有4圈码道，相应地，对应码道上有一个电刷，4个电刷沿着一个固定的径向安装。码盘上涂黑的区域为导电区，电刷接触导电区域时，输出高电平（“1”）；码盘上白色的区域为绝缘区，电刷接触绝缘区域时，输出低电平（“0”）。

光电式编码器主要由安装在旋转轴上的编码圆盘（码盘）、窄缝以及安装在圆盘两边的光源和光敏元件等组成。结构如图8-12所示。码盘由光学玻璃制成，其上刻有许多同心码道，每位码道上都有按一定规律排列的透光和不透光部分，即亮区和暗区。当光源将光投射在码盘上时，转动码盘，通过亮区的光线经窄缝后，由光敏元件接收。光敏元件的排列与码

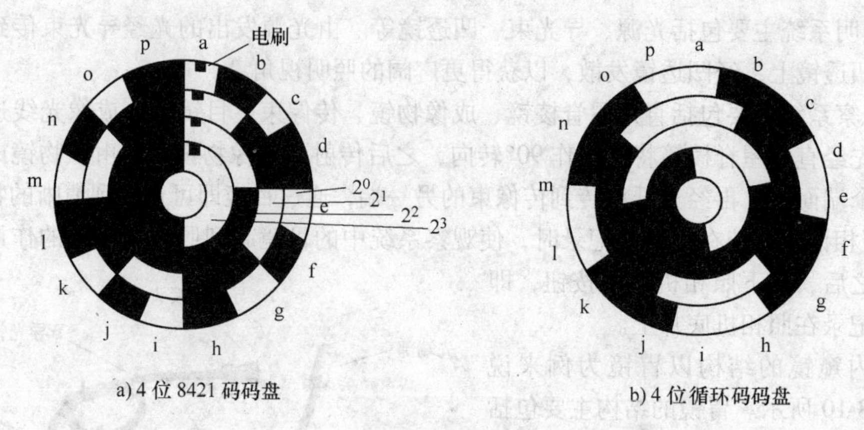

a) 4 位 8421 码码盘　　b) 4 位循环码码盘

图 8-11　码盘

道一一对应，对应于亮区和暗区的光敏元件输出的信号，前者为“1”，后者为“0”。当码盘旋至不同位置时，光敏元件输出信号的组合，反映出按一定规律编码的数字量，代表了码盘轴的角位移大小。

码盘的刻化可采用不同的数字编码，如二进制、十进制、循环码等。以 6 位二进制编码为例，如图 8-13 所示。最内圈码盘一半透光，一半不透光，最外圈一共分成 $2^6=64$ 个黑白间隔。每一个角度方位对应于不同的编码。例如，零位对应于 000000（全黑）；第 23 个方位对应于 010111。这样在测量时，只要根据码盘的起始和终止位置，就可以确定角位移，而与转动的中间过程无关。一个 n 位二进制码盘的最小分辨率，即能分辨的角度为

$$\alpha=\frac{360°}{2^n} \tag{8-7}$$

一个 6 位二进制码盘，其最小分辨的角度 $\alpha\approx5.6°$。

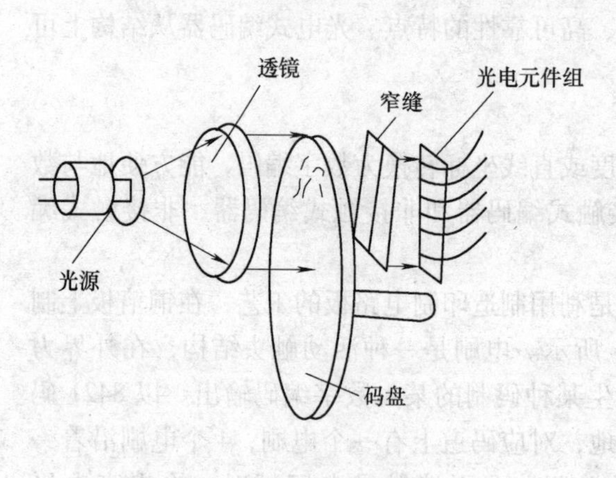

图 8-12　光电式编码器结构图

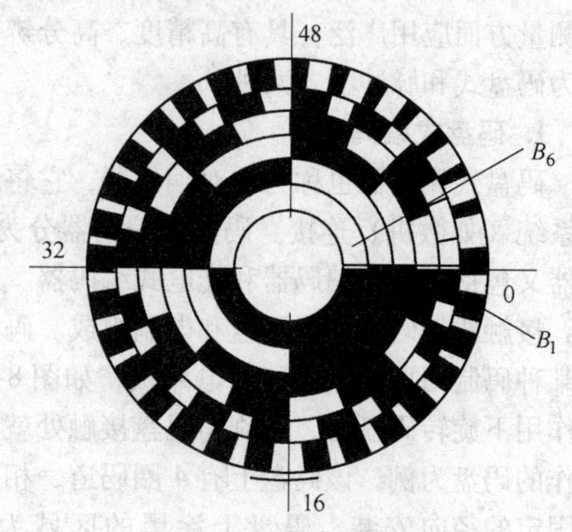

图 8-13　6 位二进制码盘

采用二进制编码器时，任何微小的制作误差，都可能造成读数的粗误差。这主要是因为二进制码当某一较高的数码改变时，所有比它低的各位数码均需同时改变。为了消除粗误差，可用循环码代替二进制码。循环码是一种无权码，从任何数变到相邻数时，仅有一位数

码发生变化。如果任一码道刻划有误差，只要误差不太大，且只可能有一个码道出现读数误差，产生的误差最多等于最低位的一位（bit）。对于 n 位循环码码盘，与二进制码一样，具有 2^n 种不同编码，最小分辨率也为 $\alpha = 360°/2^n$。不同码制的数字编码对比如表 8-1 所示。

表 8-1　不同码制的数字编码对比

十进制数	二进制码	循环码	十进制数	二进制码	循环码
0	0000	0000	8	1000	1100
1	0001	0001	9	1001	1101
2	0010	0011	10	1010	1111
3	0011	0010	11	1011	1110
4	0100	0110	12	1100	1010
5	0101	0111	13	1101	1011
6	0110	0101	14	1110	1001
7	0111	0100	15	1111	1000

2. 脉冲盘式编码器

脉冲盘式编码器也叫增量编码器，它不能直接输出数字编码，而是输出一系列脉冲，这时就需要一个计数系统对脉冲进行加减（正向或反向旋转时）累计计数，此外一般还需要一个基准数据即零位基准，才能完成角位移测量。

(1) 工作原理

脉冲盘式编码器是在圆盘上等角距地开有两圈缝隙，外圈（A 相）为增量码道，内圈（B 相）为辨向码道，内外圈相邻两缝错开半条缝宽；另外在某一径向位置（一般在内外两圈之外），开有一狭缝，表示码盘的零位。在它们相对的两侧面分别安装光源和光电接收元件。其实物图如图 8-14 所示，原理图如图 8-15 所示。

图 8-14　脉冲盘式数字编码器实物图

当码盘转动时，每转过一个缝隙就发生一次光线明暗的变化，通过光敏元件产生一次电信号的变化，那么对应每个码道将有一系列光电脉冲输出，所以每圈码道上的缝隙数就等于其光敏元件每一转输出的脉冲数。

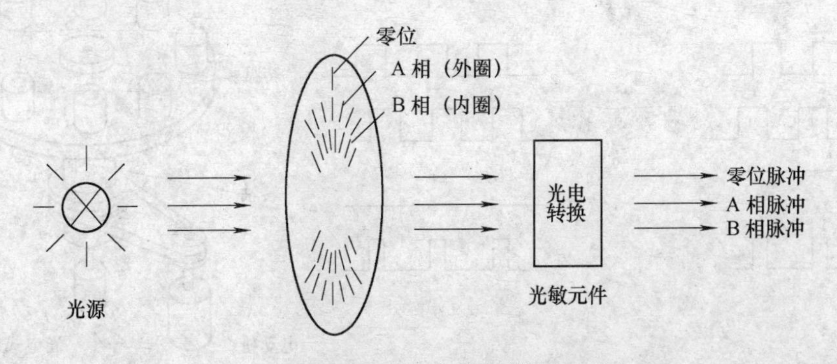

图 8-15　脉冲盘式数字编码器的原理图

（2）辨向原理

为了辨别码盘旋转方向，可以采用两套光电转换装置，其辨向环节的逻辑电路框图如图 8-16 所示。光敏元件 1、2 输出信号经放大整形后，产生 P_1 和 P_2 脉冲，经过转换分别接到 D 触发器的 D 端和 C 端，由于结构上的设置 P_1 和 P_2 脉冲相差 90°。

正转时，光敏元件 1 比光敏元件 2 先感光，此时计数器进行加法计数；反转时，光敏元件 2 比光敏元件 1 先感光，此时计数器进行减法计数。这样就可以区别码盘的旋转方向了。其波形图如图 8-17 所示。

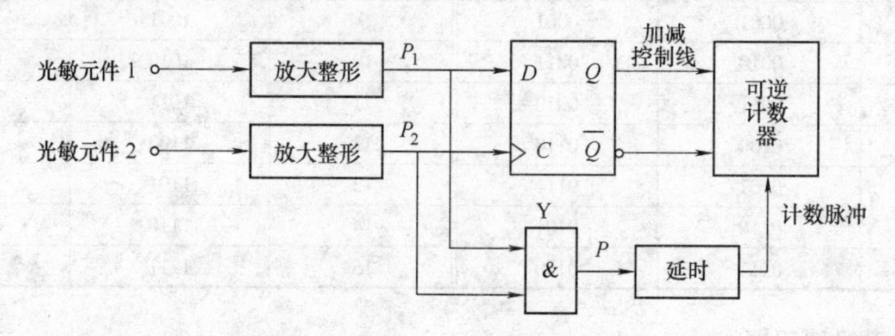

图 8-16　辨向环节的逻辑电路图

3. 光电编码器的应用

光电编码器在工业控制和自动化领域应用非常广泛，可用于测量位置、速度、长度、角度等物理量。

（1）位置控制

转盘工位编码原理图如图 8-18 所示。该位置传感器采用光电式编码器，将编码器与转盘同轴相连，由于编码器的每一个转角位置均有一个固定的编码输出，则在转盘上用于安装被加工工件的每一个工位也都对应一个编码，当转盘上某一工位转到加工点时，该工位对应的编码由编码器输出送到控制电动机来控制转盘转动。例如，要使处于工位 3 上的工件转到加工点等待刀具加工，假设使用的光电式编码器为 4 码道，且采用二进制码，编码器输出的编码是不断变化的，令工位 1 的编码为 0000、工位 8 的编码为 1110，则当输出从工位 2 的编码 0010 变为 0100 时，就表示转盘已将工位 3 转到加工点，工件处于加工点之后电动机停转，转盘不动，此时再控制刀具开始进行加工。

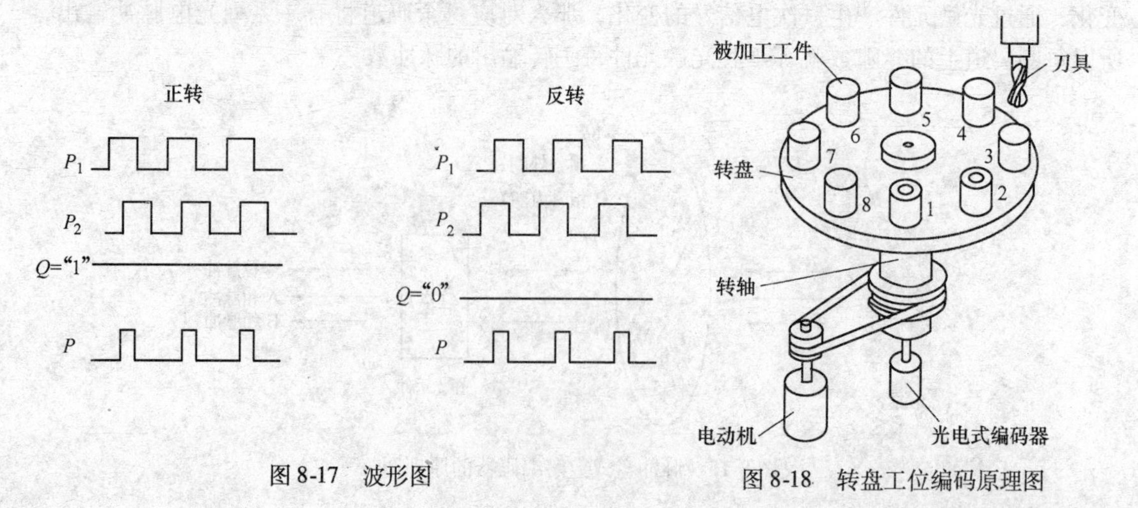

图 8-17　波形图

图 8-18　转盘工位编码原理图

（2）转速测量

由于增量式角编码器的输出信号是脉冲形式，因此可采用测量脉冲频率或周期的方法来测量转速。常用的方法有三种：M法、T法、M/T法。

1）M法。在一定时间间隔内用角编码器所产生的脉冲数来确定转速的方法称为M法测速。其原理如图8-19a所示。若角编码器每转产生N个脉冲，在时间间隔T_c秒内得到m_1个脉冲，则角编码器所产生的脉冲频率f为

$$f=\frac{m_1}{T_c} \tag{8-8}$$

则转速n为

$$n=60\frac{f}{N}=60\frac{m_1}{NT_c} \tag{8-9}$$

例如：某角编码器的额定参数为$N=2048$个脉冲，在0.2s时间内测得8192个脉冲，则该角编码器的转速为$n=60\frac{m_1}{NT_c}=60\frac{8192}{2048\times0.2}\mathrm{r/min}=1200\mathrm{r/min}$。

M法测速适合于要求转速较快的场合，此时能获得较高的分辨率，否则计数值较少，测量准确度较低。

2）T法。用测量编码器输出的两个相邻脉冲的时间间隔来确定转速的方法称为T法测速，即利用脉冲周期法来测量转速。用已知频率为f_0的时钟脉冲向计数器发送脉冲（要求时钟脉冲频率必须高于编码器脉冲频率），计数器的启停由码盘反馈的相邻两个脉冲来控制，其原理如图8-19b所示。若计数器读数为m_2，则转速为

$$n=60\frac{f_0}{Nm_2} \tag{8-10}$$

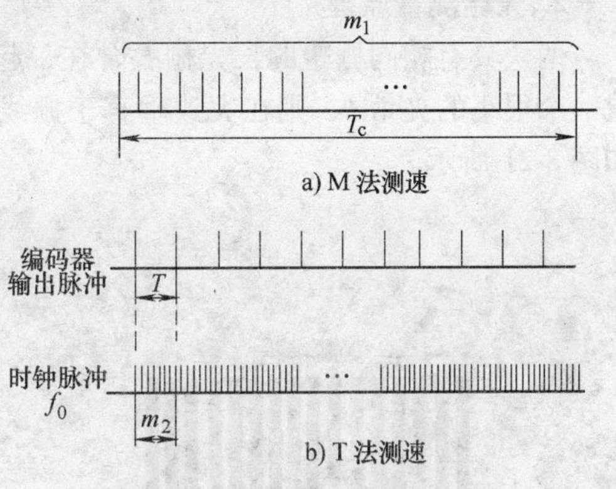

图8-19　M法和T法测速原理

式中，N为编码器码盘每转一圈发出的脉冲个数。

T法测速适合于测量转速较低的场合，此时能获得较高的分辨率。

3）M/T法。同时测量检测时间和在此时间内脉冲发生器发出的脉冲个数来测量转速的方法称为M/T法测速，即将M法测速与T法测速两种方法结合在一起使用。在一定时间间隔内，同时对光电编码器输出的脉冲个数m_1和m_2进行计数。测得的转速为

$$n=60\frac{f_0m_1}{Nm_2} \tag{8-11}$$

采用M/T法既具有M法测速的高速优点，又具有T法测速的低速优点，测速范围广、测量精度高，因此在电动机的控制中有着十分广泛的应用。

8.4 计量光栅

光栅：在玻璃（或金属）尺或玻璃（或金属）尺盘上进行刻划，可得到一系列黑白相间、间隔细小的条纹，不刻划处透光，刻划处不透光，这种具有周期性的刻线分布的光学元件称为光栅。光栅式传感器的特点：精度高，大量程测量兼有高分辨率，可实现动态测量，具有较强的抗干扰能力。

光栅按工作原理可分为物理光栅和计量光栅。其中，计量光栅是利用莫尔条纹现象进行精密测量的光栅。计量光栅按不同的要求可划分为以下几类：按基体材料的不同可分为金属光栅和玻璃光栅；按刻线的形式不同可分为振幅光栅和相位光栅；按光线的走向不同又可分为透射光栅和反射光栅；按用途不同可分为长光栅和圆光栅。

1. 光栅结构

在镀膜玻璃上均匀刻制许多有明暗相间、等间距分布的细小条纹（又称为刻线），这就是光栅，如图 8-20 所示。图中 a 为栅线的宽度（不透光），b 为栅线间宽（透光），$a+b=W$ 称为光栅的栅距（也称光栅常数）。通常 $a=b=W/2$，也可刻成 $a:b=1.1:0.9$。目前常用的光栅每毫米刻成 25、50、100、125、250 条刻线。

2. 光栅测量原理

两块具有相同栅距的长光栅叠合在一起，中间留有很小的间隙，并且两者的栅线之间形成一个很小的夹角 θ，则在大致垂直于栅线的方向上出现明暗相间的条纹，称为莫尔条纹。如图 8-21 所示。

图 8-20 透射长光栅

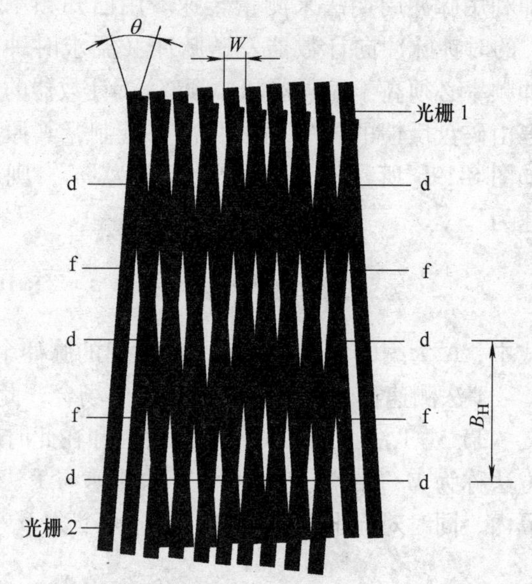

图 8-21 莫尔条纹

在 d-d 线上，两光栅的栅线透光部分与透光部分叠加，光线透过透光部分形成亮带；在 f-f 线上，两光栅透光部分分别与另一光栅的不透光部分叠加，互相遮挡，光线透不过形成暗带。

莫尔条纹测位移具有以下三个方面的特点：

（1）运动对应关系

莫尔条纹的移动量和移动方向与两光栅的相对位移量和位移方向有着严格的对应关系。当主光栅1向右运动一个栅距 W 时，莫尔条纹向下移动一个条纹间距 B_H；如果主光栅1向左运动，莫尔条纹则向上移动。光栅传感器在测量时，可以根据莫尔条纹的移动量和移动方向判定光栅的位移量和位移的方向。

（2）位移放大作用

当光栅每移动一个光栅栅距 W 时，莫尔条纹也跟着移动一个条纹宽度 B_H。设 $a=b=\frac{W}{2}$，在 θ 很小的情况下，如图8-22所示，莫尔条纹的间距 B_H 与两光栅线纹夹角 θ 之间的关系为

$$B_H=\frac{W/2}{\sin\frac{\theta}{2}}\approx\frac{W/2}{\frac{\theta}{2}}=\frac{W}{\theta} \tag{8-12}$$

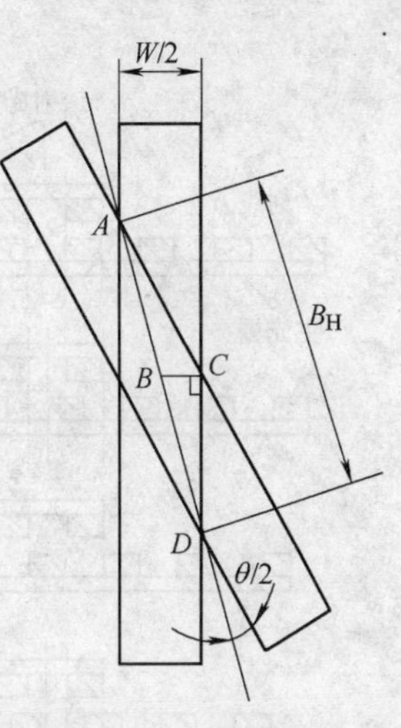

图8-22　莫尔条纹间距与栅距和夹角之间的关系

明显看出，莫尔条纹有放大作用，其放大倍数为 $\frac{1}{\theta}$。例如：$W=0.02\text{mm}$，$\theta=0.1°$，则 $B=11.4592\text{mm}$，放大倍数约为573倍。所以尽管栅距很小，难以观察到，但莫尔条纹却清晰可见。这非常有利于布置接收莫尔条纹信号的光电器件。

（3）误差平均效应

莫尔条纹是由光栅的大量栅线（常为数百条）共同形成的，对光栅的刻划误差有平均作用，在很大程度上消除了栅线的局部缺陷和短周期误差的影响，个别栅线的栅距误差或断线及疵病对莫尔条纹的影响很微小，从而提高了光栅传感器的测量精度。

3. 计量光栅的组成

计量光栅作为一个完整的测量装置包括光电转换装置（光栅读数头）、光栅数显表两大部分。光栅读数头利用光栅原理把输入量（位移量）转换成相应的电信号；光栅数显表是实现细分、辨向和显示功能的电子系统。

（1）光电转换

光电转换装置主要由主光栅、指示光栅、光路系统和光敏元件等组成。如图8-23所示。主光栅的有效长度即为测量范围。指示光栅比主光栅短得多，但两者一般刻有同样的栅距，使用时两光栅互相重叠，两者之间有微小的空隙。主光栅一般固定在被测物体上，且随被测物体一起移动，其长度取决于测量范围，指示光栅相对于光敏元件固定。指示光栅固定不动，它比主光栅短得多，用于检取信号读数。当两块光栅做相对移动时，光敏元件上的发光强度随莫尔条纹移动而变化。

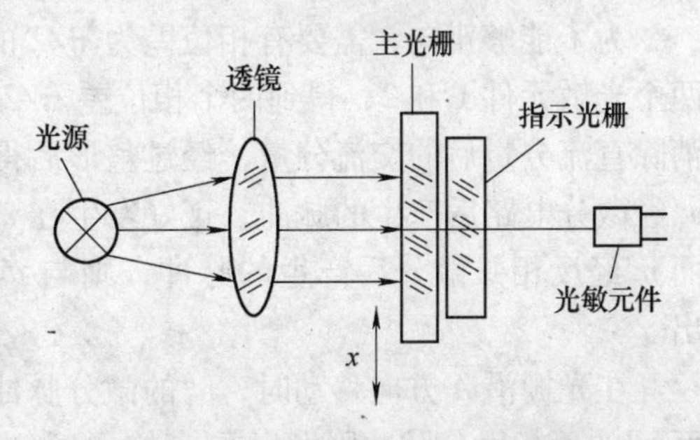

图8-23　光电转换装置结构示意图

莫尔条纹是一个明暗相间的带。两条暗带中心线之间的发光强度变化是从最暗到渐暗，到渐亮，一直到最亮，又从最亮经渐亮到渐暗，再到最暗的渐变过程。如图8-24所示。主

光栅移动一个栅距 W，发光强度变化一个周期，若用光敏元件接收莫尔条纹移动时发光强度的变化，则将光信号转换为电信号，电压输出接近于正弦周期函数，即

$$u_o = U_o + U_m \sin\left(\frac{\pi}{2} + \frac{2\pi x}{W}\right) \tag{8-13}$$

输出电压反映了位移量的大小。输出波形如图 8-25 所示。

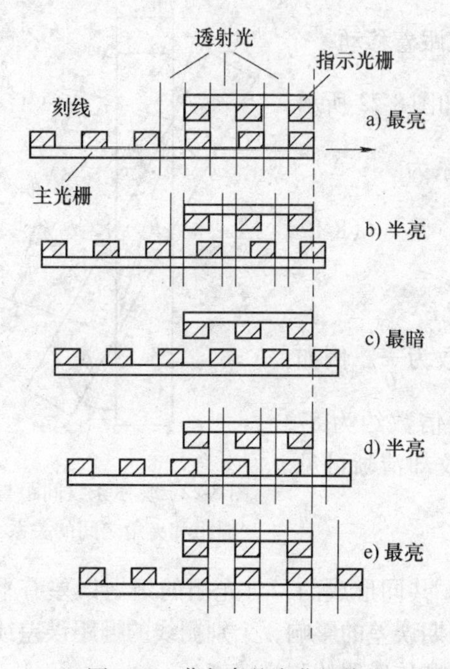

图 8-24　莫尔条纹变化规律

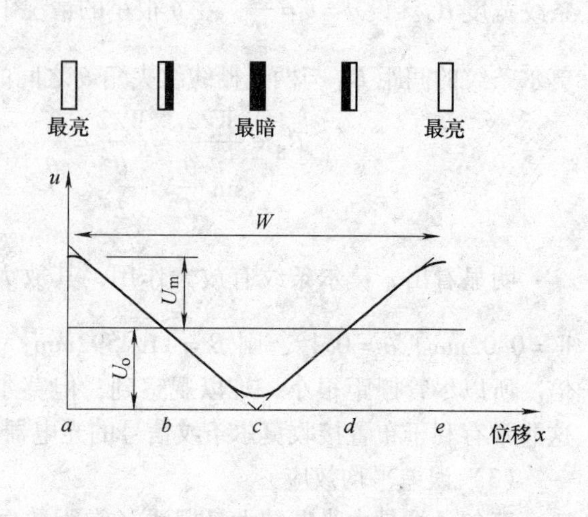

图 8-25　光电元件输出信号波形

(2) 辨向与细分

光电转换装置实现了位移量由非电量向电量的转换，位移是向量，因而对位移量的测量除了确定大小之外，还应确定其方向。为了辨别位移的方向，进一步提高测量的精度，以及实现数字显示的目的，必须把光栅读数头的输出信号送入数显表做进一步的处理。光栅数显表由整形放大电路、细分电路、辨向电路及数字显示电路等组成。

为了能够辨向，需要有相位差为 $\pi/2$ 的两个电信号。在相隔 $B_H/4$ 间距的位置上，放置两个光敏元件 1 和 2，得到两个相位差 $\pi/2$ 的电信号 u_1 和 u_2，如图 8-26 所示，图中波形是消除直流分量后的交流分量，经过整形后得两个方波信号 u_1' 和 u_2'。当光栅沿 A 方向移动时，u_1' 经微分电路后产生的脉冲，正好发生在 u_2' 的"1"电平时，从而经 Y_1 输出一个计数脉冲；而 u_1' 经反相并微分后产生的脉冲，则与 u_2' 的"0"电平相遇，与门 Y_2 被阻塞，无脉冲输出。

在光栅沿 $\bar{A}$ 方向移动时，u_1' 的微分脉冲发生在 u_2' 为"0"电平时，与门 Y_1 无脉冲输出；而 u_1' 的反相微分脉冲则发生在 u_2' 的"1"电平时，与门 Y_2 输出一个计数脉冲。u_2' 的电平状态作为与门的控制信号，来控制在不同的移动方向时，u_1' 所产生的脉冲输出。这样就可以根据运动方向正确地给出加计数脉冲或减计数脉冲，再将其输入可逆计数器，实时显示出相对于某个参考点的位移量。

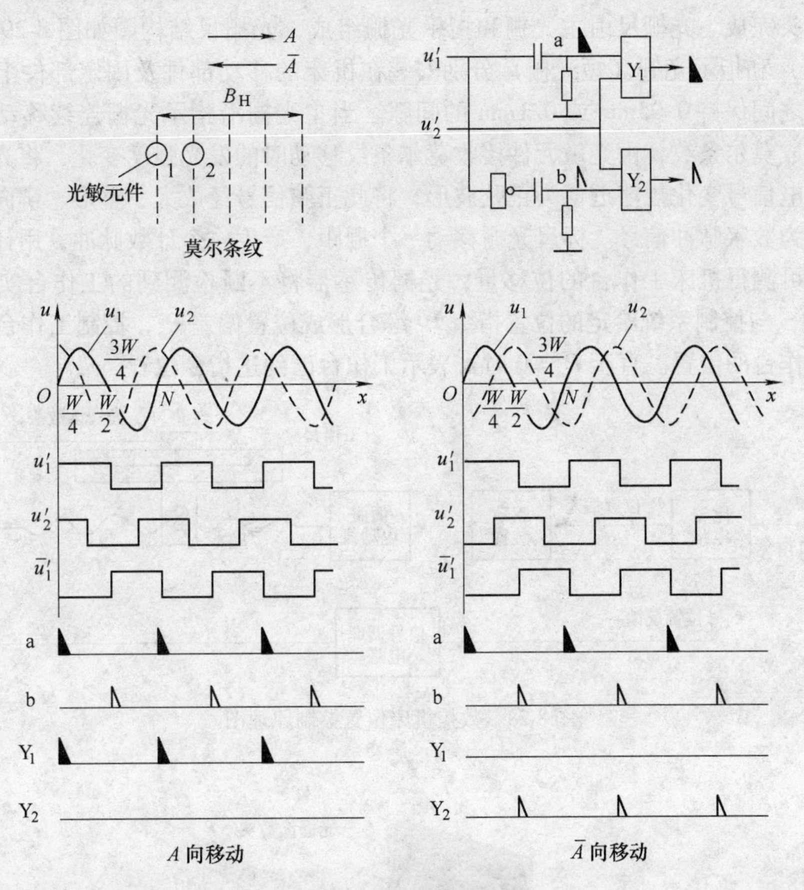

图 8-26　辨向原理

前面以移过的莫尔条纹的数量来确定位移量，其分辨率为光栅栅距。为了提高分辨率和测量比栅距更小的位移量，可采用细分技术。所谓细分，就是在莫尔条纹信号变化一个周期内，发出若干个脉冲，以减小脉冲当量，如一个周期内发出 n 个脉冲，即可使测量精度提高到 n 倍，而每个脉冲相当于原来栅距的 $1/n$。细分方法有机械细分和电子细分两类。常用的细分方法是直接倍频细分法、电桥细分法等。如图 8-27 所示。

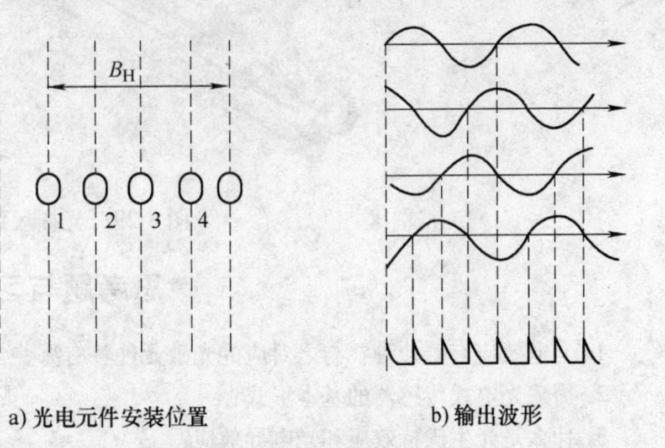

图 8-27　四倍频细分法

4. 计量光栅的应用

由于光栅传感器具有测量精度高、动态性能良好、运动速度恒定性高、能进行非接触测量等优点，因此在机械工业、仪器加工、焊接制造和机器人自动化等领域应用广泛。特别是在数控机床控制系统中，常常作为机床定位、长度计算、速度计算等核心检测装置。

数控机床位置控制原理图如图 8-28 所示。位置检测装置选用光栅尺，位置信号的检出由光栅读数头完成。光栅尺由主光栅和指示光栅组成，光栅尺结构图如图 8-29 所示。主光栅（长光栅）和指示光栅（短光栅）分别安装在机床的移动部件及固定部件上，两者相互平行，它们之间保持 0. 05mm 或 0. 1mm 的间隙。当主光栅沿指示光栅连续移动时，在两块光栅之间形成莫尔条纹，由光敏元件接收莫尔条纹移动时的发光强度变化，将光信号转换为电信号，该电信号变化规律近似为正弦波形，将此正弦信号经放大、整形、辨向、细分等处理后，转换为数字脉冲信号。标尺光栅移动一个栅距，产生一个计数脉冲，用计数器来计算脉冲数，则可测得机床工作台的位移量，光栅传感器将不断检测到的工作台实际位置指令 P_f 进行反馈，与控制系统给定的位置指令 P_c 综合形成位置偏差 P_e，控制工作台移动，由此不断调整工作台的位置。直至 $P_e=0$ 时，表示工作台已到达指令位置。

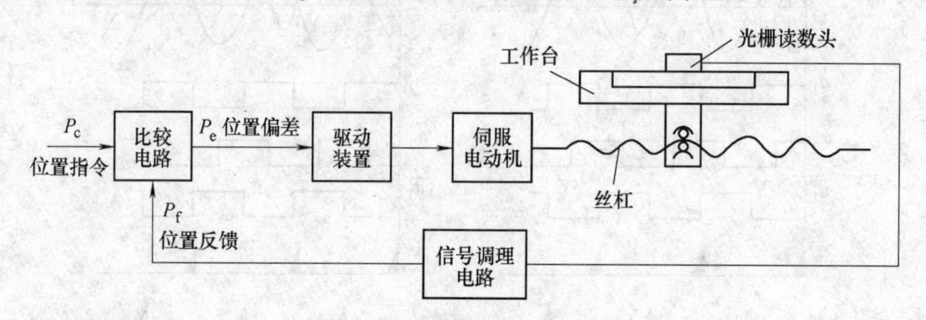

图 8-28　数控机床位置控制原理图

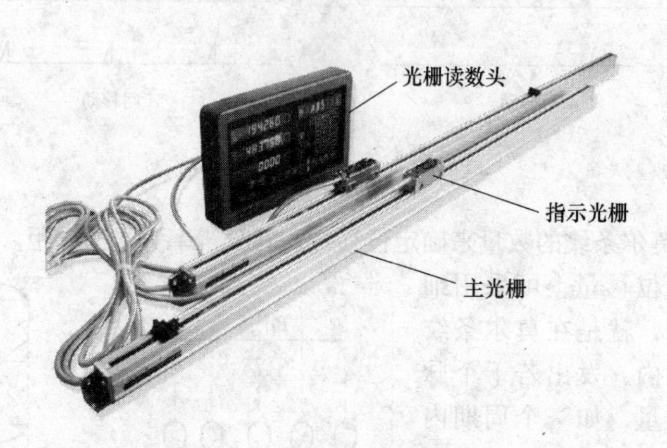

图 8-29　光栅尺结构图

思考题与习题

1. 光电效应有哪几种？与之对应的光敏元件各有哪些？
2. 简述光电式传感器的基本形式？
3. 什么是光生伏特效应和光电导效应？
4. 什么是莫尔条纹？莫尔条纹的特点有哪些？
5. 光电传感器由哪些部分组成？被测量可以影响光电传感器的哪些部分？
6. 试分析二进制码盘和循环码盘的特点。
7. 简述光电编码器的工作原理。
8. 计量光栅中为什么要引入细分技术？细分是如何实现的？
9. 码盘式编码器的最小分辨率如何计算？

第 9 章　辐射式传感器

9.1　红外传感器

红外传感器也称红外线传感器（Infrared Sensor），它是利用红外线的物理性质来进行测量的传感器。红外传感器一般包括光学系统、检测元件和转换电路三部分。其中，光学系统按结构分为投射式和反射式，检测元件按工作原理分热敏检测元件和光敏检测元件，转换电路可将采集来的信号转换成电信号输出。红外传感器测量时不与被测物体直接接触，因而不存在摩擦，并且有灵敏度高、反应快等优点。红外传感器广泛应用在工业、军事、医疗、环境工程和日常生活等领域。

1. 红外光谱

红外线又称红外光，它作为电磁波的一种形式，与所有的电磁波一样都是以波的形式在空间中直线传播的，具有电磁波的一般特性，如反射、折射、散射、干涉和吸收等。任何物质，只要它本身具有一定的温度（高于绝对零度），都能辐射红外线。红外线在真空中传播的速度等于波的频率与波长的乘积，即

$$c = \lambda f \tag{9-1}$$

式中，c 为红外线在真空中的传播速度；λ 为红外辐射的波长；f 为红外辐射的频率。

红外线波长范围大致为 0.76 ~ 1000μm，红外线与可见光、紫外线、X 射线、γ 射线、微波、无线电波等一起构成电磁波谱，如图 9-1 所示。工程上通常把红外线所占据的波段分为近红外、中红外、远红外和极远红外四个部分。

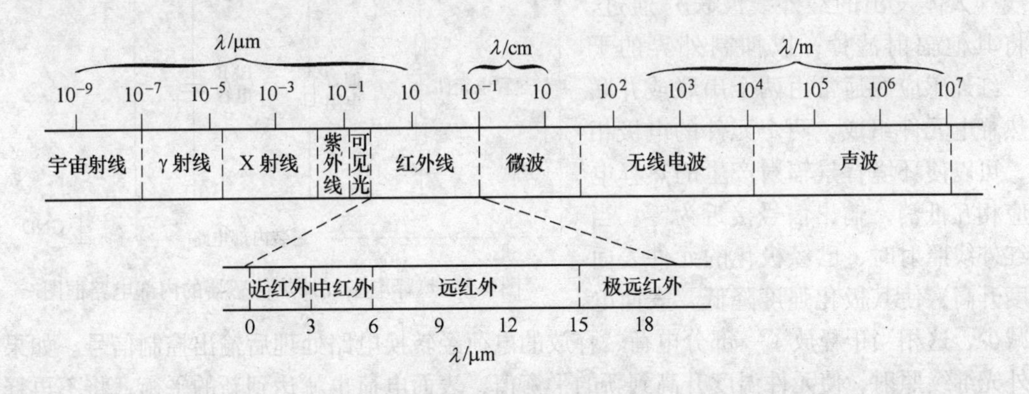

图 9-1　电磁波谱图

2. 分类

红外传感器是一种能感受红外光并将其转换成电信号进行输出的传感器。红外传感器有两种分类方式。

（1）按应用分类

红外传感器按使用用途可分为红外辐射计、红外搜索和跟踪系统、红外热成像系统、红外测距。红外辐射计是实现对物体红外辐射的测量，红外搜索和跟踪系统是利用红外辐射确定目标的空间位置并由此进行搜索和跟踪，红外热成像系统是将被测目标发出的不可见红外辐射能量转变成可见的热像图，红外测距是利用发射与接收红外线的时间差及红外线的传播速度实现对距离的测量。

（2）按探测原理分类

红外传感器按探测原理的不同可分为红外热传感器和红外光子传感器。

1）红外热传感器。红外热传感器的工作原理是利用红外辐射的热效应。当红外热传感器的敏感元件吸收红外辐射能后引起温度升高，使敏感元件的相关物理参数发生变化，通过对这些物理参数及其变化的测量就可确定传感器所吸收的红外辐射。红外热传感器的特点是可以在常温下工作，响应波段宽，响应范围可扩展到整个红外区域，使用方便，但其响应时间较长，灵敏度较低。红外热传感器主要有四种类型：热释电型、热敏电阻型、热电阻型和气体型。其中，热释电型红外热传感器的探测效率最高、频率响应最宽，因此这种传感器发展得比较快、应用范围也最广。这里主要介绍热释电型红外热传感器。

热释电型红外热传感器是通过检测目标与背景之间的温度差来探测目标，它的工作原理是基于热释电效应。热释电效应类似于压电效应，是指由于温度变化而引起晶体表面电荷变化的现象。热释电红外热传感器的光敏元件是由陶瓷氧化物或压电晶体元件组成。在构造时，将元件切成薄片，并把其上下表面做成电极，为保证元件对红外线的吸收，有时需要黑化晶体或在透明电极表面涂上黑色膜。

热释电型红外热传感器内部由光学滤镜、场效应晶体管、红外感应源（热释电元件）、偏置电阻、EMI 电容等元器件组成，其内部电路框图如图 9-2 所示。光学滤镜的作用是只允许波长在 10μm 左右的红外线（人体发出的红外线波长）通过，而将其他辐射滤掉，以抑制外界的干扰。红外感应源通常由两个串联或并联的热释电元件组成，两个元件的电极相反，可以使环境背景辐射产生的热释电效应相互抵消，输出信号接近为零。当有红外线照射时，已经极化的元件表面温度升高，使其极化强度降低，表面电荷减少，这相当于释放了一部分电荷，释放的电荷经转换电路处理后输出控制信号。如果有红外光继续照射，使元件温度升高到新的平衡值，表面电荷也就达到新的平衡，将不再释放电荷，也就不再有输出信号。因此，对于热释电型红外传感器而言，在稳定状态下，输出信号下降为零，只有在元件温度的升降过程中才有输出信号。

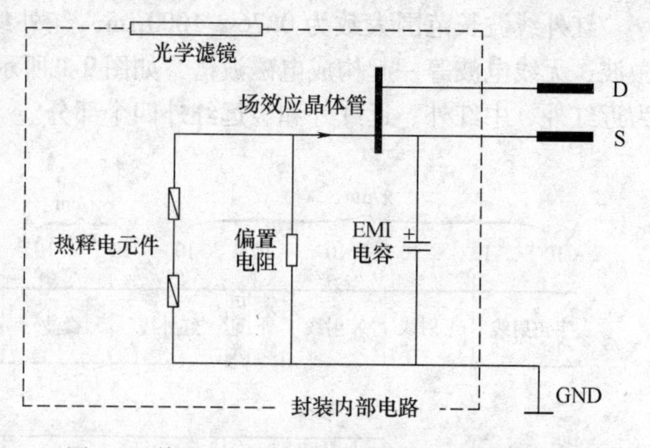

图 9-2　热释电型红外热传感器的内部电路框图

所以，热释电型红外传感器常应用于自动电灯开关、自动水龙头开关、自动门开关等领域。

2）红外光子传感器。红外光子传感器的工作原理是利用光电效应。当有红外线入射到某些半导体材料上，红外辐射中的光子流与半导体材料中的电子相互作用，改变了电子的能量状态，引起各种电学现象，即光电效应。通过测量半导体材料中电子性质的变化，可以知道红外辐射的强弱。红外光子传感器的特点是灵敏度高，响应速度快，响应频率高，响应波段较窄，一般要在低温下才能工作，所以需要配备液氦、液氮制冷设备。红外光子传感器按工作原理分为外光电效应和内光电效应传感器两种。内光电效应传感器又分为光电导传感器、光生伏特传感器和光磁电传感器三种。

3. 红外传感器的应用

（1）红外感应开关

红外感应开关是通过人体辐射能自动快速开启各种灯具、防盗报警器、自动门等各种设备。特别适用于企事业单位、商场、宾馆、公寓、住宅小区等场所。

红外感应开关电路原理图如图9-3所示。红外感应开关的主要器件为人体热释电红外传感器。人体热释电红外传感器的被动式红外探头探测到人体发射出的10μm左右的红外线，通过菲涅尔透镜增强后聚集到红外感应源上，红外感应源在接收到人体红外辐射后其温度发生变化就会失去电荷平衡，向外释放电荷，经检测转换电路处理后就能触发红外感应开关动作。红外感应开关的具体工作过程是：当有人进入红外感应开关的感应范围之内时，开关会自动接通负载，人只要不离开感应范围之内，开关将持续接通；而当人离开之后或人在感应范围之内没有动作变化时，开关会延时一段时间后自动关闭负载。

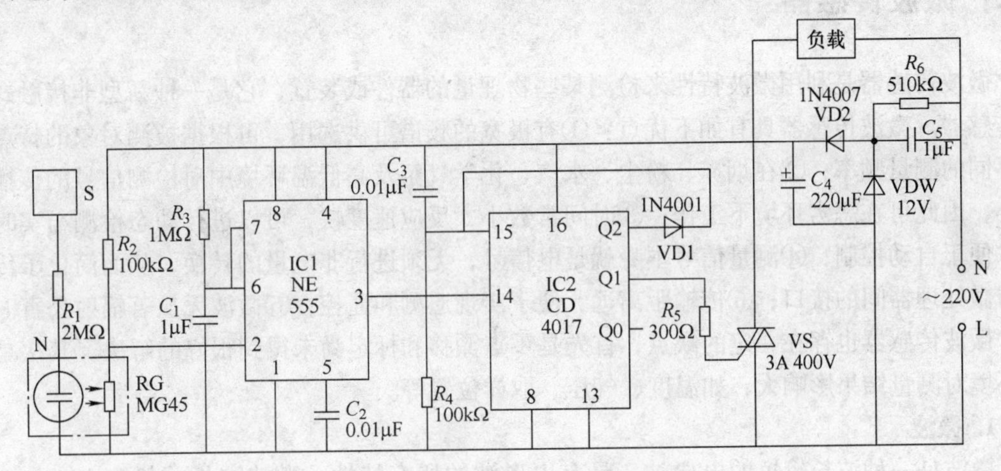

图9-3　红外感应开关电路原理图

红外感应开关不同于声光控开关，它不需要声音和光照度来控制开关，从而避免了环境因素的干扰，同时因为它是通过感应人体红外辐射来控制开关，所以避免了无效电能的损耗，达到节能效果。

（2）红外温度计

红外温度计采用非接触式红外传感技术，能够对人体体温进行安全、可靠、快速、准确的测量。红外温度计原理框图如图9-4所示。人体向外界辐射红外线的强弱与自身的体温及所处环境温度有关。当人体体温越高或环境温度越低时，人体向外界辐射红外线的辐射能量越大。通过测量人体向周围环境辐射红外线能量的强度，就可计算出人体的温度。

红外温度计测温原理公式为

$$E = A\sigma\varepsilon_1\varepsilon_2(T_1^4 - T_2^4) \tag{9-2}$$

式中，A 为光学常数；E 为辐射出射度；σ 为波尔兹曼常数；ε_1 为被测对象的辐射率；ε_2 为红外温度计的辐射率；T_1 为被测对象热力学温度；T_2 为红外温度计热力学温度。

依据普朗克黑体辐射公式，可计算出人体额头的表面温度，由表面温度经过各种补偿、运算、校正，解算出人体内部的体温。

红外温度计本身不向外界发射任何的能量，它只能被动地感知外界的红外辐射能量，因此没有辐射，并且红外温度计的所有元件不含对人体和环境有害的物质，绿色环保，可实现非接触式测量温度。

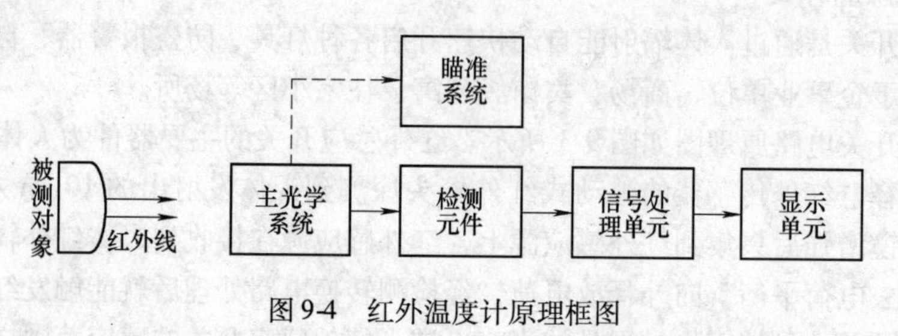

图 9-4　红外温度计原理框图

9.2　微波传感器

微波传感器是利用微波特性来检测某些物理量的器件或装置，它是一种新型非接触式测量传感器。微波传感器具有如下优点：①有极宽的频谱可供选用，可根据被测对象的特点选择不同的测量频率；②在烟雾、粉尘、水汽、化学气氛及高低温环境中对检测信号的传播影响小，因此可在恶劣环境下工作；③时间常数小，反应速度快，可以进行动态检测与实时处理，便于自动控制；④测量信号本身就是电信号，无须进行非电量的转换，从而简化了传感器与微处理器间的接口；⑤传输距离远，便于实现遥测和遥控；⑥微波无显著辐射公害。同时，微波传感器也存在一定的缺点，首先是零点漂移和标定尚未得到很好的解决，其次是测量环境对测量结果影响大，如温度、气压、取样位置等。

1. 微波

微波是一种波长较短的电磁波，具有电磁波的所有特性。微波波长一般为 1mm ~ 1m，介于光波与无线电波之间，频率在 300MHz ~ 300GHz。微波按其波长特性可分为三个波段，分别是分米波、厘米波和毫米波，其中波长较长的分米波和无线电波的性能相近，而波长较短的毫米波和光波的性能相一致。

微波通常具有三个基本性质：穿透、反射、吸收。对于玻璃、塑料和瓷器等材质的东西，微波几乎是穿越而不被吸收；对于水和食物等物质，微波就会被吸收从而使物质自身发热；对于金属类的东西，微波则会被反射。由于微波具有方向性好、穿透性强、频率高、频带宽、信息性好等特点，因此，广泛应用于航空航天、军事、通信等领域。

2. 微波传感器的工作原理

微波传感器的工作原理主要是利用微波的特性。当发射天线发出的微波遇上被测物体时，微波会被吸收或反射，使微波功率发生变化，反射后的微波再由接收天线接收，经信号处理电路将微波信号转换成电信号输出，最终实现了微波检测。

微波传感器按工作原理可分为遮断式和反射式两种。反射式微波传感器是通过检测被测物反射回来的微波功率或经过的时间间隔来测量被测量的。通常它可以测量物体的位置、位移、厚度等参数。遮断式微波传感器是通过检测接收天线收到的微波功率大小来判断发射天线与接收天线之间有无被测物体或被测物体的厚度、含水量等参数的。

3. 微波传感器的组成

微波传感器主要由微波振荡器、微波天线和微波检测器组成。

（1）微波振荡器

微波振荡器是产生微波信号的装置。由于微波波长很短、频率很高，要求振荡回路中具有非常微小的电感与电容，因此要采用调速管、磁控管或某些固态器件构成微波振荡器。此外，小型微波振荡器也可以采用体效应管。

（2）微波天线

微波天线是发射振荡信号的装置。为了使发射的微波信号具有一致的方向性，微波天线要具有特殊的构造和形状。常用的微波天线有喇叭形、抛物面形、介质天线与隙缝天线等。图9-5所示为常用的微波天线。其中，喇叭形天线结构简单、制造方便，可以看作是波导管的延续，它在波导管与空间之间起匹配作用，可以获得最大能量输出；抛物面天线使微波发射方向性得到改善。

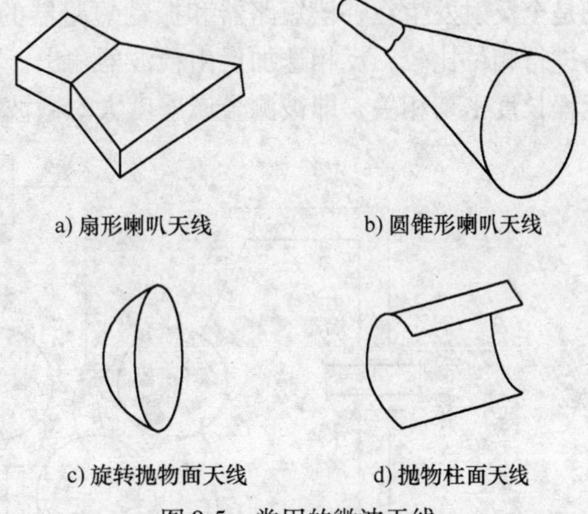

图9-5　常用的微波天线

（3）微波检测器

微波检测器是用于探测微波信号的装置。微波在传播过程中表现为空间电场的微小变化，所以使用电流-电压特性呈现非线性的电子元件作为探测它的敏感探头。与其他传感器相比，敏感探头在其工作频率范围内必须有足够快的响应速度。作为非线性的电子元件可用种类较多（半导体PN结元件、隧道结元件等），根据使用情形选用。

4. 微波传感器的应用

（1）微波液位计

微波液位计原理图如图9-6所示。波长为λ的微波由微波发射天线发射到被测液面，从被测液面反射后进入接收天线。接收天线收到的微波功率大小随着被测液面高低的不同而不同。接收天线的接收功率P_t可表示为

$$P_t = \left(\frac{\lambda}{4\pi}\right)^2 \frac{P_t G_t G_r}{s^2 + 4d^2} \tag{9-3}$$

式中，d为两天线与被测液面间的垂直距离；s为两天线间的水平距离；P_t、G_t为发射天线的发射功率和增益；G_r为接收天线的增益。

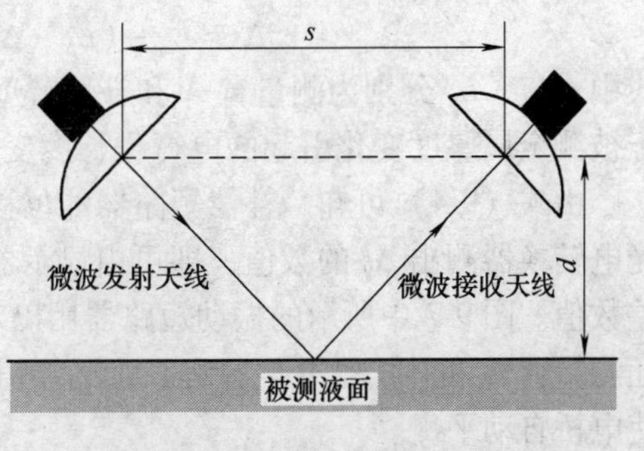

图9-6　微波液位计原理图

当发射功率、波长、增益均恒定时，只要测

得接收功率 P_t 就可以获得被测液面的高度 d。

(2) 微波测厚仪

微波测厚仪原理图如图 9-7 所示。它主要由微波信号源、测量臂 A、补偿臂 B、检波器 C、波导支路等组成一个特殊的微波自动平衡电桥。测量臂 A 由环流器 f_1、传输波导、终端器（天线)、被测物体组成。补偿臂 B 在电气结构上与 A 完全对称。微波信号经 MT 的 E 臂平分两路，分别向测量臂 A 和补偿臂 B 传输。在 A 臂中，微波经环流器、传输波导送到上终端器，微波由上终端器发射到被测物体表面，全反射后回到上终止端器，经传输波导和环流器送到下终端器。同样，下终端器将微波发射到金属的下表面，全反射后回到下终端器然后经传输波导及环流器再进入 MT 的平分臂。在 B 臂中，微波传输情况与 A 臂中基本相同，只是全反射发生在补偿短路器和振动短路器的短面。A 臂和 B 臂两路微波反射进入波导支路进行相位比较，反相迭加后由检波器输出。因此，被测金属的厚度与微波传输过程中的电行程长度密切相关，即被测金属厚度大时微波行程长度便小。

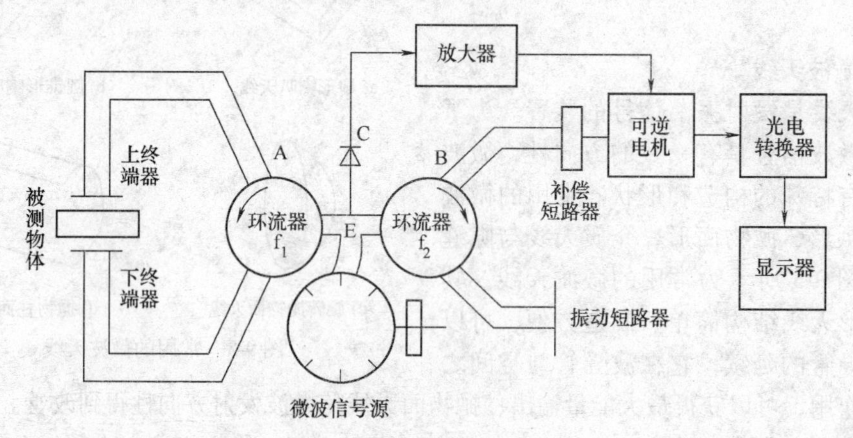

图 9-7　微波测厚仪原理图

如果电桥 A、B 两臂的电行程完全相同，则反相迭加的微波经检波器检波后输出为零，电桥处于平衡状态。如果被测物体厚度变化 Δh，即电桥 A、B 两臂的电行程长度不同，则反射回来的微波相角不相同，经反相迭加后不能抵消，即电桥失去平衡，经检波器检波后便有不平衡信号输出。此差值信号经放大后控制可逆电机转动，使补偿短路器发生位移，改变补偿短路器的长度，直到 A、B 两臂电行程完全相同为止，即电桥达到新的平衡。此时，补偿短路器的位移变化量 Δs 与被测金属的厚度变化量 Δh 的关系式为

$$\Delta s = L_B - (L_A - \Delta L_A) = L_B - (L_A - \Delta h) = \Delta h \tag{9-4}$$

式中，L_A、L_B 分别为测量臂 A 和补偿臂 B 在电桥平衡时的电行程长度，ΔL_A 为测量臂 A 由于被测金属厚度变化引起的电行程长度变化值。

由式 (9-4) 可知，补偿短路器的位移变化量 Δs 即为被测金属的厚度变化量 Δh。利用光电转换器测出 Δs 的数值，即可由显示器直接显示出被测金属的厚度值或与给定厚度的偏差数值。图 9-7 中所示的振动短路器用以对微波进行调制，使检波器输出交流信号，其相位随测量臂 A 和补偿臂 B 电行程长度的差值变化做反向变化，可控制可逆电机产生正向转动，使电桥自动平衡。

(3) 微波温度传感器

任何物体，当它的温度高于环境温度时，都能够向外辐射热能。微波温度传感器能测量物体的温度。普朗克公式在微波领域中可近似为

$$e_0(\lambda,T)=\frac{2ckT}{\lambda^4} \tag{9-5}$$

式中，e_0（λ，T）为微波辐射强度；c 为光速；k 为波尔兹曼常数（$k=1.38\times10^{-23}$ J/K）；T 为温度；λ 为微波波长。

微波温度传感器的原理框图如图9-8所示。当被测温度 T_i 与基准温度 T_c 不一致时，就会产生辐射，辐射强度 e_0（λ，T）通过环行器输出到带通滤波器，再通过后续的低噪声放大器、混频器、中频放大器等处理得到被测温度。

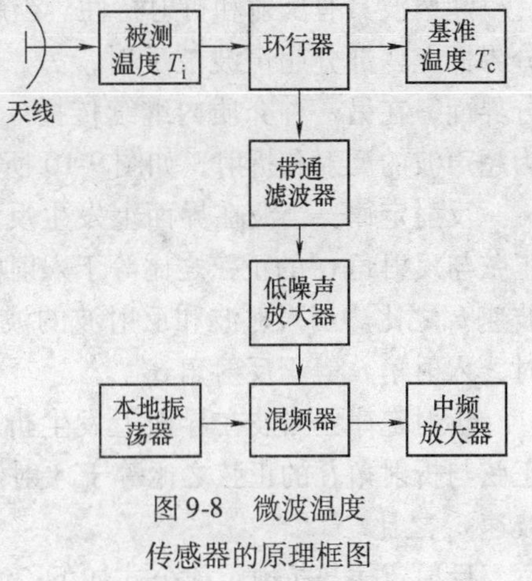

图9-8　微波温度传感器的原理框图

9.3　超声波传感器

超声波传感器是利用超声波特性研制而成的传感器。超声波是一种振动频率高于声波的机械波，它具有频率高、波长短、绕射现象小、方向性好等特点。超声波在固体和液体中衰减小、穿透能力大，碰到杂质或分界面会产生明显的反射和折射而形成回波，碰到活动物体能产生多普勒效应。因此，超声波传感器广泛应用于医疗、工业检测、国防通信等领域。

1. 超声波的物理特性

机械振动在空气中的传播称之为声波。声波根据其频率范围可分为次声波、声波和超声波。其中，频率在16Hz～20kHz之间为人耳所闻的机械波称为声波；频率低于16Hz的机械波称为次声波；频率高于20kHz的机械波称为超声波。各种声波的频率范围如图9-9所示。

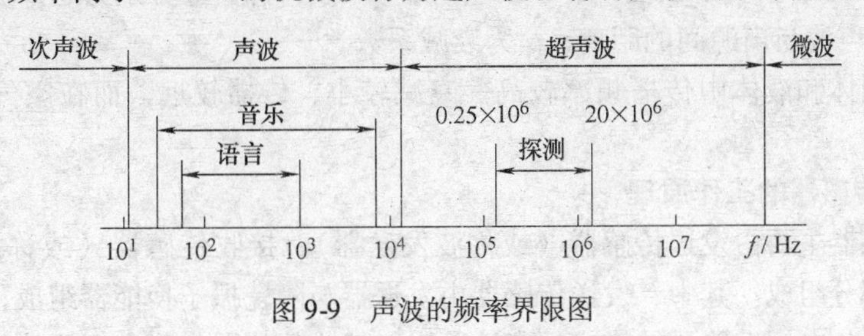

图9-9　声波的频率界限图

超声波是一种在弹性介质中的机械振荡。超声波按波型可分为纵波、横波、表面波三种。纵波是表示质点振动方向与波的传播方向一致，纵波能在固体、液体和气体中传播；横波是表示质点振动方向垂直于波的传播方向，横波只能在固体中传播；表面波是指质点的振动介于纵波与横波之间，表面波只能沿着固体的表面传播，其振幅随深度的增加而迅速衰减。因此，超声波在工业中应用时多采用纵波波型。

超声波在固体、液体和气体中的传播速度不同，其传播速度大小取决于介质的弹性常数和介质密度。在液体和气体中只能传播纵波，其中气体中的声速为344m/s，液体中声速在900～1900m/s。在固体中，纵波、横波和表面波三者的声速成一定关系，通常认为横波声

速为纵波声速的一半，表面波声速约为横波声速的90%。

超声波具有反射和折射特性。当超声波从一种介质传播到另一种介质时，在两种介质的分界面上一部分超声波被反射，另一部分超声波则穿过分界面，在另一种介质内继续传播。这两种情况分别称为超声波的反射和折射，如图9-10所示。

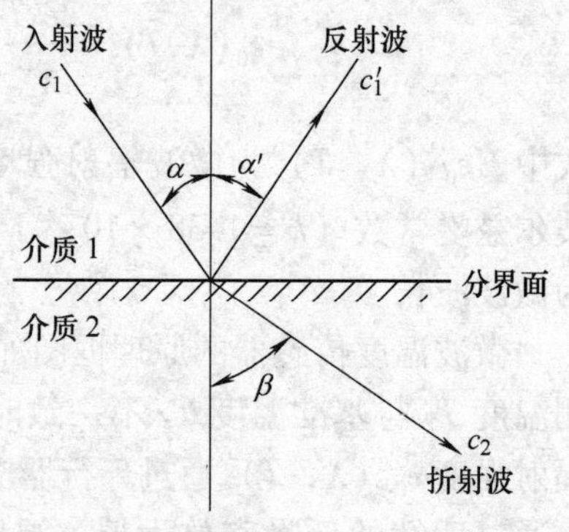

图9-10　超声波的反射和折射

反射定律：当波在界面上发生反射时，入射角 α 的正弦与反射角 α' 的正弦之比等于入射波波速 c_1 与反射波波速 c_1' 之比。当入射波和反射波的波形相同、波速相同时，入射角 α 等于反射角 α'。

折射定律：当波在界面上发生折射时，入射角 α 的正弦与折射角 β 的正弦之比等于入射波波速 c_1 与折射波波速 c_2 之比。

反射定律与折射定律公式如下：

$$\begin{cases}\dfrac{\sin\alpha}{\sin\alpha'}=\dfrac{c_1}{c_1'}\\[2ex]\dfrac{\sin\alpha}{\sin\beta}=\dfrac{c_1}{c_2}\end{cases}\tag{9-6}$$

式中，α 是入射角，α' 是反射角，β 是折射角。

超声波在传播过程中随着传播距离的增加，能量逐渐衰减。其声压和声强的衰减规律满足以下函数关系：

$$\begin{cases}P_x = P_0 e^{-\alpha x}\\ I_x = I_0 e^{-2\alpha x}\end{cases}\tag{9-7}$$

式中，P_x、I_x 分别为超声波在距声源 x 处的声压与声强；P_0、I_0 分别为超声波在声源处的声压与声强；x 为声波与声源间的距离；α 为衰减系数。

超声波在固体和液体中传播频率较高、衰减较小、传播较远，而在空气中传播频率较低、衰减较快。

2. 超声波传感器的工作原理

超声波传感器主要由发送传感器（或称波发送器）、接收传感器（或称波接收器）、控制部分与电源部分组成。其中，发送传感器由发送器与陶瓷振子换能器组成，其换能器的作用是将陶瓷振子的电振动能量转换成超声波输出；接收传感器由陶瓷振子换能器与放大电路组成，其换能器的作用是接收波产生的机械振动并将其转变成电能输出；控制部分主要对发送器发出的脉冲链频率、占空比、计数、探测距离等信号量进行控制。

超声波传感器按工作原理主要分为压电式、磁致伸缩式、电磁式等，其中以压电式超声波传感器应用最为广泛。

（1）压电式超声波传感器

由压电材料组成的压电式超声波传感器是一种可逆传感器，它利用压电材料的压电效应原理可将电能转变成机械振荡而产生超声波，同时也能将接收到的超声波转变成电能。常用的压电材料主要有压电晶体和压电陶瓷。因为压电效应分为正压电效应和逆压电效应两类，所以压电式超声波传感器又可分为压电式超声波发生器和压电式超声波接收器两种。

压电式超声波发生器又称为发射探头，它是利用逆压电效应的原理进行工作的，如图9-11a所示。压电式超声波发生器将高频电振动转换成高频机械振动，从而产生超声波。当外加交变电压的频率等于压电材料的固有频率时，会产生共振，此时产生的超声波最强。

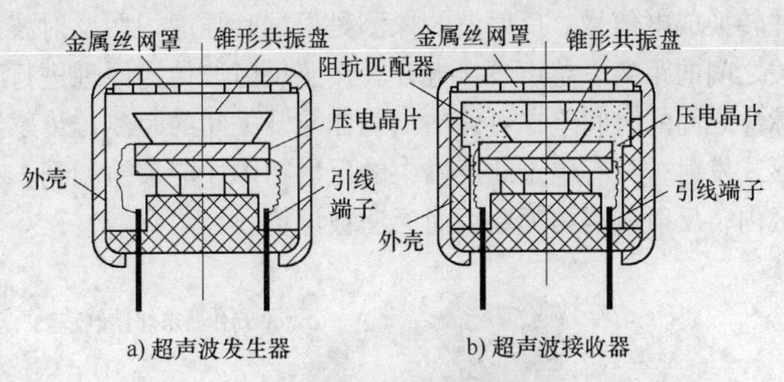

图9-11　压电式超声波发生器和接收器结构图

压电式超声波接收器又称为接收探头，它是利用正压电效应原理进行工作的，如图9-11b所示。当超声波作用到压电晶片上时引起晶片伸缩，在晶片的两个表面上便产生极性相反的电荷，这些电荷被转换成电压经放大后送到测量电路，最后记录或显示出来。压电式超声波接收器的结构和压电式超声波发生器的结构基本相同，有时就用同一个传感器兼作发生器和接收器两种用途。

（2）磁致伸缩式超声波传感器

磁致伸缩式超声波传感器是利用铁磁材料的磁致伸缩效应原理来工作的。磁致伸缩效应的强弱由铁磁材料的不同而不同。常见的铁磁材料有镍铁铝合金、铁钴钒合金等。

磁致伸缩式超声波发生器的原理：把铁磁材料置于交变磁场中，使它产生机械尺寸的交替变化，即产生机械振动，从而产生超声波。

磁致伸缩式超声波接收器的原理：当超声波作用在磁致伸缩材料上时，引起材料伸缩，从而导致它的内部磁场（即导磁特性）发生改变。根据电磁感应定律，在磁致伸缩材料上所绕的线圈便获得感应电动势，将此电动势送到测量电路，最后记录或显示出来。磁致伸缩式超声波接收器的结构与磁致伸缩式超声波发生器的结构基本相同。

3. 超声波传感器的应用

超声波应用有三种基本类型，分别是透射型、分离式反射型和反射型，如图9-12所示。透射型超声波主要应用于遥控器、防盗报警器、自动门、接近开关等；分离式反射型超声波主要应用于测距、测液位、测料位等；反射型超声波主要应用于材料探伤、测厚等。

（1）超声波接近开关

接近开关又称无触点行程开关。它能在一定距离内检测有无物体接近。当物体与其接近到设定距离时，就可以发出动作信号。接近开关的核心部分是"感辨头"，它对正在接近的物体有很高的感辨能力。接近开关具有与被测物体不接触、无触点、不会产生机械磨损、工作寿命长、响应快、体积小、安装调整方便等优点。

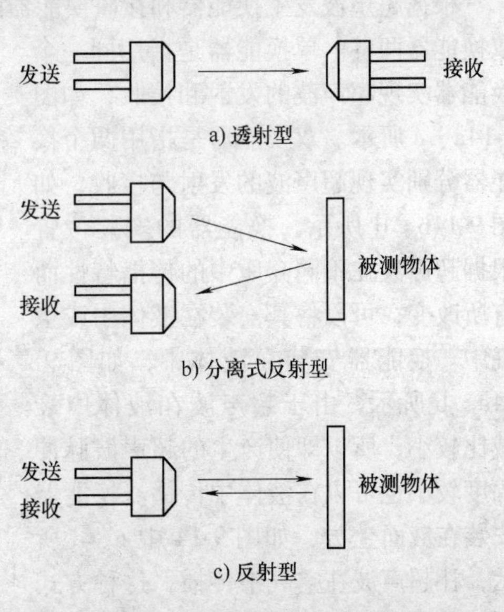

图9-12　超声波应用的基本类型

超声波接近开关只能在空气介质中进行工作，可以检测任何能反射超声波的物体。如图9-13所示。传感器循环发射超声波脉冲，这些脉冲被物体反射后，所形成的反射波被接收并转换成电信号。反射波的探测是根据其强度，而反射波强度则取决于物体和超声波接近开关之间的距离。超声波接近开关按照反射波传播原理进行工作，即根据发射波脉冲和反射波脉冲之间的时间差，可评估出物体与开关间的距离。传感器的结构可使超声波波束以锥形的形式发射，只有位于此声锥中的反射物体才能被检测到。在传感器表面与感应范围之间的盲区内，反射波因物理原因而无法被评价。

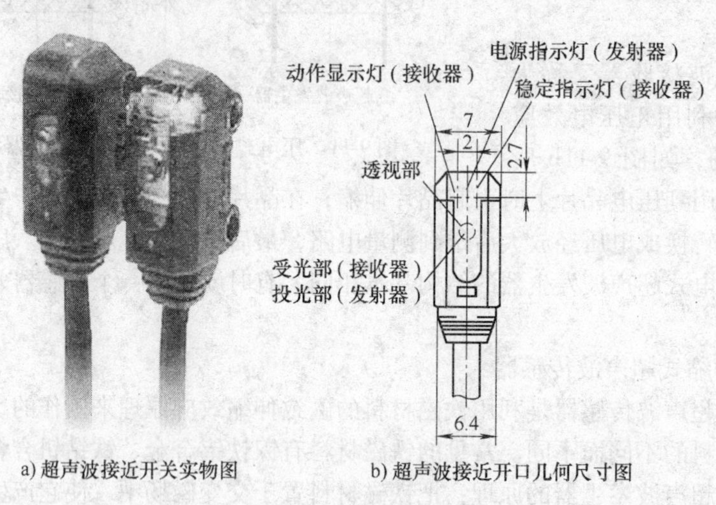

a) 超声波接近开关实物图　　b) 超声波接近开口几何尺寸图

图 9-13　超声波接近开关

（2）超声波测液位

超声波测液位是根据超声波在两种介质分界面上的反射特性而工作的。其工作原理如图9-14所示。

根据超声波发生换能器和接收换能器的功能不同，超声波液位传感器可分为单换能器和双换能器两种。单换能器是指用同一个换能器实现超声波的发射和接收，如图9-14a、c所示。双换能器是指用两个换能器分别实现超声波的发射与接收，如图9-14b、d所示。换能器的安装位置根据超声波在不同介质中的传播特性而有所改变，可以将其安装在液体中或空气中。换能器安装在液体中，如图9-14a、b所示，由于超声波在液体中衰减比较小，所以即使产生的超声波脉冲幅度较小也可以在液体中传播。换能器安装在液面上方，如图9-14中c、d所示，让超声波在空气中传播，这种方式便于传感器的安装和维修，但超声波在空气中的衰减比较大。如果已知从发生换能器发出超

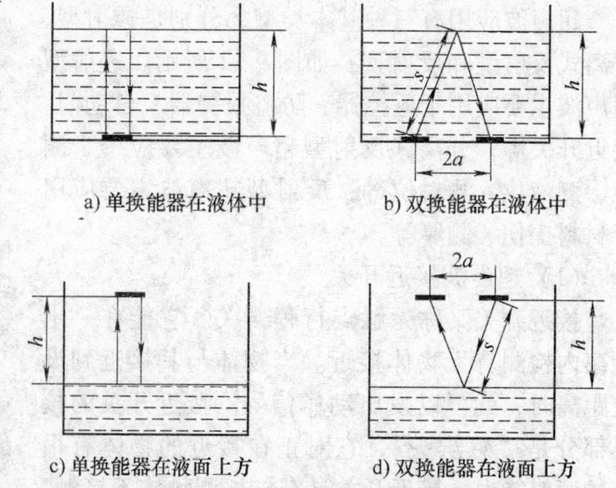

a) 单换能器在液体中　　b) 双换能器在液体中

c) 单换能器在液面上方　　d) 双换能器在液面上方

图 9-14　超声波测液位检测工作原理

声波到接收换能器收到超声波为止的时间间隔，就能求出分界面的位置，利用这种方法可以实现对液位的测量。

对单换能器来说，超声波从发射到液面，又从液面返回到换能器的时间间隔 Δt 为

$$\Delta t=\frac{2h}{v} \tag{9-8}$$

则换能器到液面的距离 h 为

$$h=\frac{v\Delta t}{2} \tag{9-9}$$

式中，v 为超声波在介质中的传播速度。

而对双换能器来说，超声波从反射到被接收经过的路程为 $2s$，而

$$s=\frac{v\Delta t}{2} \tag{9-10}$$

此时液位高度 h 为

$$h=\sqrt{s^2-a^2} \tag{9-11}$$

式中，s 为超声波反射点到换能器的距离；a 为两换能器距离的一半。

从以上公式可以看出，只要测得从发射到接收超声波脉冲的时间间隔 Δt，便可以求出待测的液位。

（3）超声波探伤

超声波探伤是无损探伤技术中的一种重要检测手段。它主要用于检测板材、管材、锻件和焊缝等材料的缺陷（如裂纹、气孔、杂质等），并配合断裂学对材料使用寿命进行评价。超声波探伤具有检测灵敏度高、速度快、成本低等优点，因此得到普遍的重视，并在生产实践中得到广泛的应用。

超声波探伤的方法有很多，按探伤原理可分为穿透法、脉冲反射法和共振法；按探伤采用的波型可分为纵波法、横波法、表面波法、板波法、爬波法；按探头数目可分为单探头法、双探头法、多探头法；按探头接触方式可分为直接接触法、液浸法等。我们以探伤原理为主来介绍超声波探伤的方法。

1）穿透法探伤。穿透法探伤是根据超声波穿透工件后能量的变化情况来判断工件内部质量。穿透法探伤原理如图 9-15 所示。该方法具有指示简单、适合于自动探伤、可避免盲区、适宜探测薄板等优点。但由于这种方法在应用时需要穿透被测物件，此时就对发射探头和接收探头的相对位置要求比较高，同时根据能量的变化可判断有无缺陷，但不能对缺陷进行定位，且探测灵敏度较低，不能发现小缺陷。

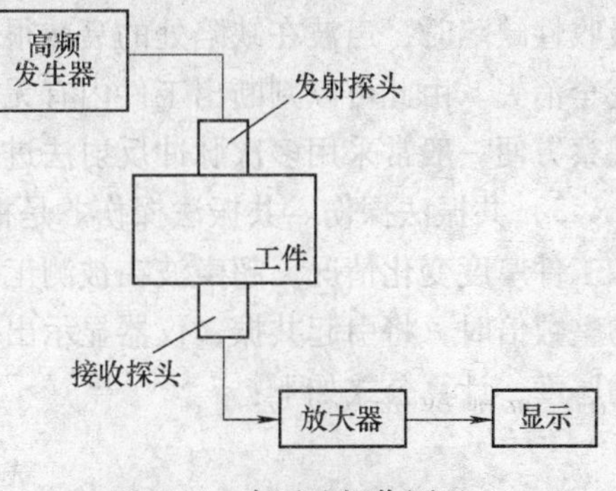

图 9-15　穿透法探伤原理

2）脉冲反射法探伤。脉冲反射法探伤是根据超声波在工件中的反射情况不同来探测工件内部是否有缺陷。它又分为一次脉冲反射法和多次脉冲反射法两种。脉冲反射法探伤原理

如图 9-16 所示。

一次脉冲反射法原理如图 9-16a 所示。测试时，将超声波探头放于被测工件上，并在工件上来回移动进行检测。由高频脉冲发射器发出脉冲（发射脉冲 T）加在超声波探头上，激励其产生超声波。其中，一部分超声波遇到缺陷时反射回来，产生缺陷脉冲 F，另一部分超声波继续传至工件底面后反射回来，产生底脉冲 B。缺陷脉冲 F 和底脉冲 B 被探头接收后变为电脉冲，并与发射脉冲 T 一起经放大后，最终在显示器上显示出来。通过分析显示器脉冲即可探知工件内是否存在缺陷及缺陷的大小和位置。若工件内没有缺陷，则显示器上只出现发射脉冲 T 和底脉冲 B，而没有缺陷脉冲 F；若工件中有缺陷，则在显示器上除出现发射脉冲 T 和底脉冲 B，还会出现缺陷脉冲 F。显示器上的水平亮线为扫描线（时间基准），其长度与时间成正比。由发射脉冲、缺陷脉冲及底脉冲在扫描线上的位置，确定缺陷脉冲的幅度，即可判断缺陷大小。如果缺陷面积大于超声波声束截面时，超声波全部由缺陷处反射回来，荧光屏上只出现发射脉冲 T 和缺陷脉冲 F，而没有底脉冲 B。

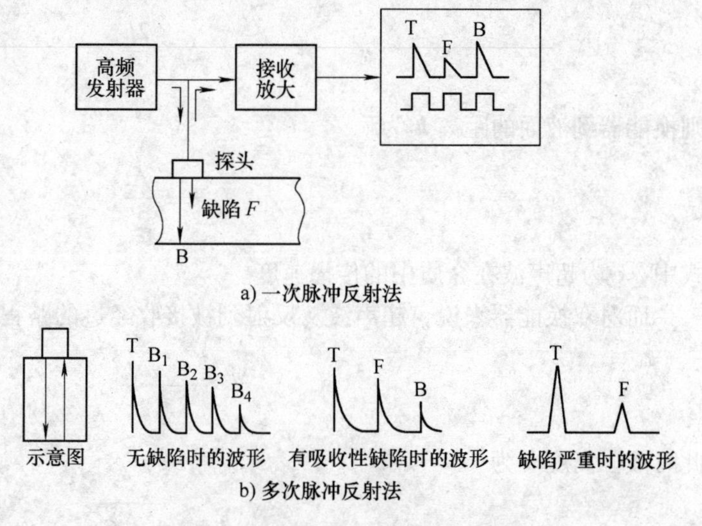

图 9-16　脉冲反射法探伤原理

多次脉冲反射法原理如图 9-16b 所示。多次脉冲反射法是以多次底波为依据而进行探伤的方法。超声波探头发出的超声波由被测工件底部反射回超声波探头时，其中一部分超声波被探头接收，而剩下部分又折回工件底部，如此往复反射，直至声能全部衰减完为止。因此若工件内无缺陷，则荧光屏上会出现呈指数函数曲线形式递减的多次反射底波；若工件内有吸收性缺陷时，声波在缺陷处的衰减很大，底波反射的次数减少；若缺陷严重时，底波甚至完全消失。由此可以判断出工件内有无缺陷及缺陷的严重程度。当被测工件为板材时，为了观察方便一般常采用多次脉冲反射法进行探伤。

3）共振法探伤。共振法探伤。是根据被测工件的共振特性，来判断工件内部缺陷情况和工件厚度变化情况。超声波在被测工件内传播过程中，当被测工件的厚度为超声波半波长的整数倍时，将引起共振，仪器显示出共振频率，用相邻的两个共振频率之差来求被测工件的厚度，计算公式如下：

$$\delta=\frac{\lambda}{2}=\frac{C}{2f_0}=\frac{C}{2(f_n-f_{n-1})} \tag{9-12}$$

式中，f_0 为被测工件固有频率，f_n、f_{n-1} 为相邻两共振频率，C 为被测工件的声速，λ 为超声波波长，δ 为被测工件厚度。

当被测工件内部存在缺陷或工件厚度发生变化时，将改变被测工件的共振频率。共振法探伤常用于测量被测工件厚度。

思考题与习题

1. 简述红外辐射的基本工作原理。
2. 简述红外探测器的组成及分类。
3. 简述微波传感器的测量原理。
4. 简述微波传感器的组成及各部分功能。
5. 什么是超声波？超声波的特点有哪些？
6. 试以压电式超声波传感器为例说明超声波传感器的工作原理。
7. 超声波的主要应用有哪些？

第 10 章　工业检测仪表基础知识

10.1　工业自动化仪表

图 10-1 给出了一个典型工业自动控制系统的组成结构图。从图中可以看出构成该控制系统的电气设备主要有差压式液位变送器、配电器、控制器、显示仪表和执行器组成，这些设备在自动化行业中统称为仪表。

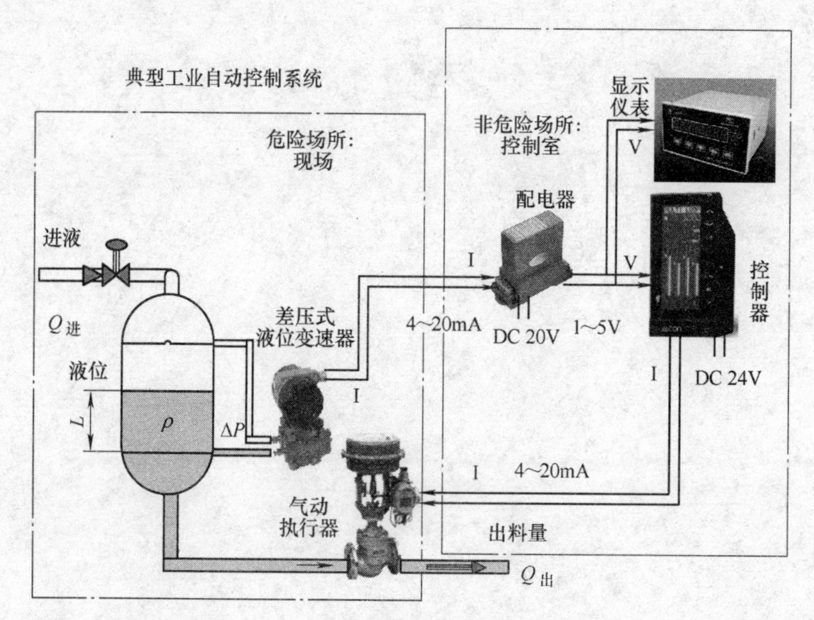

图 10-1　典型工业自动控制系统的组成结构图

仪表在工业自动化中应用非常广泛，但是仪表的定义却没有规范化，在行业习惯中经常有以下几类仪表。

1. 一次仪表

一次仪表是自动检测装置的部件之一，又称测量仪表。它带有感受元件，用以感受被测介质参数的变化；或具有标尺，指示读数；或没有标尺，本身不指示读数。图 10-2 为常见的一次仪表。

在生产过程中，对测量仪表往往采用按换能次数来定性的称呼，能量转换一次的称一次仪表，转换两次的称二次仪表。以热电偶测量温度为例，热电偶本身能将热能转换为电能，故称为一次仪表，若再将电能用电位计（或毫伏表）转换成指针移动的机械能时，进行二次能量转换就称为二次仪表。换能的次数超过两次的往往都按两次称呼，如孔板测量流量，孔板本身为一次仪表，差压变送器没有称呼，而指示仪表则叫二次仪表。

2. 二次仪表

二次仪表是自动检测装置的部件之一，用以转换、分配一次仪表的信号类型或指示、记录或计算来自一次仪表的测量结果。二次仪表接收的标准信号一般有三种：

1）气动信号，（0.02～10）kPa。

2）Ⅱ型电动单元仪表信号，DC 0～10Ma。

3）Ⅲ型电动单元仪表信号，DC 4～20mA。

也有个别仪表不用标准信号，一次仪表发出电信号，二次仪表直接指示，如远传压力表。二次仪表通常安装在电气盘上。常用的配电器、安全栅、数显表等均属于二次仪表，如图 10-3 所示。

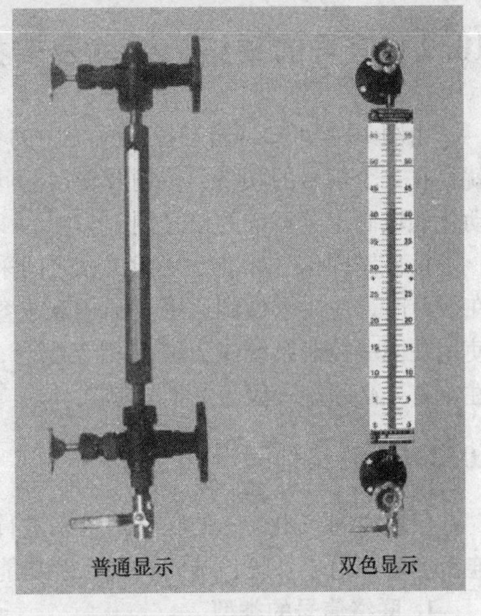

图 10-2 一次仪表（液位计）

3. 控制仪表

控制仪表是自动控制被控变量的仪表。它将测量信号与给定信号进行比较，对偏差信号按照一定的控制规律进行运算，并将运算结果以规定的信号输出。工程上将构成一个过程控制系统的各个仪表统称为控制仪表。而在化工生产中，又称为控制器或调解仪表，它把需要控制的被控变量的测量值与要求的设定值进行比较，得出偏差，按照一定的函数关系（称为控制规律）发生控制作用，操作控制阀或其他执行器以实现对生产过程的控制。

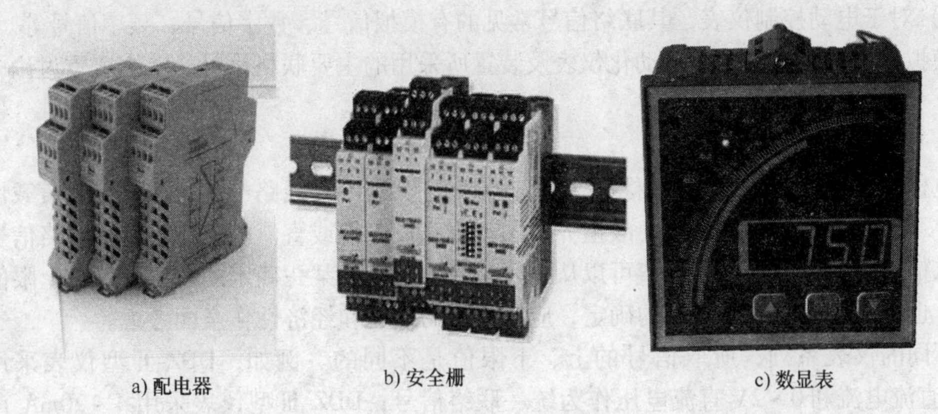

a) 配电器 b) 安全栅 c) 数显表

图 10-3 常用的二次仪表

控制仪表的分类方法有以下三种：

1）常规的控制仪表内部用模拟信号联系和运算，故称为模拟式控制仪表，也称调节器。控制仪表内部用数字信号联系和运算的，称为数字式控制仪表，也称数字调节器。

2）按控制仪表使用能源可分为电动、气动和液动。

3）按照结构又可以分为基地式和单元组合式仪表。基地式仪表出现较早，现已大多被单元组合式仪表取代，这里不再详述。单元组合式控制器包括变送、调节、运算、显示、执行单元等，其特点在于仪表由各种独立的单元组合而成，单元之间采用统一的标准的电信号或气压信号进行联络。根据不同需求，可以组合成简单的或复杂的控制系统。

本书中所指的仪表为工业检测仪表，包括一次仪表和二次仪表，不包括控制仪表。

10.2　信号的联络、传输及转换

由图 10-1 可知，自动控制系统中的各类仪表需要通过实际的电气链路连接在一起，这就存在一个信号的联络、传输及转换的问题。为了各类仪表间能够正常联络及传输信号，自动化领域制定了标准的信号制。

信号制即信号标准，是指仪表之间采用的传输信号的类型和数值。各类仪表与控制装置在设计时，应力求做到通用性和相互兼容性，以便不同系列或不同厂家生产的仪表能够共同使用在同一控制系统中，彼此相互配合，共同实现系统的功能。要做到通用性和相互兼容性，首先必须统一仪表的信号制式。

10.2.1　联络信号

仪表之间应由统一的联络信号来进行信号传输，以便使同一系列或不同系列的各类仪表连接起来，组成系统，共同实现系统功能。

1. 联络信号的类型

检测仪表及控制装置常使用以下几种联络信号：

1）对于气动控制仪表，国际上已统一使用（20～100）kPa 气压信号，作为仪表之间的联络信号。

2）对于电动控制仪表，其联络信号常见的有模拟信号、数字信号、频率信号等。

模拟信号和数字信号是自动化仪表及装置所采用的主要联络信号。本书着重讨论电模拟信号。

2. 电模拟信号制的确定

电模拟信号有交流和直流两种。由于直流信号具有不受线路中电感、电容及负载性质的影响，不存在相移问题等优点，故世界各国都以直流电流或直流电压作为统一联络信号。

从信号取值范围看，下限值可以从零开始，也可以从某一确定的数值开始；上限值可以较低，也可以较高。取值范围的确定，应从仪表的性能和经济性作全面考虑。

不同的仪表系列，所取信号的上、下限值是不同的。例如，DDZ-Ⅱ型仪表采用 0～10mA 直流电流和 0～2V 直流电压作为统一联络信号；DDZ-Ⅲ型仪表采用 4～20mA 直流电流和 1～5V 直流电压作为统一联络信号；有些仪表则采用 0～5V 或 0～10V 直流电压作为联络信号，并在装置中考虑了电压信号与电流信号的相互转换问题。目前工业中常用的是 DDZ-Ⅲ型仪表。

信号下限从零开始，便于模拟量的加、减、乘、除、开方等数学运算和使用通用刻度的指示、记录仪表；信号下限从某一确定值开始，即有一个活零点，电气零点与机械零点分开，便于检验信号传输线是否断线及仪表是否断电，并为现场变送器实现两线制提供了可能性。

电流信号上限大，产生的电磁平衡力大，有利于力平衡式变送器的设计制造。但从减小直流电流信号在传输线中的功率损耗，缩小仪表体积以及提高仪表的防爆性能来看，希望电流信号上限小些。

在对各种电模拟信号作了综合比较之后，国际电工委员会（IEC）将 4 ~ 20mA（DC）电流信号和 1 ~ 5V（DC）电压信号，确定为过程控制系统电模拟信号的统一标准。

10.2.2　电信号传输方式

1. 模拟信号的传输

模拟信号传输指的是电流信号和电压信号的传输。电流信号传输时，仪表是串联连接的；而电压信号传输时，仪表是并联连接的。

（1）电流信号传输

如图 10-4 所示，一台发送仪表的输出电流同时传输给几台接收仪表，所有这些仪表应当串接。DDZ-Ⅱ型仪表即属于这种传输方式（电流传送—电流接收的串联制方式）。图中，R_o 为发送仪表的输出电阻。R_{cm} 和 R_i 分别为连接导线的电阻和接收仪表的输入电阻（假设接收仪表的输入电阻均为 R_i），由 R_{cm} 和 R_i 组成发送仪表的负载电阻。

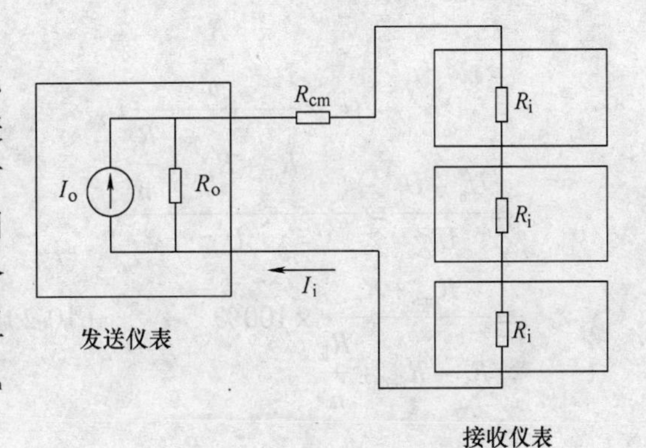

图 10-4　电流信号传输时仪表之间的连接

由于发送仪表的输出电阻 R_o 不可能是无限大，在负载电阻变化时输出电流也将发生变化，从而引起传输误差。

电流信号的传输误差可用公式表示为

$$\varepsilon = \frac{I_o - I_i}{I_o} = \frac{I_o - \dfrac{R_o}{R_o + (R_{cm} + nR_i)} I_o}{I_o} = \frac{R_{cm} + nR_i}{R_o + R_{cm} + nR_i} \times 100\% \qquad (10\text{-}1)$$

式中，n 为接收仪表的个数。

为保证传输误差 ε 在允许范围之内，应要求 $R_o >> R_{cm} + nR_i$，故有：

$$\varepsilon \approx \frac{R_{cm} + nR_i}{R_o} \times 100\%$$

由式（10-1）可见，为减小传输误差，要求发送仪表的 R_o 足够大，而接收仪表的 R_i 及导线电阻 R_{cm} 应比较小。

实际上，发送仪表的输出电阻均很大，相当于一个恒流源，连接导线的长度在一定范围内变化时，仍能保证信号的传输精度，因此电流信号适于远距离传输。此外，对于要求电压输入的仪表，可在电流回路中串入一个电阻，从电阻两端引出电压，供给接收仪表，所以电流信号应用比较灵活。

电流传输也有不足之处。由于接收仪表是串联工作的，当一台仪表出现故障时，将影响其他仪表的工作。而且各台接收仪表一般皆应浮空工作。若要使各台仪表皆有自己的接地点，则应在仪表的输入、输出之间采取直流隔离措施。这就对仪表的设计和应用在技术上提出了更高的要求。

（2）电压信号传输

一台发送仪表的输出电压要同时传输给几台接收仪表时，这些接收仪表应当并联（电压传送—电压接收的并联制方式），如图 10-5 所示。DDZ-Ⅲ型仪表即属于这种传输方式。

由于接收仪表的输入电阻 R_i 不是无限大，信号电压 U_o 将在发送仪表内阻 R_o 及导线电阻 R_{cm}上产生一部分电压降，从而造成传输误差。

电压信号的传输误差可用如下公式表示，即

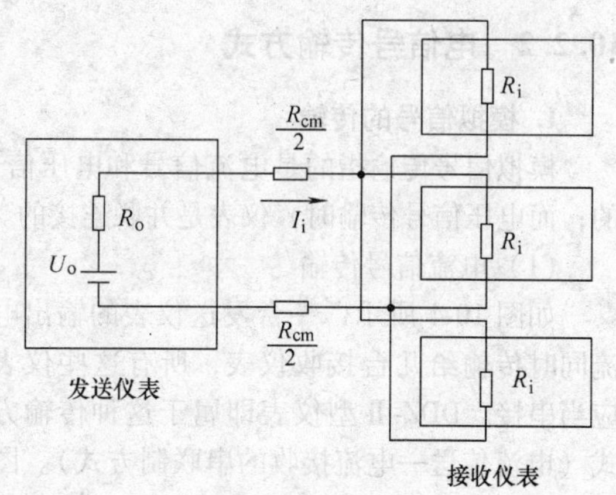

图 10-5　电压信号传输时仪表之间的连接

$$\varepsilon=\frac{U_o-U_i}{U_o}=\frac{U_o-\dfrac{\dfrac{R_i}{n}}{R_o+R_{cm}+\dfrac{R_i}{n}}U_o}{U_o}=\frac{R_{cm}+R_o}{R_o+R_{cm}+\dfrac{R_i}{n}}\times 100\% \qquad (10\text{-}2)$$

为减小传输误差 ε，应满足$\frac{R_i}{n}>>R_o+R_{cm}$，故有

$$\varepsilon\approx\frac{n(R_{cm}+R_o)}{R_i}\times 100\% \qquad (10\text{-}3)$$

式中，n 为接收仪表的个数。

由式（10-3）可见，为减小传输误差，应使发送仪表内阻 R_o 及导线电阻 R_{cm}尽量小，同时要求接收仪表的输入电阻 R_i 大些。

因接收仪表是并联连接的，增加或取消某个仪表不会影响其他仪表的工作，而且这些仪表也可设置公共接地点，因此设计安装比较简单。但并联连接的各接收仪表，输入电阻皆较高，易于引入干扰，故电压信号不适于做远距离传输。

2. 变送器与控制室仪表间的信号传输

变送器是现场仪表，其输出信号送至控制室中，而它的供电又来自控制室。变送器的信号传送和供电方式通常有如下两种。

（1）四线制传输

供电电源和输出信号分别用两根导线传输，如图 10-6 所示。图中的变送器称为四线制变送器，目前使用的大多数变送器均是这种形式。由于电源与信号分别传送，因此对电流信号的零点及元器件的功耗无严格要求。

（2）两线制传输

变送器与控制室之间仅用两根导线传输。这两根导线既是电源线，又是信号线，如图 10-7 所示。

采用两线制变送器不仅可节省大量电缆线和安装费用，而且有利于安全防爆。因此这种变送器得到了较快的发展。

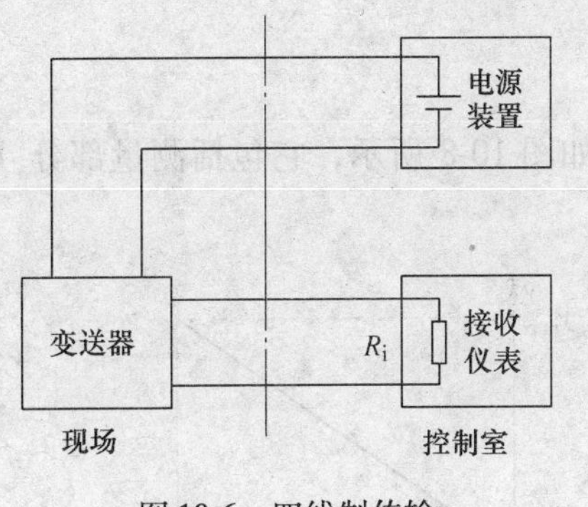

图 10-6　四线制传输

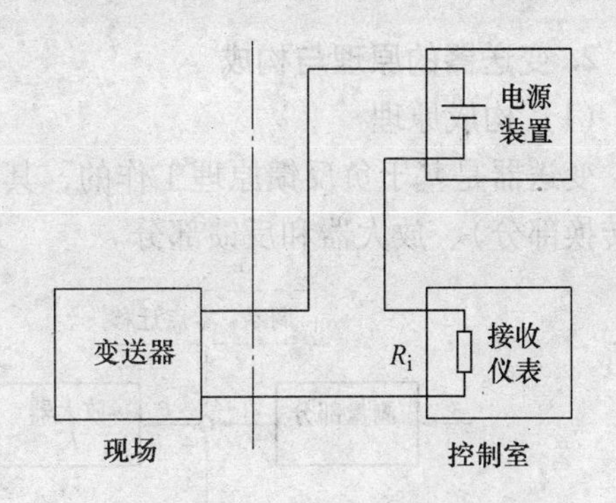

图 10-7　两线制传输

要实现两线制变送器，必须采用活零点的电流信号。由于电源线和信号线公用，电源供给变送器的功率是通过信号电流提供的。在变送器输出电流为下限值时，应保证它内部的半导体器件仍能正常工作。因此，信号电流的下限值不能过低。国际统一电流信号采用 4 ~ 20mA（DC），为制作两线制变送器创造了条件。

10.3　工业检测系统常用部件的原理及结构

在工业检测系统中常用的部件包括变送器、配电器、安全栅、显示仪表等。本节主要介绍它们的工作原理及结构组成。

10.3.1　变送器

1. 传感器与变送器

由图 10-1 可知，液位的检测是由差压式液位变送器完成的，该仪表实现了由液位信号到电信号的转换，具有传感器的一般功能，但它称为变送器，那么传感器和变送器到底有什么区别呢？

这需要从传感器和变送器的定义说起，传感器的定义在第 2 章已经明确给出，即：传感器是能够感受规定的被测量并按一定规律转换成可用输出信号的器件和装置，通常由敏感元件和转换元件组成。变送器可以定义为输出标准信号的传感器，通常由信号转换器和传感器组成。从上述定义可知，传感器是变送器的组成部分之一。

变送器的概念是将非标准电信号转换为标准电信号的仪器，传感器则是将物理信号转换为电信号的器件。传感器和变送器本是热工仪表的概念。传感器是把非电物理量如温度、压力、液位、物料、气体特性等转换成电信号或把物理量如压力、液位等直接送到变送器。变送器则是把传感器采集到的微弱的电信号放大以便转送或启动控制元件，或将传感器输入的非电量转换成电信号同时放大以便供远方测量和控制的信号源。根据需要还可将模拟量变换为数字量。传感器和变送器一同构成自动控制的监测信号源。不同的物理量需要不同的传感器和相应的变送器。还有一种变送器不是将物理量变换成电信号，如一种锅炉水位计的“差压变送器”，它是将液位传感器里下部的水和上部蒸汽的冷凝水通过仪表管送到变送器的波纹管两侧，以波纹管两侧的差压带动机械放大装置用指针指示水位的一种远方仪表。当然还有把电气模拟量变换成数字量的也可以叫变送器。

2. 变送器的原理与构成

（1）构成原理

变送器是基于负反馈原理工作的，其构成原理如图 10-8 所示，它包括测量部分（即输入转换部分）、放大器和反馈部分。

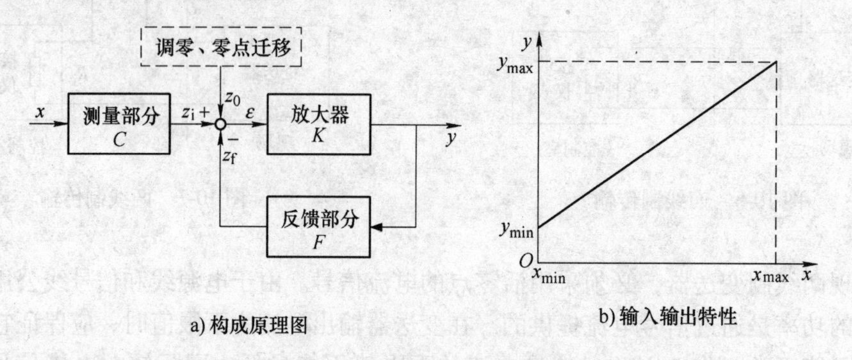

a) 构成原理图　　b) 输入输出特性

图 10-8　变送器的构成原理图和输入输出特性

测量部分用以检测被测量 x，并将其转换成能被放大器接收的输入信号 z_i（电压、电流、位移、作用力或力矩等信号）。

反馈部分则把变送器的输出信号 y 转换成反馈信号 z_f，再回送至输入端。z_i 与调零信号 z_0 的代数和同反馈信号 z_f 进行比较，其差值 ε 送入放大器放大，并转换成标准输出信号 y。

由图 10-8a 可以求得变送器输出与输入之间的关系为

$$y=\frac{K}{1+KF}(Cx_0+Z_0) \tag{10-4}$$

式中，K 为放大器的放大系数；F 为反馈部分的反馈系数；C 为测量部分的转换系数。

当满足深度负反馈的条件，即 $KF>>1$ 时，上式变为

$$y=\frac{1}{F}(Cx_0+Z_0) \tag{10-5}$$

式（10-5）也可从输入信号 z_i、z_0 同反馈信号 z_f 相平衡的原理导出。在 $KF>>1$ 时，输入放大器的偏差信号 ε 近似为零，故有 $z_i+z_0\approx z_f$，由此同样可求得如上的输入输出关系式。如果 z_i、z_0 和 z_f 是电量，则把 $z_i+z_0\approx z_f$ 称为电平衡；如果是力或力矩，则称为力平衡或力矩平衡。显然，可利用输入信号同反馈信号相平衡的原理来分析变送器的特性。

式（10-5）表明，在 $KF>>1$ 的条件下，变送器输出与输入之间的关系取决于测量部分和反馈部分的特性，而与放大器的特性几乎无关。如果转换系数 C 和反馈系数 F 是常数，则变送器的输出和输入将保持良好的线性关系。

变送器的输入输出特性示如图 10-8b 所示，x_{max}、x_{min} 分别为被测变量的上限值和下限值，也即变送器测量范围的上、下限值（图中 $x_{min}=0$）；y_{max} 和 y_{min} 分别为输出信号的上限值和下限值。它们与统一标准信号的上、下限值相对应。

（2）量程调整、零点调整和零点迁移

量程调整、零点调整和零点迁移是变送器的一个共性问题。

1）量程调整。量程调整（即满度调整）的目的是使变送器输出信号的上限值 y_{max}（即统一标准信号的上限值）与测量范围的上限值 x_{max} 相对应。

如图 10-9 所示为变送器量程调整前后的输入输出特性。

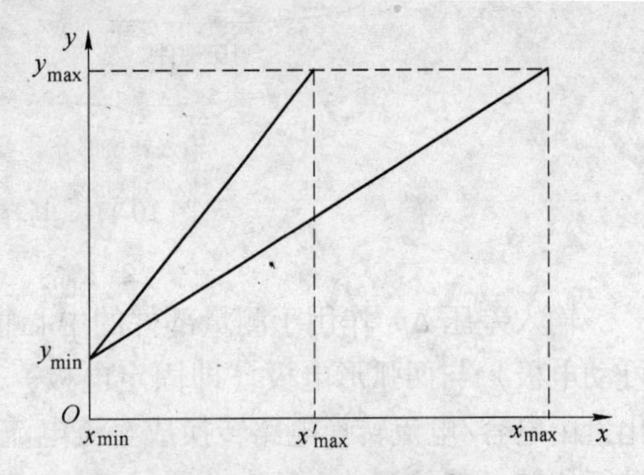

图 10-9　变送器量程调整前后的输入输出特性

由图 10-9 可见，量程调整相当于改变输入输出特性的斜率，也就是改变变送器输出信号 y 与被测变量 x 之间的比例系数。

量程调整通常是通过改变反馈系数 F 的大小来实现的。F 大，量程就大；F 小，量程就小。有些变送器还可以通过改变转换系数 C 来调整量程。

2）零点调整和零点迁移。零点调整和零点迁移的目的都是使变送器输出信号的下限值 y_{min}（即统一标准信号的下限值）与测量范围的下限值 x_{min} 相对应。在 $x_{min}=0$ 时，为零点调整；在 $x_{min}\neq0$ 时，为零点迁移。也就是说，零点调整使变送器的测量起始点为零，而零点迁移则是把测量起始点由零迁移到某一数值（正值或负值）。把测量起始点由零变为某一正值，称为正迁移；反之，把测量起始点由零变为某一负值，称为负迁移。图 10-10 所示为变送器零点迁移前后的输入输出特性。

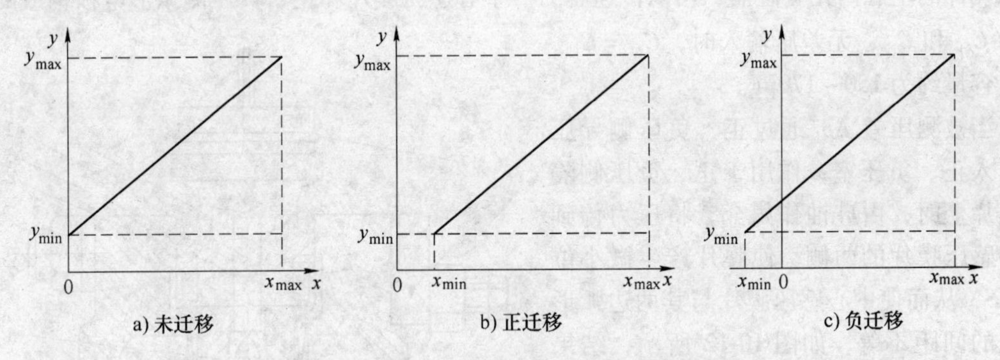

图 10-10　变送器零点迁移前后的输入输出特性

由图 10-10 可以看出，零点迁移以后，变送器的输入输出特性沿 x 坐标向右或向左平移了一段距离，其斜率并没有改变，即变送器的量程不变。进行零点迁移，再辅以量程调整，可以提高表的测量灵敏度。

由式（10-5）可知，变送器零点调整和零点迁移可通过改变调零信号 z_0 的大小来实现。当 z_0 为负时可实现正迁移；而当 z_0 为正时则可实现负迁移。

3. 电容式差压变送器

下面本书以电容式差压变送器来说明变送器的构成原理和使用方法。差压变送器是将液体、气体或蒸汽的压力、流量、液位等工艺变量转换成统一的标准信号，作为指示记录仪、控制器或计算机装置的输入信号，以实现对上述变量的显示、记录或自动控制。

目前常用的 1151 系列电容式差压变送器由测压部件、电容　电流转换电路、放大电路三部分组成。其构成框图如图 10-11 所示。

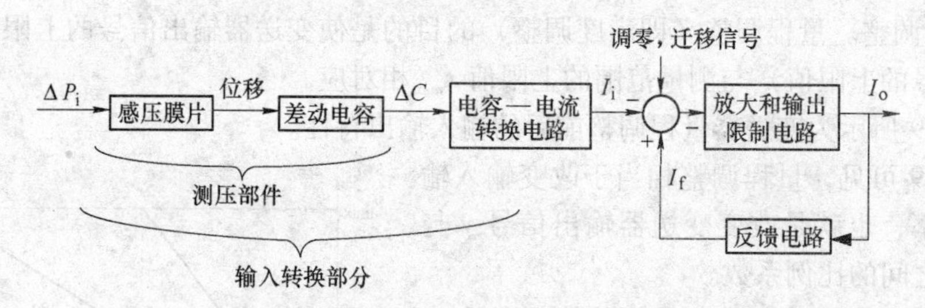

图 10-11　电容式差压变送器构成框图

输入差压 Δp_i 作用于测量部件的中心感压膜片，使其产生位移 s，从而使感压膜片（即可动电极）与两弧形电极（即固定电极）组成的差动电容器的电容量发生变化。此电容变化量由电容/电流转换电路转换成直流电流信号，电流信号与调零信号的代数和与反馈信号进行比较，其差值送入放大电路，经放大后得到变送器整机的输出电流信号 I_o。

（1）测压部件

测压部件的作用是把被测差压 Δp_i 转换成电容量的变化。它由正、负压测量室和差动电容敏感元件等部分组成。测压部件结构如图 10-12 所示。

差动电容敏感元件包括中心感压膜片 11（可动电极），正、负压侧弧形电极 12、10（固定电极），电极引线 1、2、3，正、负压侧隔离膜片 14、8 和基座 13、9 等。在差动电容敏感元件的空腔内充有硅油，用以传递压力。中心感压膜片和正、负压侧弧形电极构成的电容为 C_{i1} 和 C_{i2}，无差压输入时，$C_{i1} = C_{i2}$，其电容量约为 150 ~ 170pF。

当被测压差 Δp_i 通过正、负压侧导压口引入正、负压室，作用于正、负压侧隔离膜片上时，由硅油作媒介，将压力传到中心感压膜片的两侧，使膜片产生微小位移 ΔS，从而使中心感压膜片与其两边弧形电极的间距不等，如图 10-12 所示，结果使一个电容（C_{i1}）的容量减小，另一个电容（C_{i2}）的容量增加。

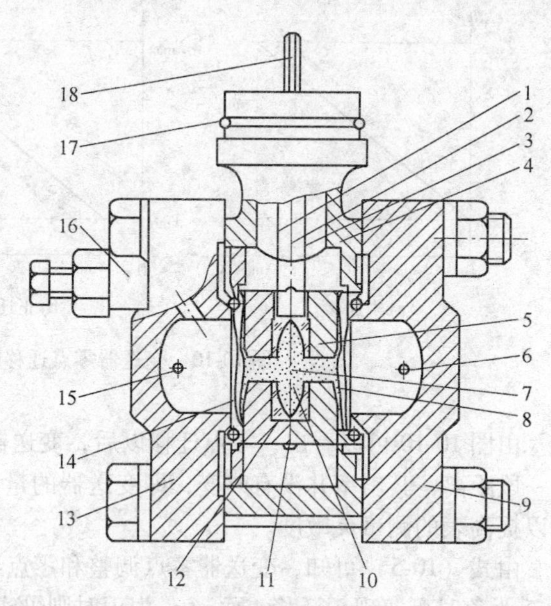

图 10-12　测量部件结构

1、2、3—电极引线　4—差动电容膜盒座　5—差动电容膜盒　6—负压侧导压口　7—硅油　8—负压侧隔离膜片　9—负压侧基座　10—负压侧弧形电极　11—中心感压膜片　12—正压侧弧形电极　13—正压侧基座　14—正压侧隔离膜片　15—正压侧导压口　16—放气排液螺钉　17—O 形密封环　18—插头

1）膜片位移　差压转换。在 1151 变送器中，电容膜盒中的测量膜片是平膜片，平膜片形状简单，加工方便，但压力和位移是非线性的，只有在膜片的位移小于膜片的厚度的情况下是线性的，膜片在制作时，无论测量高差压、低差压或微差压都采用周围夹紧并固定在环形基体中的金属平膜片作感压膜片，以得到相应的位移—差压转换。

$$\Delta S = K_1 \Delta p_i \tag{10-6}$$

式中，K_1 位移—差压转换系数。

由于膜片的工作位移小于 0.1mm，当测量较低差压时，一般采用具有初始预紧应力的平膜片。在自由状态下被绷紧的平膜片具有初始张力，这不仅提高了线性，还减少了滞后。对厚度很薄，初始张力很大的膜片，其中心位移与差压之间也有良好的线性关系。

当测量较高差压时，膜片较厚，很容易满足膜片的位移小于膜片的厚度的条件，所以这时位移与差压成线性关系。

可见，在 1151 变送器中，通过改变膜片厚度可得到变送器不同的测量范围，即测量较高差压时，用较厚的膜片；而测量较低差压时，用张紧的薄膜片。两种情况均有良好的线性，且测量范围改变后，其整机尺寸并无多大变化。

2）膜片位移—电容转换。中心感压膜片位移 ΔS 与差动电容的电容量变化示意图如图 10-13 所示。

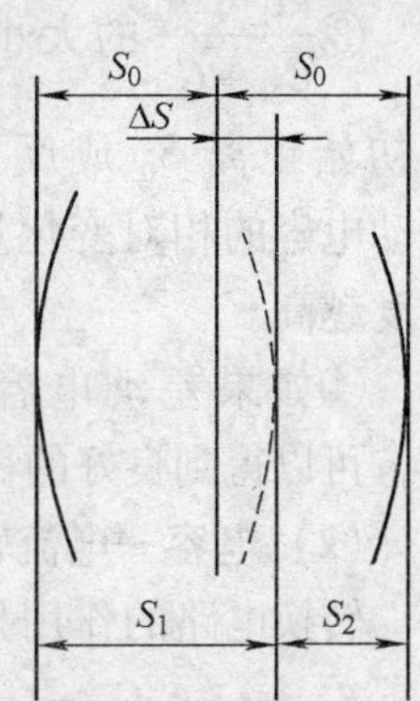

图 10-13　中心感压膜片位移 ΔS 与差动电容的电容量变化示意图

设中心感压膜片与两边弧形电极之间的距离分别为 S_1、S_2。

当被测差压 $\Delta p_i = 0$ 时，中心感压膜片与两边弧形电极之间的距离相等，设其间距为 S_0，则 $S_1 = S_2 = S_0$；在有差压输入，即被测差压 $\Delta p_i \neq 0$ 时，中心感压膜片在 Δp_i 作用下将产生位移 ΔS，则有 $S_1 = S_0 + \Delta S$ 和 $S_2 = S_0 - \Delta S$。

若不考虑边缘电场影响，中心感压膜片与两边弧形电极构成的电容 C_{i1} 和 C_{i2}，可近似地看成是平行板电容器，其电容量可分别表示为

$$C_{1i} = \frac{\varepsilon A}{S_1} = \frac{\varepsilon A}{S_0 + \Delta S} \tag{10-7}$$

$$C_{2i} = \frac{\varepsilon A}{S_2} = \frac{\varepsilon A}{S_0 - \Delta S} \tag{10-8}$$

式中，ε 为极板之间介质的介电常数；A 为弧形电极板的面积。

两电容之差为

$$\Delta C = \varepsilon A\left(\frac{1}{S_0 - \Delta S} - \frac{1}{S_0 + \Delta S}\right) \tag{10-9}$$

可见，两电容量的差值与中心感压膜片的位移 ΔS 成非线性关系。显然不能满足高精度的要求。但若取两电容量之差与两电容量和的比值，则有

$$\frac{C_{2i} - C_{1i}}{C_{2i} + C_{1i}} = \frac{\varepsilon A\left(\frac{1}{S_0 - \Delta S} - \frac{1}{S_0 + \Delta S}\right)}{\varepsilon A\left(\frac{1}{S_0 - \Delta S} + \frac{1}{S_0 + \Delta S}\right)} = \frac{\Delta S}{S_0} = K_2 \Delta S \tag{10-10}$$

式中，K_2 为比例系数，$K_2 = \frac{1}{S_0}$。

式（10-10）表明：

①差动电容的相对变化值 $\frac{C_{2i} - C_{1i}}{C_{2i} + C_{1i}}$ 与 ΔS 成线性关系，要使输出与被测差压成线性关系，

就需要对该值进行处理。

②$\frac{C_{2i}-C_{1i}}{C_{2i}+C_{1i}}$与介电常数$\varepsilon$无关，这点很重要，因为从原理上消除了灌充液介电常数随温度变化而变化给测量带来的误差，可大大减小温度对变送器的影响，变送器的温度稳定性好。

③$\frac{C_{2i}-C_{1i}}{C_{2i}+C_{1i}}$的大小与电容极板间初始距离$S_0$成反比，$S_0$越小，差动电容的相对变化量越大，即灵敏度越高。

④如果差动电容结构完全对称，可以得到良好的稳定性。

（2）电容—电流转换电路

转换电路的作用是将差动电容的相对变化值$\frac{C_{2i}-C_{1i}}{C_{2i}+C_{1i}}$成比例地转换成差动电流信号$I_i$，并实现非线性补偿功能。其等效电路如图10-14所示。

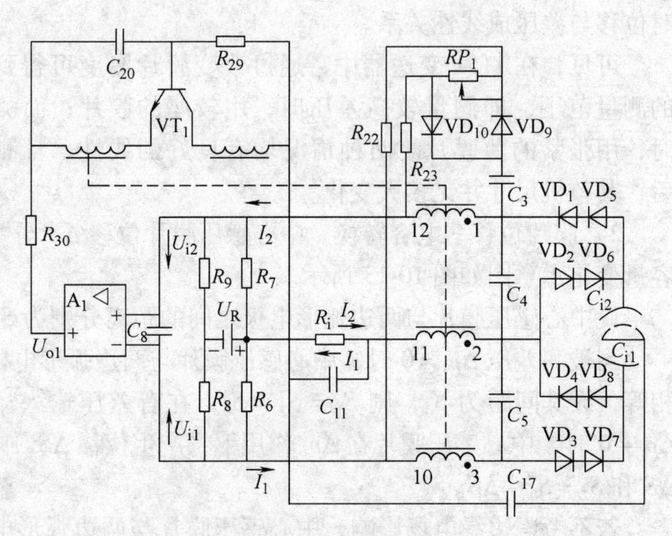

图10-14　转换电路

转换电路由振荡器、解调器、振荡控制放大器、线性调整电路等组成。

1）振荡器　振荡器用于向差动电容C_{i1}、C_{i2}提供高频电流，它由晶体管VT_1，变压器T_1及有关电阻R_{29}、R_{30}电容C_{19}、C_{20}组成。振荡器原理图如图10-15所示。

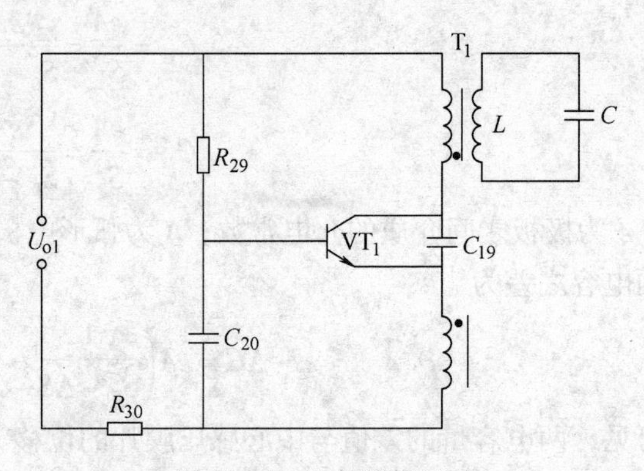

图10-15　振荡器原理图

图10-15中，U_{o1}为图10-14中运算放大器A_1的输出电压，作为振荡器的供电电源，因此U_{o1}的大小可控制振荡器的输出幅度。变压器T_1有三组输出绕组，图中画出了输出绕组回路的等效电路，其等效电感为L，等效负载电容为C，它的大小主要取决于变送器测量元件的差动电容值。

振荡器为变压器反馈型振荡电路，在电路设计时，只要选择适当的电路元件参数，便可满足振荡电路起振的相位和振幅条件。

等效电容C和输出绕组的电感L构成并联谐振回路，其谐振频率也就是振荡器的振荡频率，由等效电容C和输出绕组的电感L决定，约为32kHz。振幅大小由运算放大器A_1决定。

2）解调器　解调器主要由二极管$VD_1 \sim VD_8$，电阻R_1、R_4、R_5、热敏电阻R_2、电容

C_1、C_2 等组成，与测量部分连接。如图 10-16 所示。

解调器的作用是将通过随差动电容 C_{i1}、C_{i2} 相对变化的高频电流，调制成直流电流 I_1 和 I_2，然后输出两组电流，差动电流 I_i（$I_i=I_2-I_1$）和共模电流 I_c（$I_c=I_1+I_2$）。差动电流 I_i 随输入差压 Δp_i 而变化，此信号与调零及反馈信号叠加后送入图 10-18 中运算放大器 A_3 进行放大后，再经功放、限流输出 4～20mA DC 电流信号。共模信号 I_c 与基准电压进行比较，其差值经放大后，作为振荡器的供电，只有共模信号保持恒定不变，才能保证差动电流与输入差压之间成单一的比例关系。

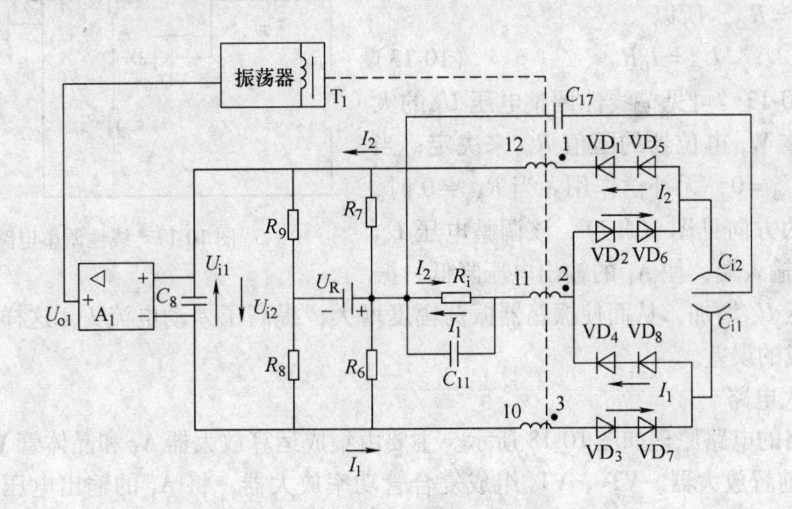

图 10-16　解调器和振荡器控制电路

3）振荡控制放大器　振荡控制放大器由 A_1 和基准电压源组成，A_1 与振荡器、解调器连接，构成深度负反馈控制电路。

振荡控制放大器的作用是保证共模电流 $I_c=I_2+I_1$ 为常数。

由图 10-16 可知，A_1 的输入端接收两个电压信号 U_{i1} 和 V_{i2}，U_{i1} 是基准电压 U_R 在 R_9 和 R_8 上的压降；U_{i2} 是 I_2+I_1 在 $R_6/\!/R_8$ 和 $R_7/\!/R_9$ 上的压降。这两个电压信号之差送入 A_1，经放大得到 U_{o1}，去控制振荡器。

假定 I_1+I_2 增加，使 $U_{i1}>U_{i2}$。使 A_1 的输出 U_{o1} 减小（U_{o1} 是以 A_1 的电源正极为基准），从而使振荡器的振荡幅值减小，变压器 T_1 输出电压幅值减小，直至 I_1+I_2 恢复到原来的数值。显然，这是一个负反馈的自动调节过程，最终使 I_1+I_2 保持不变。

4）线性调整电路　由于差动电容检测元件中分布电容 C_0 的存在，差动电容的相对变化量变为

$$\frac{(C_{2i}+C_0)-(C_{1i}+C_0)}{(C_{2i}+C_0)+(C_{1i}+C_0)}=\frac{C_{2i}-C_{1i}}{C_{2i}+C_{1i}+2C_0} \tag{10-11}$$

由式（10-11）可知，在相同输入差压 Δp_i 的作用下，分布电容 C_0 将使差动电容的相对变化量减小，使 $I_i=I_1-I_2$ 减小，从而给变送器带来非线性误差。

为了克服这一误差，保证仪表精度，在电路中设置了线性调整电路。非线性因素的总体影响是使输出呈现饱和特性，所以，随着差压的增加，该电路采用提高振荡器输出电压幅

度，增大解调器输出电流的方法，来补偿分布电容所产生的非线性。线性调整电路由 VD_9、VD_{10}、C_3、R_{22}、R_{23} 等元件组成，其原理简图如图 10-17 所示。

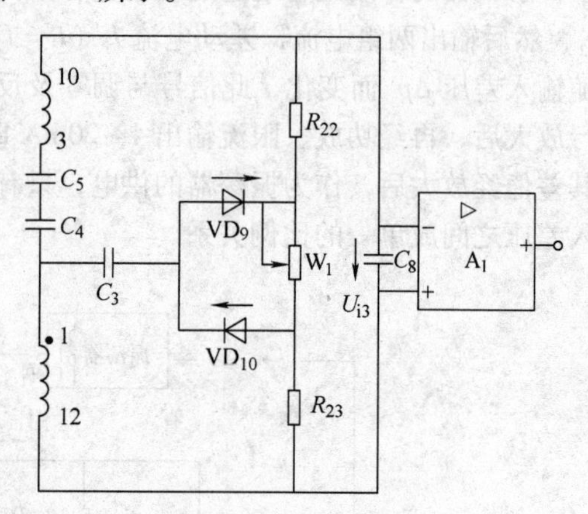

图 10-17　线性调整电路

绕组 3-10 和绕组 1-12 输出的高频电压经 VD_9、VD_{10} 半波整流，电流 I_{VD} 在 R_{22}、W_1、R_{23} 形成直流压降，经 C_8 滤波后得到线性调整电压 U_{i3}。

$$U_{i3} = I_{VD}(R_{22} + R_{W_1}) - I_{VD}R_{23} \tag{10-12}$$

因为 $R_{22} = R_{23}$，所以

$$U_{i3} = I_D R_{W_1} \tag{10-13}$$

由式（10-13）可见，线性调整电压 U_{i3} 的大小，通过调整 W_1 电位器的阻值 R_{W_1} 来决定；当 $R_{W_1} = 0$ 时，$U_{i3} = 0$，无补偿作用。当 $R_{W_1} \neq 0$ 时，$U_{i3} \neq 0$（U_{i3} 的方向见图 10-17）。该调整电压 U_{i3} 作用于 A_1 的输入端，使 A_1 的输出电压降低，振荡器供电电压 U_{o1} 增加，从而使振荡器振荡幅度增大，提高了差动电流 I_i，这样就补偿了分布电容所造成的误差。

（3）放大电路

放大电路的电路原理如图 10-18 所示。主要由集成运算放大器 A_3 和晶体管 VT_3、VG_4 等组成。A_3 为前置放大器，VT_3、VT_4 组成复合管功率放大器，将 A_3 的输出电压转换成变送器的输出电流 I_o。电阻 R_{31}、R_{33}、R_{34} 和电位器 W_3 组成反馈电阻网络，输出电流 I_o 经这一网络分流，得到反馈电流 I_f，I_f 送至放大器输入端，构成深度负反馈。从而保证使输出电流 I_o 与输入差动电流 I_i 之间成线性关系。调整电位器 W_3，可以调整反馈电流 I_f 的大小，从而调整变送器的量程。

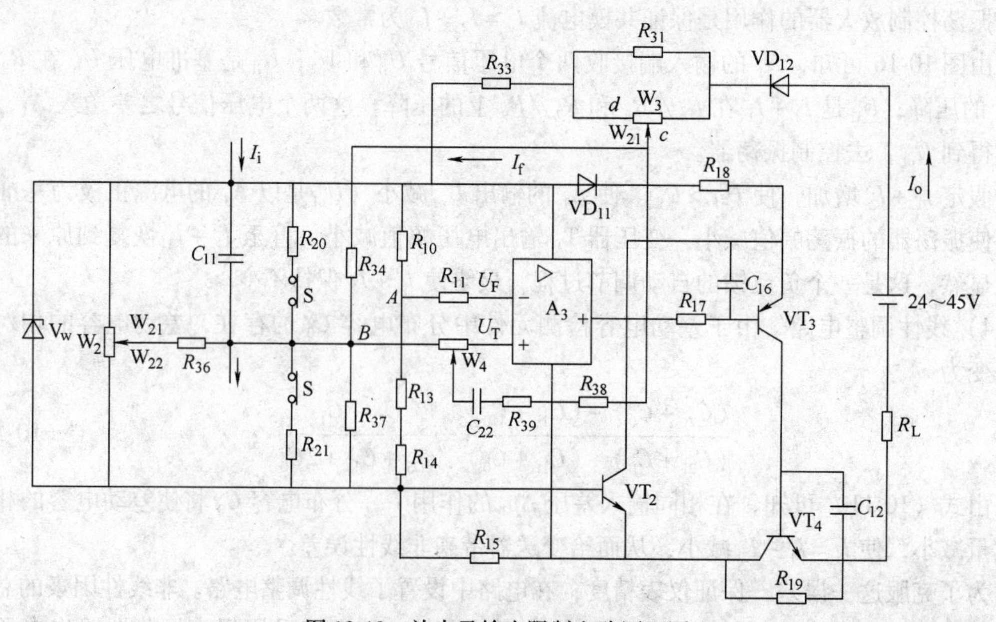

图 10-18　放大及输出限制电路原理图

电路中 W_2 为零点调整电位器，用以调整输出零点，S 为正、负迁移调整开关。用 S 接通 R_{20}或 R_{21}，实现变送器的正向或负向迁移。

放大电路的作用是将转换电路输出的差动电流 I_i 放大并转换成 4 ~ 20mA 的直流输出电流 I_o。

1）变送器的输出电流 I_o 与输入差压 Δp_i 成线性关系。

2）在输入差压为下限值时，通过调整 W_2 电位器使变送器输出电流为 4mA；当 R_{20}接通时，则输入差压 Δp_i 增加（保证输出电流 I_o 不变），从而实现正向迁移；当 R_{21} 接通时，则输入差压 Δp_i 减小，从而实现负向迁移。

3）通过调整电位器 W_3 可改变变送器量程，调整 W_3，不仅调整了变送器的量程，而且也影响了变送器的零位信号；

同样调整 W_2 不仅改变变送器的零位，而且也影响了变送器的满度输出，但量程不变；因此，在仪表调校时要反复调整零点和满度，直至都满足要求为止。

10.3.2　配电器

配电器是一种与单元组合仪表及 DCS、PLC 等控制系统配套使用的辅助部件。工业现场检测各种参数的变送器一般采用两线制 4 ~ 20mA 电流信号，而 DCS 和 PLC 等系统一般接收四线制的电流或者电压信号，因此，变送器的两线制信号需要转换为四线制信号才能与控制设备连接；同时为了保证控制系统的安全，需要将现场变送器信号与控制室 DCS 和 PLC 进行电气隔离。而配电器恰恰完成了上述功能。

配电器可为现场安装的变送器提供一个隔离电源，同时又要对输入的电流信号进行采集、放大、运算和进行抗干扰处理后，再输出隔离的电流和电压信号，供后面的二次仪表或控制设备使用。实现变送器与电源之间以及变送器与控制系统之间的双向隔离。

1. 配电器的原理

为了便于理解配电器的原理，这里我们采用模拟式配电器进行讲解，图 10-19 为模拟式配电器工作原理简图。直流 24V 电源经直流稳压以后，给直流/交流变换器供电，直流/交流电源变换器产生方波电压，此方波电压经变压器 T_2 的二次侧输出。刺激输出电压经整流

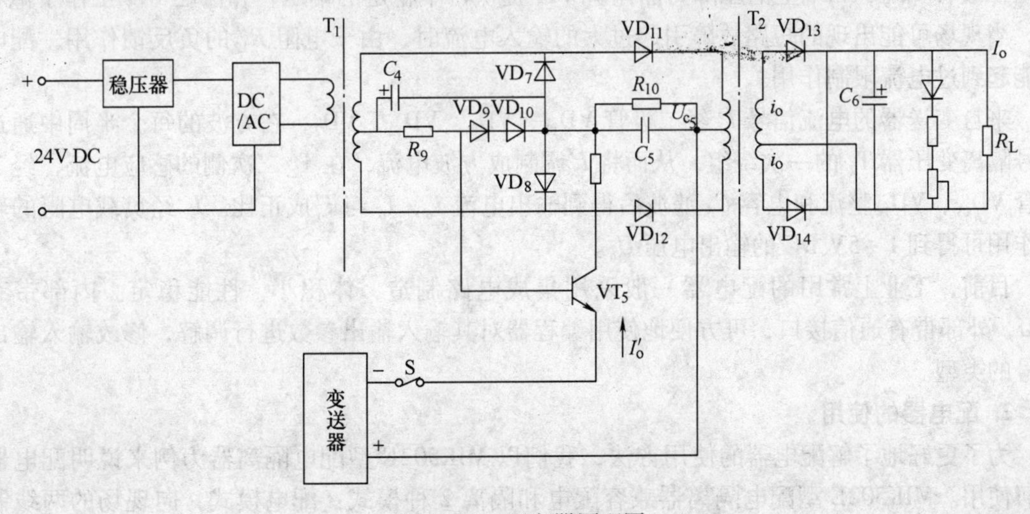

图 10-19　配电器原理图

滤波后，为两线制变压器提供一个隔离电源，完成能量传输。

信号传输则是这样完成的，当开关 K 断开时，切断了来自变送器的输入信号，因此没有信号电流流过变压器 T_2 的一次绕组，二次绕组输出端负载上也无输出电压。当开关 K 接通后，电容 C_5 上的电压 U_{C_5} 通过晶体管 VT_5 向变送器提供电源电压，同时变送器的输出电流经由 VD_7、VD_8、VD_{11}、VD_{12} 组成的二极管调制器，被调制成方波电流，交替地通过 T_2 的一次绕组，所以在 T_2 的二次绕组中产生一个交变电流，该电流经整流滤波后在负载上得到隔离的电压信号 U_o，该电流正比于变送器的输出信号。

配电器有直流稳压器、直流/交流变换器和输入信号转化及输出电路等部分组成。这里仅介绍直流稳压器和输入信号转换及输出电路。

（1）直流稳压器

直流稳压器的作用是为 DC/AC 变换器提供稳定的电源，它采用串联型负反馈稳压电路。如图 10-20 所示。

当电源电压升高或负载减小而使输出电压 U_o 增加时，由于稳压管 DW_1、DW_2 两端电压 U_Z 不变，因此，VT_1 和 VT_2 的 U_{be} 减小，流过 VT_1 和 VT_2 上的电流 I_c 也就减小，使 VT_1 和 VT_2 的管压降增加，导致 U_o 下降，达到稳压的目的。由于负载电流较大，所以调整管由两个中功率晶体管并联组成。R_1 为基极限流电阻。

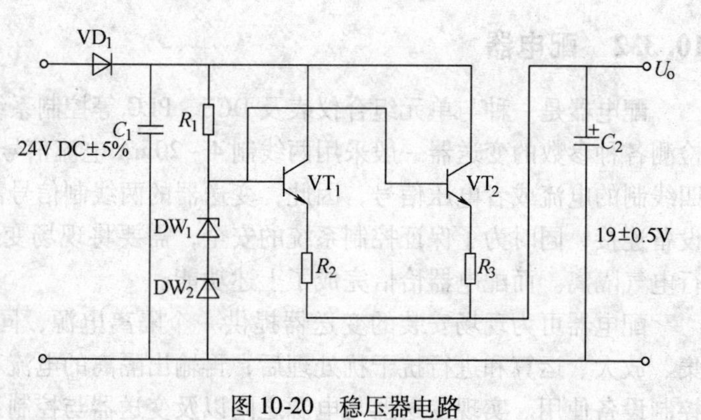

图 10-20　稳压器电路

（2）输入信号转换及输出电路

当配电器与变送器连接时，DC/AC 变换器的变压器二次绕组上的方波电压经 VD_{11}、VD_8、VD_{12}、VD_7 的全波整流作用，并经 C_5 滤波后作为变压器的电源电压。C_4 上的充电电压在二级管 VD_9、VD_{10} 上的压降为晶体管 VT_5 提供一个稳定的偏压，并保证 VT_5 工作于饱和区。当现场可能出现的短路故障引起过大的输入电流时，由于电阻 R_{12} 的负反馈作用，配电器能起到过电流限制作用。

来自变送器的电流信号 I_o 经二极管 VD_{11}、VD_8、VD_{12}、VD_7，在方波的每个半周中通过信号隔离变压器 T_2 的一次绕组，从而将 I_o' 调制成方波电流，在 T_2 二次侧的感应电流，经二极管 VD_{13}、VD_{14} 整流和电容 C_6 滤波后得到输出电流 I_o，I_o 与 I_o' 成正比。I_o 经负载电阻的转换作用可得到 1 ~5V DC 的输出电压 U_o。

目前，工业上常用的配电器一般采用集成电路制造，体积小，性能稳定。内部带有 CPU，外部带有通信接口，可方便地使用编程器对其输入输出参数进行调解，修改输入输出信号的类型。

2. 配电器的使用

为了更好地了解配电器的使用方法，我们以 MIK502E 型配电隔离器为例来说明配电器如何使用。MIK502E 型配电隔离器兼容配电和隔离 2 种模式：配电模式，向现场的两线制变送器提供工作电源，采样变送器输出的两线制电流信号，经过隔离处理后转换为四线制电流信号输出；隔离模式，采样四线制电流信号，经过隔离输出四线制电流信号。通过产品上侧内置的拨动开关可设置输入模式。可选 1 入 1 出、1 入 2 出、2 入 2 出。其规格型号如表 10-1 所示。

表 10-1　MIK502E-C0C0 配电器型号规格

产品型号	输入 1 信号	输入 2 信号	输出 1 信号	输出 2 信号
MIK502E-C0C0	4 ~ 20mA DC	无输入 2	4 ~ 20mA DC	无输出 2
MIK502E-C0CC	4 ~ 20mA DC	无输入 2	4 ~ 20mA DC	4 ~ 20mA DC
MIK502E-CCCC	4 ~ 20mA DC	4 ~ 20mA DC	4 ~ 20mA DC	4 ~ 20mA DC

其技术指标如下：

工作电源：24V DC ± 10%

功　耗：≤1.2W（1 入 1 出）

≤1.8W（1 入 2 出）

≤2.4W（2 入 2 出）

输入信号：

配电模式，两线制 4 ~ 20mA

隔离模式，四线制 4 ~ 20mA

配电电压：配电模式，19 ~ 26V

配电保护：最大短路电流，40mA

最高开路电压，26V

输入阻抗：隔离模式，≤200Ω

输出信号：四线制 4 ~ 20mA

输出负载：0 ~ 350Ω

转换精度：± 0.1% FS

温度漂移：± 0.01% FS/℃

绝缘强度：输入/输出，≥2000V AC（1min）

输入/电源，≥2000V AC（1min）

输出/电源，≥1000V AC（1min）

绝缘电阻：输入/输出/电源，≥100MΩ（500V DC）

典型 2 输入、2 输出型 MIK502E-CCCC 配电器的现场应用接线原理图如图 10-21 所示。

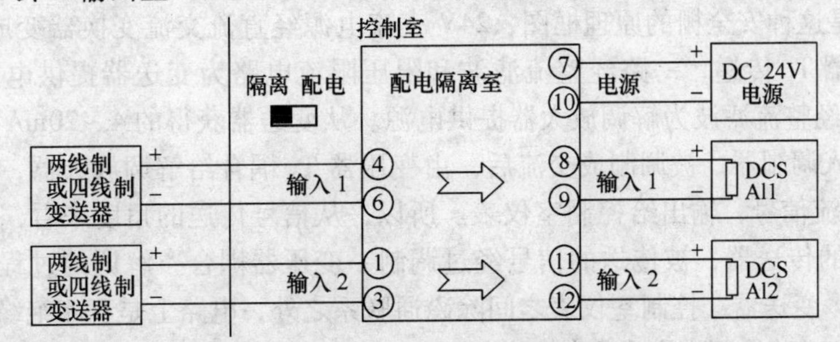

图 10-21　配电器的现场应用接线原理图

备注：1 入 1 出型号，1、3、11、12 脚悬空不接；1 入 2 出型号，1、3 脚悬空不接。拨动开关设置在靠近底座一侧，输入信号为四线制（隔离模式）；反之，为两线制（配电模式）。

10.3.3 安全栅

在工业过程的许多生产场所存在着易燃易爆的气体、蒸气或固体粉尘，它们与空气混合成为具有火灾或爆炸危险的混合物，使其周围空间成为具有不同程度爆炸危险的场所。安装在这些场所的监测仪表和执行器如果产生的火花或热效应能量能点燃危险混合物，则会引起火灾或爆炸，造成巨大的人员和财产损失。因此，用于危险场所的检测仪表必须具有防爆的性能。常用的防爆型控制仪表有隔爆型和本质安全型两类仪表，本质安全型仪表防爆性能最佳，常用于石油化工等危险场所。

安全栅是本质安全型仪表的关联设备，一方面传输信号，另一方面控制流入危险场所的能量在爆炸性气体或混合物的点火能量以下，以确保系统的防爆性能。

安全栅的构成形式有多种，有电阻式、齐纳式、隔离式等。其中电阻限流式最简单，只在两根电源线（也是信号线）上串联一定的电阻，对进入危险场所的电流做必要的限制。其缺点是正常工作状况下电源电压易衰减，且防爆定额低，使用范围不大。常用的有齐纳式安全栅和隔离式安全栅两种，隔离式安全栅的防爆性能更好，我国生产的 DDZ-Ⅲ型仪表中，安全栅一般采用隔离方案。

1. 隔离式安全栅

隔离式安全栅以变压器作为隔离元件，分别将输入、输出和电源电路进行隔离，以防止危险能量直接窜入现场。同时用晶体管限压限流电路，对事故状况下的过电压或过电流作截止式的控制；虽然这种安全栅线路复杂，体积大，成本较高，但不要求特殊元件，便于生产，工作可靠，防爆定额较高，可达到交直流 220V，故得到广泛的应用。

DDZ－III 型仪表的隔离式安全栅有两种，另一种是和变送器配合使用的检测端安全栅，另一种是和执行器配合使用的执行端安全栅。

（1）检测端安全栅

检测端安全栅作为现场变送器与控制室仪表和电源的联系纽带，一方面向变送器提供电源，同时把变送器送来的信号电流经隔离变压器 1∶1 地传送给控制室仪表。在上述传递过程中，依靠双重限压限流电路，使任何情况下输往危险场所的电压和电流不超过 30V、30mA（直流），从而确保危险场所的安全。

图 10-22 是这种安全栅的原理框图，24V 直流电源经直流交流变换器变成 8kHz 的交流电压，经变压器 T_1 传递，一路经整流滤波和限压限流电路为变送器提供电源（仍为直流 24V），另一路经整流滤波为解调放大器提供电源。从变送器获得的 4～20mA 信号电流经限压限流电路进入调制器，被调制成交流后，由变压器 T_2 耦合给解调放大器，经解调后恢复成 4～20mA 直流信号，输出给控制室仪表。所以，从信号传送的角度来看，安全栅是一个传递系数为 1 的传送器，被传送的信号经过调制→变压器耦合→解调的过程后，照原样送出。这里电源、变送器、控制室仪表之间除磁通联系之外，电路上是互相绝缘的。

图 10-23 是这种检测端安全栅的简化原理图，下面对照图 10-22，对各部分分别叙述。

电源直流交流变换器由晶体管 VT_1、VT_2、二极管 VD_1～VD_4 和变压器 T_1 等组成。这是

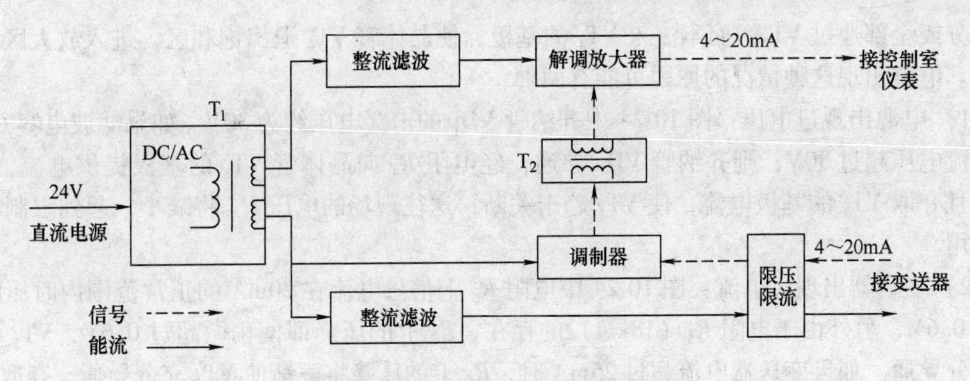

图 10-22　检测端安全栅的原理框图

个磁耦合自激多谐振荡器。

晶体管限压限流电路（图 10-23）的安全栅中为了可靠，串联使用两套完全相同的限压限流电路，晶体管 VT_3、VT_4、齐纳管 VD_{15} 等为一套，晶体管 VT_5、VT_6、齐纳管 VD_{16} 等为另一套。

为叙述方便，图 10-24 中画出了其中的一套，晶体管 VT_4 和变送器串联，执行限压限流动作。VT_4 的基极电路被晶体管 VT_3 控制，在正常工作中 VT_3 是不通的，VT_4 由电容 C_3 两端的整流滤波电压经电阻 R_7 取得足够的基极电流，处于饱和导通状态，变送器的 4～20mA 信号电流可十分流畅地通过限压限流电路。

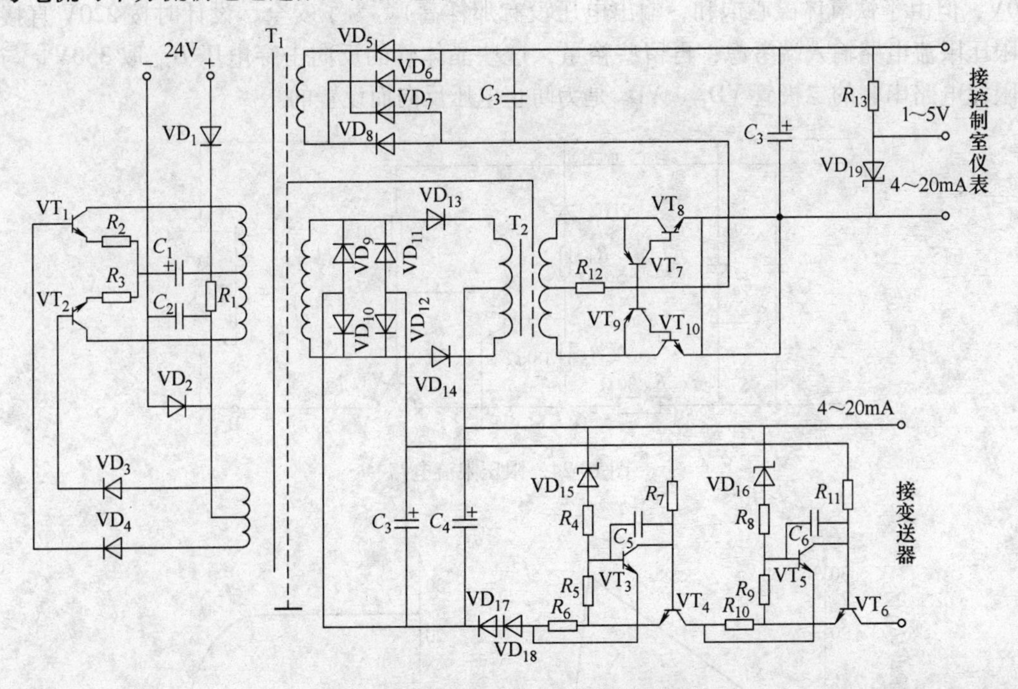

图 10-23　检测端安全栅的简化原理图

看一下晶体管 VT_3 的基极发射极电路便可发现，如果电阻 R_5、R_6 上的压降超过 0.6V，VT_3 将开始导通，使晶体管 VT_4 的基极电流减小。若 VT_3 的电流很大，则经过 R_7 的电流将

大部分或全部通过 VT_3，而不流入 VT_4 的基极，使晶体管 VT_4 退出饱和区，进入放大区或截止区。电路出现这种情况的原因可能有两种：

1）电源出现过电压：图 10-24 中齐纳管 VD_{15} 的击穿电压约为 30V。如果滤波电容 C_4 上的整流电压超过 30V，则齐纳管 VD_{15} 导通，经电阻 R_4 向晶体管 VT_3 的基极提供电流，VT_3 导通且夺取 VT_4 的基极电流，使 VT_4 趋于关断，送往现场的电压 U_{AB} 将减小，起到限制电压的作用。

2）变送器出现过电流：图 10-24 中电阻 R_6 上信号电流在 20mA 的正常范围内时压降不超过 0.6V，另外由于电阻 R_5（18kΩ）的存在，R_6 上的压降即使稍微超过 0.6V，VT_3 也不会充分导通。如果变送器电流超过 25mA 时，R_6 上的压降将逐渐使 VT_3 充分导通，夺取 VT_4 的基极电流，使 VT_4 发挥作用，把流入现场的电流限制在 30mA 以内。

上述限压限流电路的特性如图 10-25 所示。当滤波电容 C_4 的整流电压小于 30V 时，输出电压 $U_{AB}=U_{C_4}$，晶体管 VT_4 不起任何限压作用，但 $U_{C_4}>30V$ 时，VT_4 很快趋于关断，随着 U_{C_4} 的增大，U_{AB} 很快降为零。同理，电路的限流作用也是通过晶体管 VT_4 使输出电压 U_{AB} 降低来实现的。

这里需要说明的是，图 10-23 中限压限流晶体管 VT_4、VT_6 的耐压必须足够高。因为当电源出现过电压时，VT_4、VT_6 都处于关断状态，这样全部过电压都加在这两个晶体管上。DDZ-Ⅲ型仪表安全栅的防爆定额为交直流 220V，当这样高的事故电压加在安全栅的电源端时，实验测得的变压器 T_1 二次侧最大峰值电压约为 100V（按一次侧和二次侧匝数比要超过 220V，但由于铁氧体磁心饱和，输出电压没有那样高）。为了安全，设计时按 220V 直接加到限压限流电路输入端考虑；再留些裕量，这些晶体管的反向击穿电压 U_{cbo} 取 350V。与限压限流电路串联的二极管 VD_{17}、VD_{18} 是为防止电压反向而设置的。

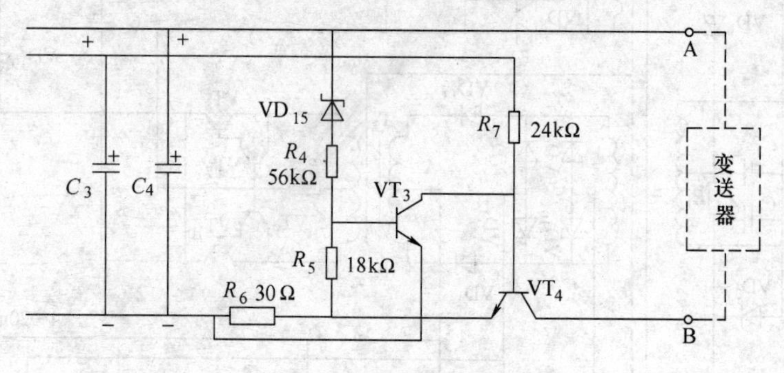

图 10-24　限压限流电路

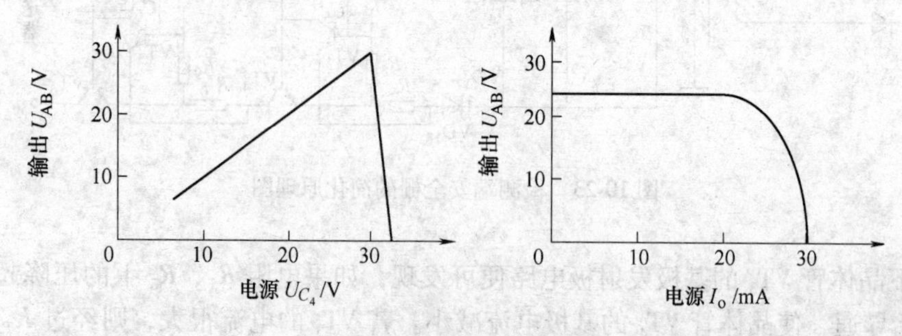

图 10-25　限压限流特性曲线

最后再讨论一下调制和解调放大部分。这部分的原理性电路可单独画出，如图 10-26 所示。两线制变送器的电源是靠二极管 VD_9、VD_{10}、VD_{13}、VD_{14} 全波整流供给的。由于 VD_{13}、VD_{14}是在电源正负半波交替工作的，因此将变压器 T_2 一次绕组的上下两半分别接入这两个二极管支路中时，在 VD_{13}、VD_{14}的开关作用下，变送器的 4 ~ 20mA 直流信号电流将交替地进入变压器一次绕组的上下两部分，使其二次侧出现方波电压。这里，变压器 T_2 工作于电流互感器的工作方式，其二次侧负载阻抗很小。这样，在一次、二次绕组匝数比为 1∶1 的情况下，二次侧方波电流大小等于一次电流。

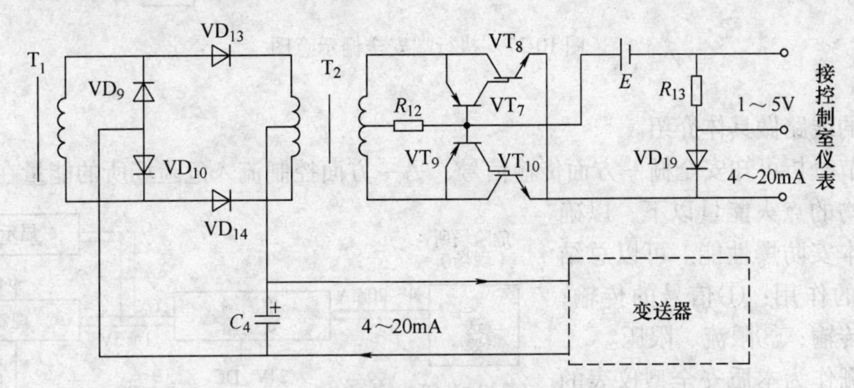

图 10-26　调制和解调放大电路

由于信号电流是单方向的，因此解调问题很简单，只要对电流互感器 T_2 的二次电流进行全波整流即可。为了产生恒流输出，这里用共基极电路作整流放大。考虑到共基极放大电路中晶体管的 β 愈大，输入电流（发射极电疏）与输出电流（集电极电流）之比愈接近于 1，故在解调放大电路中用 VT_7、VT_8 和 VT_9、VT_{10}组成复合管，以增大等效 β 值，提高工作精度。图 10-26 中，电流互感器 T_2 的二次侧方波电流作为复合管的输入电流，经共基极放大电路后，产生的两个半波恒流输出，相加后，就得到与原来信号电流相等的 4 ~ 20mA 直流电流。此电流可直接供给控制室仪表，也可经电阻 R_{13}（250Ω）转化为 1 ~ 5V 的电压输出。齐纳二极管 VD_{19}是电流输出端的续流二极管，其击穿电压为 6 ~ 7V。当电流输出端上接有正常负载时它不工作，一旦外接负载电路切除，VD_{19}便自动接入，保证输出回路继续连通。

这种安全栅的精度可达到 0. 2 级。

（2）执行端安全栅

执行端安全栅的示意图如图 10-27 所示。24V 直流电源经磁耦合多谐振荡器变成交流方波电压，通过隔离变压器分成两路，一路供给调制器，作为 4 ~ 20mA 信号电流的斩波电压；另一路经整流滤波，给解调放大器、限压限流电路及执行器供给电源。

该安全栅中的信号通路是这样的，由控制室仪表来的 4 ~ 20mA 直流信号电流经调制器变成交流方波，通过电流互感器作用于解调放大电路，经解调恢复为与原来相等的 4 ~ 20mA 直流电流，以恒流源的形式输出。该输出经限压限流，供给现场的执行器。从整机功能来说，它和检测端防爆栅一样，是个传递系数为 1 的带限压限流装置的信号传送器，为了能用变压器实现输入、输出、电源电路之间的隔离，对信号和电源都进行了直流→交流→直流的变换处理。由于执行端安全栅中的各种环节和检测端安全栅大致相同，这里不再对执行

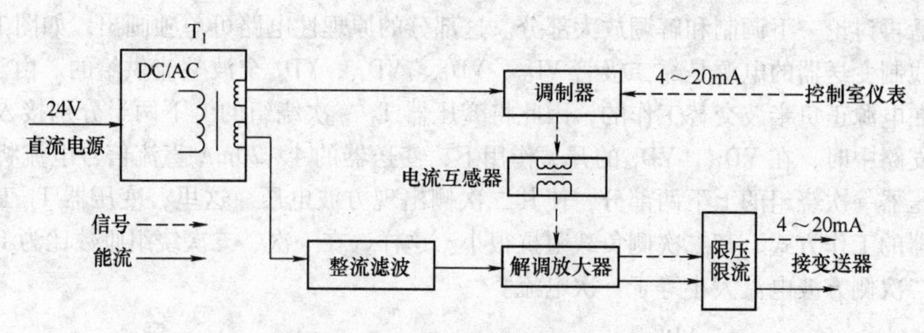

图 10-27　执行端安全栅示意图

端安全栅的线路做具体介绍。

由本节分析可知安全栅一方面传输信号，另一方面控制流入危险场所的能量在爆炸性气体或混合物的点火能量以下，以确保系统的本安防爆性能。可以总结出安全栅的作用：①信号的传输；②能量的传输；③限流、限压。

安全栅作为本质安全型仪表的关联设备，它在系统中的位置及接线示意如图 10-28 所示。

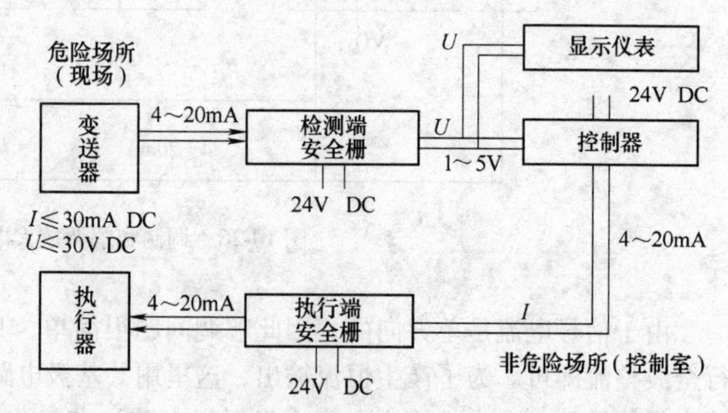

图 10-28　安全栅的接线简化示意图

2. 安全栅的使用

为了更好地了解安全栅的使用方法，我们以美国倍优的 NPEXA 系列检测端安全栅为例说明如何使用安全栅。

该型号的安全栅向危险区的单/双通道变送器提供隔离的工作电源，同时检测回路中的电流，经隔离变送输出单/双路相互隔离的电流/电压信号到安全区，仪表也可通过配置的通信接口在安全区进行串行通信联网。它是智能化的安全栅产品，具有在线故障自诊断功能，用户可通过专用手持式中文编程器对本产品进行输入信号类型及输出量程的设置。

它的主要技术指标如下：

防爆标志：Ex　ia　ⅡC

通道数：单/双通道

传输精度：±0.1%FS

危险区允许输入信号：直流电流：4～20mA

输入阻抗：50Ω

供电电压：空载不高于 26V，满载不低于 18V

信号类型和量程在订货时确定，也可自行编程

向安全区输出信号：直流电流：4～20mA，也可提供 0～10mA、0～20mA、0～5V、1～5V、0～10V 等信号类型。

国家防爆电气产品质量监督检验中心（CQST）防爆认证参数（1、2、3 端子间），（4、5、6 端子间）：

$U_m = 250V\ AC/DC$　$U_o = 28.4V$，$I_o = 88mA$，$P_o = 624mW$

ⅡC：$C_o = 0.055\mu F$，$L_o = 3.2mH$，

ⅡB：$C_o = 0.44\mu F$，$L_o = 12.8mH$，

ⅡA：$C_o = 1.45\mu F$，$L_o = 25.6mH$，

输出负载能力：300Ω

功耗：1.3W（24V 供电，单路 20mA 输出）；2.4W（24V 供电，两路 20mA 输出）

面板指示灯：仪表正常工作时，指示灯 PWR 常亮；输入信号故障报警时，指示灯 ALM（双通道为 CH1、CH2）闪烁。

其选型表如表 10-2 所示

表 10-2　NPEXA-C3XXX P 安全栅选型表

型号					说明
NPEXA-C3XXX P	×	×	×	×	检测端安全型 两线制、三线制变送器电流输入，单/双路输出
输入回路					默认为单回路
	D				双回路（宽度为 18mm）
第一输出		1			4~20mA
		2			1~5V
		3			0~10mA
		4			0~5V
		5			0~10V
		6			0~20mA
第二输出					默认无第二输出
			1		4~20mA
			2		1~5V
			3		0~10mA
			4		0~5V
			5		0~10V
			6		0~20mA
通信、报警功能（选此项则无第二输出功能）					默认为无通信功能
				T1	485 通信（仅单输出）
				T2	232 通信（仅单输出）
				A1	报警继电器输出（仅单输出）
				A2	报警继电器输出（双输出）

说明：

1）单回路输入最多可以有两路输出；双回路输入每路只能对应一路输出。

2）含通信或报警产品仅单输入，并且最多只有一路输出；含报警产品需要说明是上限或下限报警方式，报警接点（常开或常闭）状态。

3）选择双报警继电器输出时无模拟信号（电流或电压）输出功能。

在使用时，如果要选用第一路输出为 4 ~ 20mA，第二路输出为 4 ~ 20mA，无通信，无报警功能的安全栅，则选择的具体型号应该为 NPEXA-C314 P，其电气接线图如图 10-29 所示。

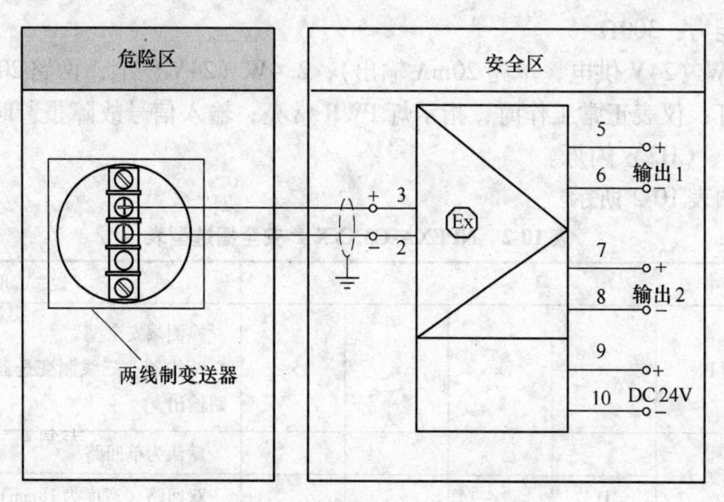

图 10-29　1 入 2 出检测端安全栅接线图

10.3.4　显示仪表

1. 显示仪表的分类

在工业生产中，不仅需要使用不同的检测元件、变送器或传感器测量出生产中各个参数的大小，而且，还要求把这些测量值用字符、数字、图像等显示出来。这种用于显示被测量值的仪表，称之显示仪表。它只接收传送信号，起显示作用。显示仪表直接接收检测元件、变送器或传感器的输出信号，然后经测量线路和显示装置，显示被测参数，以便提供生产必须的数据，让操作者了解生产过程的情况，更好地进行控制和生产管理。显示仪表按显示方式分为模拟显示、数字显示和图像显示。

1）所谓模拟显示仪表是以仪表的指针（或记录笔）的线位移或角位移来模拟显示被测参数的连续变化。这类仪表使用了磁电偏转机构或电机式伺服机构，因此，测量速度较慢，读数容易造成多值性。但它可靠，又能反映出被测值的变化趋势，因此在目前工业生产中仍大量地使用。图 10-30 给出了常用的模拟式压力显示表、温度显示表和流量显示表。

2）所谓数字显示仪表是直接以数字形式显示被测参数量值大小的仪表。它具有测量速度快，精度高，读数直观，并且便于对所测参数进行数值控制和数字打印记录，也便于和计算机联用等特点。因此，这种仪表在常规仪表中得到了迅速的发展和广泛使用。

3）所谓图像显示仪表就是直接把工艺参数的变化以文字、数字、符号和图像的形式在屏幕上进行显示的仪器。它是随着电子计算机的推广使用而相应发展起来的一种新型显示设备，其中应用比较普遍的是无纸记录仪、CRT 显示器。图像显示的实质属于数字式，它具有模拟式和数字式显示仪表两种功能，并具有计算机大存储量的记忆能力与快速性功能，它是计算机不可缺少的终端设备，不仅能把计算机处理过程中的中间数据及处理结果按操作者

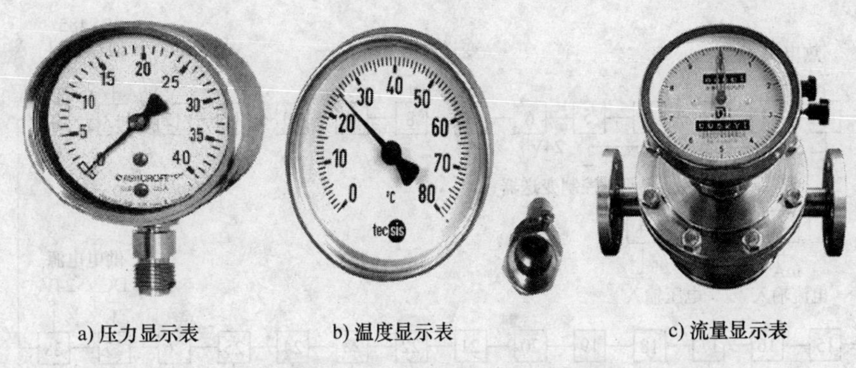

图 10-30　常用模拟显示仪表

的需要显示出来，而且操作者还可以利用计算机通信装置（如键盘、鼠标等）进行“人机对话”。

2. 数字显示仪表的使用

数字显示仪表在工业现场应用十分广泛，其接线方法较模拟式仪表复杂，因此本节主要介绍数字式显示仪表的使用方法。这里我们以国内较为常用的虹润 HR-WP 系列智能数字显示仪表为例进行说明。

HR-WP 系列智能数字显示仪表具有多类型输入可编程功能，一台仪表可以配接不同的输入信号（热电偶/热电阻/线性电压/线性电流/线性电阻/频率等），同时显示量程、报警控制等可由用户现场设置，可与各类传感器、变送器配合使用，实现对温度、压力、液位、容量、力等物理量的测量显示、调节、报警控制、数据采集和记录，其适用范围非常广泛。

智能数字显示仪表以双排或单排四位 LED 显示测量值（PV）和设定值（SV），以单色光柱进行测量值百分比的模拟显示，还具有零点和满度修正、冷端补偿、数字滤波、通信接口、四种报警方式，可选配 1 ~4 个继电器报警输出，还可选配变送输出，或标准通信接口（RS485 或 RS232C）输出等。此系列的横式仪表显示操作面板如图 10-31 所示。

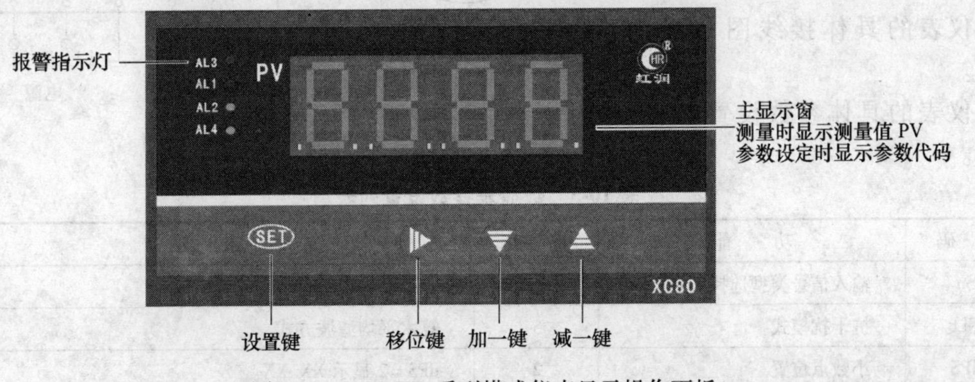

图 10-31　HR-WP 系列横式仪表显示操作面板

其端子接线图如图 10-32 所示。

如果使用该仪表，我们要完成如下功能：

1）输入信号为两线制 4 ~20mA 电流信号。

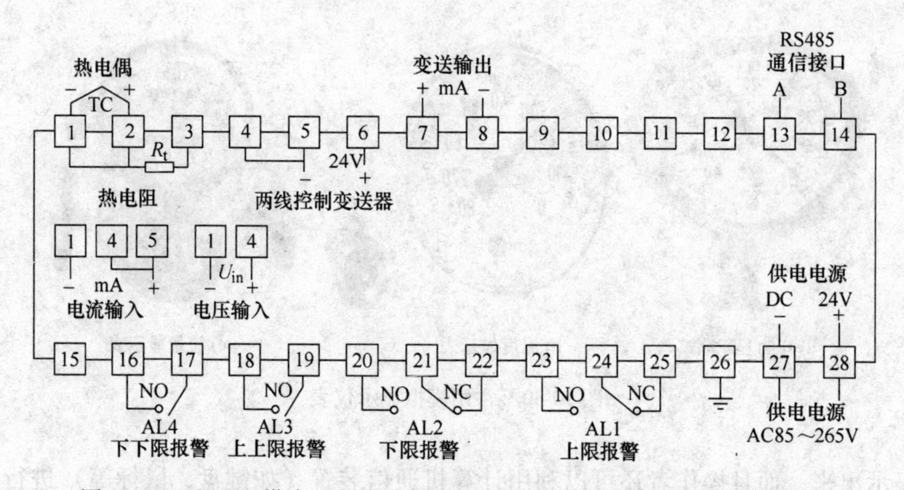

图 10-32　HR-WP 横式（竖式）仪表 160×80×88mm 接线图（四位报警）

2）变送输出为 4～20mA 电流信号。

3）无通信接口。

4）仪表采用 220V 交流供电。

5）带一路 24V 馈电输出。

6）上限报警功能，压力超过 45kPa 高限报警继电器动作。

7）检测的物理信号为压力，量程为 0～50kPa。

8）显示精度 0.5%FS±1 字。

根据仪表的说明书，应选择仪表的型号：HR－WP－XC803－0－2－17－H －P－T。（仪表说明书见第 12 章）。

仪表的具体接线图如图 10-33 所示。

仪表的具体参数设置如表 10-3 所示。

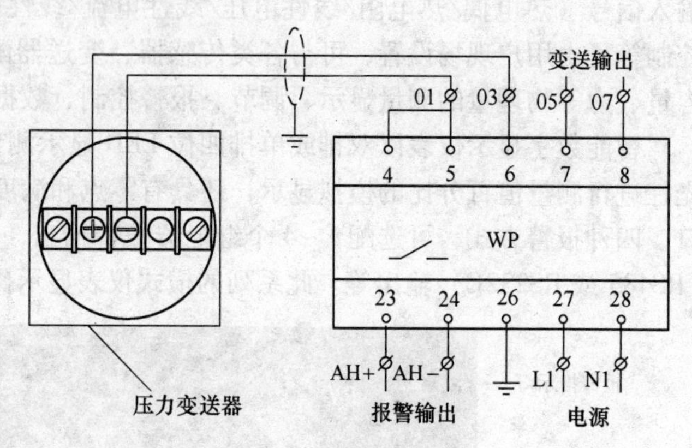

图 10-33　数显表接线图

表 10-3　数显表参数设置列表

代　码	功　　能	参　数	说　　明
Sn	输入信号类型选择	17	4～20mA 电流信号
FLt	抗干扰模式	5	算术平均滤波方式
dPS	小数点位置	2	dPS=2 显示 XX. XX。
oFS	显示位移量	0	无偏移
LoS	显示下限值	0	上限为 50，下限为 0
HiS	显示上限值	50	
AL1	上限报警值	45	上限报警设定值，上限报警时对应面板的 H 指示灯亮

（续）

代　码	功　能	参　数	说　明
A1h	上限报警点回差值	1	45 ±1kPa 范围以内继电器不动作
A1c	上限报警方式	33	双回差报警
Loo	变送输出零点	0	变送器输出零点 0kPa
Hio	变送输出满度	50	变送输出上限 50kPa
SLn	继电器消音功能设置	0000	系统默认
out	变送输出类型		详见变送输出功能设置说明
bro	断线输出设置	1	输出值最大
End	设置结束标记		再按一次 SET 键则退出参数设置，同时所修改参数被保存，仪表恢复到正常运行状态

10.4　仪表的准确度等级与误差

10.4.1　仪表的准确度等级

在选用仪表时，工程技术人员必须要知道仪表的测量准确度，这样才能根据不同的测量任务选择不同的检测仪表。仪表准确度等级就是表征仪表准确度高低的重要参数。仪表的准确度等级是根据引用误差来确定的，取最大引用误差百分数的分子作为检测仪表准确度等级的标志，也即用最大引用误差去掉百分号（%）后的数字来表示准确度等级，准确度等级用符号 G 表示。用数学公式可表达为

$$G=\frac{|\Delta x_{\mathrm{m}}|}{x_{\mathrm{m}}}\times 100 \tag{10-14}$$

式中，Δx_{m} 为仪表在满量程范围内的最大绝对误差，x_{m} 为仪表的量程。

为统一和方便使用，国家标准 GB776-76《测量指示仪表通用技术条件》规定，测量指示仪表的准确度等级 G 分为 0.1、0.2、0.5、1.0、1.5、2.5、5.0 七个等级，这也是工业检测仪器（系统）常用的准确度等级。

例：量程为 0~1000V 的数字电压表，如果其整个量程中最大绝对误差为 1.05V，请确定此仪表的准确度等级。

解：$G=\frac{|\Delta x_{\mathrm{m}}|}{x_{\mathrm{m}}}\times 100=\frac{|1.05|}{1000}\times 100=0.105>0.1$，故该仪表的准确度等级为 0.2 级。

10.4.2　仪表的误差

1. 基本误差

基本误差是仪表在规定的标准条件下（即标定条件）下所具有的引用误差。任何仪表都有一个正常的使用环境要求，这就是标准条件。如果仪表在这个条件下工作，则仪表所具有的应用误差为基本误差。测量仪表的准确度等级就是由基本误差决定的。

在只有基本误差的情况下，仪表的最大绝对误差为

$$\Delta x_m = \pm G\% x_m \tag{10-15}$$

式中，x_m 为仪表的满量程。

最大绝对误差 Δx_{max} 与测量示值 x 的百分比称为最大示值相对误差 r_m。

$$r_m = \frac{\Delta x_m}{x} \times 100\% = \pm \frac{G\% x_m}{x} \times 100\% \tag{10-16}$$

在仪表的准确度等级一定时，由式（10-16）可知，越接近满刻度的测量示值，其最大示值相对误差越小、测量准确度越高；在选用仪表时要兼顾准确度等级和量程，通常要求测量值落在仪表满刻度2/3以上最佳（如果对测量准确度有要求，量程要在准确度要求之后进行考虑）。

例：要测量一个约100℃的温度，现有3块温度表供选用，一块量程为400℃，准确度等级为0.5级；一块量程为150℃，准确度等级为1.0级；一块量程为120℃，准确度等级为1.5级。请问选哪一块表更精确？如果要求测量误差小于2%，则选哪块仪表更经济？

解：根据式（10-16）求3块仪表各自最大的相对误差。

使用400℃、0.5级表时：

$$r_{m1} = \frac{\Delta x_m}{x} \times 100\% = \pm \frac{G\% x_m}{x} \times 100\% = \pm \frac{0.5\% \times 400}{100} \times 100\% = \pm 2.0\%$$

使用150℃、1.0级表时：

$$r_{m2} = \frac{\Delta x_m}{x} \times 100\% = \pm \frac{G\% x_m}{x} \times 100\% = \pm \frac{1.0\% \times 150}{100} \times 100\% = \pm 1.5\%$$

使用120℃、1.5级表时：

$$r_{m3} = \frac{\Delta x_m}{x} \times 100\% = \pm \frac{G\% x_m}{x} \times 100\% = \pm \frac{1.5\% \times 120}{100} \times 100\% = \pm 1.8\%$$

从计算结果可知，选择150℃、1.0级表时，测量准确度最高，且测量值落在仪表量程2/3以上；若从经济角度考虑，要求测量误差小于2%，选择120℃、1.5级表即可，其量程也符合测量要求。

2. 附加误差

附加误差是指当仪表的使用条件偏离标准条件时出现的误差。如温度附加误差、压力附加误差、频率附加误差、电源电压波动附加误差等。

3. 数字仪表的误差表示

数字仪表的基本误差可以用以下两种方式表示，它们的本质是一致的，但后者更方便常用。

$$\Delta = \pm a\% x \pm b\% x_m \tag{10-17}$$

$$\Delta = \pm a\% x \pm \text{几个字} \tag{10-18}$$

式中，Δ 为绝对误差；a 为误差的相对项系数；x 为被测量的指示值；b 为误差固定项系数；x_m 为仪表满量程。

$a\% x$ 是用示值相对误差表示的，与读数成正比，与仪表各单元电路的不稳定性有关，称为读数误差。$b\% x_m$ 不随读数变化，x_m 一定时，它是一个定值，称为满度误差；满度误差与所取量程有关，常用“几个字”来表示。

例：有 5 位数字电压表一台，基本量程 5V 档的基本误差为 $\pm0.006\% U_x \pm0.004\% U_m$。求满度误差相当于几个字。

解： $\pm0.004\% U_m = \pm0.004\% \times 5V = \pm0.0002V$

由题意知，该表可显示 5 位数字，±0.0002V 正好相当于仪表显示末位正负 2 个字。即该表 5V 档的基本误差也可以表示为

$$\Delta = \pm0.006\% U_x \pm 2 \text{ 个字}$$

10.5　仪表的合理选用

传感器的原理与结构千差万别，品种与型号名目繁多，同样是压力检测仪表，有基于电容式压力变送器、扩散硅压力变送器、陶瓷式压力变送器和应变式压力变送器等，这些变送器内部传感器不同，适用的场合也不相同。如何根据具体的测量目的、测量对象以及测量环境合理地选用仪表，这是自动测量与控制领域从事研究和开发人员首先要解决的问题。仪表一旦确定，与之配套的测量方法和辅助设备也就确定了，因此测量结果的成败，很大程度上取决于仪表的合理选用。

10.5.1　合理选择仪表的基本原则与方法

合理选择仪表就是要根据实际的需要与可能，做到有的放矢，物尽其用，达到实用、经济、安全、方便的效果。为此，必须对测量目的、测量对象、使用条件等诸方面有较全面的了解，这是考虑问题的前提。

1. 依据测量对象和使用条件来确定仪表的类型

众所周知，同一仪表可以用来测量多种被测量，而同一被测量又常有多种原理的传感器可供选用。在进行一项具体的测量工作之前，首先要分析并确定采用何种原理或类型的仪表更合适。这就要求在选择仪表前我们要了解以下几个方面：

1）要了解被测量的特点，如被测量的状态、性质及测量的范围、幅值和频带，测量的速度，时间，精度要求，过载的幅度和出现的频率等。

2）要了解使用的条件，这包含两个方面：一是现场环境条件，如温度、湿度、气压、能源、光照、尘污、振动、噪声、电磁场及辐射干扰等；二是现有基础条件，如财力、配套设施和人员技术水平等。

选择仪表需要考虑的方面和事项很多，实际中不可能也没有必要面面俱到，满足所有要求，设计者应从系统总体对仪表使用的目的、要求出发，综合分析主次，权衡利弊，抓住主要方面，突出重要事项优先考虑。在此基础上，明确选择仪表类型的具体问题：量程大小和过载量；被测对象或位置对仪表的重量和体积的要求；测量的方法是接触式还是非接触式；信号引出的方法是有线还是无线；仪表的来源和价位；国产还是进口；耐用性及维护成本等。

经过上述综合分析和考虑后，就可确定所选仪表的类型，然后进一步考虑传感器的主要性能指标。

2. 线性范围与量程

仪表的线性范围是指输出与输入成正比的范围。线性范围与量程和灵敏度密切相关。线

性范围越宽，其量程越大。在此范围内传感器的灵敏度能保持定值，测量准确度能得到保证。所以传感器的种类确定以后，首先要看其量程是否满足要求，并在使用过程中考虑以下问题：

1）对非通用的测量系统，应使传感器尽可能处在最佳工作段（一般为满量程的 2/3 以上）。

2）估计到输入量可能发生突变时所需的过载量。

应当指出，仪表的线性度是一个相对的概念，具体使用中可将非线性误差（及其他误差）满足测量要求的一定范围视作线性，这会给仪表的使用带来很大方便。

3）灵敏度

通常，在仪表的线性范围内希望其灵敏度越高越好。因为灵敏度高，意味着仪表对测量的反应更加灵敏。但是，灵敏度越高，外界混入噪声的机会也就越大。因此要求检测系统要有较高的信噪比。

4）准确度

仪表的准确度十分重要，它是测量是否准确的重要指标，但是仪表的准确度越高，其价格越昂贵。所以，在考虑传感器的准确度时，不必一味追求高准确度，只要能满足测量要求就行。

如果从事的测量任务旨在定性分析，则所选择的仪表应侧重于重复性准确度，不必要求绝对准确度高。如果从事的测量任务是为了定量分析或控制，则所选择的仪表必须要精确的测量值。

5）频率响应特性

仪表的频率特性，决定了被测量的频率范围。仪表的频率响应范围宽，允许被测量的频率变化范围就宽，在此范围内，可保持不失真的测量。实际上，仪表的响应总有一个延迟时间，我们希望延迟越低越好。对于开关量仪表，应使其响应时间短到满足被测量变化的要求，不能因响应慢丢失被测信号而带来误差。对于线性传感器，应根据被测量的特点（稳态、瞬态、随机等）选择其响应特性。一般说来，通过机械系统耦合被测量的仪表，由于惯性较大，其固有频率低，响应较慢；而直接通过电磁、光电耦合的仪表，其频率响应范围宽，响应较快。但从成本、噪声等因素考虑，也不是频率响应范围越宽和越快就越好，而应因地制宜地确定。

6）稳定性

当仪表工作已经超过其稳定性指标所规定的期限后，再使用之前，必须重新进行校准，以确定仪表的性能是否变化和可否继续使用。对那些不能轻易更换或重新校准的特殊使用场合，所选用仪表的稳定性要求应更严格。

10.5.2　仪表的正确使用

如何在应用中确保传感器的工作性能并增强其适应性，很大程度上取决于对仪表的使用方法。高性能的仪表，若使用不当，也难以发挥其已有的性能，甚至会损坏；性能适中的仪表，在高水平使用者手中也可收到意想不到的功效。

仪表的种类繁多，这里不可能将各种仪表的使用方法一一列出。仪表作为一种精密仪器或部件，除了要遵循通常精密仪器或部件的常规使用守则，还要特别注意以下几点：

1）特别强调，在使用前，使用者必须认真阅读所选仪表的使用说明书，对其所要求的测量环境条件、事前准备、操作程序、安全事项、应急处理内容等，一定要熟悉掌握，做到心中有数。

2）正确选择测试点并正确安装仪表十分重要，安装的失误，轻则影响测量准确度，重则影响传感器的使用寿命甚至损坏。

3）保证被测信号的有效、高效传输是仪表使用的关键之一。仪表的信号传输电缆要符合规定，必须连接正确、可靠，一定要细致检查，确认无误。

4）非接触式仪表在使用前必须在现场进行标定，否则将造成较大的测量误差。

5）检测系统必须有良好的接地，并对电磁干扰进行有效屏蔽，对声、光、机械等干扰采取抗干扰措施。

6）必须按照国家有关规定，对仪表进行定期检验。

思考题与习题

1. 构成工业检测系统的仪表部件通常有哪些？

2. 什么是信号制？

3. 电压信号传输和电流信号传输各有什么特点？使用在何种场合？

4. 说明现场仪表与控制仪表之间的信号传输及供电方式。0～10mA 的直流电流信号能否用于两线制传输方式？为什么？

5. 传感器与变送器有哪些区别和联系？

6. 变送器的组成原理是什么？

7. 配电器的作用是什么？

8. 安全栅有什么作用？

9. 仪表的准确度等级是如何定义的？有什么作用？

10. 合理选择仪表需要考虑的因素有哪些？

11. 有三台测温仪表，量程均为 0～800℃，准确度等级分别为 2.5 级、1.0 级和 1.5 级，现要测量 500℃的温度，要求相对误差不超过 2.5%，选哪台仪表合理？

12. 某压力测量仪表，准确度等级为 1.5 级，量程为 0～2MPa，求：

（1）可能出现的最大满度相对误差；

（2）可能出现的最大绝对误差；

（3）测量结果显示为 1.0MPa 的时候，可能出现的最大示值相对误差。

13. 有一台 1000V 的数字电压表的 100V 档分别测量 80V 和 10V 的电压，已知该表的基本误差为 $\pm 0.01\% U_x \pm 2$ 个字，求由该表的基本误差引起的测量误差。

第 11 章　工业检测系统的设计及抗干扰技术

11.1　工业检测系统的设计原则及方法

11.1.1　工业检测系统的设计原则

工业检测系统主要是对工业生产设备和工艺过程进行监视和保护，作为一个完整的工业检测系统均包含一定的硬件系统和相应的软件系统。根据具体检测任务的不同，对检测系统的具体要求也不同。一般设计工业检测系统时在满足所有功能和技术指标的前提下还应该需要考虑以下几个问题。

1）稳定性和可靠性：即系统的各个环节能够可靠、稳定地工作。平均无故障工作时间、故障率、失效率、平均寿命、抗干扰能力等需要在设计时进行考虑。

2）考虑到用户操作方便，提供良好的人机界面。

3）系统结构应规范化、模块化，便于系统维护和故障检修。

4）降低成本，提高系统的性能价格比。

5）具有开放性和兼容性，便于系统的扩展、升级。

6）具有实时和事后数据处理能力，便于现场实时监视和分析设备运行状态及工艺参数指标。

基于以上这些考虑，在设计工业检测系统时，应当遵循以下几个原则：

1. 环节最少原则

将检测系统的独立元件或单元称为环节。开环检测系统的相对误差为各个环节的相对误差之和，环节越多，带来误差的可能性就越大。因此在设计检测系统时，应尽量使用更少的环节来满足测量要求。

2. 精度匹配原则

要求构成检测系统的各个环节的精度要匹配，要根据不同环节对检测系统整体精度的影响合理的选择不同环节的精度。

3. 经济性原则

在检测系统设计过程中，要处理好所要求的精度与仪表制造成本之间的矛盾。在满足精度要求的情况下，要尽量采用稳定、可靠、经济实惠的仪表。必要时，可以采用软件来代替硬件设备以降低成本、提高精度、拓展功能。

4. 标准化与通用性原则

为了缩短设计周期，便于仪表的采购和维护，在设计中应尽量采用标准仪表。

11.1.2　工业检测系统的设计方法

1. 系统总体设计方法

（1）自顶向下的设计方法

先从总体到局部、再到细节。先考虑整体目标，明确任务，把整体分解为多个子任务，并充分考虑各子任务之间的联系。这种方法适合大系统的设计，设计任务一般由多人完成。

（2）自底向上的设计方法

为了完成某个检测任务，可以利用现有的模块、仪器，综合成一个满足要求的系统。这种系统虽然未必是最简单、最优化的方案，但只要能完成检测任务，仍不失为快速、高效解决问题的方法。这种方法更适合手里已经有部分设备，需要添加一些设备，或对现有检测系统进行改造时所采用。一般适合小系统的设计与改造。

2. 软硬件结合的设计方法

现代检测系统一般都有硬件系统和软件系统，在系统设计时要充分考虑软硬件的特点，以使系统获得最佳的性能和最好的性价比。

检测系统中软件和硬件的特点可以归纳为以下几点：

1）软件可完成许多复杂运算，修改方便，但速度比硬件慢。

2）硬件成本高，组装起来以后不易改动。多使用硬件可以提高仪器的工作速度，减轻软件负担，但结构较复杂。

3）使用软件代替部分硬件会简化仪器结构，降低硬件成本，但同时也增加了软件开发的成本。大批量投产时，软件的易复制性可以降低成本。

在系统设计时设计人员需根据具体问题，分配软件和硬件的任务，决定系统中哪些功能由硬件实现，哪些功能由软件实现，确定软件和硬件的关系。在检测系统软硬件设计时，还可以根据实际情况考虑以下两种设计方法：

（1）硬件软件化的设计方法

为降低硬件成本，将某些硬件功能用软件实现。例如，计数器、运算器、补偿器等硬件设备所具有的功能可用软件完成，从而节省了硬件设备。但是硬件软化后运行速度比硬件低得多。对于性能指标要求不是很严格的检测系统，硬件软件化后可节省一定的成本，但会增加软件编程的负担。这需要在系统性能、成本和编程工期及程序稳定性等方面进行综合考虑。

（2）软件硬件化的设计方法

近年来随着半导体技术的发展，又出现了“软件硬件化”的趋势，即将软件实现的功能用硬件实现。其中最典型的是数字信号处理芯片 DSP。过去进行快速傅里叶变换都用软件程序实现，现在利用 DSP 进行 FFT 运算，可以大大减轻软件的工作量，提高信号处理速度。如果增加少量的硬件成本，能使软件编程的工期大大缩短、提高程序稳定性，则在系统设计时可以考虑“软件硬件化”。

11.2　工业检测系统的设计步骤

工业检测系统的设计步骤一般包括：系统功能分析、系统总体方案设计、系统硬件设计、系统软件设计、系统集成与调试等。

1. 系统功能分析

系统功能分析主要是确定检测系统的设计任务、详细功能和技术指标，是设计检测系统总体方向的重要阶段，主要是对要设计的系统运用系统论的观点和方法进行全面的分析和研究，以便明确设计任务有哪些要求和限制，了解被测对象的特点、所要求的技术指标和使用条件等。

（1）首先明确检测系统必须实现的功能和需要完成的测量任务

这包括被测参数的定义和性质、被测量的数量、输入信号的点数、测量结果的输出形式等。通常，工业检测系统中被测参数一般有温度、压力、流量、液位、成分等。测量不同的参数需要采用不同的测量原理，选用不同的测量仪表；即使测量同样的参数，有时也需要根据现场情况选择不同的测量方法。例如，对于液位的测量，就有接触测量和非接触测量，需要根据被测液体的性质，精度的要求，安装的便利性等进行充分考虑。

（2）了解设计任务所规定的性能指标

为了明确设计目标，应当了解对被测参数的测量精度、测量速度、极限变化范围和常用测量范围、分辨率、动态特性、误差等方面的要求，以及对仪表的检测效率、通用程度和可靠性等的要求。

（3）了解测量系统的使用条件和应用环境

应当了解在规定的使用条件下，存在哪些影响被测参数的其他因素，以便在设计时设法消除其影响。工业环境中使用的测量装置，一般应考虑温度、湿度、电磁干扰等环境条件的影响，一些特殊工业场合还应考虑防尘、防水、防腐蚀、防爆炸等因素。在工业检测系统设计时，还要考虑到现场安装条件、运行条件以及对信号输出形式（显示、记录、远传或报警等）的要求。

2. 系统总体方案设计

在对检测系统进行分析的基础上，明确设计目标之后，即可进行总体方案的构思与设计。对检测系统带有全局性的重要问题进行全面考虑、分析、设计和计算。总体设计包括系统的控制方式选择、输入输出通道及外围设备的选择、系统结构的选择等几方面。

（1）确定系统的控制方式

工业检测系统的控制方式需要根据被测对象的检测要求确定，按照实现方式可分为：手动控制、自动控制和半自动控制。被测对象在测试过程中无需人工干预的宜采用自动控制方式；而在检测过程中需要人工干预，如扳动开关、转接负载等，可采用半自动方式。在维修过程中，可能需要针对某一特定内容逐步检测时，手动控制方式是十分必要的。

（2）输入、输出通道及外围设备的选择

目前工业检测系统一般与PLC、DCS以及工业计算机等设备相连，通常需要被测参数的数量来确定输入、输出通道的数量、确定PLC、DCS以及工业计算机的性能指标和具体型号，以及适当的外围设备，如打印机、液晶显示器等。选择这些设备时应考虑以下一些问题：

1）被测对象（检测点）的数量。

2）各输入、输出通道是串行操作还是并行操作。

3）各通道的数据传输速率。

4）对显示、记录、报警及打印的要求。

（3）系统结构的设计

工业检测系统的结构设计一般指机箱的设计，需要综合考虑散热、电磁兼容性、防冲击、维护性等。具体要求如下：

1）充分贯彻标准化、通用化、系列化、模块化的要求。

2）人机关系协调，符合有关人际关系标准，使操作者操作方便、舒适、准确。

3）系统要具有良好的维护性，需要经常维修的单元要有良好的可拆卸性。

4）结构要满足强度要求、防尘、防水等要求。

5）造型协调、美观、大方、色彩怡人。

（4）画出系统原理框图

基于以上方案选择之后，要画出一整套完整的检测系统原理框图；其中包括各种传感器、变送器、外围设备、输入输出模块及 PLC 或 DCS 及微型计算机等。它是整个系统的总体，要求简单、清晰、明了。

3. 系统硬件设计

系统硬件的设计主要完成三个内容：

（1）详细硬件设备的选型和预算

比如传感器、变送器、配电器和 PLC 设备的具体品牌、型号的确定及相应价格的计算。

（2）详细设计图样的绘制、机箱结构图样及安装图样的绘制。

主要包括传感器、变送器、配电器、PLC 及 DCS 模块的详细接线图、系统供电图、机箱尺寸及开孔图、详细安装图的设计。

（3）系统布线安装

系统的布线安装主要是根据详细的电气图样和结构图样进行传感器、配电器、显示仪表等设备的布线和安装。

4. 系统软件设计

系统的软件设计和硬件设计在一定程度上可并行进行，当完成系统详细图样的绘制后，便可进行软件设计工作。

软件设计的质量直接关系到系统的正确使用和效率。一个好的软件应具有正确性、可靠性、可测试性、易使用性及易维护性等多方面的性能。

（1）软件的总体结构

当明确软件设计的总任务之后，即可进入软件总体结构设计。一般采用模块化结构，自顶向下把任务从上到下逐步细分，一直分到可以具体处理的基本单元为止。模块的划分有很大的灵活性，但也应遵循一定的原则：

1）每个模块应具有独立的功能，能产生明确的结果。

2）模块之间应尽量相互独立，以限制模块之间的信息交换，便于模块的调试。

3）模块长度适中。

（2）软件开发平台的选择

对于工业检测系统，下位机若采用 PLC 或 DCS 则选择相应品牌的 PLC 或 DCS 配套的编程软件进行程序开发，如西门子的 S7－200PLC 采用 STEP7 Win32 软件，西门子 S7－300、

S7-400 则采用 STEP7 软件，AB PLC 则相应采用 LOGIX 5000 系列编程软件。上位机一般采用组态软件作为软件平台，常用的组态软件有组态王、WinCC、iFIX、InTouch、RSView、力控、MCGS 等。一般可以根据甲方的要求、硬件的品牌、软件的价格或使用熟练程度进行选择。对于特殊的应用环境可采用 VC、C#、VB、Delphi 等高级语言进行程序开发。

（3）软件程序设计

软件程序的设计一般采用“自顶向下”的方法，不管检测系统功能如何复杂，分析设计工作都能有计划有步骤地进行。并且为了使程序便于编写、调试和排除错误，也为了便于检验和维护，总是设法把程序编成一个个结构完整、相对独立的程序段，构造一个个的程序模块。在编写程序模块时为了简便、易懂、提高效率，应遵循以下原则：

1）模块数量适中、模块功能独立。

2）对每一个模块给出具体定义和注释，包括模块的功能、输入输出变量的意义及输入输出值的类型和范围。

3）可利用已有的成熟模块，如一些简单的数学函数、定时、计数、显示程序等。

4）程序中只有循环、顺序、分支三种基本程序结构。

（4）软件程序的调试

软件程序的调试也是先按模块分别调试，直到每个模块的预定功能完全实现，然后再进行整体调试。工业检测系统的软件不同于一般的办公软件和数据库软件，软件和硬件密切相关，因此在调试时必须软硬件结合。

5. 系统集成与调试

工业检测系统不同于单独功能的检测装置，一般用于工业生产并与工业自动化系统相结合，系统软硬件设计完成后，需要对硬件设备进行现场安装、软硬件的空载运行调试和带载运行调试，以最终满足工业生产的需求。

11.3 工业检测系统的抗干扰技术

在工业检测及自动化控制系统中，常常会因为各种各样的干扰导致检测参数不准确或失常。很多从事自动化仪表的人员都会有这样的经历，当把经过千辛万苦安装和调试好的设备投入工业现场进行运行时，却不能够正常工作。为什么在实验调试时很好，到了现场就不行呢，原因就是在生产现场的工业环境中有强大的干扰，检测系统没有采取抗干扰措施，或者措施不力。当然，还有其他原因，比如设计本身的不完善，或者在运输安装过程中设备有所损坏，布线不规范等，但这类原因可以比较容易发现并迅速改正。因此，抗干扰技术对于检测系统来讲是非常重要的。

11.3.1 检测系统干扰的来源

检测系统的干扰，来源于检测环境和其他因素等，系统内外的干扰以某种渠道和方式进入检测系统，可使数据受干扰、检测结果误差加大、程序运行失常，严重时甚至使检测系统不能正常工作。总体说来检测系统的干扰主要分为两种：

1. 外部干扰

外部干扰指那些与系统结构无关，而是由外界环境因素决定的，主要是空间电与磁的影响，环境温度，湿度等气象条件也是外来干扰。外部干扰的主要来源有：电源电网的波动、大型用电设备（如天车吊、电炉、大电动机、电焊机等）的启停、高压设备和电磁开关的电磁辐射、传输电缆的共模干扰等。

2. 内部干扰

内部干扰则是由系统结构、制造工艺等决定的。内部干扰主要有：系统的软件干扰、分布电容或分布电感产生的干扰、多点接地造成的电位差给系统带来的影响等。长线传输的波反射，多点接地的电位差，元器件产生的噪声也属于内部干扰。

11.3.2　干扰的作用途径

检测系统的干扰主要通过以下6个途径进行传播：

1. 传导耦合

干扰由导线进入电路中称为传导耦合。在信号传输过程中，当导线经过具有噪声的环境时，有用信号就被噪声污染，并经过导线传送到检测系统而造成干扰。电源线、输入输出信号线都是干扰经常窜入的途径。事实上，经电源线引入检测系统的干扰是非常广泛和严重的。

2. 静电耦合

干扰信号通过分布电容进行传递称为静电耦合。系统内部各导线之间，印制电路板的各线条之间，变压器线匝之间及绕组之间以及元件之间、元件与导线之间都存在着分布电容。具有一定频率的干扰信号通过这些分布电容提供的电抗通道穿行，对系统形成干扰。图11-1所示为静电耦合等效电路，U_1 表示静电干扰源输出电压，C_m 表示静电耦合的分布电容，Z_i 表示被干扰检测系统的等效输入阻抗，U_2 表示被干扰检测系统的静电耦合干扰电压。

3. 电磁耦合

电磁耦合是指在空间磁场中电路之间的互感耦合。因为任何载流导体都会在周围的空间产生磁场，而交变磁场又会在周围的闭合电路中产生感应电势，所以这种电磁耦合总是存在的，只是程度强弱不同而已。例如，在检测系统内部线圈或变压器漏磁是对临近电路的一种很严重的干扰；在检测系统外部当两根很长的导线在较长一段区间内平行架设时，也会产生电磁耦合干扰。图11-2为电磁耦合干扰的等效电路。图中 I_1 表示噪声源电流，M 表示两个电路之间的互感系数，U_2 表示通过电磁耦合感应的干扰电压。

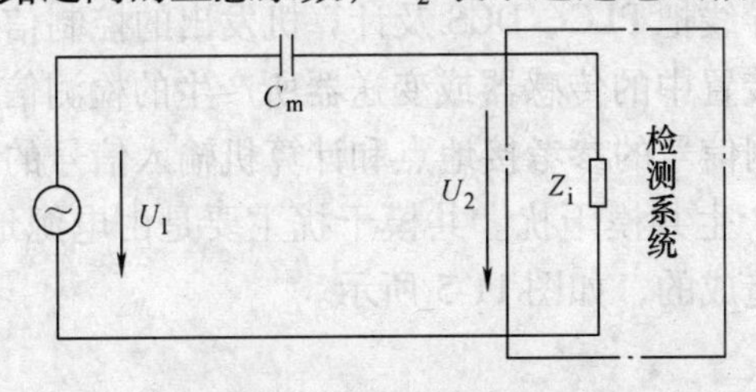

图11-1　静电耦合等效电路

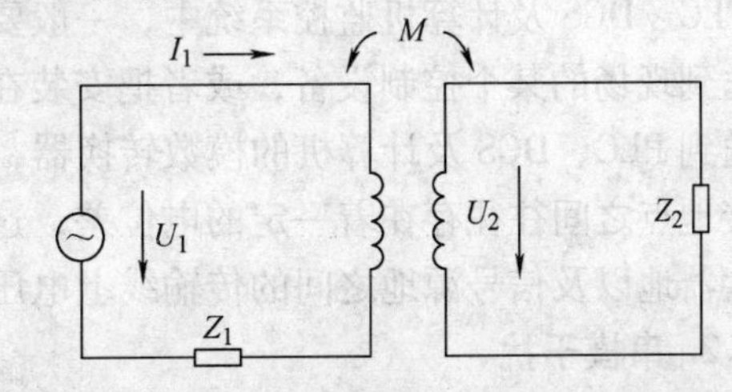

图11-2　电磁耦合干扰的等效电路

4. 公共阻抗耦合

公共阻抗耦合是指多个电路的电流流经同一公共阻抗时所产生的相互影响。例如，系统中往往是多个电路共用一个电源，各电路的电流都流经电源内阻和线路电阻，电源内阻和线路电阻就成为各电路的公共阻抗。每一个电路的电流在公共阻抗上造成的压降都将成为其他电路的干扰信号。如图 11-3 所示。

5. 漏电流耦合

漏电流耦合是由于绝缘不良，由电流绝缘电阻的漏电流所引起的噪声干扰。漏电流耦合的等效电路如图 11-4 所示，U_1 表示干扰源输出电压，R 表示漏电阻，Z_i 表示被干扰检测系统的等效输入阻抗，U_2 表示被干扰检测系统的漏电流耦合干扰电压。

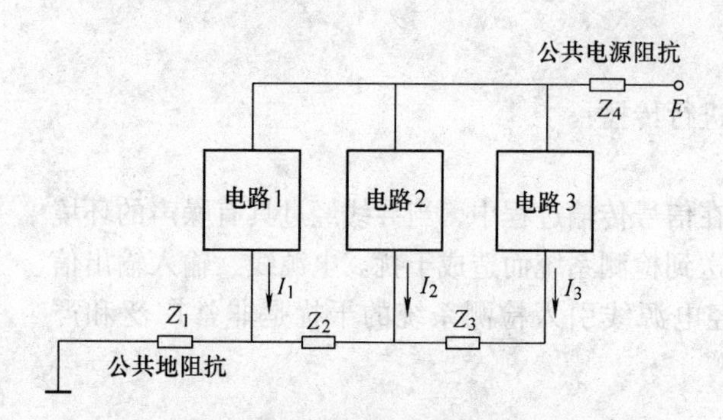

图 11-3　公共阻抗耦合等效电路

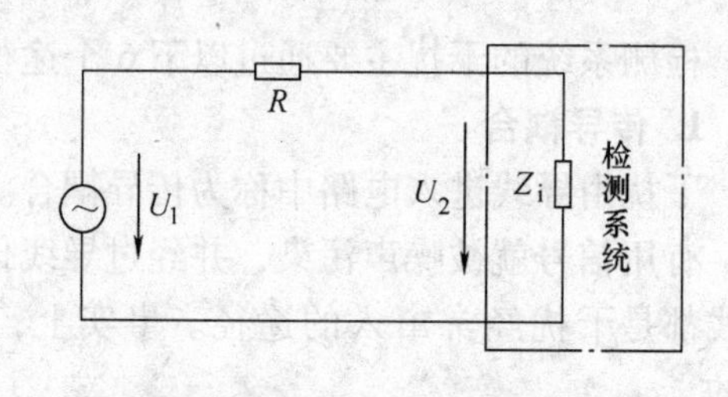

图 11-4　漏电流耦合的等效电路

6. 辐射电磁场耦合

工业现场的辐射电磁场通常来源于大功率的高频电气设备（如变频、高频硅整流设备等），其次大功率的发射电台也是电磁辐射的干扰源。配电线特别是架空线都将在辐射电磁场中感应出电动势，并通过供电线路侵入检测系统，造成干扰。

11.3.3　干扰的作用形式

各种干扰信号通过不同的耦合方式进入系统后，按照对系统的作用形式又可分为共模干扰和串模干扰。

1. 共模干扰

共模干扰是在电路输入端相对公共接地点同时出现的干扰，也称为共态干扰、对地干扰、纵向干扰、同向干扰等。所谓共模干扰是指 A-D 转换器两个输入端上共有的干扰电压。在 PLC、DCS 及计算机监控系统中，一般要用长导线把 PLC、DCS 及计算机发出的控制信号传送到现场的某个控制设备，或者把安装在某个装置中的传感器或变送器所产生的检测信号传送到 PLC、DCS 及计算机的模数转换器，而被测信号的参考接地点和计算机输入信号的参考接地点之间往往存在着一定的电位差，这就会产生共模干扰。共模干扰主要是由电源地、放大器地以及信号源地之间的传输线上电压下降造成的，如图 11-5 所示。

2. 串模干扰

串模干扰是指串联叠加在工作信号上的干扰，也称之为正态干扰、常态干扰、横向干扰等。共模干扰对系统的影响也是转换成串模干扰的形式作用的。串模干扰是指叠加在被测信号上的干扰噪声。被测信号是指有用的直流信号或缓慢变化的交变信号，而干扰噪声是指无用的变化较快的杂乱交变信号。串模干扰的示意图如图 11-6 所示。

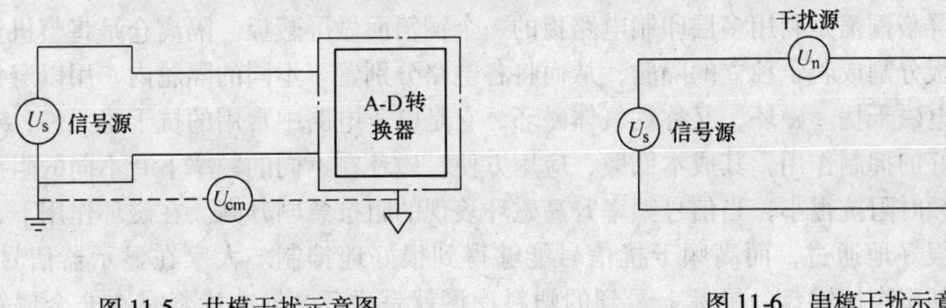

图 11-5　共模干扰示意图　　图 11-6　串模干扰示意图

11.3.4　抗干扰技术

干扰的形成必须同时具备三个要素，即干扰源、干扰途径及对噪声敏感性较高的接收电路（仪表及检测装置的前级电路），三者的关系如图 11-7 所示。

根据干扰形成的机理，我们可以针对这三个要素采取措施，切断或削弱干扰作用于检测系统的某一要素即可消除或减少干扰。

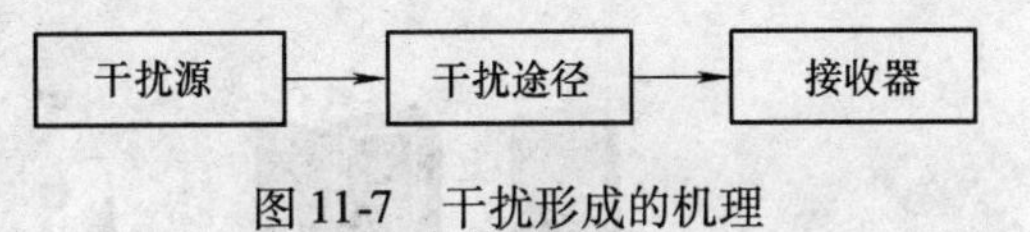

图 11-7　干扰形成的机理

（1）消除或抑制干扰源

消除干扰源是从根本上消除干扰的来源，是最积极的抗干扰措施，如使产生干扰的电气设备远离检测装置；将整流电动机改为无刷电动机；在继电器、接触器等设备上增加消弧措施，变频设备的输出加输出电抗器等。

（2）破坏干扰的途径

对以“路”的形式入侵的干扰，可采取提高绝缘性能；采用隔离变压器、光电耦合器等切断干扰的途径；采用退耦、滤波等手段引导干扰信号的转移；改变接地形式消除共阻抗耦合的干扰途径等。对于以“场”的形式侵入的干扰，一般采取各种屏蔽措施，如静电屏蔽、磁屏蔽、电磁屏蔽等。

（3）削弱接收回路对于干扰的敏感性

高输入阻抗的电路比低输入阻抗的电路易受干扰，模拟电路比数字电路抗干扰能力差。一个设计良好的检测装置应该具备对有用信号敏感，对干扰信号尽量不敏感的特性。

在工业检测系统中，主要通过屏蔽、接地、隔离、合理布线、灭弧、滤波、软件抗干扰等措施抑制电磁干扰。

1. 电磁屏蔽与信号传输

（1）电磁屏蔽

电磁屏蔽是抗电磁干扰技术的主要措施之一。即用金属屏蔽材料将电磁干扰源封闭起来，使其外部电磁场强度低于允许值的一种措施；或用金属屏蔽材料将电磁敏感电路封闭起来，使其内部电磁场强度低于允许值的一种措施。电磁屏蔽可以显著地减小静电耦合和互感耦合，降低受扰电路的干扰与噪声的敏感度，在工业检测系统设计中，屏蔽技术被广泛使用。

常用的屏蔽结构形式主要有屏蔽罩、屏蔽栅网、屏蔽铜箔、隔离仓、磁环和导电涂料等。屏蔽罩一般用无孔的金属薄板制成，例如，封闭的电气机柜外壳就是一个屏蔽罩。屏蔽栅网一般用金属编织网或有孔的金属薄板制成，例如，常用的屏蔽电缆的屏蔽层一般由编制的铜网制成。屏蔽铜箔是利用多层印制电路板的一个铜箔面做屏蔽板。隔离仓是将整机金属箱体用金属薄板分割成若干独立的隔舱，从而将各电路分别置于不同的隔舱内，用以避免各个电路之间的电磁干扰。磁环，又称铁氧体磁环，它是电子电路中常用的抗干扰元件，对于高频噪声有很好的抑制作用，其成本低廉，应用方便。磁环在不同的频率下有不同的阻抗特性，一般在低频时阻抗很小，当信号频率升高磁环表现的阻抗急剧升高。在磁环作用下，有用的信号能够很好地通过，而高频干扰信号能够得到很好地抑制。大家在显示器信号线、USB 连接线、甚至高档键盘、鼠标上看到的塑料疙瘩就是磁环。导电涂料是在非金属箱体的内外喷涂一层金属涂层。

屏蔽材料一般分为电场屏蔽和磁场屏蔽材料两类。电场屏蔽一般采用电导率较高的铜、铝、银等金属材料，其作用是以辐射衰弱为主。磁场屏蔽材料一般采用磁导率较高的磁材料（如铁、钴、镍等），其作用主要是以辐射的吸收衰减为主。因此可以采用多种不同材料制成多层屏蔽结构，达到电磁屏蔽的目的。常用的电磁屏蔽设备及材料如图 11-8 所示。

图 11-8　常用的电磁屏蔽设备及材料

（2）双绞线传输

对从现场的传感器或变送器输出的模拟电流或电压信号进行远传时，通常采用两种屏蔽线进行传输。抑制电磁感应干扰应采用双绞线，其中一根作为屏蔽线，另一根作为信号传输线；抑制静电感应干扰应采用金属网状编制的屏蔽线，金属网做屏蔽层，芯线用于传输信号。双绞线、屏蔽线及屏蔽双绞线实物图如图 11-9 所示。

双绞线对外来磁场干扰引起的感应电流示意图如图 11-10 所示。图中双绞线回路的箭头表示感应磁场的防线。i_c 为干扰信号 Ⅰ 的干扰电流，i_{s1}、i_{s2} 为双绞线 Ⅱ 和 Ⅲ 中的感应电流，M 为干扰信号线 Ⅰ 和双绞线 Ⅱ、Ⅲ 之间的互感系数。由图 11-10 可知，由于双绞线中的感应电流 i_{s1}、i_{s2} 的方向相反，感应磁场引起的干扰电流相互抵消。只要两股导线长度相等，特性阻抗及输入、输出阻抗完全相同时，可以得到最佳的抑制干扰效果。把信号输出线和返回线两根导线拧合，其扭绞节距的长度与导线的线径有关，线径越细，节距越短，抑制电磁感应干扰的效果越明显。

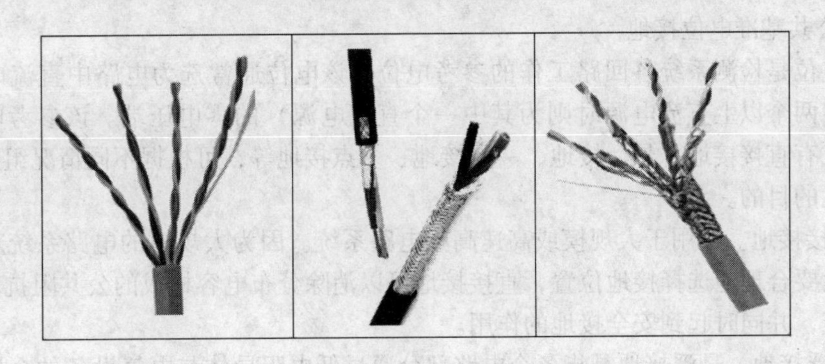

图 11-9　双绞线、屏蔽线及屏蔽双绞线

双绞线具有消除电磁感应干扰的作用，但两股导线之间存在较大的分布电容，因而对静电干扰几乎没有抵抗能力。

（3）屏蔽线及电缆传输

屏蔽线是在单股导线的绝缘层外罩以金属编织网或金属薄膜（屏蔽层）构成，常用的视频传输电缆就是屏蔽线的一种，如图 11-11 所示。

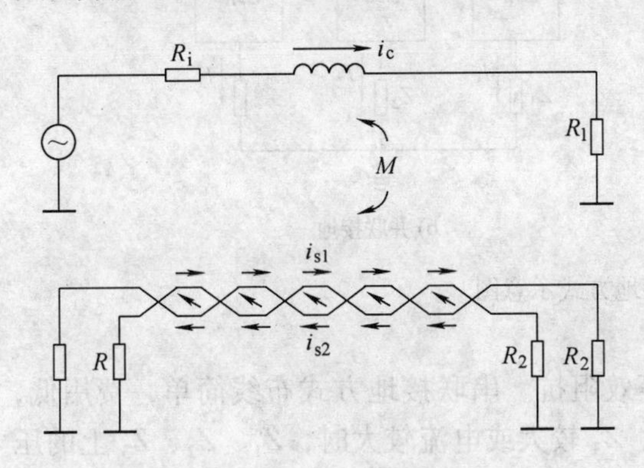

图 11-10　双绞线对外来磁场干扰引起的感应电流

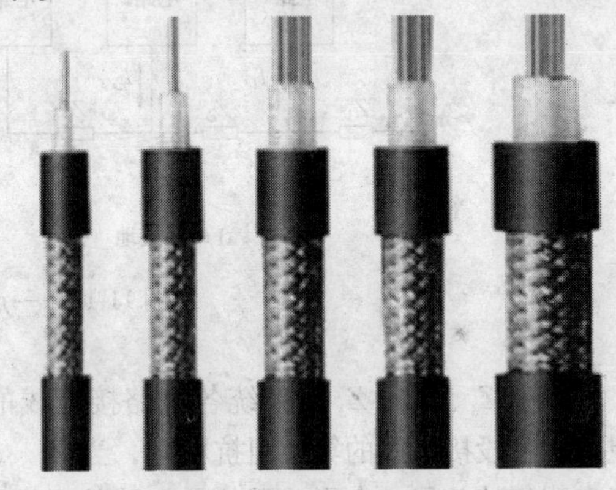

图 11-11　屏蔽线（视频电缆）

屏蔽电缆是将几根绝缘导线合成一束再罩以屏蔽层结构。屏蔽层一般接地，使其信号线不受外部电场干扰的影响。特别需要注意的一点是，屏蔽层的接地应严格遵守一点接地的原则，避免产生地线环路而使信号线中的干扰增大。

2. 接地技术

接地技术是抑制干扰与噪声的重要手段。良好的接地可以在很大程度上抑制系统内部噪声耦合，防止外部干扰的侵入，提高检测系统的可靠性和抗干扰能力。

接地通常有两种含义：一是连接到系统基准地，二是连接到大地。连接到系统基准地是指系统各电路通过低阻抗导体与电气设备的金属地板或金属外壳连接，但并不连接到大地；而连接到大地是指将电气设备的金属地板或金属外壳通过低阻抗导体与大地连接。

针对不同的情况和目的，可采用公共基准电位接地、抑制干扰接地、安全保护接地等方式。

（1）公共基准电位接地

基准电位是检测系统各回路工作的参考电位，该电位通常选为电路中直流电源（当电路系统中有两个以上直流电源时则为其中一个直流电源）的零电压端。该参考电位与大地的连接方式有直接接地、悬浮接地、一点接地、多点接地等，可根据不同情况组合采用，以达到抗干扰的目的。

1）直接接地。适用于大规模或高速高频电路系统。因为大规模的电路系统对地分布电容较大，只要合理地选择接地位置，直接接地可以消除分布电容构成的公共阻抗耦合，有效地抑制噪声，并同时起到安全接地的作用。

2）悬浮接地。悬浮接地是指各个电路部分通过低电阻导体与电气设备的金属地板或金属外壳连接，电气设备的金属底板或外壳是各个回路工作的参考电位即零电位，但不连接大地。悬浮接地的优点是不受大地电流的影响，内部器件不会因高压电感应而击穿。但高压情况要注意操作安全。

3）一点接地。一点接地适用于低频测控系统，可分为串联接地和并联接地两种方式，如图 11-12 所示。

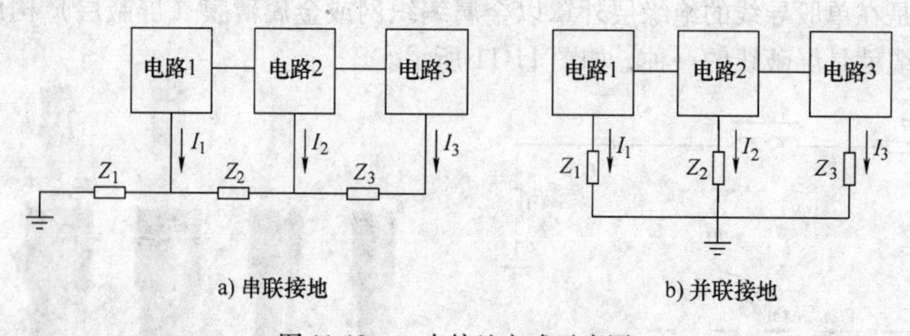

图 11-12　一点接地方式示意图

图中 Z_1、Z_2、Z_3 为系统各电路接地线的等效阻抗。串联接地方式布线简单，费用低，但由于各段接地线的等效阻抗不同，当 Z_1、Z_2、Z_3 较大或电流较大时，Z_1、Z_2、Z_3 上的压降有明显的差异，会影响弱信号电路的正常工作。并联接地方式保证了各电路接地线的等效阻抗相互独立，不会产生公共电阻干扰，但接地线长而多，经济成本高。此外并联接地方式用于高频场合时，接地线间的分布电容的静电耦合比较突出，而当接地线长度为信号 1/4 波长的奇数时，还会向外产生电磁辐射。

4）多点接地。为了降低接地线长度，减小高频时的接地阻抗，可采用多点接地方式。多点接地方式如图 11-13 所示，各个部分电路都有独立的接地连接，连接阻抗分别为 Z_1、Z_2、Z_3。

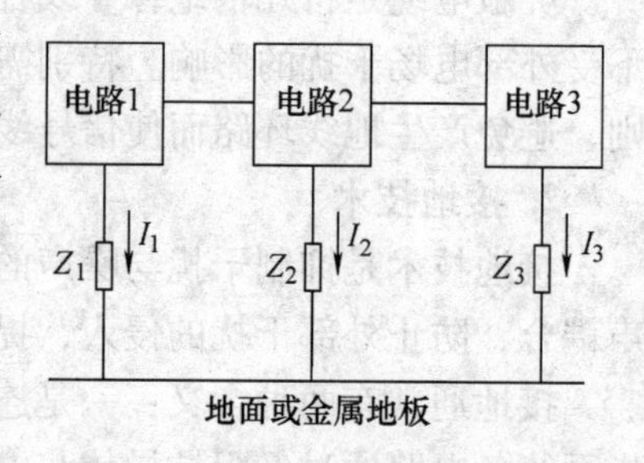

图 11-13　多点接地方式示意图

（2）抑制干扰接地

电气设备的某些部分与大地相连可以起到抑制干扰的作用。例如，金属屏蔽侧接地可以避免电荷积累引起的静电效应，抑制变化电厂的干扰；大功率电路的接地可减小对其他电路的电磁冲击干扰；大型电子设备通常具有很大的对地分布电容，合理选择接地点可以削弱分布电容的影响等。

抑制干扰接地的具体连接方式有部分接地、全部接地、一点接地与多点接地、直接接地与悬浮接地等多种方式。实际使用中，应根据不同的现场情况，通过现场实验，选择一种或几种接地方式。

（3）安全保护接地

电气设备的绝缘因机械损伤、过电压或者自身老化等原因被破坏而导致绝缘性能大大降低时，设备的金属外壳、操作部位等出现较高的对地电压，危及操作维修人员安全。

将电气设备的金属地板或金属外壳与大地连接，可消除触电危险。进行安全接地连接时，必须确保较小的接地电阻和可靠地连接方式，防止日久失效。此外，要确保独立接地，即将接地线通过专门的低阻抗导线与最近处的大地连接。

3. 隔离技术

隔离就是把电路上的干扰源和易受干扰的部分分开，使检测系统与现场仅保持信号联系，不产生直接的电气联系。隔离的实质是把引入的干扰通道切断，从而达到隔离现场干扰的目的。隔离技术通常有光电隔离、变压器隔离、继电器隔离等。

（1）光电隔离

光电隔离是利用光电耦合器完成信号的传送，实现电路的隔离，如图 11-14 所示。根据所用的器件及电路不同，通过光电耦合器既可以实现模拟信号的隔离，更可以实现数字量的隔离。注意，光电隔离前后两部分电路应分别采用两组独立的电源。

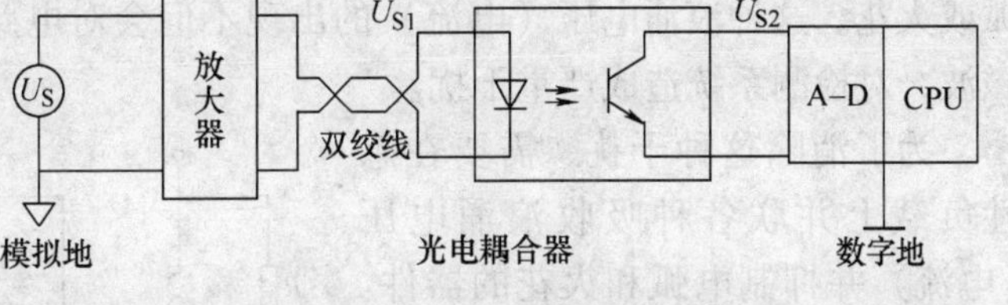

图 11-14　光电隔离原理图

光电耦合器有以下几个特点：首先，由于是密封在一个管壳内，不会受到外界光的干扰。其次，由于是通过光传送信号，切断了各部件电路之间地线的联系。第三，发光二极管动态电阻非常小，而干扰源的内阻一般很大，能够传送到光电耦合器输入端的干扰信号变得很小。第四，光电耦合器的传输比和晶体管的放大倍数相比，一般很小，其发光二极管只有在通过一定的电流时才发光，如果没有足够的能量，仍不能使发光二极管发光，从而可以有效地抑制干扰信号。

（2）变压器隔离

它是利用变压器把模拟信号电路与数字信号电路隔离开来，也就是把模拟地与数字地断开，以使共模干扰电压不成回路，从而抑制了共模干扰。注意，隔离前和隔离后应分别采用两组互相独立的电源，切断两部分的地线联系，如图 11-15 所示。

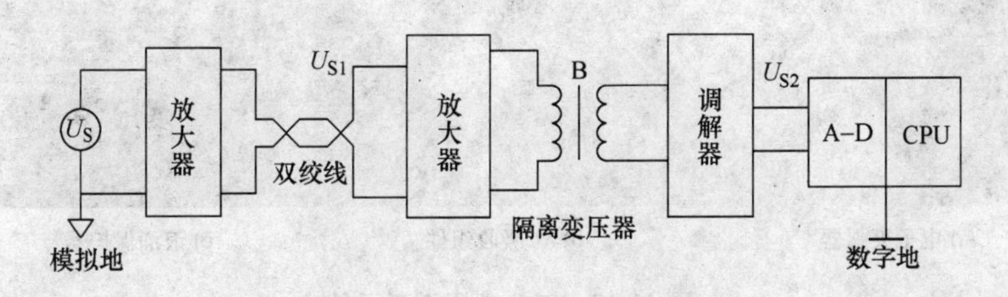

图 11-15　变压器隔离原理图

在工业检测系统中，现场采集的传感器及变送器的模拟信号，一般通过信号隔离模块进行隔离后进入 PLC、DCS 及计算机系统。信号隔离模块就是根据变压器隔离或光耦隔离的原理制成的，常用的信号隔离模块外形图及接线图如图 11-16 所示。

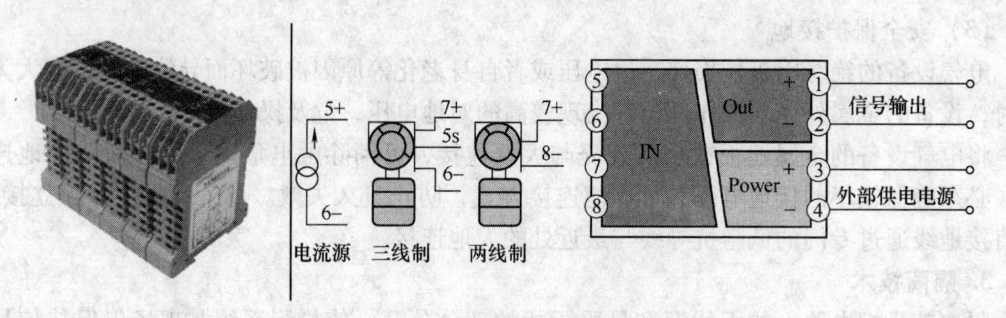

图 11-16　信号隔离模块外形图及接线图

4. 灭弧技术

当接通或断开继电器、接触器线圈、电动机绕组等感性负载时，由于磁场能量的突然释放会在电路中产生比正常电压（电流）高出很多倍的瞬时电压（电流），并在切断处产生电弧或火花。这种浪涌电压（电流）的出现不但会对电路器件造成损伤，而且会向外辐射电磁波，对检测系统造成严重干扰。

为了消除这种干扰，需要在感性负载上并联各种吸收浪涌电压（电流）并抑制电弧和火花的器件。通常这些器件称为灭弧元件，常用的灭弧元件有 RC 吸收回路、泄放二极管 VD、硅堆整流器 V_R、压敏电阻 R_V、雪崩二极管 V_S 等。

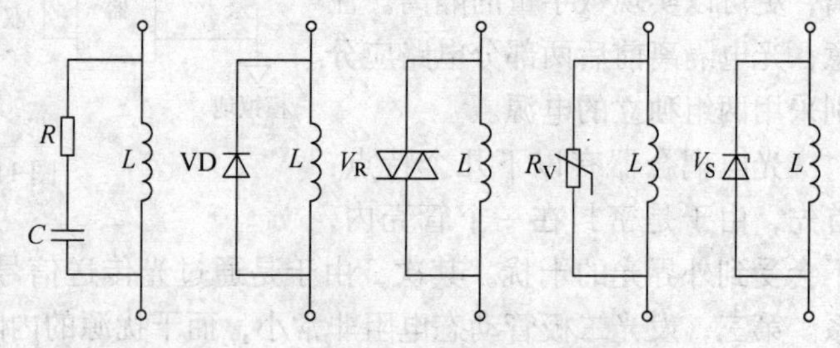

图 11-17　常用灭弧元件连接电路图

工业检测系统中常用的电子灭弧器、RC 吸收组件、浪涌保护器如图 11-18 所示。

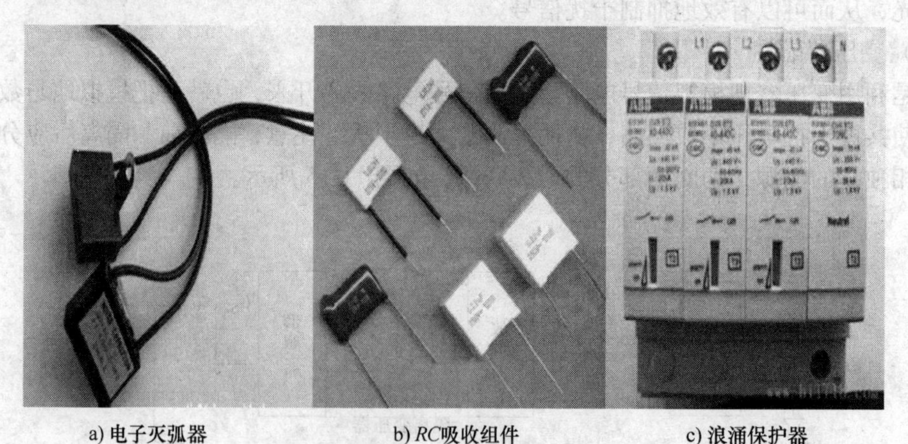

a) 电子灭弧器　　b) RC吸收组件　　c) 浪涌保护器

图 11-18　工业常用灭弧元件

5. 电源滤波技术

工业上绝大多数检测系统的电源都是380/220V交流电源或24V直流电源。检测系统的干扰至少有1/3是通过电源进入检测系统的，因此电源滤波与抑制干扰技术就显得至关重要。

（1）交流干扰的抑制

在交流电网中，大容量设备的通断、瞬间过电压及欠电压对电网的冲击都会产生很大的电磁干扰。因此对于检测系统的交流供电电源，必须采取有效的抗干扰措施，才能抑制干扰从交流电源进入检测系统，保证电子设备正常工作。抑制电网干扰的措施可采用线路滤波器、隔离变压器等。

线路滤波器是一个交流电源滤波器，原理电路如图11-19所示。图中L_1、L_2为共模扼流圈，具有抑制低频共模干扰的作用；电容C_1具有抑制差模干扰的作用；C_2、C_3具有抑制高频共模和差模干扰的作用；这种滤波器不仅能阻止来自电网的干扰进入电源，还能阻止电源本身的干扰返回到电网。

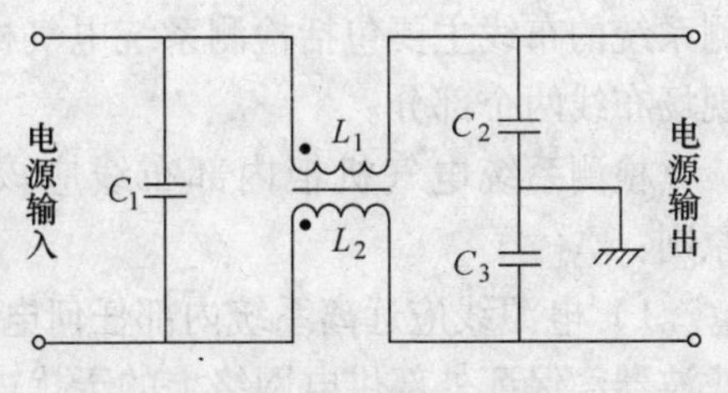

图11-19　交流电源滤波器

隔离变压器是抑制电源干扰的有效装置，隔离变压器的作用有两个：其一是防止浪涌电压和尖峰电压直接窜入而损坏系统；其二是利用其屏蔽层阻止高频干扰信号窜入。为了阻断高频干扰经耦合电容传播，隔离变压器设计为双屏蔽形式，一、二次绕组分别用屏蔽层屏蔽起来，两个屏蔽层分别接地。这里的屏蔽为电场屏蔽，屏蔽层可用铜网、铜箔或铝网、铝箔等非导磁材料构成。

工业上常用的交流电源滤波器和隔离变压器如图11-20所示。

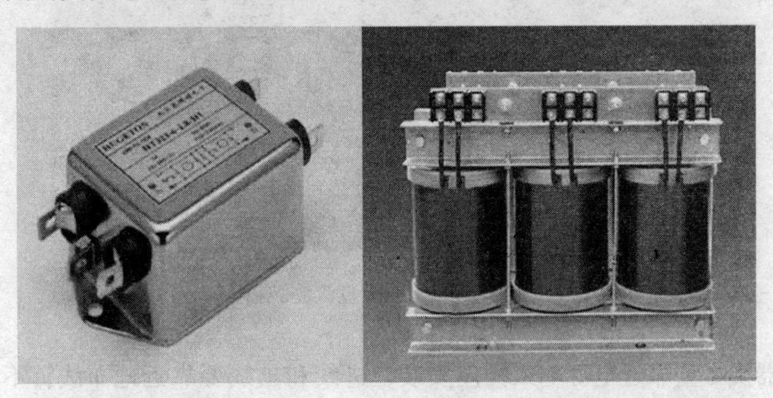

a) 交流电源滤波器　　b) 隔离变压器

图11-20　电源干扰抑制装置

电源滤波器和隔离变压器的使用非常简单，图11-21给出了电源滤波器的接线示意图。

（2）直流电源干扰的抑制

在检测系统中，直流电源一般为几个电路所共用，为了避免电源内阻引起几个电路之间的相互干扰，应在每个电路的直流电源上采用共模和差模滤波电路。下面介绍了一种工业级直流滤波器。该直流滤波器采用共模、差模滤波电路，专为抑制沿直流电源线传导的电磁干扰而设计，优异的共模、差模干扰抑制特性，小尺寸，结构紧凑，安装方便。端接方式可选：引线，焊片，螺柱等。广泛应用于 DC/DC 开关变换装置及使用直流电源的各类电子设备中。该系列滤波器额定电流从 1～100A，可为各种功率大小的直流供电设备配套，解决设备电磁干扰和电磁兼容方面的问题。其外形如图 11-22 所示。

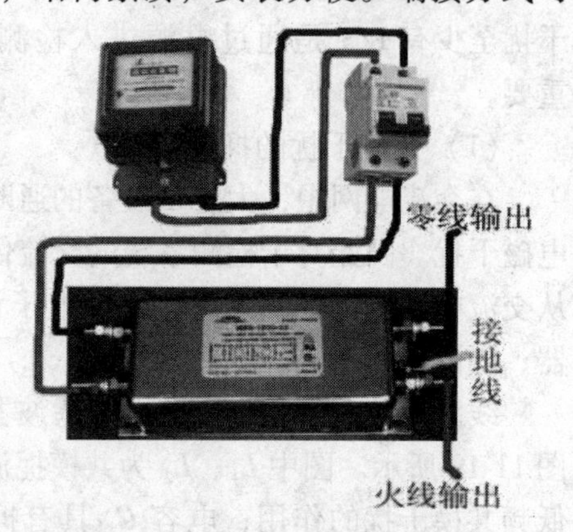

图 11-21　电源滤波器接线示意图

6. 布线技术

合理布线是抗干扰技术的重要内容之一。工业检测系统的布线主要包括检测系统电气机柜内部布线和现场布线两个部分。

检测系统电气机柜内部布线应该遵循以下几个原则：

1）电源线应远离系统内部任何电缆线，且应该在靠近入口就近安装隔离变压器和电源滤波器，保证外部供电网络上的干扰进入到机柜中。

图 11-22　工业级直流滤波器

2）滤波器要尽量靠近电源输入插座安装，进线和出线要靠近地布线，不能平行走线，且滤波器的输入电源线要远离输出电源线，不要靠在一起，避免干扰重新耦合到电源线上。

3）重要部件如数控系统的交流电源应采用低通滤波器，减少工频电源上的高频干扰信号。如果有条件的话，数控系统内部的伺服电动机驱动器、变频器、计算机及控制电路的电源可分别用 3 个滤波器，这样不仅能抑制外部电源干扰，还能抑制各部分之间的相互干扰。但务必注意的是滤波器输出和输入线必须分清楚，否则滤波器可能会没有用。

4）注意机柜内的走线，强电信号线和弱电信号线不要在一个线槽内走线，也不要靠的太近。

5）各屏蔽电缆进入机柜的入口处，屏蔽层要接地。

现场布线应该遵循以下几个原则：

1）强电信号和弱电信号尽量分槽敷设，如在一个电缆沟内敷设电缆，强电电缆和弱电电缆要保持 20cm 以上的间距。

2）4～20mA 或 1～5V 的检测信号要使用屏蔽电缆，且每个信号点要单独使用一根 2 芯屏蔽电缆。通常检测系统使用的传感器及变送器信号屏蔽电缆有 RVVP 2×1.0 和 KJCP 2×1.0 两种。

3）屏蔽电缆单端接地，如果机柜入口屏蔽电缆屏蔽层已经接地，那么在传感器及变送器的接线端，屏蔽线的屏蔽层不能重复接地。

4）信号电缆避免断点续接，从现场仪表到机柜的电缆最好是一整根电缆。

7. 软件抗干扰技术

由于经济和技术等因素，在数据采集通道，尽管采取了一些必要的抗干扰措施，但在数据传输过程中仍然会有一些干扰侵入系统，造成采集的数据不准确形成误差，严重时可能导致检测系统的程序陷入死循环、跑飞。对于程序偶尔陷入死循环、跑飞等状况可以通过看门狗（Watchdog）技术得到一定解决，对于采集的数据不准确可以采用数字滤波技术进行解决。

数字滤波是提高数据采集系统可靠性最有效的方法。所谓数字滤波，就是通过一定的计算或判断程序减少干扰在有用信号中的比重。数字滤波克服了模拟滤波器的不足，它与模拟滤波器相比，有以下几个优点：

1）数字滤波是用程序实现的，不需要增加硬设备，所以可靠性高，稳定性好。

2）数字滤波可以对频率很低（如 0.01Hz）的信号实现滤波，克服了模拟滤波器的缺陷。

3）数字滤波器可根据信号的不同，采用不同的滤波方法或滤波参数，具有灵活、方便、功能强的特点。

检测系统中常用的数字滤波方法有以下几种：

（1）限幅滤波法

限幅滤波法是把两次相邻的采样值相减，求出其增量（以绝对值表示），然后与两次采样允许的最大差值（由被控对象的实际情况决定）ΔY 进行比较。若小于或等于 ΔY，则取本次采样值；若大于 ΔY，则仍取上次采样值作为本次采样值，即：

$|Y(k)-Y(k-1)|\leqslant\Delta Y$，则 $Y(k)=Y(k)$，取本次采样值。

$|Y(k)-Y(k-1)|>\Delta Y$，则 $Y(k)=Y(k-1)$，取上次采样值。

式中，$Y(k)$ 是第 k 次采样值；$Y(k-1)$ 是第 $(k-1)$ 次采样值；ΔY 是相邻两次采样值所允许的最大偏差，其大小取决于采样周期 T 及 Y 值的动态响应。

（2）中值滤波法

中值滤波法是将被测参数连续采样 N 次（一般 N 取奇数），然后把采样值按大小顺序排列，再取中间值作为本次的采样值。

（3）算术平均值滤波法

这种方法就是在一个采样周期内，对信号 x 的 N 次测量值进行算术平均，作为时刻 k 的输出。

（4）加权平均值滤波

算术平均值对于 N 次以内所有的采样值来说，所占的比例是相同的，亦即取每次采样

值的 $1/N$。有时为了提高滤波效果，将各采样值取不同的比例，然后再相加，此方法称为加权平均值法。

$$y(k) = \sum_{i=0}^{n-1} C_i x_{n-i} \tag{11-1}$$

式中，C_0，C_1，…，C_{N-1} 为各次采样值的系数，其满足 $\sum_{i=0}^{n-1} C_i = 1$，它体现了各次采样值在平均值中所占的比例。

（5）滑动平均值滤波法

不管是算术平均值滤波，还是加权平均值滤波，都需连续采样 N 个数据，这两种方法适用于有脉动干扰的场合。但是由于必须采样 N 次，需要时间较长，故检测速度慢。为了克服这一缺点，可采用滑动平均值滤波法，即依次存放 N 次采样值，每采进一个新数据，就将最早采集的那个数据丢掉，然后求包含新值在内的 N 个数据的算术平均值或加权平均值。

（6）惯性滤波法

前面讲的几种滤波方法基本上属于静态滤波，主要适用于变化过程比较快的参数，如压力、流量等。但对于慢速随机变量采用短时间内连续采样求平均值的方法，其滤波效果往往不够理想。为了提高滤波效果，可以仿照模拟滤波器，用数字形式实现低通滤波。一阶 RC 滤波器的传递函数为：

$$G(s) = \frac{1}{1 + T_f s} \tag{11-2}$$

式中，滤波时间常数 $T_f = RC$，将式（11-2）离散化处理后可得

$$T_f \frac{x(k) - x(k-1)}{T} + x(k) = u(k) \tag{11-3}$$

整理可得

$$x(k) = (1-\alpha)u(k) + \alpha x(k-1) \tag{11-4}$$

式中，$u(k)$ 为采样值；$x(k)$ 为滤波器的计算输出值；$x(k-1)$ 为前一采样周期滤波器的计算输出值，$\alpha = T_f/(T_f + T)$ 为滤波系数，显然 $0 < \alpha < 1$，T 为采样周期。

11.3.5　检测系统干扰解决实例

下面给出了几个检测系统干扰解决实例，具体干扰解决方法仅供读者参考，由于现场情况不同，以下解决方法不一定适用于其他现场，具体情况需要具体分析。

实例 1：

现场情况：12T 蒸汽锅炉监控系统，系统包括受电柜、变频柜、低压配电柜、操作台、PLC 柜及操作箱、现场仪表及电动机。系统中的变频器上电起动后，所有模拟量信号均能稳定显示，但是操作台上的 220V 指示灯均频繁闪烁，无法正常工作。而非变频的软起动设备起动时，所有 220V 指示灯均正常工作，各系统均已接地。经检查、分析，得出系统的干扰是通过零线进入的。初步怀疑变压器零线接地不好，但经检查其接地良好。其次怀疑系统接地不好，将各接地电缆重新检查处理后问题仍无法解决。

解决方法：最终考虑变压器到受电柜的距离比较长，可能受到变频器的干扰，最后采用

变压器零线多点接地方法解决了现场干扰。

实例 2：

现场情况：应用西门子 S7-200PLC 检测鼓风机轴承振动、温度和电动机振动、温度等参数。系统上电后，PLC 上位机监控软件组态王中显示的数据受干扰，频繁跳动。PLC 机柜接地良好、各传感器信号传输线的屏蔽层在 PLC 机柜入口处均已接地、PLC 机柜供电已采用隔离变压器。

解决方法：将 PLC 电源端子的负端与信号电缆的负端连接在一起，问题解决。

实例 3：

现场情况：应用执行器控制现场引风机的风门，调节引风量。控制信号控制执行器正向转动时执行器工作正常，但控制信号控制执行器反向转动时执行工作不正常。初步怀疑执行器故障，但经过检查执行器并无故障。将执行器控制信号的屏蔽层重新单端接地，问题仍然无法解决。

解决方法：检查系统电路时，发现有一个引风机轴承温度传感器电缆的屏蔽线接地不牢固，将其重新接地后，执行器工作正常。

实例 4：

现场情况：某老系统升级改造，系统改造完毕，上电运行后，发现原来某些工作稳定的仪表，读数波动很大，无法正常工作。

解决方法：怀疑系统中的新设备干扰了原来工作正常的仪表，经检查由于工人为了施工方便，将一台 11kW 变频器的动力电缆与这些不稳定工作的仪表的信号电缆（有 10m 左右）共槽敷设，将变频器动力电缆取出重新敷设后，问题解决。

11.4　检测系统设计实例

大型干燥风机是冶金工程中常见的设备，也是非常重要的设备，其安全、稳定地运行，是保证生产顺利进行的重要条件。干燥风机系统相对独立，需要检测的信号和控制的部件相对较少，非常适合以工程实例的方式来讲解其自动检测及控制系统的设计步骤。下面以“某冶金材料干燥风机项目”的一个具体实例来说明如何设计一个完整的自动检测及控制系统及其供电电源、检测与控制信号的抗干扰措施。

1. 项目的技术要求

本项目主要完成三台 1600kW 镍铬复合材料干燥风机（一台电动机拖动一台风机）系统的检测及控制任务，下面给出了项目的技术要求。

（1）风机运行工艺

风机的运行工艺图如图 11-23 所示。

从风机运行工艺图可知，当风机扇叶的导叶角度为 0°，电机具备开车条件时，风机才允许起动；当风机振动速度大于等于 6.5mm/s，风机轴承温度大于等于 80℃，电动机定子温度大于等于 135℃，电动机轴承温度大于 95℃时，风机禁止起动，且系统发出停机报警。当风机振动速度大于等于 6mm/s，风机轴承温度大于等于 75℃，电动机定子温度大于等于 130℃，电动机轴承温度大于 90℃时，系统发出一般报警。

风机及电动机系统配置的检测元件及安装位置如图 11-24 所示。

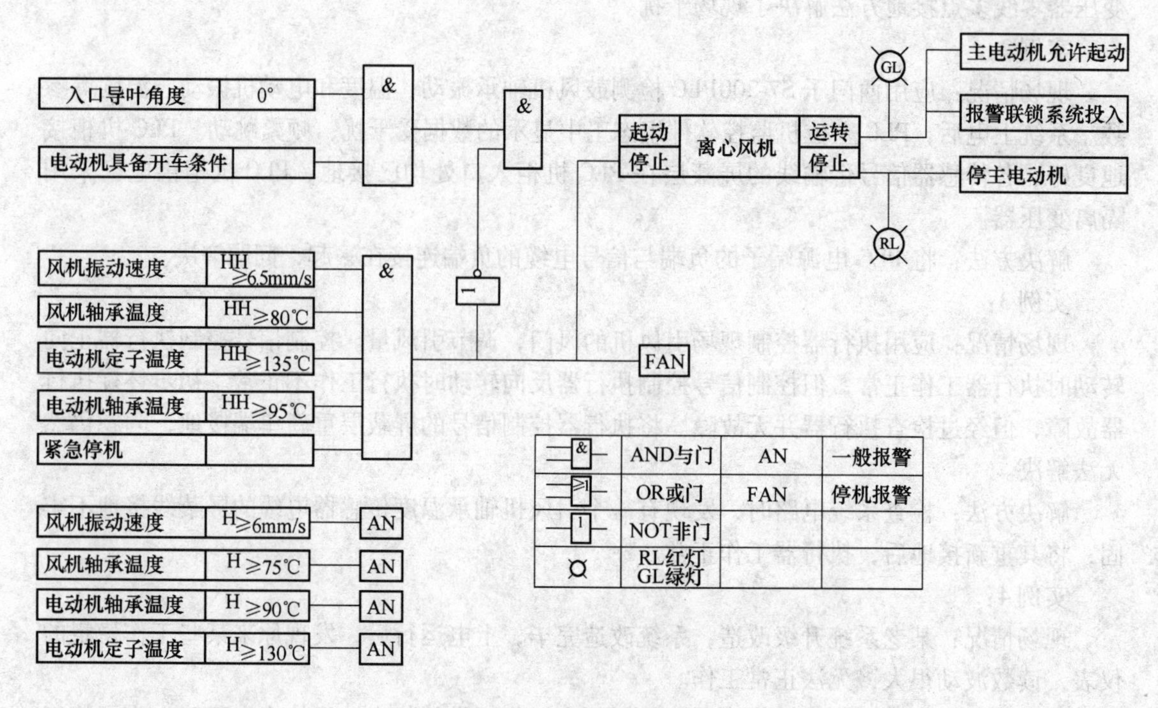

图 11-23 风机运行工艺图

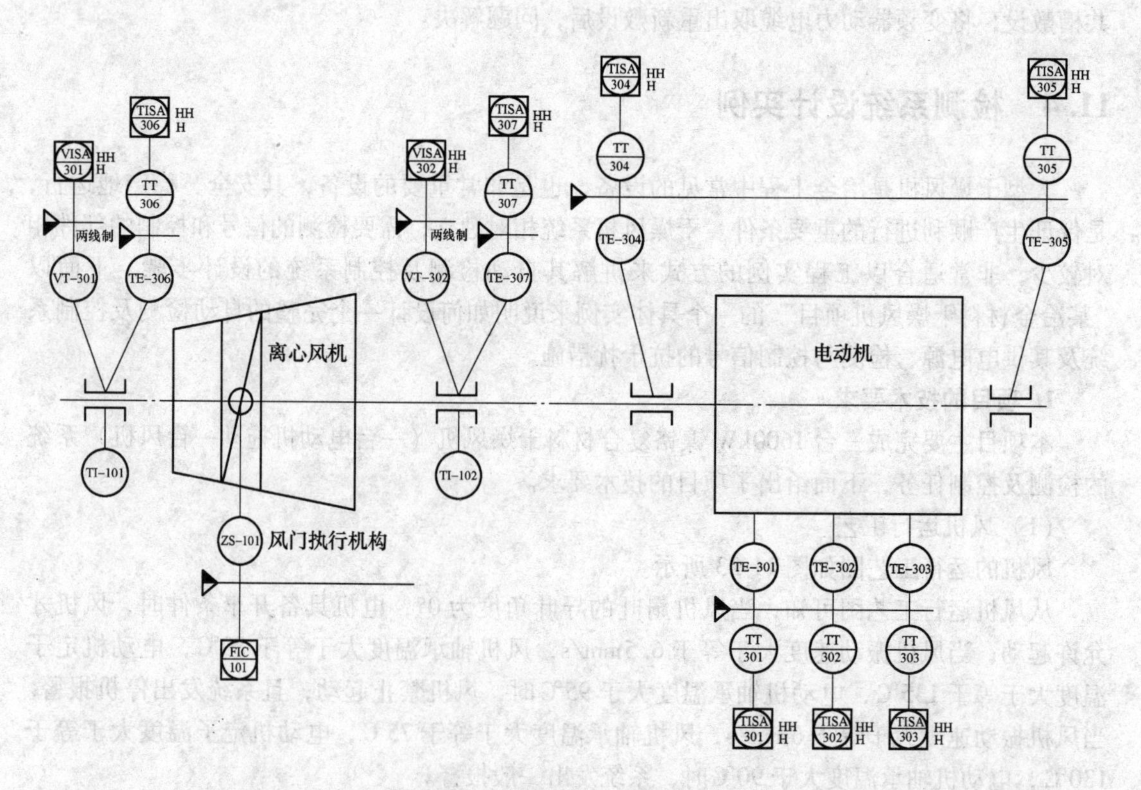

图 11-24 检测元件及安装位置图

图 11-24 中的字母含义及设备供货接线见图 11-25。

图例说明		字母符号功能说明			
图例	说明	首位字母	功能说明	后缀字母	功能说明
○	就地安装仪表	T	温度	I	显示
⊖	进盘	S	速度	S	连锁
⊟	进DCS	V	振动	E	检测元件
H	高位报警	Z	位置	T	变送
HH	高高位连锁	P	压力	A	报警
L	低位报警	F	流量	C	控制或调节
HH	低低位连锁	M	手动或人工	V	阀或风门

供货界限：风机集团 　　自动化公司

图 11-25　图例及字母符号功能

图 11-24 中的仪表数量、量程范围、输出信号类型及安装位置如表 11-1 所示。

表 11-1　风机及电动机系统仪表配置表

序号	仪表位号	规格型号	安装位置	数量	输出信号类型
1	VT-301 ~ 302	振动传感器 0 ~ 200μm	风机轴承壳体外	2	两线制 4 ~ 20mA
2	TE-306 ~ 307	PT100　-50 ~ 100℃	风机轴承壳体外	2	三线制电阻信号
3	TE-304 ~ 305	PT100 0 ~ 200℃	电动机前后轴承	2	三线制电阻信号
4	TE-301 ~ 305	PT100 0 ~ 200℃	电动机定子绕组	5	三线制电阻信号
5	TI-301 ~ 302	双金属温度计 WS-411		2	

（2）硬件设备要求

监控系统低压电气元件要求采用进口品牌货国内知名品牌，PLC 采用西门子 300 314C - 2DP（三台风机由一套监控系统完成监控），变频器采用 AB 品牌。（电动机及变频器由风机厂家配套，供电电压 10kV，功率 1600kW）

（3）系统功能要求

1）根据风机运行工艺，完成风机的起停控制、变频器频率的控制、风机导叶角度的控制、系统连锁保护、故障报警。

2）风机运行参数通过触摸屏显示，风机控制可以在现场控制，也可以通过触摸屏控制。

3）变频器运行状态需要进入触摸屏集中监控。

4）当报警发生时，系统发出声光报警，并根据故障等级发出相应控制信号。

5）系统带以太网接口，以便接入上级 DCS。

2. 项目实施

（1）总体方案设计

根据甲方要求，本项目的总体设计方案如下：

变频器放置在电气室内，通过动力电缆与现场风机连接，由于电气室紧邻风机安装现场，操作人员在电气室内即可手动控制现场的风机工作，由于高压变频本身带有手动操作功能，本项目不再设置现场操作箱。PLC 机柜布置在控制室内，通过控制电缆与风机、电动机及变频器上的检测及监控点相连。系统的原理框图如图 11-26 所示。

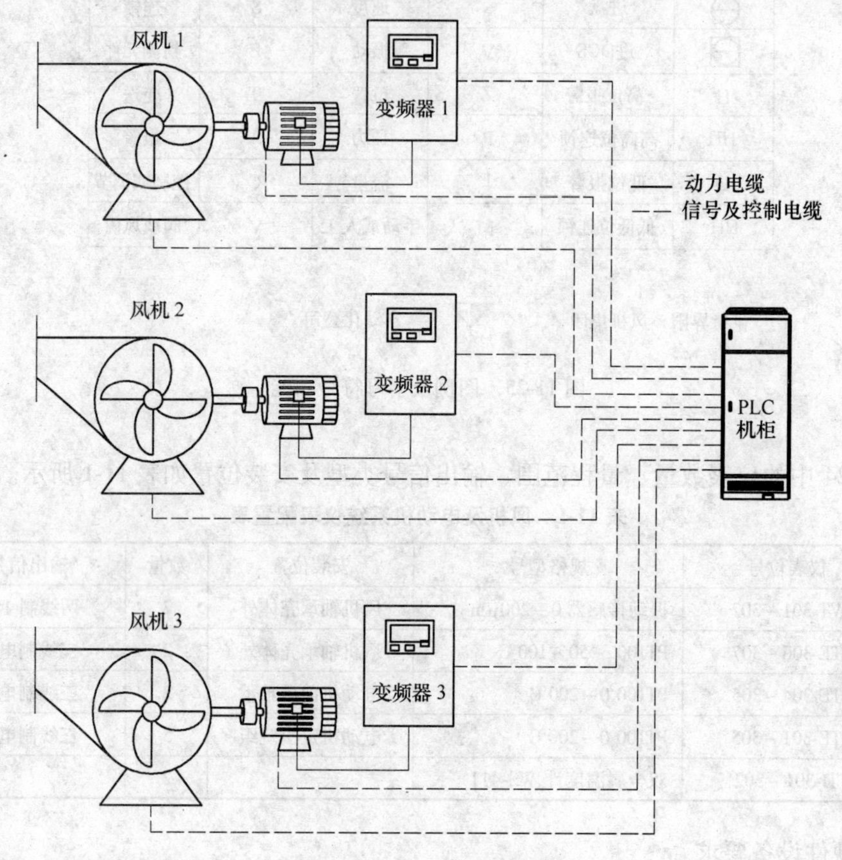

图 11-26　风机监控系统原理图

（2）项目设计规范制定

完成项目总体设计方案后，需要根据甲方要求及电气、仪表系统设计规范制定完整的设计规范，系统的设计要严格按照项目设计规范完成。本项目的设计规范如下：

设计标准：

①通用用电设备配电设计规范 GB 50055—1993

②低压配电设计规范 GB 50054—1995

③交流电气装置的接地 DL/T621—1997

④综合布线系统工程设计规范 GB 50311—2007

⑤电力系统设计技术规程 DL/T 5429—2009

⑥防止静电事故通用导则 GB 12158—2006

⑦系统接地的型式及安全技术要求 GB 14050—2008

⑧国家电气设备安全技术规范 GB 19517—2004

⑨西门子 PLC 安装使用规范

项目验收标准：

①电气装置安装工程接地装置施工及验收规范 GB 50169—2006

②综合布线系统工程验收规范 GB 50312—2007

③电气装置安装工程电缆线路施工及验收规范 GB 50168—2006

④电气安全名词术语 GB 4776—1984

安装说明：

①现场电缆敷设严格执行交流、直流分开原则，备用导线双端接地、电缆屏蔽层单端接地。

②系统布线严格执行交流、直流分开原则，各器件 PE、各开关电源 COM 独立接 PE 铜排。

③控制回路电源线采用 BVR 500V 1.0 平导线。

④西门子 S7—PLC 电源部分采用 BVR 500V 1.5 平导线，其余控制线采用 BVR 500V 0.75 平导线。

⑤安装环境干燥、少尘、通风良好。

（3）设备选型

从项目的技术要求可以看出，现场检测仪表、电动机、变频器由风机厂家配套，我们只需要完成仪表信号的采集，变频器的控制、报警信号发出及设备连锁保护功能。根据项目的需求可知，我们需要西门子 300 PLC 系统一套、触摸屏一块、辅助低压器件一套及控制系统机柜一台。

根据项目的技术要求并考虑经济因素，确认系统的总体控制点数（模拟量输入 AI 36 点、模拟量输出 AO 6 点，数字量输入 DI 21 点，数字量输出 DO 8 点）后就需要进行硬件设备的选型。项目所选硬件设备如表 11-2 所示。

表 11-2 硬件设备选型表

序号	名　称	规　格	品牌	数量	单位
1	PS3075A 电源	6ES7 307-1EA00-0AA0	西门子	1	个
2	CPU314C-2DP	6ES7 314-6CG03-0AB0	西门子	1	个
3	40 针前连接器	6ES7 392-1AM00-0AA0	西门子	2	个
4	导轨 530	6ES7 390-1AF30-0AA0	西门子	1	个
5	MMC 卡	6ES7 953-8LG20-0AA0	西门子	1	个
6	以太网模块	6GK7 343-1CX10-0XE0	西门子	1	个
7	8AI 模块	6ES7 331-1KF02-9AM0	西门子	4	个
8	4AO 模块	6ES7 332-5HD01-9AJ0	西门子	1	个
9	信号灯	ND16-22DS/4 AC220V 红	正泰	3	个
10	3 位选择开关	LA39-A1-K33-XS	正泰	2	个
11	按钮	LAY39-11BN 黑色	正泰	1	个
12	声光报警器	AD16-22SM	上海二工	1	个
13	急停按钮	LA39-B2-R11-Z/R	正泰	3	个

（续）

序号	名　称	规　格	品牌	数量	单位
14	触摸屏	6AV6 642-0BA01-1AX1	西门子	1	个
15	仪表电源	DC 24V/5A	明纬	2	个
16	隔离变压器	2KVA	正泰	1	个
17	中间继电器	JQX-13F（D）/24V-2Z（B）61	正泰	16	个
18	配电器	1路4～20 mA输入，2路4-20mA输出	杭州美控	15	个
19	温度变送器	-50～100℃ 输出信号：2路4-20mA	杭州美控	6	个
20	温度变送器	0～200℃ 输出信号：2路4-20mA	杭州美控	15	个
21	断路器	DZ47-60 2P C6A	正泰	6	个
22	断路器	DZ47-60 3P D10A	正泰	3	个
23	断路器	DZ47-60 3P D25A	正泰	1	个
24	三孔插座	标准导轨安装	正泰	1	个
25	接线端子	UK2.5	魏德米勒	200	个
26	其他	导线、线槽、冷压片、标牌等		1	套
27	现场屏蔽电缆	RVVP 2×1.5		2000	米
28	现场控制电缆	KVV500 2×1.5		1000	米

（4）硬件电路设计

完成系统硬件设备选型后，就可以进行电气元件和PLC设备的采购与系统电路原理图的绘制工作，设备采购和电路图的绘制工作可以并行进行，这样可缩短项目工期。自动化系统电路原理图的绘制一般采用CAD软件。图11-27～图11-37给出了部分系统电路原理图。

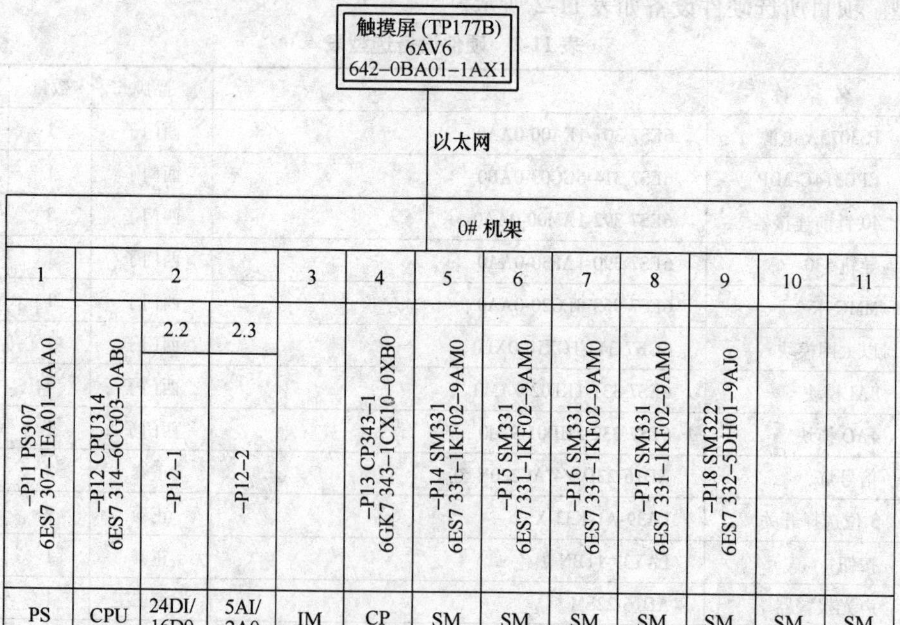

图11-27　PLC组列图

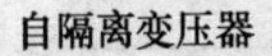

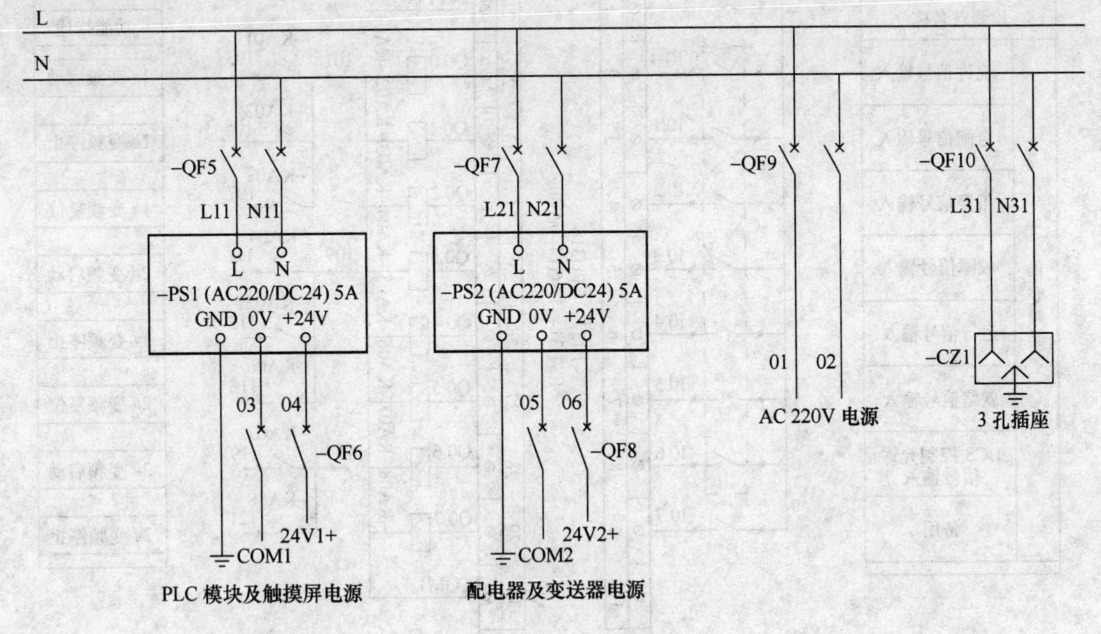

图 11-28　系统供电图

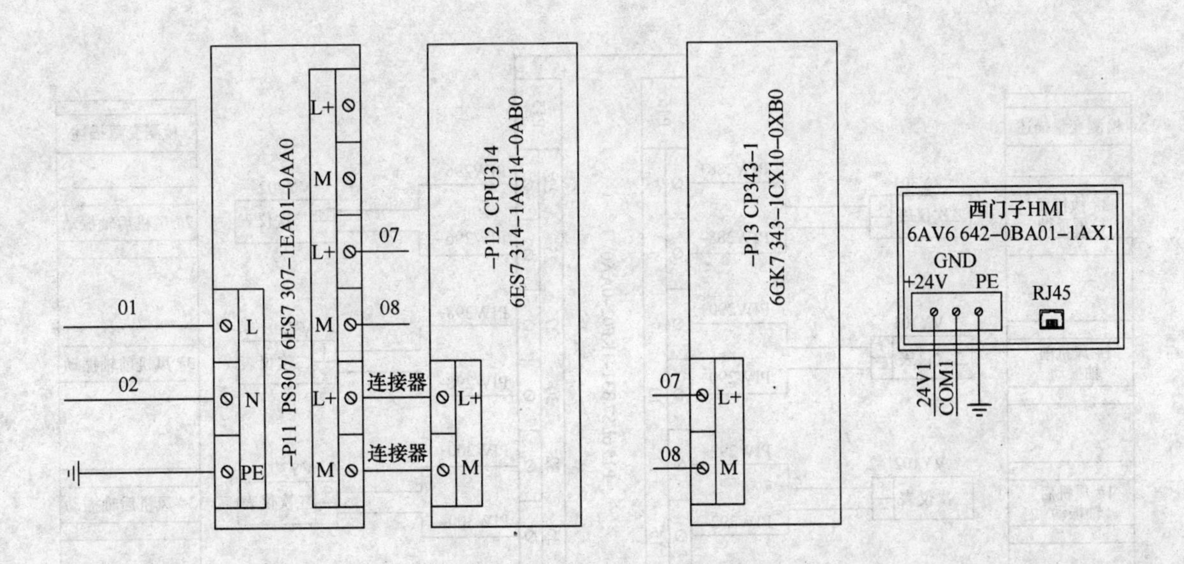

图 11-29　PLC 模块供电图

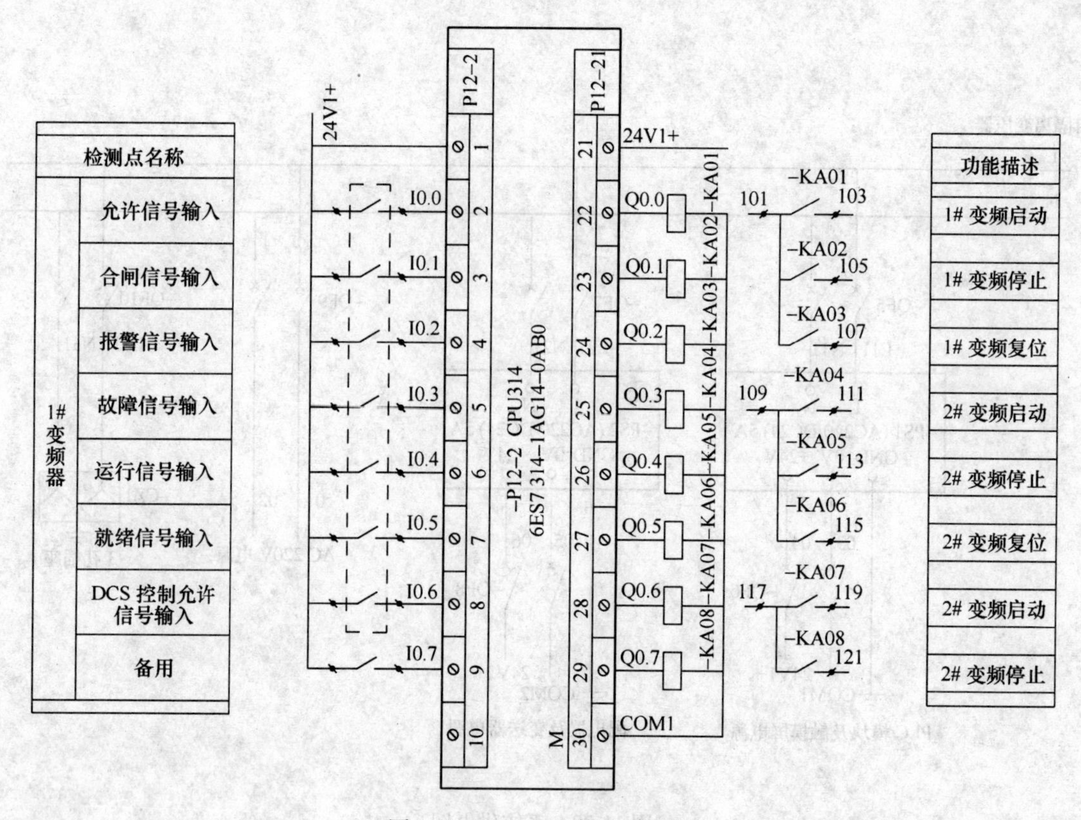

图 11-30 DI、DO 模块接线图

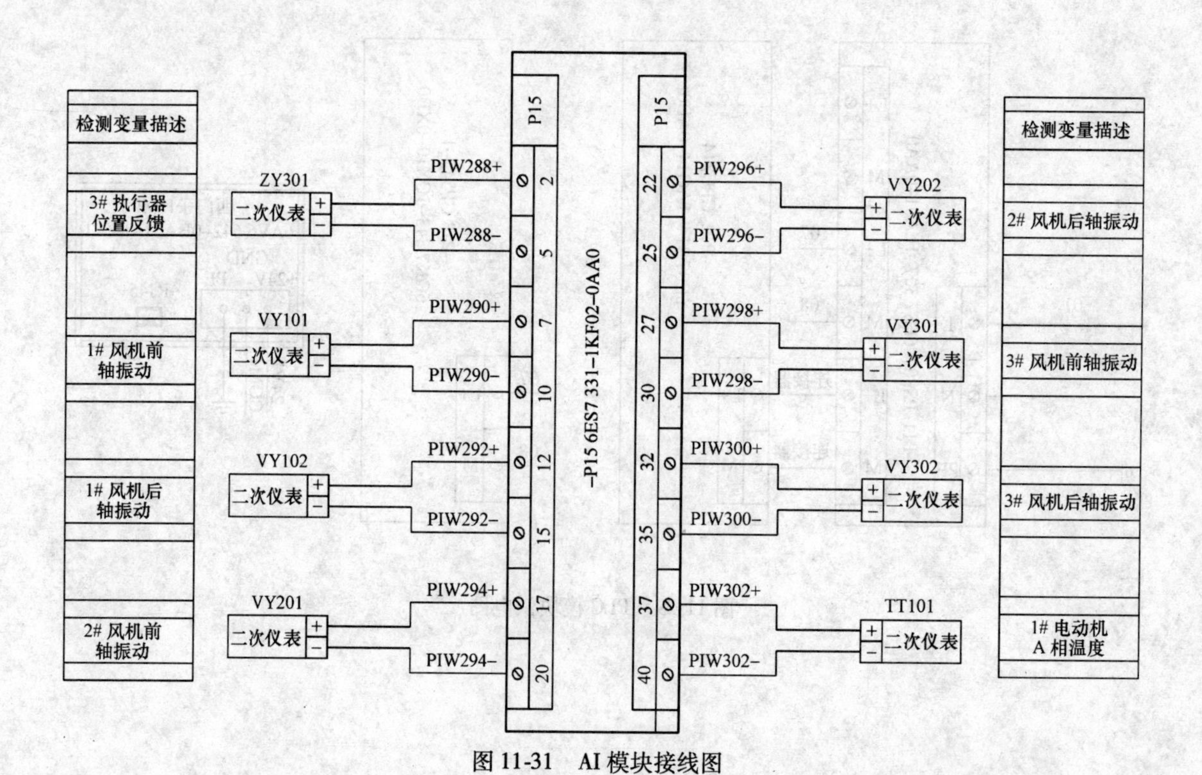

图 11-31 AI 模块接线图

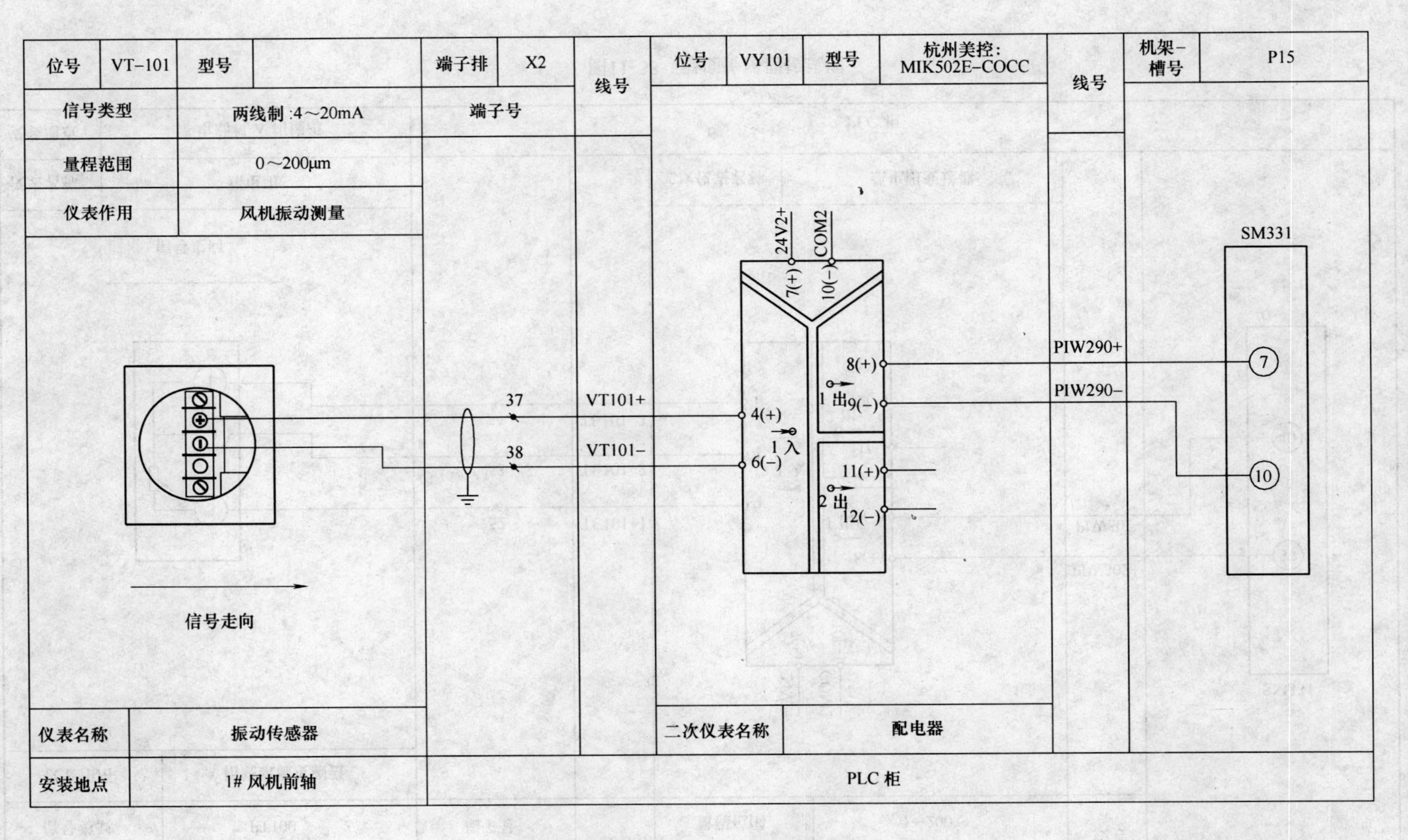

图11-32　振动传感器接线图

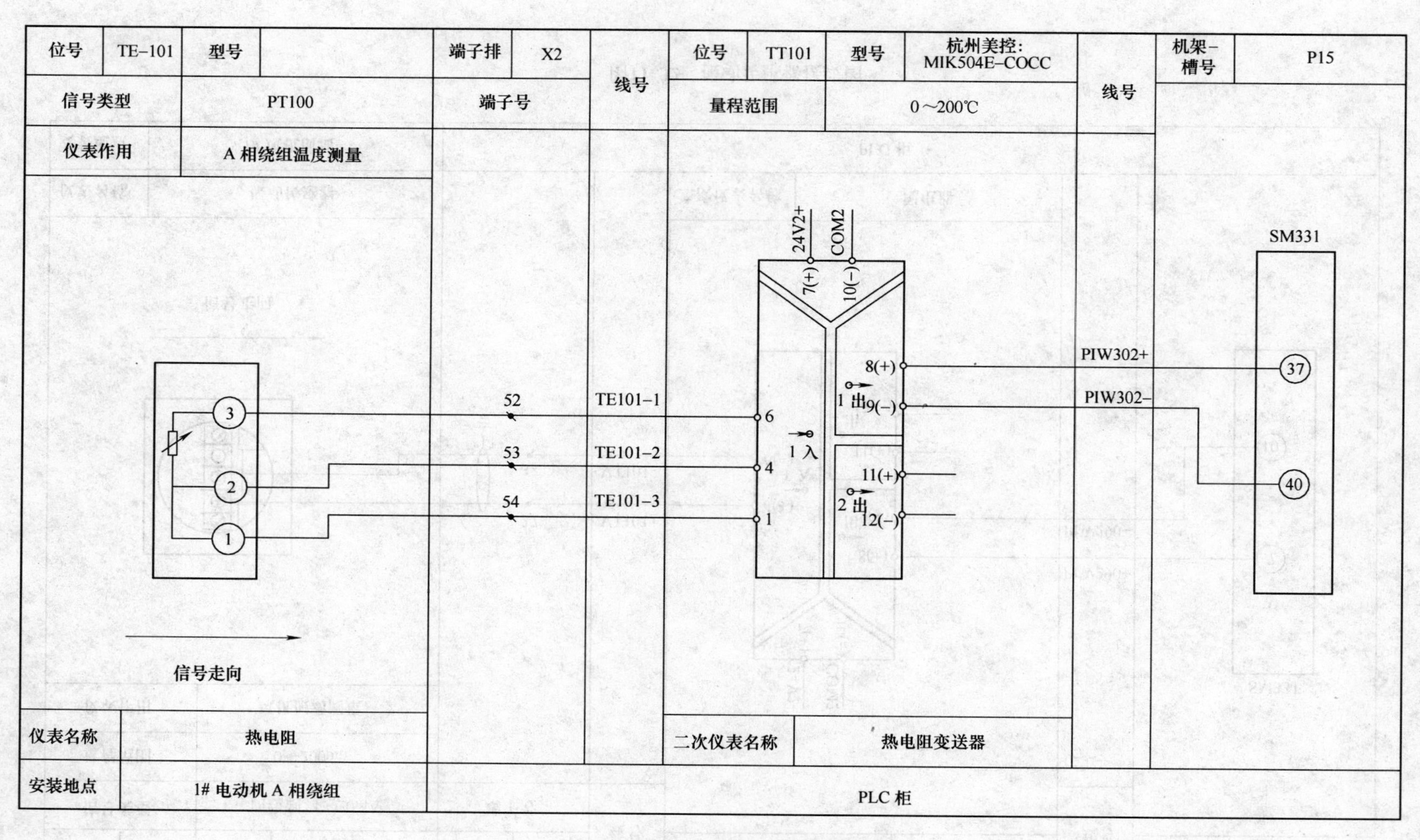

图11-33　温度传感器接线图

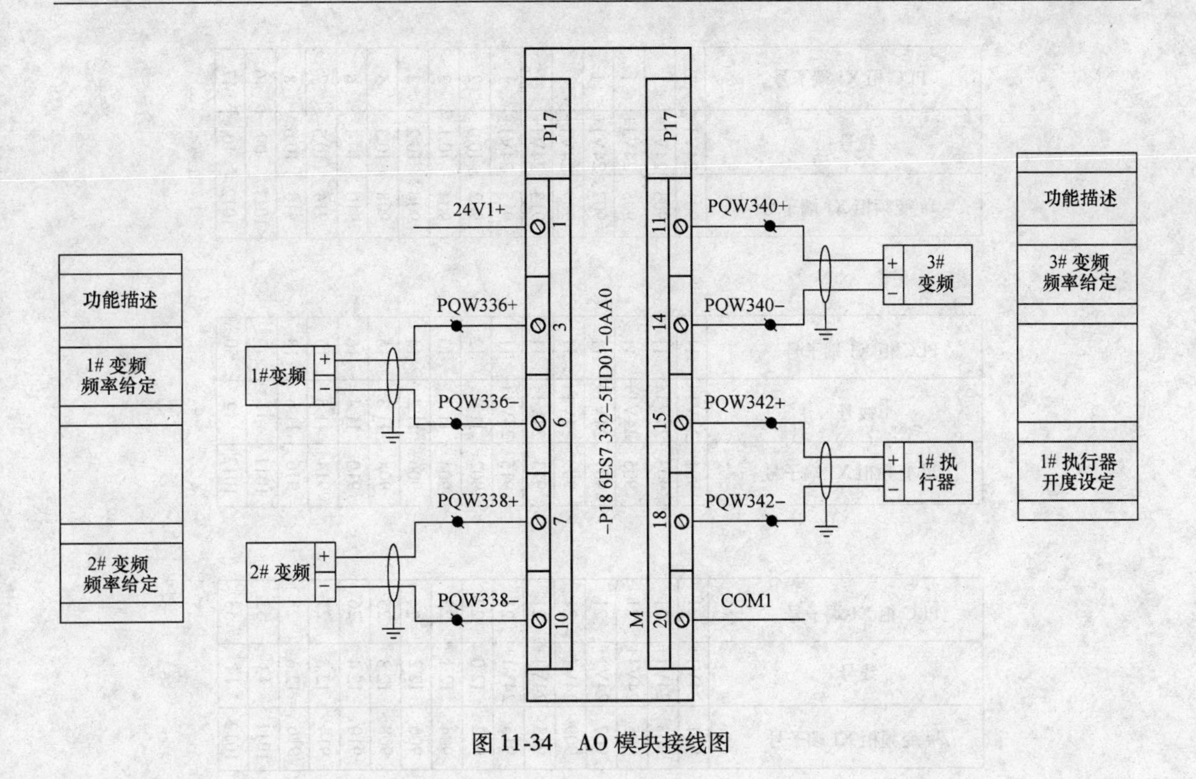

图 11-34　AO 模块接线图

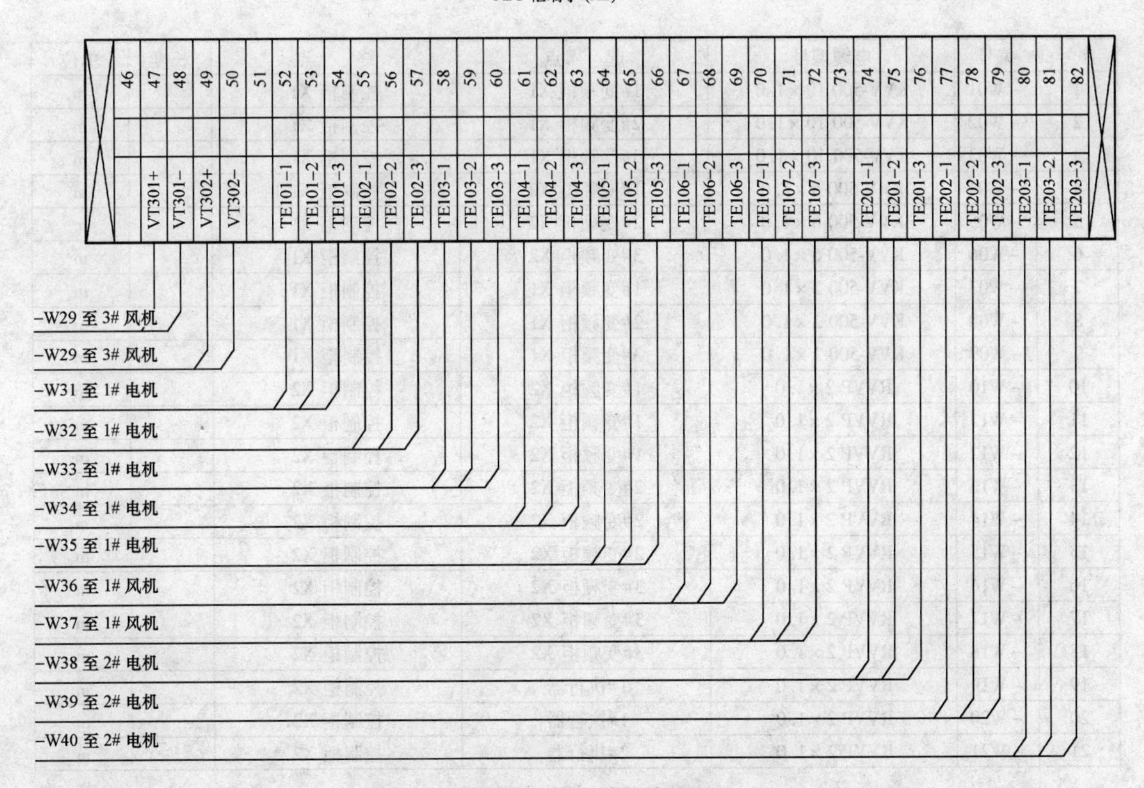

图 11-35　部分端子接线图

PLC 柜 X1 端子号	1	1	1	1	1	1	1	2	3	4	5	6	7	8	46	47
线号	24V1+	24V1+	24V1+	24V1+	24V1+	24V1+	24V1+	I0.0	I0.1	I0.2	I0.3	I0.4	I0.5	I0.6	09	10
1# 变频柜 X1 端子号	901	903	905	907	909	913	915	902	904	906	908	910	914	916	1011	1012

PLC 柜 X1 端子号	11	11	11	11	11	11	11	12	13	14	15	16	17	18	49	50
线号	24V1+	24V1+	24V1+	24V1+	24V1+	24V1+	24V1+	I1.0	I1.1	I1.2	I1.3	I1.4	I1.5	I1.6	11	12
2# 变频柜 X1 端子号	901	903	905	907	909	913	915	902	904	906	908	910	914	916	1011	1012

PLC 柜 X1 端子号	21	21	21	21	21	21	21	22	23	24	25	26	27	28	52	53
线号	24V1+	24V1+	24V1+	24V1+	24V1+	24V1+	24V1+	I2.0	I2.1	I2.2	I2.3	I2.4	I2.5	I2.6	13	14
3# 变频柜 X1 端子号	901	903	905	907	909	913	915	902	904	906	908	910	914	916	1011	1012

图 11-36　部分端子对接图

序号	编号	电缆型号	起　点	终　点	长度	单位
1	－W01	KVV-500 10×1.0	1#变频柜 X1	控制柜 X1		m
2	－W02	KVV-500 10×1.0	2#变频柜 X1	控制柜 X1		m
3	－W03	KVV-500 10×1.0	3#变频柜 X1	控制柜 X1		m
4	－W04	KVV-500 6×1.0	1#变频柜 X2	控制柜 X1		m
5	－W05	KVV-500 6×1.0	2#变频柜 X2	控制柜 X1		m
6	－W06	KVV-500 6×1.0	3#变频柜 X2	控制柜 X1		m
7	－W07	KVV-500 2×1.0	1#变频柜 X1	控制柜 X1		m
8	－W08	KVV-500 2×1.0	2#变频柜 X1	控制柜 X1		m
9	－W09	KVV-500 2×1.0	3#变频柜 X1	控制柜 X1		m
10	－W10	RVVP 2×1.0	1#变频柜 X2	控制柜 X2		m
11	－W11	RVVP 2×1.0	1#变频柜 X2	控制柜 X2		m
12	－W12	RVVP 2×1.0	1#变频柜 X2	控制柜 X2		m
13	－W13	RVVP 2×1.0	2#变频柜 X2	控制柜 X2		m
14	－W14	RVVP 2×1.0	2#变频柜 X2	控制柜 X2		m
15	－W15	RVVP 2×1.0	2#变频柜 X2	控制柜 X2		m
16	－W16	RVVP 2×1.0	3#变频柜 X2	控制柜 X2		m
17	－W17	RVVP 2×1.0	3#变频柜 X2	控制柜 X2		m
18	－W18	RVVP 2×1.0	3#变频柜 X2	控制柜 X2		m
19	－W19	RVVP 2×1.0	1#执行器	控制柜 X2		m
20	－W20	RVVP 2×1.0	1#执行器	控制柜 X2		m
21	－W21	RVVP 2×1.0	2#执行器	控制柜 X2		m

图 11-37　部分电缆表

序号	编号	电缆型号	起 点	终 点	长度	单位
22	－W22	RVVP 2×1.0	2#执行器	控制柜 X2		m
23	－W23	RVVP 2×1.0	3#执行器	控制柜 X2		m
24	－W24	RVVP 2×1.0	3#执行器	控制柜 X2		m
25	－W25	RVVP 2×1.0	1#风机前轴	控制柜 X2		m
26	－W26	RVVP 2×1.0	1#风机后轴	控制柜 X2		m
27	－W27	RVVP 2×1.0	2#风机前轴	控制柜 X2		
28	－W28	RVVP 2×1.0	2#风机后轴	控制柜 X2		
29	－W29	RVVP 2×1.0	3#风机前轴	控制柜 X2		
30	－W30	RVVP 2×1.0	3#风机后轴	控制柜 X2		
31	－W31	RVVP 3×1.0	1#电动机 A 相绕组	控制柜 X2		
32	－W32	RVVP 3×1.0	1#电动机 B 相绕组	控制柜 X2		

图 11-37 部分电缆表（续）

（5）机柜设计

机柜的设计在主要电气元件选型确定后，就可以按照这些电气元件的安装尺寸设计机柜的结构图。由于机柜的生产周期较长，设计应该尽量提前进行。机柜设计一般由机械工程师完成，在小型自动化公司有由电气工程师设计完成机柜的习惯。机柜的设计主要包括外形尺寸图、门板开孔图和内部安装图的设计。下面给出了本项目机柜设计的部分图样，如图 11-38～图 11-40 所示。

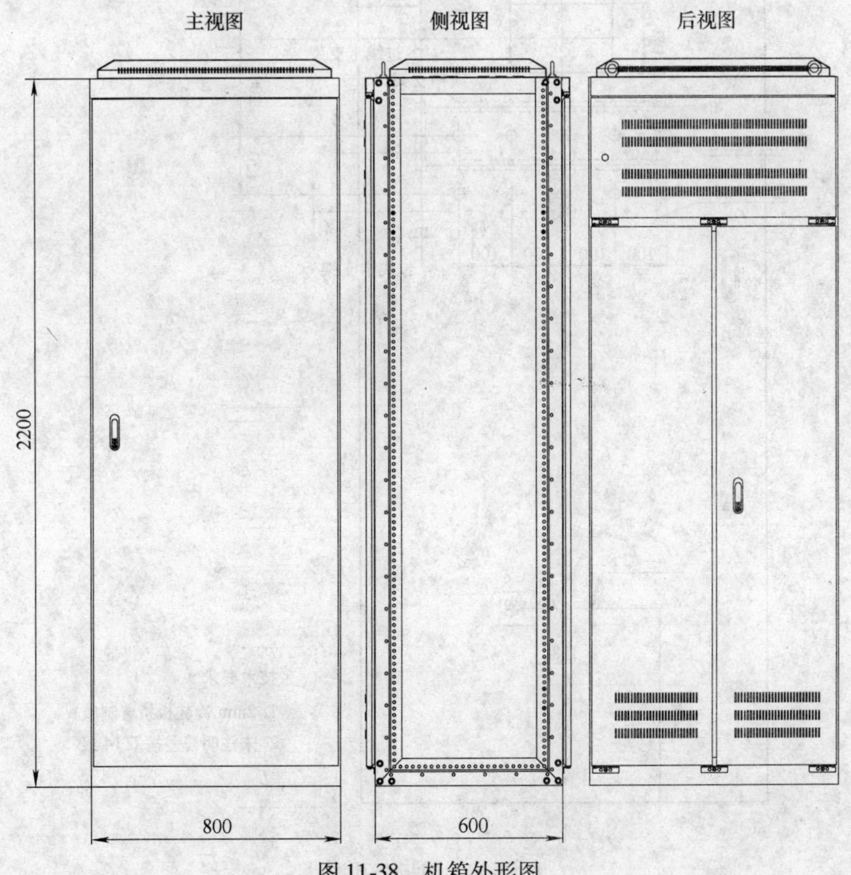

图 11-38 机箱外形图

机柜的数量及技术要求如下：

数量：1 台

技术要求

①柜体按 KS 柜标准制作，单台骨架尺寸：800×2200×600（宽×高×深），两端加侧板。

②接地装置焊接于柜底前侧，前门板上下各焊接一个接地柱。

③底板均按 KS 标准开孔。

④吊环、门锁（不要穿条锁）、过线卡支架、线槽支架均安装好。

⑤中立柱：2 根/每台（通常安装用，按 KS 实际尺寸做）。

⑥安装托板条长度，按通常安装用的实际尺寸，结合图样以中心线为准开孔，托板数量见图样。

⑦防护等级：IP30。

⑧颜色：西门子灰，色标：7035。

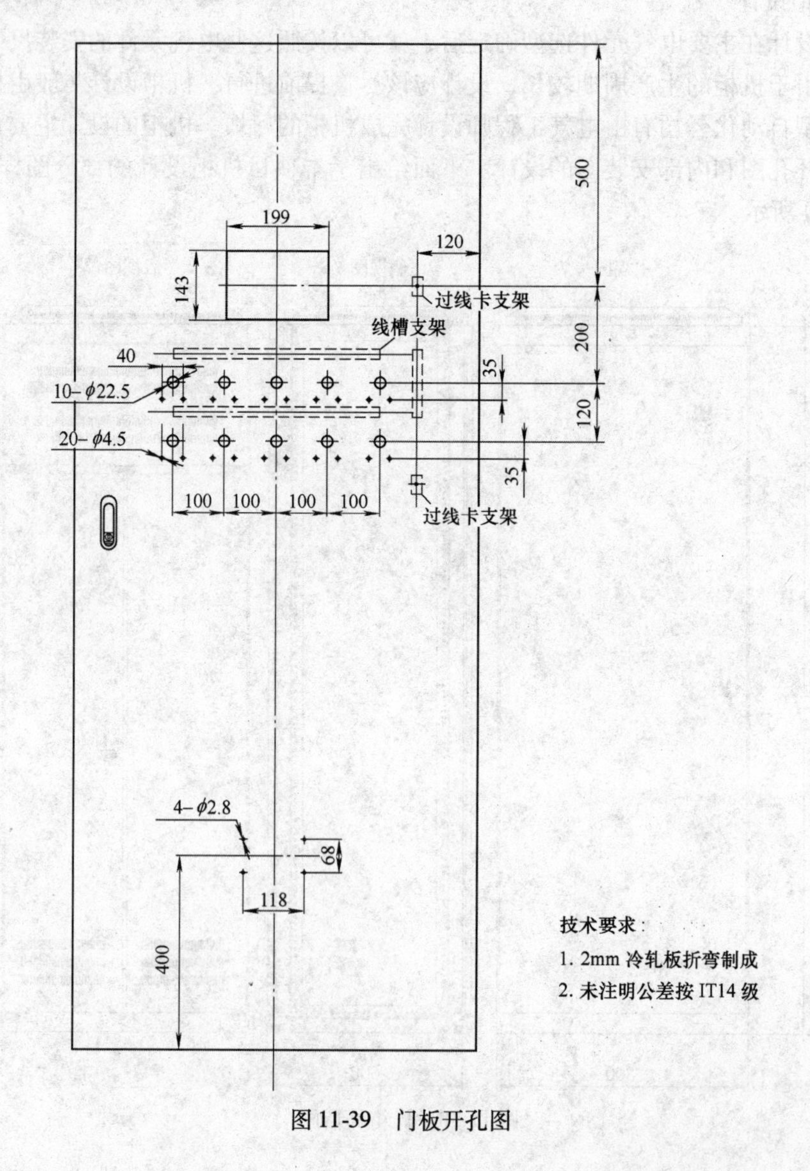

图 11-39　门板开孔图

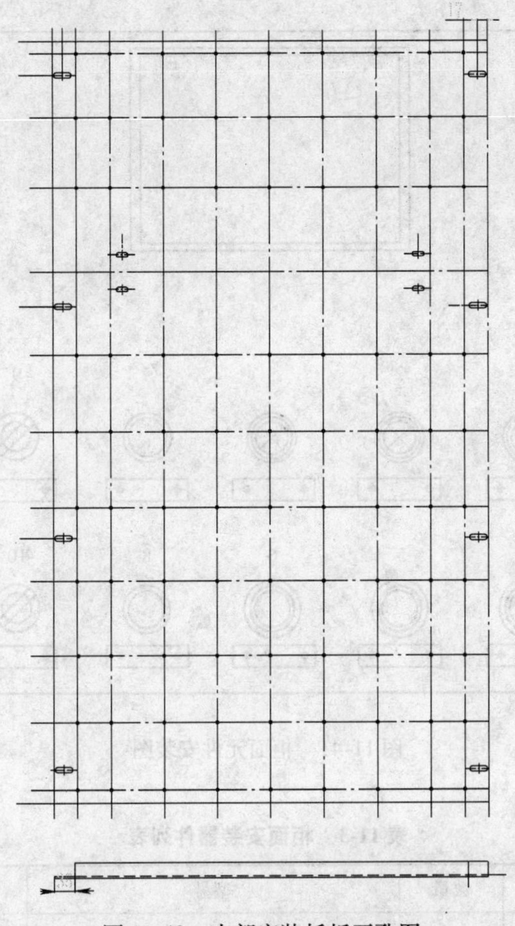

图 11-40　内部安装托板开孔图

完成了机箱外形图、门板开孔图和内部托板开孔图、给出机箱的技术参数后即可发机箱厂做机箱。电气元件安装图可后续完成。柜面元件安装图如图 11-41 所示。

图 11-41 中的阿拉伯数字代表元件的名称，表 11-3 给出了柜面安装图中的阿拉伯数字对应的柜面安装器件列表。

（6）软件程序设计

软件程序的设计可以在绘制完系统电路图后进行，与普通的管理软件程序编写过程不同，PLC 软件程序的编写必须对应 PLC 的硬件地址，才能实现系统的功能。本项目的软件程序主要包括西门子 300 PLC 风机监测、控制与保护程序的设计和 WinCC flexible 触摸屏监控画面的设计。

PLC 程序的编写采用 STEP7 V5.4 SP5 版本，PLC 硬件组态如图 11-42 所示。

CPU 采用的是 314C-2 DP 紧凑型 CPU，网络模块 CP 343－1 Lean 为简化版网络通信模块，IP 地址设置为 192.168.0.200。所有硬件的输入输出地址都需要在硬件组态界面设置。例如，图 11-43 中 1#电动机 A 相绕组的温度信号经变送器接入 PLC 的模拟量接口 PIW302 上，PIW302 即为组态的硬件地址。

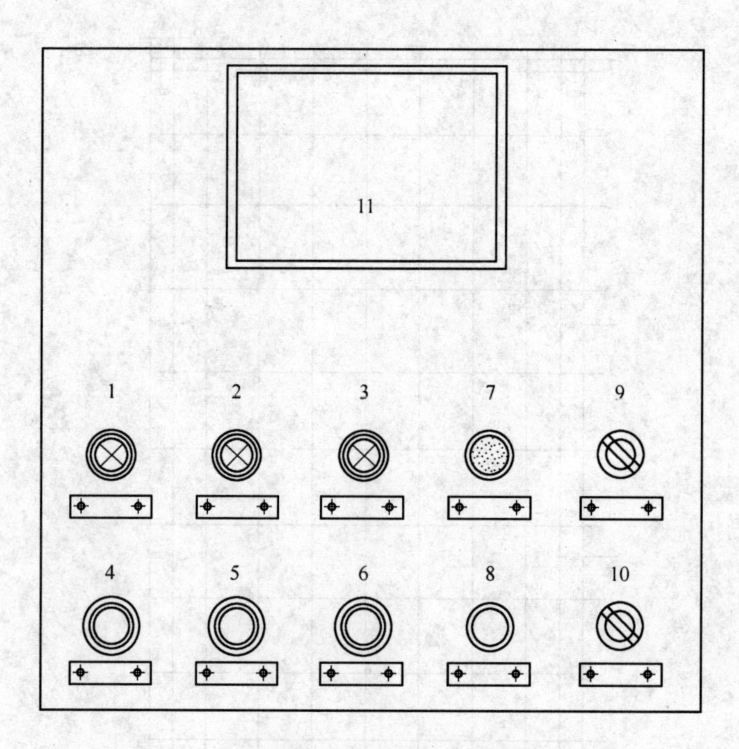

图 11-41　柜面元件安装图

表 11-3　柜面安装器件列表

序号	符号	名称	数量	型号	标签名称
1	RL1	指示灯	1	ND16-22DS/4 AC220V 红	1#急停指示
2	RL2	指示灯	1	ND16-22DS/4 AC220V 红	2#急停指示
3	RL3	指示灯	1	ND16-22DS/4 AC220V 红	3#急停指示
4	ES1	急停钮	1	LA39-B2-R11-Z/R	1#变频急停
5	ES2	急停钮	1	LA39-B2-R11-Z/R	2#变频急停
6	ES3	急停钮	1	LA39-B2-R11-Z/R	3#变频急停
7	AL1	报警器	1	NFM1-22/FS AC220V 红	声光报警
8	SB1	按钮	1	LAY39-11BN 黑色	报警复位
9	SA1	旋钮	1	LA39-A1-K33-XS	蜂鸣—静音—蜂鸣
10	SA2	旋钮	1	LA39-A1-K33-XS	备 用
11	HMI	触摸屏	1	6AV6 642-0BA01-1AX1	

图 11-43 是将图 11-42 中的第 6#模块 AI8 × 13bit 的地址设置为 PIW288-PIW303，PIW302 即为第 6#模块最后一路输入，输入信号类型为电流输入、信号输入范围为 4 ~20mA。

PLC 软件程序主要包括风机、电动机、执行器和变频器参数的检测、控制与联锁保护。由于本书重点介绍检测技术，这里我们仅介绍各参数的检测过程，以图 11-43 的 1#电动机 A 相绕组温度检测为例进行说明。

由图 11-43 可知，1#电动机 A 相绕组温度通过 Pt_{100} 热电阻进行检测，三线制的电阻信号首先接入温度变送器 TT101，温度变送器的量程为 0 ~ 200℃。变送器的输出为 4 ~ 20mA 四线制信号。当电动机绕组温度为 0℃ 时，变送器输出电流为 4mA；当电动机绕组温度为 200℃，变送器输出电流为 20 mA。变送器的输出接到西门子 300 PLC 的 AI 模块的第 37 和第 40 号端子上，其组态的硬件地址为 PIW302。在 PLC 编程时，将 PIW302 采集到的电流信号转换成实际的温度信号即可，这里我们通过功能块 FC1 来实现。FC1 的输入输出结构见图 11-44。

(0) UR

1	
2	CPU 314C-2 DP
X2	DP
2.2	DI24/DO16
2.3	AI5/AO2
2.4	Count
2.5	Position
3	
4	CP 343-1 Lean
5	AI8x13bit
6	AI8x13bit
7	AI8x13bit
8	AI8x13bit
9	AO4x12bit
10	
11	

图 11-42　PLC 硬件组态

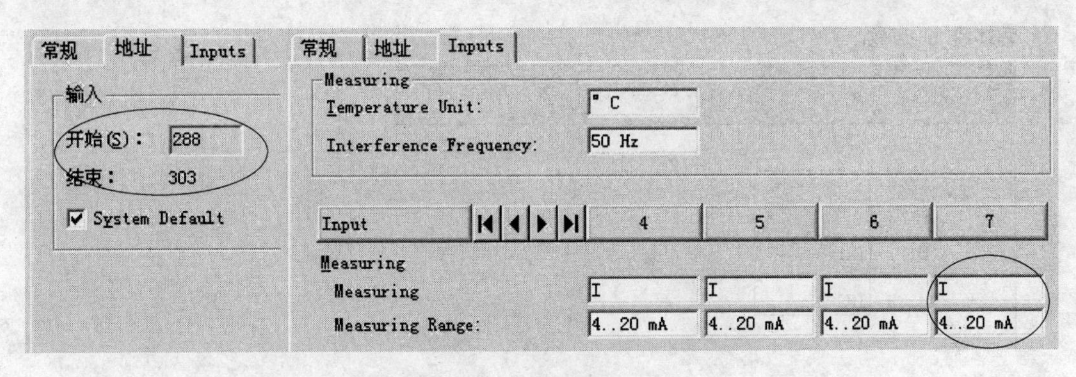

图 11-43　AI 模块硬件组态图

图 11-44 中，PIW_n 为采集到的温度变送器 TT101 的信号（将外部电流信号转成 PLC 内部的数字信号，其范围为 0 ~ 27648）；HI_LIM 代表传感器的量程上限；LO-HIM 代表传感器的量程下限。AL_ HH 为温度高限故障报警值；AL_H 为温度高限报警值；Alarm 为报警信号输出；Fault 为故障信号输出；RET 为状态变量；Result 为转换得到的实际温度值。FC1 的内部代码如下所示：

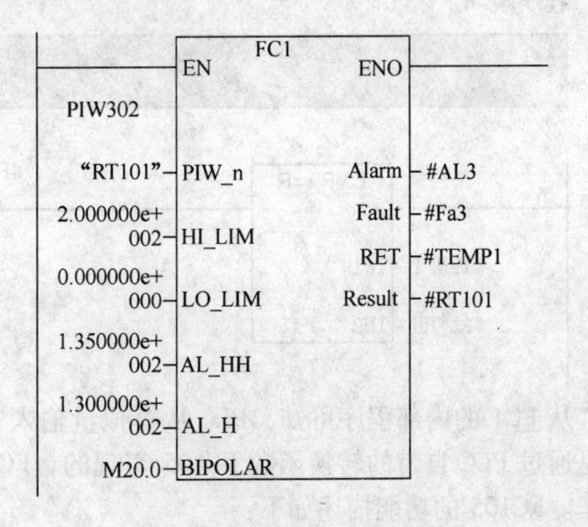

图 11-44　FC1 输入输出结构

程序段 1：标题：

注释：

FC105
EN　ENO
#PIW_n — IN　RET_VAL — #RET
#HI_LIM — HI_LIM　OUT — #TEMP1
#LO_LIM — LO_LIM
#BIPOLAR — BIPOLAR

程序段 2：标题：

注释：

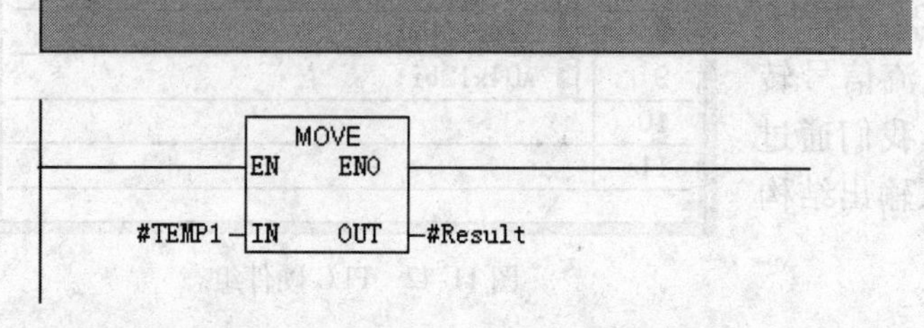

程序段 3：标题：

注释：

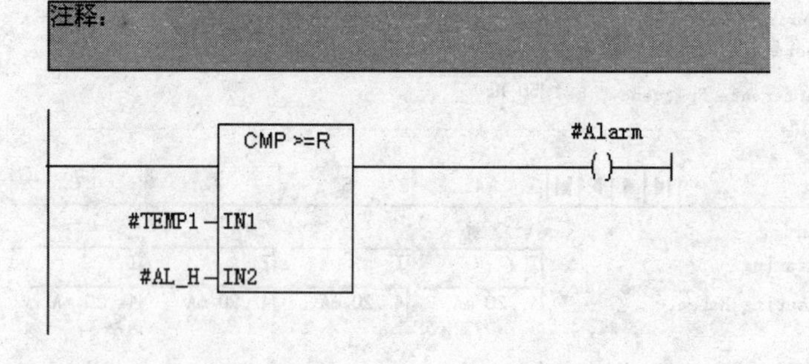

程序段 4：标题：

注释：

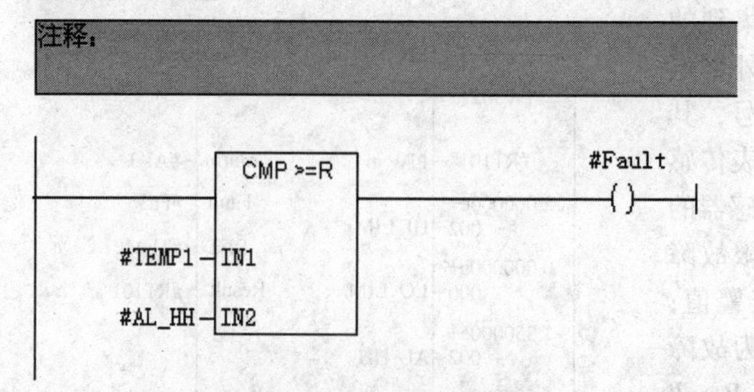

从 FC1 的内部程序可知，PLC 从模拟量输入寄存器 PIW302 得到的 0 ~ 27648 之间的整数是通过 PLC 自带的转换函数 FC105 实现的，FC1 内的其他语句完成的是报警信号的处理工作。FC105 的功能描述如下：

IN 端口接收一个整型值（IN），并将其转换为以工程单位表示的介于下限和上限（LO_LIM 和 HI_LIM）之间的实型值。将结果写入 OUT 端口。FC105 的转换函数可以用下列等式表示：

$$OUT = [((FLOAT(IN) - K_1)/(K_2 - K_1)) \times (HI\_LIM - LO\_LIM)] + LO\_LIM \quad (11\text{-}5)$$

常数 K_1 和 K_2 根据输入值是 BIPOLAR 还是 UNIPOLAR 设置。

BIPOLAR：假定输入整型值介于 -27648 与 27648 之间，因此 $K_1 = -27648.0$，$K_2 = +27648.0$

UNIPOLAR：假定输入整型值介于 0 和 27648 之间，因此 $K_1 = 0.0$，$K_2 = +27648.0$

如果输入整型值大于 K_2，输出（OUT）将钳位于 HI_ LIM，并返回一个错误。如果输入整型值小于 K_1，输出将钳位于 LO_LIM，并返回一个错误。

通过设置 LO_LIM > HI_LIM 可获得反向标定。使用反向转换时，输出值将随输入值的增加而减小。

通过上述处理，我们就将现场的温度传感器的信号，在 PLC 中转换成实际的温度信号，以供显示、报警及控制之用。

触摸屏工程中采用的是西门子的 TP177B 7 寸彩屏，使用的编程软件为 WinCC flexible 2008 SP4。系统中的西门子 PLC 与触摸屏通过网线连接，触摸屏的 IP 地址为 192.168.0.100。其 IP 地址与 PLC 网络模块的 IP 地址必须处于同一网段，才能正常通信。触摸屏显示现场设备的运行参数，并能够完成报警提示、变频器控制等功能。

这样现场设备、PLC 控制系统、触摸屏人机操作界面就组成了一个有机的整体，构成了一个完整的工业检测与控制系统。由于触摸屏编程不是本书讲解的内容，这里仅给出了该系统部分触摸屏监控画面，如图 11-45 所示。

（7）系统装配与调试

当系统电路图绘制工作、机箱制作工作及电气设备采购工作完成后，即可进行系统的装配与调试。机柜的装配主要由装配工人按照系统电气及装配图样完成，电气设计人员进行现场安装指导，出现错误时应及时沟通并修正图样，同时做好图样修改记录。装配完成的机柜内部及面板图如图 11-46 所示。硬件装配完成后，软件程序需要写入到 PLC 中，然后进行上电空载调试。调试前一定要认真检查电源的接线是否正确，避免器件损坏、保证人身安全。调试完毕，系统空载运行一切正常后就可以将控制系统机柜发往甲方现场。

（8）现场安装与调试

当机柜到达现场后，在甲方人员的配合下，由现场施工人员将设备安装完毕后，系统调试工程师即可到现场进行带负载运行调试工作。系统调试一切正常后，调试工程师需要对甲方操作人员进行培训，使其掌握系统使用方法，最后交由甲方人员独立使用。

（9）系统设计、施工中的抗干扰措施

由于本系统中有大型变频设备，其电磁干扰比较严重，因此在设计本系统时特别注意了系统的抗干扰，主要做了以下几点工作：

1）系统的供电电源经隔离变压器后进入系统，避免外部干扰进入机柜内部。

2）机柜内的设备应该接地的地方严格接地，所有设备的接地点一点接地。

3）机柜内布线做到交直流信号尽量分开。

4）所有现场信号电缆均采用屏蔽电缆，并且屏蔽层在机柜入口处统一单点接地。

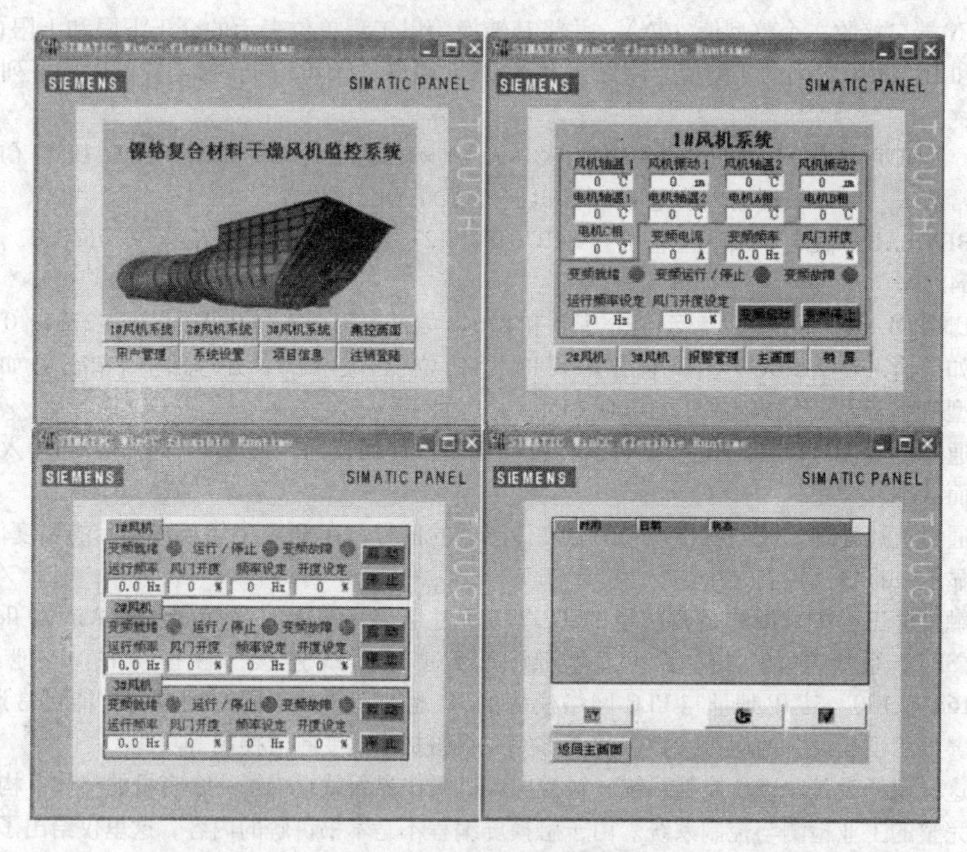

图 11-45　触摸屏监控画面

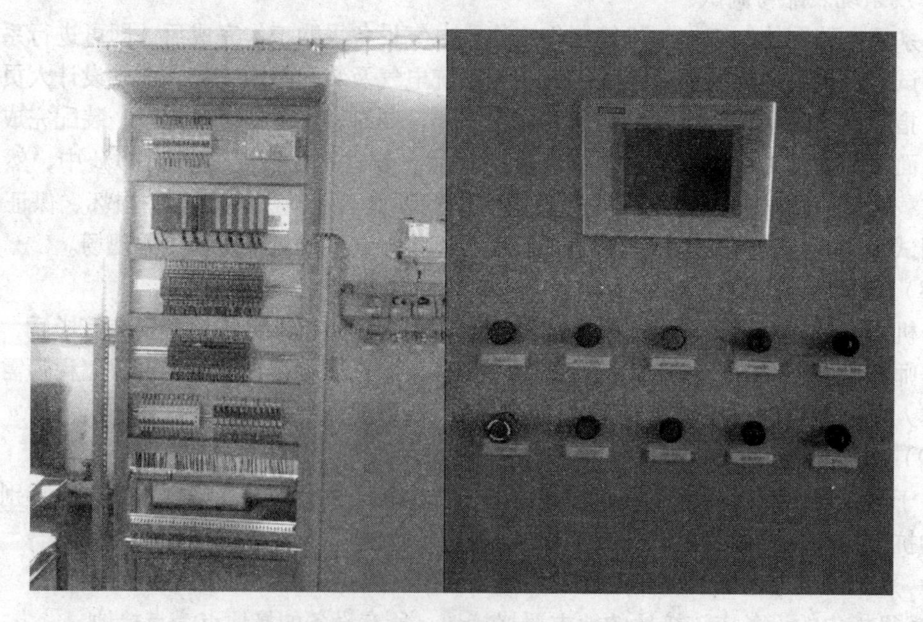

图 11-46　装配完成的机柜内部及面板图

思考题与习题

1. 检测系统的设计原则有哪些?
2. 检测系统的设计方法有哪些?
3. 检测系统的设计步骤有哪几步?
4. 电磁干扰产生的来源有哪些?
5. 电磁干扰的作用途径有哪些?
6. 电磁干扰的作用形式有哪些?
7. 抗干扰技术有哪些?

第 12 章　工程应用典型仪表介绍

12.1　隔离变送器

MIK500E 系列信号隔离器为导轨安装式，底座与主机可以分离插拔，安装维护简便。系列产品种类丰富，可以处理电流、电压、热电阻、热电偶、开关量等各种工业信号，产品广泛应用于建材、冶金、电力等各种行业，有效抑制各种干扰信号。其主要产品型号有：MIK501E 电流隔离器、MIK502E 配电隔离器、MIK502E 配电隔离器（三线制）、MIK503E 热电偶温变隔离器、MIK504E 热电阻温变隔离器、MIK505E 电位器隔离变送器、MIK506E 信号转换隔离器、MIK507E 配电转换隔离器、MIK508E 开关量隔离器、MIK509E 开关量隔离器（输出型）、MIK511E 电流隔离器（输出型）、MIK513E 直流毫伏信号隔离器、MIK514E 热电阻信号隔离器、MIK516E 转换隔离器（输出型）、MIK517E 输入输出合一配电隔离器、MIK518E 频率隔离变送器、MIK518E 脉冲转换隔离器、MIK521E 电流隔离器（HART）、MIK522E 配电隔离器（HART）、MIK522E 检测端配电隔离器（三线制）（HART）、MIK523E 电流隔离器（输出型）（HART）、MIK541E 直流电流无源隔离器、MIK542E 无源配电隔离器、MIK543E 热电偶温变隔离器，回路供电 MIK544E 热电阻温变隔离器，回路供电 MIK545E 电位器变送隔离器，回路供电 MIK546E 转换隔离器。其工作环境如下：

环境温度：0～50℃；相对湿度：10%～90%RH；大气压力：（86～106）kPa；储运温度：－40～＋80℃。MIK500E 系列信号隔离器实物图如图 12-1 所示。

图 12-1　MIK500E 系列信号隔离器

下面介绍其常用的典型模块的具体功能。

12.1.1　配电隔离器

该模块兼容配电和隔离两种模式：配电模式下向现场的两线制变送器提供工作电源，采样变送器输出的两线制电流信号，经过隔离处理后转换为四线制电流信号输出；隔离模式，采样四线制电流信号，经过隔离输出四线制电流信号。通过产品上侧内置的拨动开关可设置输入模式。可选 1 入 1 出、1 入 2 出、2 入 2 出。其型号规格如表 12-1 所示。

表 12-1　MIK502E 系列配电隔离器型号规格

产品型号	输入 1 信号	输入 2 信号	输出 1 信号	输出 2 信号
MIK502E-C0C0	4～20mADC	无输入 2	4～20mADC	无输出 2
MIK502E-C0CC	4～20mADC	无输入 2	4～20mADC	4～20mADC
MIK502E-CCCC	4～20mADC	4～20mADC	4～20mADC	4～20mADC

其技术指标如下：

工作电源：24V DC ±10%

功　　耗：≤1.2W（1 入 1 出）

≤1.8W（1 入 2 出）

≤2.4W（2 入 2 出）

输入信号：

配电模式，两线制 4～20mA

隔离模式，四线制 4～20mA

配电电压：配电模式，19～26V

配电保护：最大短路电流，40mA

最高开路电压，26V

输入阻抗：隔离模式，≤200Ω

输出信号：四线制 4～20mA

输出负载：0～350Ω

转换精度：±0.1%FS

温度漂移：±0.01% FS/℃

绝缘强度：输入/输出，≥2000VAC（1min）

输入/电源，≥2000V AC（1min）

输出/电源，≥1000V AC（1min）

绝缘电阻：输入/输出/电源，≥100MΩ（500V DC）

其现场应用接线图如图 12-2 所示。

备注：1 入 1 出型号，1、3、11、12 脚悬空不接；1 入 2 出型号，1、3 脚悬空不接。拨动开关设置在靠近底座一侧，输入信号为四线制（隔离模式）；反之，为两线制（配电模式）。

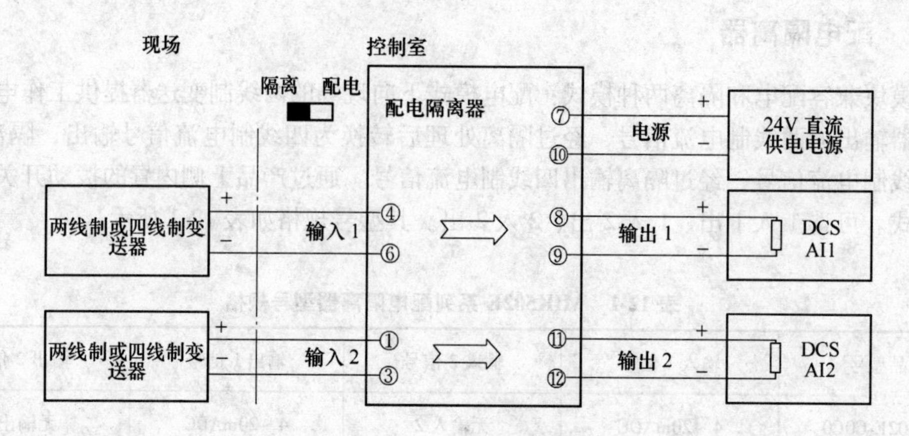

图 12-2　配电隔离器接线图

12.1.2　热电偶温变隔离器

该模块的功能是接收现场的 K、S、E、B、R、T、J、N 等热电偶传感器的输出信号，经过隔离线性化处理，并转换成与温度成线性关系的电压或电流信号输出。可选 1 入 1 出、1 入 2 出。可在线设置分度号和温度范围。其型号规格如表 12-2 所示。

表 12-2　热电偶温变隔离器型号规格

	输入 1 代码	输入 2 代码	输出 1 代码	输出 2 代码
MIK503E-	1：K 型热电偶	0：无输入 2	2：0～5V DC	2：0～5V DC
	2：S 型热电偶		3：1～5V DC	3：1～5V DC
	3：E 型热电偶		B：0～20mA DC	B：0～20mA DC
	4：B 型热电偶		C：4～20mA DC	C：4～20mA DC
	5：R 型热电偶		G：其他信号	G：其他信号
	6：T 型热电偶			0：无输出 2
	7：J 型热电偶			
	8：N 型热电偶			
	G：其他热电偶			

其技术指标如下：

工作电源：24V DC ±10%

功　　耗：≤1.0W（1 入 1 出）

　　　　　≤1.5W（1 入 2 出）

输入信号：K、S、E、B、R、T、J

冷端补偿：0～50 度，误差 ±1℃

输出信号：直流电压或电流信号

输出负载：电流输出，0～350Ω

　　　　　电压输出，≥10kΩ

转换精度：±0.2% FS（$\Delta V > 10\text{mV}$）

±0.4% FS（$10\text{mV} \geqslant \Delta V \geqslant 5\text{mV}$）

温度漂移：±100ppm/℃

绝缘强度：输入/输出，≥2000V AC（1min）

输入/电源，≥2000V AC（1min）

输出/电源，≥1000V AC（1min）

绝缘电阻：输入/输出/电源，≥100MΩ（500V DC）

其现场应用接线图如图 12-3 所示。

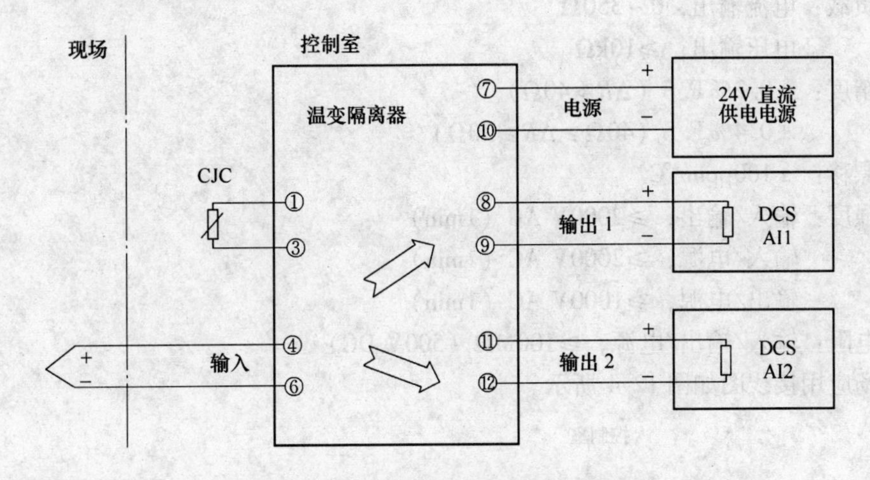

图 12-3　热电偶温变隔离器接线图

备注：隔离器到热电偶之间的连线必须使用同类型的补偿导线，否则将增大测量误差。CJC 用于热电偶的冷端补偿，已经固定在专用接线端子上。1 入 1 出型号，11、12 脚悬空不接。

12.1.3　热电阻温变隔离器

该模块的功能是接收现场的三线制 Pt_{100}、Cu_{50}、Cu_{100}、Pt_{50} 或其他类型的热电阻信号，经过线性化处理，变换成与温度成线性的电压或电流信号输出。可选 1 入 1 出、1 入 2 出。可在线设置分度号和温度范围。其型号规格如表 12-3 所示。

表 12-3　热电阻温变隔离器型号规格

	输入 1 代码	输入 2 代码	输出 1 代码	输出 2 代码
MIK504E-	1：Pt_{100} 热电阻	0：无输入 2	2：0 ~ 5V DC	2：0 ~ 5V DC
	2：Cu_{50} 热电阻		3：1 ~ 5V DC	3：1 ~ 5V DC
	3：Cu_{100} 热电阻		B：0 ~ 20mA DC	B：0 ~ 20mA DC
	4：Pt_{50} 热电阻		C：4 ~ 20mA DC	C：4 ~ 20mA DC
	G：其他热电阻		G：其他信号	G：其他信号
				0：无输出 2

其技术指标如下：

工作电源：24V DC ±10%

功　　耗：≤1.0W（1入1出）

　　　　　≤1.5W（1入2出）

输入信号：Cu_{50}、Pt_{100}、Cu_{100}、Pt_{50}

激励电流：≤0.2mA

引线电阻：≤20Ω/线

输出信号：直流电流或电压信号

输出负载：电流输出，0～350Ω

　　　　　电压输出，≥10kΩ

转换精度：±0.2%F.S（$\Delta R>40\Omega$）

　　　　　±0.4%F.S（$40\Omega\geq\Delta R\geq20\Omega$）

温度漂移：±100ppm/℃

绝缘强度：输入/输出，≥2000V AC（1min）

　　　　　输入/电源，≥2000V AC（1min）

　　　　　输出/电源，≥1000V AC（1min）

绝缘电阻：输入/输出/电源，≥100MΩ（500V DC）

其现场应用接线图如图12-4所示。

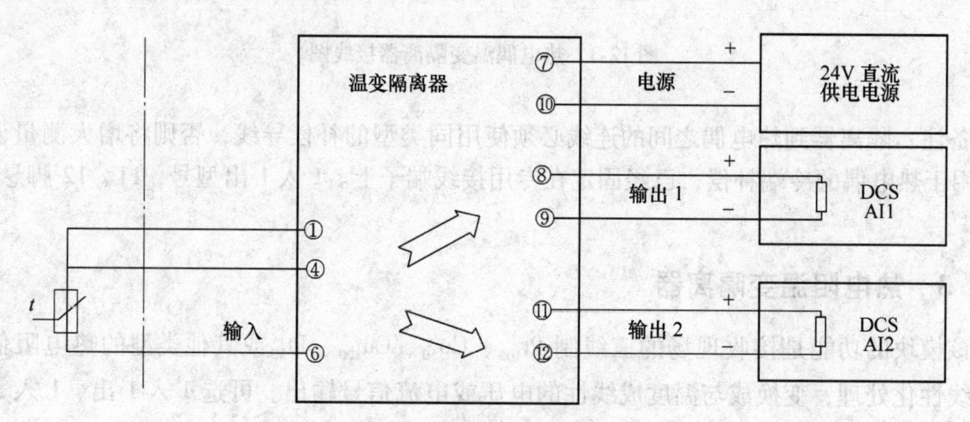

图12-4　热电阻温变隔离器接线图

备注：隔离器到热电阻之间的连线必须使用同种导线且长度一致，导线电阻值不一致将增大测量误差。1入1出型号，11、12脚悬空不接。

12.2　数显表

HR-WP系列智能数字显示仪表是虹润仪表生产的。它采用专用的集成仪表芯片，测量输入及变送输出采用数字校正及自校准技术，测量精确稳定，消除了温漂和时漂引起的测量误差。本系列仪表采用了表面贴装工艺，并设计了多重保护和隔离设计，并通过EMC电磁兼容性测试，抗干扰能力强、可靠性高，具有很高的性价比。HR－WP 系列智能数字显示仪表具有多类型输入可编程功能，一台仪表可以配接不同的输入信号（热电偶/热电阻/线性电压/线性电流/线性电阻/频率等），同时显示量程、报警控制等可由用户现场设置，可与各类传感器、变送器配合使用，实现对温度、压力、液位、容量、力等物理量的测量显示、调节、报警控制、数据采集和记录，其适用范围非常广泛。智能数字显示仪表以双排或单排 4 位 LED 显示测量值（PV）和设定值（SV），以单色光柱进行测量值百分比的模拟显示，还具有零点和满度修正、冷端补偿、数字滤波、通信接口、4 种报警方式，可选配 1～4 个继电器报警输出，还可选配变送输出，或标准通信接口（RS485 或 RS232C）输出等。

1. 技术指标

显示方式：以双排或单排 4 位 LED 显示测量值（PV）和设定值（SV），以单色光柱进行测量值百分比的模拟显示。

显示范围：－1999～9999。

测量准确度：±0.2%FS±1 字或 0.5%FS±1 字；±0.1%FS±1 字（需特殊定制）。

分 辨 率：末位一个字。

输入信号：热电偶：K、E、S、B、J、T、R、WRe；冷端温度自动补偿范围 0～50℃，补偿准确度 ±1℃。热电阻：Pt_{100}、Cu_{100}、Cu_{50}、BA2、BA1；引线电阻补偿范围≤15Ω。直流电压：0～20mV、0～75mV、0～200mV、0～5V、1～5V；0～10V（订货时需指定，与其他信号不兼容）；直流电流：0～10mA、4～20mA 、0～20mA。

线性电阻：0～400Ω（远传压力表）。

送输出准确度：同测量准确度。

模拟输入阻抗：电流信号 R_i＝100Ω；电压信号 R_i＝500kΩ。

模拟输出负载能力：电流信号：4～20mA 输出时 R_o≤750Ω；0～10mA 输出时 R_o≤1.5kΩ。电压信号：要求外接仪表的输入阻抗 R_i≥250kΩ，否则不保证连接外部仪表后的输出准确度。

配电输出：DC 24±1V 30mA。

报警方式：1～4 路报警控制（下下限 LL、下限 L、上限 H、上上限 HH），LED 指示。

报警精度：±1 字。

保护方式：输入回路断线、输入信号超/欠量程报警。

设定方式：面板轻触式按键数字设定，设定值断电永久保存。

环境温度：－10～55℃；

环境湿度：10%～90%RH。

耐压强度：输入/输出/电源/通信≥1000V AC 1min。

绝缘阻抗：输入/输出/电源/通信≥100MΩ。

电　　源：AC 85～265V（开关电源），频率：50Hz/60Hz；DC 24±2V（开关电源）。

功　　耗：<5W。

2. 仪表参数设置

仪表面板如图 12-5 所示。

图 12-5　仪表面板

仪表的参数设置如表 12-4 所示，Sn 代码表、抗干扰方式表报警控制方式表分别如表 12-5、表 12-6 和表 12-7 所示。

表 12-4　仪表的参数设置

代码	功　能	说　明
Sn	输入信号类型选择	参照［Sn 代码表］设置
FLt	抗干扰模式	参照［抗干扰方式表］设置。默认值为 5
dPS	小数点位置	小数点后数字位数（用于提高显示分辨率），如 dPS = 0 无小数点，dPS = 1 显示 XXX. X，dPS = 2 显示 XX. XX
oFS	显示位移量	显示值零点迁移量，例：原显示为 0 ~ 1000，当显示位移量设置为 2 时，显示改变为 2 ~ 1002，设为 -2 时显示 -2 ~ 998
LoS	显示下限值	线性输入信号显示范围的上、下限值。热电偶或热电阻输入时由仪表内部自动设定，该参数无需设置。如输入 4 ~ 20mA 时需对应显示 0 ~ 1000，则 LoS = 0，HiS = 1000
HiS	显示上限值	
AL1	上限报警值	上限报警设定值，上限报警时对应面板的 H 指示灯亮
A1h	上限报警点回差值	当测量值在报警临界点上下频繁波动时，为防止继电器频繁动作而需设置的保持范围。如 A1h = 1，则 AL1 ± 1 范围以内继电器不动作
A1c	上限报警方式	默认值 A1c = 33；参照［报警控制方式表］设置
AL2	下限报警值	下限报警设定值，下限报警时对应面板的 L 指示灯亮
A2h	下限报警点回差值	定义方式同 A1h
A2c	下限报警方式	默认值 A2c = 32；参照［报警控制方式表］设置
AL3	上上限报警值	上上限报警设定值，上上限报警时对应面板的 HH 指示灯亮
A3h	上上限报警点回差值	定义方式同 A1h
A3c	上上限报警方式	默认值 A3c = 33；参照［报警控制方式表］设置
AL4	下下限报警值	下下限报警设定值，下下限报警时对应面板的 LL 指示灯亮
A4h	下下限报警点回差值	定义方式同 A1h
A4c	下下限报警方式	默认值 A4c = 32；参照［报警控制方式表］设置
Loo	变送输出零点	变送输出下限对应变送输出工程量的值。如变送输出范围为 0 ~ 1000℃，则 Loo = 0，Hio = 1000

（续）

代码	功能	说明	
Hio	变送输出满度	变送输出上限对应变送输出工程量的值	
SLn	继电器消音功能设置	详见消音功能设置说明	
out	变送输出类型	详见变送输出功能设置说明	
bro	断线输出设置	0-跟随；1-最大；2-最小；详见 bro 设置说明	
Addr	通信地址设置	1~99 可设	有通信功能时显示此菜单
bAud	通信波特率设置	0~2400bps；1~4800bps；3~9600bps；4~19200bps	
End	设置结束标记	再按一次 SET 键则退出参数设置，同时所修改参数被保存，仪表恢复到正常运行状态	

表 12-5　Sn 代码表

Sn	分　类	测量范围	Sn	分　类	测量范围
00	K	0~1300℃	13	0~5V	-1999~9999
01	E	0~900℃	14	1~5V	-1999~9999
02	S	0~1600℃	15	0~10mA	-1999~9999
03	B	300~1800℃	16	0~20mA	-1999~9999
04	J	0~1000℃	17	4~20 mA	-1999~9999
05	T	0~400℃	20	Pt_{100}	-199.9~600.0℃
06	R	0~1600℃	21	Cu_{100}	-50.0~150.0℃
07	N	0~1300℃	22	Cu_{50}	-50.0~150.0℃
10	0~20mV	-1999~9999	23	BA2	-199.9~600.0℃
11	0~75mV	-1999~9999	24	BA1	-199.9~600.0℃
12	0~200mV	-1999~9999	27	0~400Ω	-1999~9999

表 12-6　抗干扰方式表

抗干扰级别	说　明	抗干扰级别	说　明
0~4	不进行抗干扰处理	16~18	抗脉冲干扰方式
5~10	算术平均滤波方式	19~30	时间阻尼器
11~15	二阶数字滤波方式		

表 12-7　报警控制方式表

代　码	功能说明	代　码	功能说明
30	下限报警（上单回差）	34	下限报警（下单回差）
31	上限报警（下单回差）	35	上限报警（上单回差）
32	下限报警（双回差）	36	输入信号故障报警方式
33	上限报警（双回差）		

3. 接线方式

1）HR-WP 横式（竖式）仪表 160mm × 80mm × 88mm 接线图（4 位报警）如图 12-6 所示。

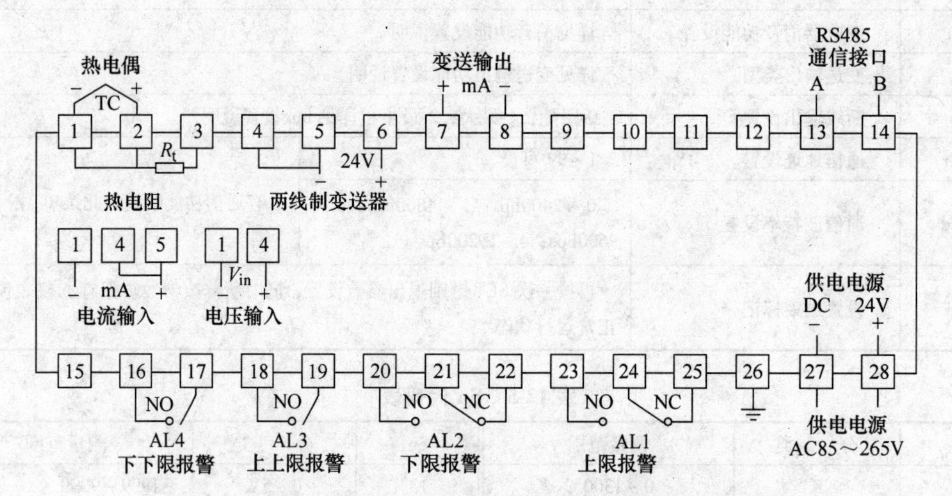

图 12-6　横式（竖式）仪表 160mm × 80mm × 88mm 接线图

备注：电流输入和变送器输入时，4、5 号端子要短接。

2）HR-WP 方式仪表 96mm × 96mm × 112mm 接线图如图 12-7 所示。

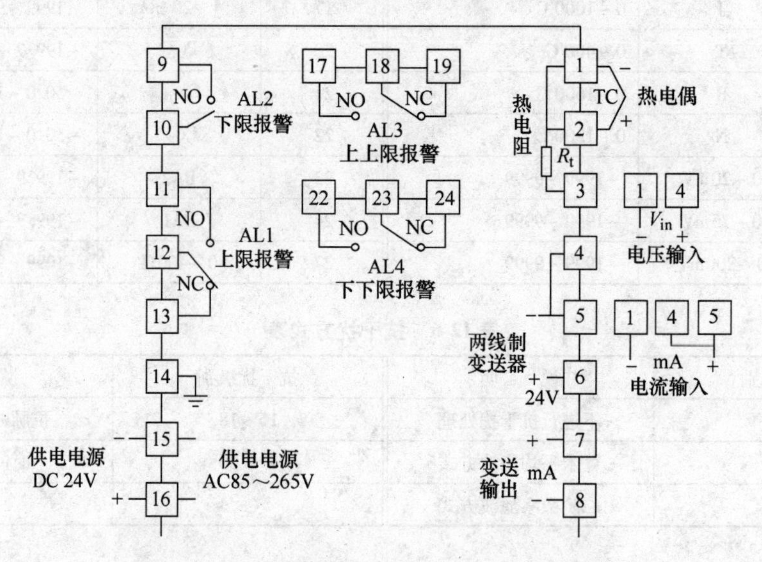

图 12-7　方式仪表 96mm × 96mm × 112mm 接线图

备注：电流输入和变送器输入时，4、5 号端子要短接。

3）HR-WP 横式（竖式）仪表 96mm × 48mm × 112mm 接线图如图 12-8 所示。

4）HR-WP 方式仪表 72mm × 72mm × 112mm 接线图，如图 12-9 所示。

输入跳线设置方式：JP4，如图 12-10 所示。

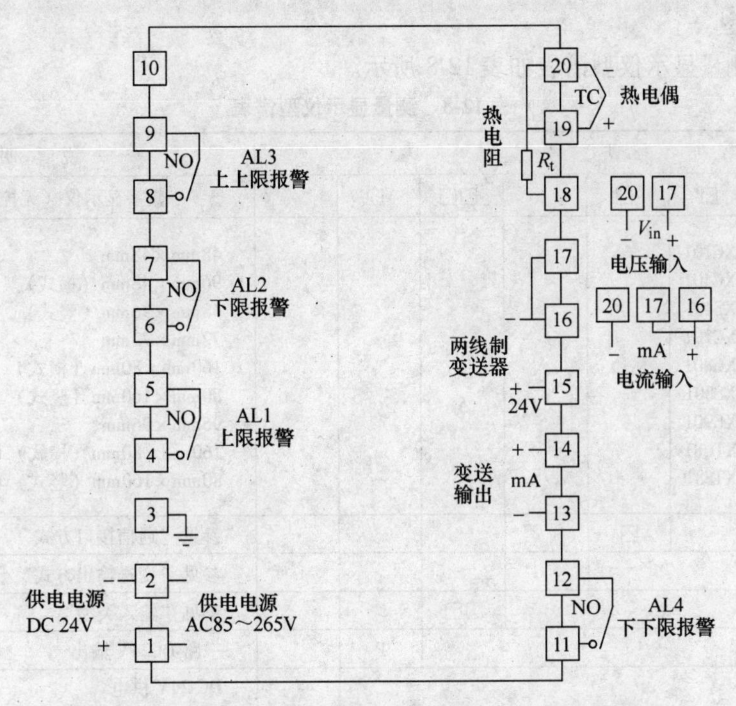

图 12-8　横式（竖式）仪表 96mm × 48mm × 112mm 接线图

备注：电流输入和变送器输入时，16、17 号端子要短接。

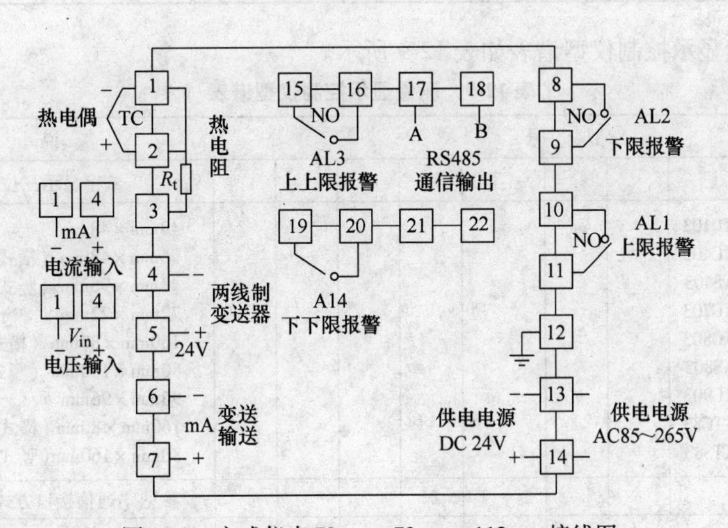

图 12-9　方式仪表 72mm × 72mm × 112mm 接线图

	直流电流输入	直流电压输入
JP4 状态	 1　3	 1　3

图 12-10　HR-WP 方式仪表 48mm × 48mm × 110mm 接线图

4. 仪表选型

虹润品牌测量显示仪型谱表如表 12-8 所示。

表 12-8　测量显示仪型谱表

型号							说明
HR-	□	-□		-□□	-□		数字显示仪（无控制/报警）
外形尺寸	XC101 XC401 XS401 XC701 XC801 XS801 XC901 XTC81 XTS81						48mm×48mm 96mm×48mm（横式） 48mm×96mm（竖式） 72mm×72mm 160mm×80mm（横式） 80mm×160mm（竖式） 96mm×96mm 160mm×80mm（横式）单回路单光柱 80mm×160mm（竖式）单回路单光柱
通信方式		□					参见“通信接口方式”
变送输出方式							参见“变送输出方式”
输入信号类型				□□			参见“输入类型”
馈电输出					P		一路 DC24V 输出
供电方式							DC 24V 供电 AC85～265V 供电（开关电源）
测量精度							0.5%FS±1 字（可省略） 0.2%FS±1 字（请注明）

虹润牌测量显示控制仪型谱表如表 12-9 所示。

表 12-9　测量显示控制仪型谱表

型号									说明
HR-WP-	□			-□□	□				数字显示三位式控制仪
外形尺寸	XC103 XC403 XS403 XC703 XC803 XS803 XC903 XTC83 XTS83								48mm×48mm 96mm×48mm（横式） 48mm×96mm（竖式） 72mm×72mm 160mm×80mm（横式） 80mm×160mm（竖式） 96mm×96mm 160mm×80mm（横式）单回路单光柱 80mm×160mm（竖式）单回路单光柱
通信输出方式									参见“通信接口方式”
变送输出方式									参见“变送输出方式”
输入信号类型				□□					参见“输入类型”
第一报警方式									上限控制（参见“报警方式”）
第二报警方式									下限控制（参见“报警方式”）
馈电输出									一路 DC24V 输出
供电方式									DC 24V 供电 AC85～265V 供电（开关电源）
测量精度									0.5%FS±1 字（可省略） 0.2%FS±1 字（请注明）

仪表通信接口方式如表12-10所示。

表12-10　通信接口方式表

代码	0	2	8
通信方式	无通信	RS232通信口	RS-485通信口

变送输出方式如表12-11所示。

表12-11　变送输出方式表

代码	0	2	3	4	5	8
输出方式	无输出	4~20mA	0~10mA	1~5V	0~5V	特殊规格

12.3　一体化温度变送器

MCT80Y一体化温度变送器将温度传感元件（热电阻或热电偶）与信号转换放大单元有机集成在一起，用来测量各种工艺过程中-200~1600℃范围内的液体、蒸汽及其他气体介质或固体表面的温度。它通常和显示仪表、记录仪表以及各种控制系统配套使用。它具有结构简单，安装、使用、维修方便的特点，目前已广泛用于石油、化工、冶金、电站、轻工等部门。

MCT80Y系列一体化温度变送器分为普通型、隔爆型和数显一体化三类。其中，普通型与隔爆型可以选择不同的内置温度变送器模块，以满足用户不同的应用要求。温度变送器按温度传感器不同，又分为热电偶和热电阻两种系列。

一体化温度变送器的外形与工业热电阻和热电偶的外形类似，仅仅是在接线盒内部增加了温度变送装置。一体化温度变送器及变送模块如图12-11所示。

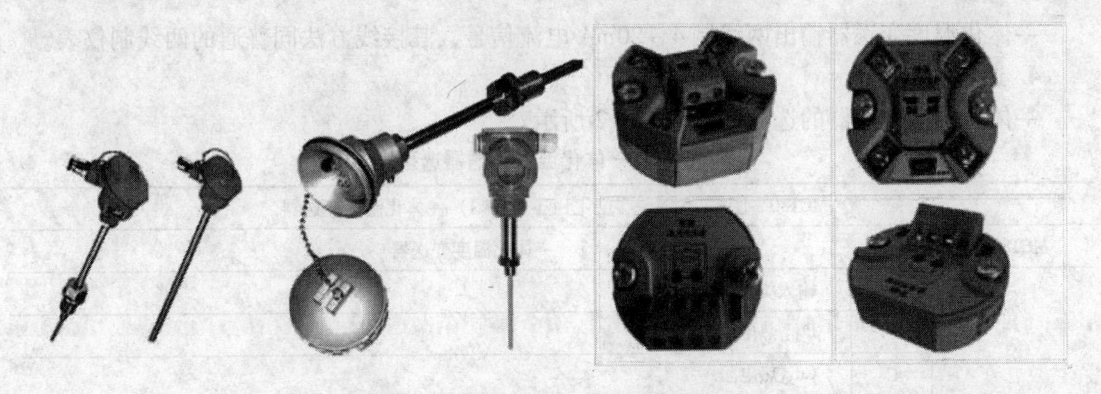

图12-11　一体化温度变送器及其变送模块

1. 主要特点

1）两线制传送。信号转换器供电的两根导线同时也传送输出信号。

2）输出恒流信号（4~20mA）。抗干扰能力强、远传性能好。

3）信号转换器用环氧树脂封装成模块，具有抗振动、耐腐蚀、防潮湿等优点，可用于条件较差的场所。

4）热电偶的毫伏信号经信号转换器直接转换成 4～20mA 电流输出，用普通电缆线传送信号，可省去价格昂贵的补偿导线。

5）带现场显示的温度变送器既输出 4～20mA 的电流信号，又能在测温现场读到实测温度，给操作人员带来很大方便。

6）精度高、抗干扰、长期稳定性好、免维护、可远传（最远达 1000m）。

2. 技术指标

（1）量程：－200～1600℃

（2）常规精度：±0.25%

（3）供电电压：13～30V，DC

（4）负载电阻：0～850Ω

（5）输出信号：4～20mA

（6）基本误差：±0.2%，±0.5%

（7）显示方式：液晶显示

（8）环境温度影响：0.25%/10℃

（9）冷端补偿误差：0.5%/10℃

（10）防爆标志：dⅡBT4

（11）防护等级：IP65

（12）输入类型：热电阻、Pt_{100}、两线或三线热电偶（所有已知类型）

（13）环境温度：－40～85℃，带显示型为－10～70℃

（14）环境湿度：0～95% RH，不冷凝

（15）显示选项：指针表或数字 LCD 显示器可选

（16）保护管材质：1Cr18Ni9Ti、陶瓷或钢玉管

3. 接线

一体化温度变送器输出两线制 4～20mA 电流信号，其接线方法同普通的两线制仪表。

4. 选型

一体化温度变送器的选型表如表 12-12 所示。

表 12-12　一体化温度变送器选型表

MCT80Y-□-（℃）-□-□-□-□-（L×I）一体化温度变送器			
MCT80Y	一体化温度变送器		
	代码	输入类型	
	P	Pt_{100} 热电阻	
	C	Cu_{50} 热电阻	
	K	K 分度热电偶	
	E	E 分度热电偶	
	S	S 分度热电偶	
	M	用户指定	
		代码	测量范围
		（℃）	用户指明

（续）

MCT80Y-□-（℃）-□-□-□-□-（L×I）一体化温度变送器								
MCT80Y	一体化温度变送器							
			代码	安装方式				
			C1	M27×2				
			C2	M16×1.5				
			C3	可动法兰				
			C4	固定法兰				
			C5	其他（用户指定）				
				代码	保护管材质			
				G1	1Cr18Ni9Ti			
				G2	304 不锈钢			
				G3	316 不锈钢			
				G4	陶瓷			
				G5	钢玉管			
					代码	保护管直径		
					D1	$\phi12$		
					D2	$\phi16$		
					D3	用户指定		
						代码	插深	
						L×I	L×I =　mm（用户指定，L 代表保护管总长，I 代表插深）	
							代码	选项
							N	普通型
							d	隔爆型

12.4　涡街流量计

LUGB 系列涡街流量计是一种采用压电晶体作为检测元件，输出与流量成正比的标准信号流量仪表。该仪表可以直接与 DDZ－Ⅲ型仪表系统配套，也可以与计算机及集散系统配套使用，对不同介质的流量参数进行测量。该仪表根据流体涡街的检测原理，其检测涡街的压电晶体不与介质接触，仪表具有结构简单、通用性好和稳定性高的特点。LUGB 系列涡街流量计可用于各种气体、液体和蒸汽的流量检测及计量。LUGB 系列涡街流量计可以与流量计算仪配套使用。法兰式涡街流量计与插入式涡街流量计如图 12-12 所示。

图 12-12　法兰式涡街流量计与插入式涡街流量计

1. 产品特点

传感器测量探头采用特殊工艺封装，耐高温可达350℃；敏感元件封装在探头体内，检测元件不接触测量介质，使用寿命长；传感器采用补偿设计，提高仪表抗振性；结构简单、无可动件，耐用性高；在规定雷诺数范围内，测量不受介质温度、压力、粘度影响；流量计可应用于防爆场合，安全性好；量程比宽，可达10:1，15:1；通用性强，可测量不洁净的气体、液体。

2. 技术参数

环境温度：-40~55℃
相对湿度：5%~90%
大气压力：(86—106) kPa；
公称通径：15~1500mm（大于200mm为插入式结构）
测量介质：液体、气体、蒸汽
公称压力：1.6MPa　2.5MPa　4.0MPa；
介质温度：-40~350℃
准确度等级：0.5级，1.0级，1.5级，2.5级
线性度：≤±1.5%
重复性：≤0.5%，≤1.0%
输出信号：电压脉冲；
　　　　　4~20mA DC（两线制）
供电电源：电压脉冲　12V DC或24V DC
　　　　　电流型　24V DC
　　　　　智能电流型　24V DC
　　　　　智能电池型　3.6V DC
负载电阻：最大负载电阻不超过350Ω
本体材质：304不锈钢
连接方式：15~300mm　法兰卡装式结构
　　　　　200~1500mm　插入式结构
保护等级：IP65，IP67
电缆接口：PG10
防爆类型：本质安全型、隔爆型
防爆标志：iaⅡCT6，dIIBT4

3. 工况流量范围（见表12-13）

表12-13　涡街流量计工况流量范围表

仪表型号	公称通径DN /mm	流量范围/ (m^3/h)		
		液体	气体	蒸汽
LUGB-	15	0.4~4	4~30	3.2~18
LUGB-	20	0.7~7	6~40	5~32
LUGB-	25	1~10	11~70	9~60

（续）

仪表型号	公称通径 DN /mm	流量范围/（m^3/h）		
		液体	气体	蒸汽
LUGB-	32	1.5～15	17～150	15～130
LUGB-	40	2～25	24～240	20～200
LUGB-	50	3～45	37～370	32～320
LUGB-	65	5.5～75	65～650	55～540
LUGB-	80	8.5～110	95～950	81～810
LUGB-	100	16～180	150～1500	130～1300
LUGB-	125	25～270	245～2400	200～2000
LUGB-	150	35～350	360～3600	290～2900
LUGB-	200	60～600	600～6000	550～5000
LUGB-	250	90～900	900～9000	800～8000
LUGB-	300	135～1350	1350～13500	1150～11500
LUGB-	350	185～1850	1850～18500	1550～15500
LUGB-	400	240～2400	2400～24000	2100～21000
LUGB-	450	300～3000	3000～30000	2600～26000
LUGB-	500	380～3800	3800～38000	3300～33000
LUGB-	600	550～5500	5500～55000	5100～51000
LUGB-	700	750～7500	7500～75000	7000～70000
LUGB-	800	950～9500	9500～95000	9000～90000
LUGB-	900	1200～12000	12000～137000	11000～110000
LUGB-	1000	1400～1400	14000～140000	13500～135000
LUGB-	1200	2000～20000	20000～200000	19500～195000
LUGB-	1300	2200～22000	22000～220000	21000～210000
LUGB-	1400	2750～27500	27500～275000	27000～270000
LUGB-	1500	3150～31500	31500～315000	31000～310000

4. 流量计安装

（1）安装地点的选择

1）环境温度：流量计的工作环境温度不低于－40℃，不高于55℃，当受到生产设备的热辐射时，应采取隔热和通风措施。

2）环境空气：避免将流量计安装在含腐蚀性气体的环境中，如只能安装在含腐蚀性气体的环境中，则需提供充分的排风措施。

3）机械振动和冲击：流量计的结构是坚固的，不会因振动而损伤，但振动会产生干扰信号，若管道上的振动和冲击强烈，而介质流速又低，则可能导致干扰信号大于流量信号，造成示值误差。因此，流量计应当尽可能安装在振动和冲击小的场所，安装位置在5～20Hz的振动频率下，要求振动加速度不大于1g，否则应采取减振措施。例如，在流量计安装处振源来向的管道上加装固定支撑，并安装防振垫等。

4）流量计安装地点周围应有充裕的空间，安装在高处的流量计应尽量有工作平台，以便于安装和维修。此外，为了维修检查方便，附近应有可供测量仪器用的交流 220V 电源插座。

5）流量计最好安装在室内，必须安装在室外时，应有防晒和防潮措施。

6）流量计安装地点应远离大功率电动机、变频器、大功率变压器和无线电收发机，否则，有可能造成仪表不能正常工作。

法兰夹装式和插入式涡街流量计安装图如图 12-13 所示。

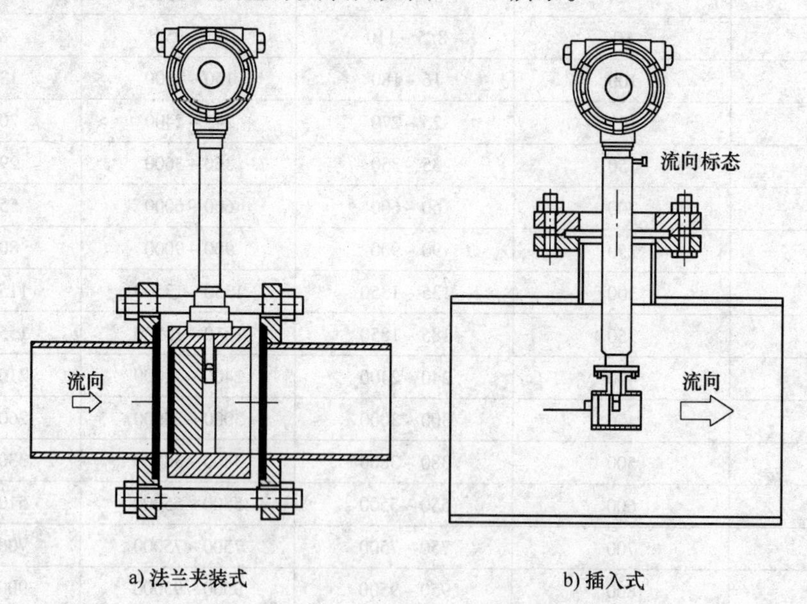

图 12-13　涡街流量计安装图

（2）对安装管道的要求

流量计上游侧和下游侧必须要有足够长的同径直管段。长度应符合表 12-14 和表 12-15 的要求。

①法兰卡装式（法兰连接式）流量计直管段

表 12-14　法兰式涡街流量计安装对直管段要求

管道情况	上游	下游	管道情况	上游	下游
同心渐缩管，全开阀门	>15D	>5D	同平面两个 90°直弯头	>25D	>5D
同心渐扩管，全开阀门	>20D	>5D	不同平面两个 90°直弯头	>40D	>5D
上游 90°直弯头或 T 形接头	>20D	>5D	半开闸阀	>50D	>5D

②插入式流量计直管段

表 12-15　插入式涡街流量计安装对直管段要求

管道情况	上游	下游	管道情况	上游	下游
同心渐缩管，全开阀门	>30D	>10D	同平面两个 90°直弯头	>50D	>20D
同心渐扩管，全开阀门	>50D	>20D	不同平面两个 90°直弯头	>80D	>25D
上游 90°直弯头或 T 形接头	>50D	>20D	全开碟阀	>45D	>20D

③在规定的直管段长度内，管道入流段与出流段目测应是平直的。为保证被测介质满管，流量计应尽量避免安装在调节阀、半开闸阀的下游。一般情况下不在扩大管后安装流量变送器。

④流量计可垂直、水平或其他任何角度进行安装，将流量计安装在垂直或倾斜管道上时，流体流向应是自下而上的。

⑤需要在流量计附近装设取压点或测温点时，取压点应在流量计后3D以外，测温点应在流量计5D以外。

⑥为方便检修流量计，强烈建议安装旁通管。在需清洗的管道上或所安装流量计的管道不能断流的情况下，就必须安装旁通管道。

12.5　压力/压差测量仪表

PDS系列变送器是重庆川仪选用西门子散件生产的一种高性能压力/差压变送器。变送器采用西门子原装的传感器和电子部件，内含西门子的温度补偿、线性补偿技术，具备智能化和通信功能，可广泛应用于石油、化工、冶金、电站等行业中。

1. 使用环境条件

变送器的安装环境应满足以下条件：

（1）自然环境条件

①环境温度：-40～+85℃

（防爆变送器T5温度组别最高70℃、T6温度组别最高60℃）

②介质温度：-40～+100℃

③相对湿度：≤95%

④大气压：（86～106）kPa

（2）机械环境条件

振动加速度：≤2g

（3）电磁环境条件

①磁场强度：≤400A/m

②射频干扰：≤3V/m（80MHz～1GHz）

③静电干扰：≤8000V

④电快速瞬变脉冲群干扰：≤2000V（5kHz）

2. 电气连接

（1）接线腔连接

变送器采用两线制传输，信号线即电源线，与外部电源的连接示意图如图12-14所示。

变送器通过电缆与电源和负载构成回路，在图12-14中，使用屏蔽电缆，屏蔽层连接到接线端子的地端，该端已与变送器外壳相连，要求屏蔽层另一端与现场大地可靠连接，否则不能达到良好的屏蔽效果。

图12-14中的直流电流测试端有两个接线柱，可直接连接内阻不大于10Ω的标准电流表，检测变送器输出电流。

图 12-14 中的 230 ~ 500Ω 负载电阻与 HART 通信功能配用。HART 终端设备可连接到接线盒的“+”、“-”两端，也可连接到负载电阻的两端。

对于本质安全型变送器，图 12-14 中的点画线框部分应置于无爆炸危险的安全场所，且供电电源必须为经过相关认证的安全栅。

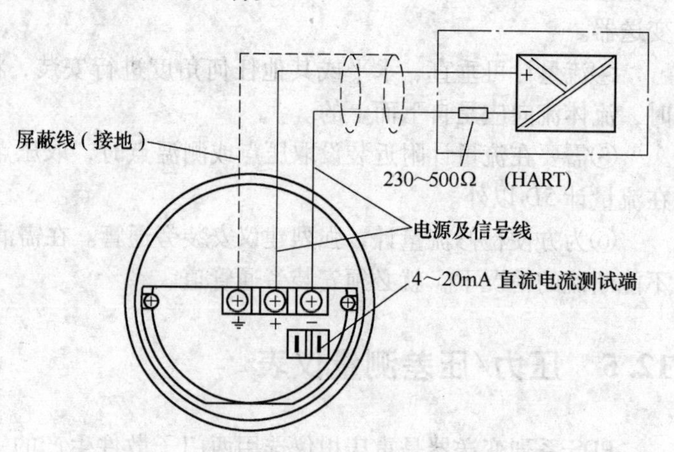

图 12-14　变送器与外部电源的连接示意图

（2）配线

变送器出厂时为防止灰尘进入，在两电气连接口处置有两个防尘塞。进行电气安装时，应取下这两个防尘塞，在不需要电气连接的接口处旋入密封塞，另一接口旋入与螺纹规格相应的电气接头以便安装电缆。

变送器与外界的电气连接结构示意图如图 12-15 所示。

在变送器配线口与金属软管接头的螺纹上涂防水用的非硬化密封剂，使用 600V 规格 PVC 绝缘电缆线或与之规格相当的电缆。对于普通型或本安型变送器，使用金属套管或防水套管。对于隔爆型变送器，必须使用符合隔爆要求的隔爆密封接头及其他连接件，电缆直径 $\phi8.5 \pm 0.5$mm。

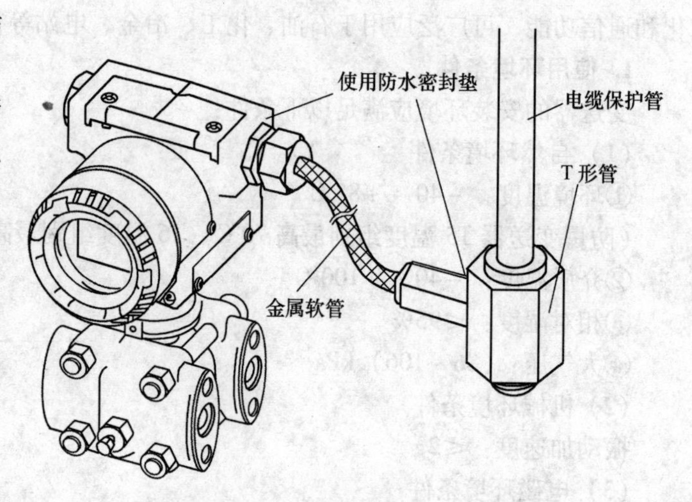

图 12-15　电气连接结构示意图

（3）接地

变送器上有内接地和外接地，两处均有接地标识，可任选其一或两处接地，接地电阻≤100Ω。

3. 压力过程连接

变送器使用安装管加支架的安装方式，安装管直径要求 $\phi50 \sim 60$mm，先将安装板用 U 形螺柱固定在安装管上，然后将变送器用四颗螺钉固定在安装板上。如果操作不便，也可先连接变送器与安装板，再连接到安装管。变送器的安装板可适应多种安装管的位置，但原则上，变送器安装完成后，正负引压口应处于同一水平线上。变送器的外形尺寸如图 12-16 所示。

（1）变送器的测量部

变送器的测量部由膜盒、容室、接头法兰、排气排液盲塞、螺柱、螺母等零件组成，如图 12-17 所示。变送器的安装、压力过程连接、现场压力的引入都在这一部分。

（2）接头法兰、三阀组的装配

变送器可选配接头法兰，连接示意如图 12-18 所示；变送器也可配多种三阀组，连接示意如图 12-19 所示。

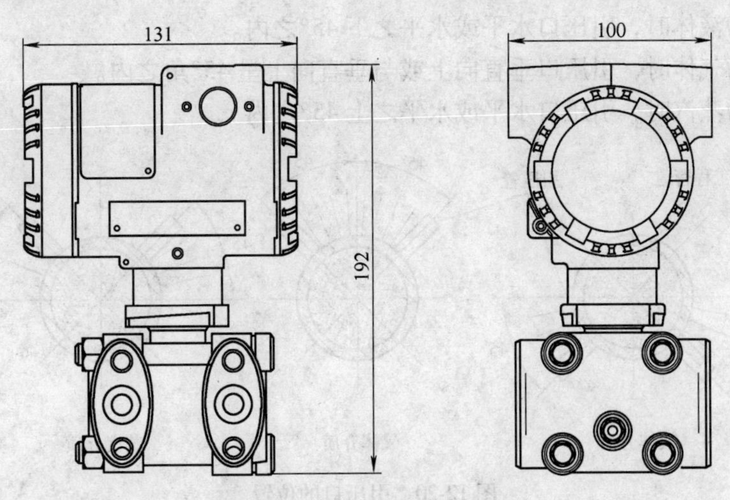

图 12-16　变送器外形尺寸图

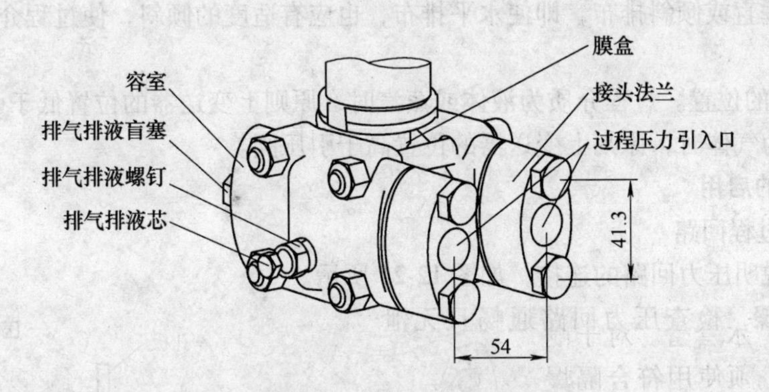

图 12-17　变送器测量部

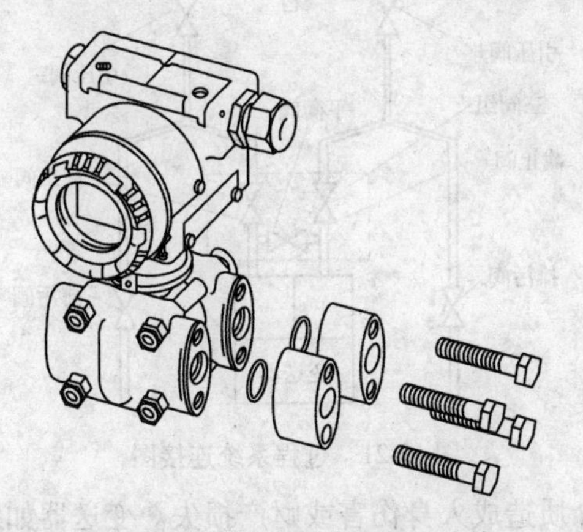

图 12-18　变送器与接头法兰连接

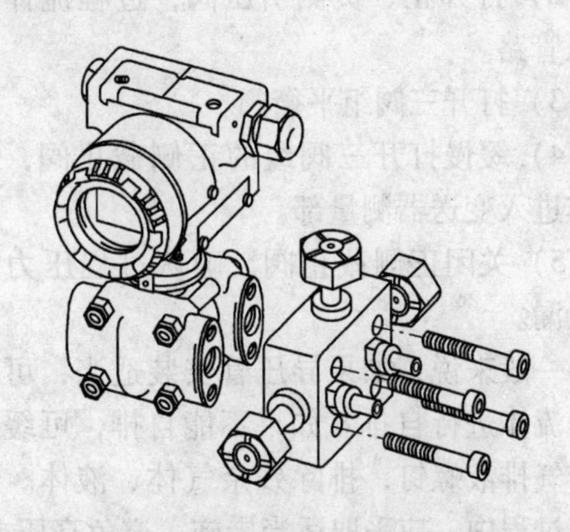

图 12-19　变送器与三阀组连接

(3) 导压管的装配

1) 系统引压口。压力管道内的沉淀物、残液等进入导压管，将导致压力测量时产生误差。要排除这些影响，应按图 12-20 所示的角度范围安装引压阀。

过程介质为液体时，引压口水平或水平之下 45°之内。

过程介质为气体时，引压口垂直向上或与垂直向上呈 45°角之内。

过程介质为蒸汽时，引压口水平或水平之上 45°之内。

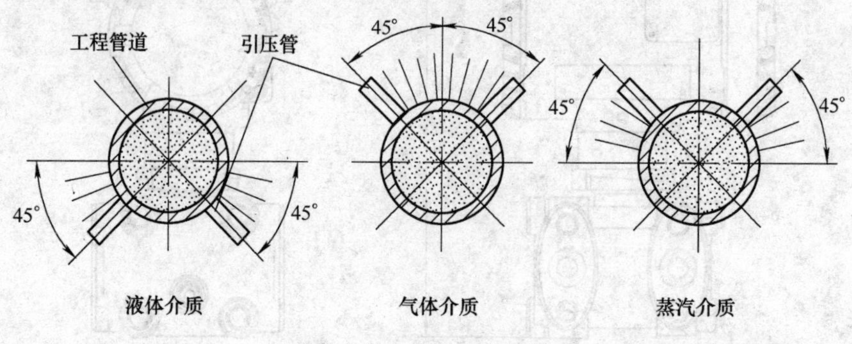

图 12-20　引压口的位置

导压管应垂直或倾斜排布，即使水平排布，也应有适度的倾斜，使过程介质不会残留在管道内。

2）变送器的位置。过程介质为液体或蒸汽时，原则上变送器的位置低于引压阀。

过程介质为气体时，原则上变送器的位置高于引压阀。

4. 变送器的启用

（1）压力过程回路

以下举例说明压力回路的连接，如图 12-21 所示。

按如下步骤，检查压力回路通畅且无泄漏。

1）首先确认所有阀门处于关闭状态。

2）打开正、负侧引压阀，过程流体进入引压管路。

3）打开三阀组平衡阀。

4）缓慢打开三阀组的正侧截止阀，过程流体进入变送器测量部。

5）关闭正侧截止阀，确认过程压力回路无泄漏。

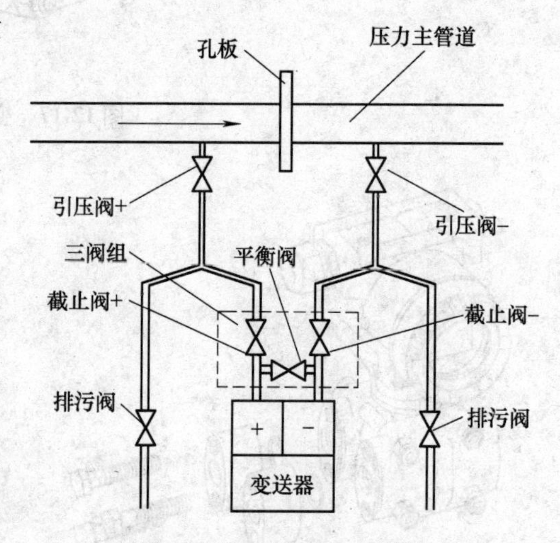

图 12-21　过程系统连接图

一般来说，如果导压管安装适当，可以对过程流体进行自排。如果不能自排，可缓慢松开排气排液螺钉，排除残余气体、液体。排气排液过程中，应采取适当措施，避免高压或腐蚀介质造成人身伤害或财产损失。变送器如果长时间停止工作，应清除导压管和测量部内的过程介质。

（2）零点量程设定

压力过程连接完成后，应对变送器进行零点调整，因为安装位置会使零点产生偏移（尤其是小量程范围）。具体调整方法参照详细说明书。

变送器的使用量程在出厂时已经调好，如系统状态发生改变，则需更改。更改方法有两种：使用参考压力和不使用参考压力，一般情况下，不使用参考压力设定更为简便且能满足现场要求。具体调整方法参照详细说明书。

5. 型谱

PDS 系列压力/差压变送器需要按照其型谱进行选型，表 12-16 和表 12-17 分别给出了差压变送器和绝对压力变送器的型谱表。

表 12-16　差压变送器型谱

型　号	规格代码	说　明		
PDS443		差压变送器		
通信协议	H	HART 通信		
	P	PROFIBUS PA 通信		
膜盒封入液		封入液	测量部清洁	
	-1	硅油	常规	
	-2	硅油	脱脂清洁	
	-2	氟油	脱脂清洁	
测量量程		量程	测量范围	最大工作压力
	D	(0.25~25) kPa	(-25~25) kPa	16MPa
	E	(0.6~60) kPa	(-60~60) kPa	16MPa
	F	(1.6~160) kPa	(-160~160) kPa	16MPa
	G	(5~500) kPa	(-500~500) kPa	16MPa
	H	(0.03~3) MPa	(-0.5~3) MPa	16MPa
接液部分材质		隔离膜片	接液件	
	S	SUS316 不锈钢	SUS316 不锈钢	
	H	哈氏 C - 276	SUS316 不锈钢	
	C	哈氏 C - 276	哈氏 C - 276	
	T	钽	钽	
	M	蒙乃尔合金	蒙乃尔合金	
	G	金	金	
过程连接	1	无过程接头，容室法兰带 1/4 NPT 内螺纹，排气排液在后面		
	2	无过程接头，容室法兰带 1/4 NPT 内螺纹，排气排液在侧面		
	3	带 1/2 NPT 内螺纹的过程接头，排气排液在后面		
	4	带 1/2 NPT 内螺纹的过程接头，排气排液在侧面		
防爆	-A	无防爆		
	-B	本安 Ex iaⅡC T6		
	-D	隔爆 Ex dⅡBT4		
电气接口	1	1/2-14 NPT 内螺纹，两个接线口		
	2	M20×1.5 内螺纹，两个接线口		
显示表头	-N	不带显示表		
	-D	LCD 显示表		

（续）

型号	规格代码	说明
安装支架	A	水平安装支架（碳钢）
	B	水平安装支架（不锈钢）
	C	垂直安装支架（碳钢）
	D	垂直安装支架（不锈钢）
	N	无安装支架

表 12-17 差压型绝对压力变送器型谱

型号	规格代码	说明		
PDS443		差压变送器		
通信协议	H	HART 通信		
	P	PROFIBUS PA 通信		
膜盒封入液		封入液		测量部清洁
	–1	硅油		常规
	–2	硅油		脱脂清洁
	–2	氟油		脱脂清洁
测量量程		量程	测量范围	最大工作压力
	D	(0.83～25) kPa	(0～25) kPa	3.2MPa
	F	(4.3～130) kPa	(0～130) kPa	3.2MPa
	G	(16～500) kPa	(0～500) kPa	3.2MPa
	H	(0.1～3) MPa	(0～3) MPa	16MPa
	K	(0.53～10) MPa	(0～10) MPa	25MPa
接液部分材质		隔离膜片		接液件
	S	SUS316 不锈钢		SUS316 不锈钢
	H	哈氏 C–276		SUS316 不锈钢
	C	哈氏 C–276		哈氏 C–276
	T	钽		钽
	M	蒙乃尔合金		蒙乃尔合金
	G	金		金
过程连接	1	无过程接头，容室法兰带 1/4 NPT 内螺纹，排气排液在后面		
	2	无过程接头，容室法兰带 1/4 NPT 内螺纹，排气排液在侧面		
	3	带 1/2 NPT 内螺纹的过程接头，排气排液在后面		
	4	带 1/2 NPT 内螺纹的过程接头，排气排液在侧面		
防爆	–A	无防爆		
	–B	本安 Ex iaⅡC T6		
	–D	隔爆 Ex dⅡBT4		
电气接口	1	1/2–14 NPT 内螺纹，两个接线口		
	2	M20×1.5 内螺纹，两个接线口		

（续）

型　　号	规格代码	说　　明
显示表头	-N	不带显示表
	-D	LCD 显示表
安装支架	A	水平安装支架（碳钢）
	B	水平安装支架（不锈钢）
	C	垂直安装支架（碳钢）
	D	垂直安装支架（不锈钢）
	N	无安装支架

思考题与习题

1. 变送隔离器的隔离模式和配电模式有什么区别，分别应用在什么场合？
2. 数显表的选型都要注意哪些事项？
3. 用一体化温度变送器测量温度的方法相对于传统的温度传感器加温度变送器测量温度的方法有什么优势？
4. 一体化温度变送器的选型都需要注意哪些事项？
5. 涡街流量计适用于什么场合？选型时需要注意什么？
6. 用压力变送器测量液位的原理是什么？

第 13 章　检测系统工程案例分析

为了使读者了解工业检测系统的体系结构、系统组成及设计方法，让读者对工业检测系统有一个完整的认识，本章选取了 2 个典型的检测系统的工程案例进行分析。在工业中，检测系统与自动控制系统往往是融合在一起的，检测系统为自动控制系统提供设备运行参数，从而构成完整的工业自动化系统。由于本书内容所限，本文所讲的工程案例侧重于传感器、检测技术及仪表相关内容的阐述。

13.1　烧结余热锅炉传感器及仪表系统

蒸汽锅炉是典型的工业设备，它在供热、发电等领域有着广泛的应用。蒸汽锅炉控制系统在很多过程控制类教材中作为经典的过程控制系统案例来讲解，主要是蒸汽锅炉涉及的控制参数种类多，需要应用的控制方法多。过程控制的五大参量包括温度、压力、流量、液位和成分，这五大参量在蒸汽锅炉控制系统中均有涉及。为了保证蒸汽锅炉安全稳定的运行，其自控系统需要检测参数的种类也很多，一般都会涉及到过程控制四大参量（温度、压力、流量、液位）的检测。因此蒸汽锅炉的传感器检测系统同样适合作为传感器检测技术的经典案例来讲解。本项目实例为一台 12t 烧结余热锅炉自动控制系统，这里我们只介绍其检测仪表的布置及选型。

13.1.1　烧结余热锅炉

本项目是某烧结厂 220m^2烧结机余热回收项目。该项目采用了基于翅片管式余热锅炉的余热回收方案。翅片管式余热锅炉一般受热面由若干个联箱组构成，每个联箱组构成一个蒸汽发生器，有管道与锅炉锅筒相连，单独进出锅筒，可以形成不依靠动力的自然循环回路。

这种余热回收装置主要通过烧结环冷机风箱中的热废气对余热锅炉进行加热，将余热锅炉锅筒中的水加热为压力（0.7 ~ 0.9）MPa 左右，温度为 220℃左右的过热蒸汽，按设计指标每小时产生蒸汽量为 11t 左右，并通过蒸汽管道并入能源中心的蒸汽管网。该余热回收系统的工艺流程如图 13-1 所示。

该烧结余热回收系统主要由水预热器、除氧器、蒸汽发生器、蒸汽过热器、锅筒以及各自内外连接的管路连接而成。其核心部件是蒸汽发生器。本系统中一共设置了三个蒸汽发生器，每个联箱内布置一个蒸汽发生器，分别布置在环冷机 1 号、2 号和 3 号风箱平台上方，吸收三个环冷风箱的废气热量。水预热器与 3 号蒸汽发生器在同一个联箱内，1 号蒸汽发生器与过热器布置在同一个联箱内。2 号蒸汽发生器是单独布置的。该系统的具体工作流程如下：经过软化处理的锅炉给水由软水槽通过除氧给水泵加压进入水预热器，水预热器布置在 3 号蒸汽发生器联箱内，吸收一部分废气热量将锅炉给水预热到 70℃左右后进入除氧器，来自过热器的部分蒸汽将除氧器里的水加热至 104℃进行除氧。除氧后的水通过锅炉给水泵加

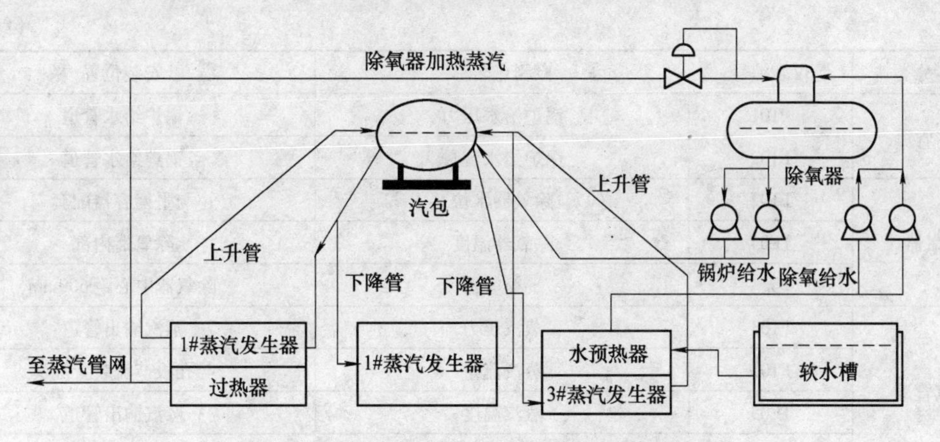

图 13-1　翅片管式烧结余热锅炉工艺流程图

压后送至锅炉锅筒中。然后通过回流管同时进入三个蒸汽发生器，吸收足够的烟气热量后变成蒸汽，经过蒸汽上升管返回锅炉锅筒内，经过几次反复循环后形成饱和蒸汽导出进入过热器继续加热变成过热蒸汽，然后进入能源中心的蒸汽管网供生产生活使用。

从上面的余热回收工艺我们可以看出，烧结余热回收系统的控制主要是余热锅炉的控制。烧结余热锅炉不像传统锅炉一样，不具备燃烧加热装置，因此该余热锅炉系统的控制工艺不同于一般的工业锅炉，不需要进行锅筒压力的调节，不需要进行燃烧控制。其主要特点如下：

1）需要实现对除氧器温度和除氧水箱液位的控制，保证锅炉给水的质量，有效提高锅炉的使用寿命。将余热锅炉除氧器的温度控制在 104℃时的除氧效果是最佳的。

2）需要实现对余热锅炉锅筒液位的控制，使锅筒的产气量达到最佳状态。由于余热锅炉三个蒸汽发生器共用一个锅筒，蒸汽的产量受烧结机产量和烧结矿废气温度的影响较大，烧结生产工况的波动会导致余热锅炉的负荷在短时间内发生较为剧烈的变化，锅筒内的水位波动幅度较大。余热锅炉锅筒液位的控制与具备稳定燃烧控制系统的传统工业锅炉锅筒液位的控制相比，要更加困难。传统的控制方法很难取得好的控制效果，如果控制系统产生振荡，锅筒液位过低或过高都会给生产带来不安全因素，同时也会影响蒸汽的产量。

3）需要对余热锅炉的热工参数进行采集和处理，监测设备运行状态，保证设备正常运行。

13.1.2　检测仪表的布置

控制系统中的检测仪表主要完成各个工艺参数的采集任务，根据控制系统所要实现的功能本项目检测仪表的具体参数检测点和安装位置如表 13-1 所示。

表 13-1　检测仪表编号及安装位置

设备分类	仪表编号	检测点名称	安装位置
烟道	TE01	1 号蒸汽发生器温度	1 号蒸汽发生器烟道入口
	TE02	2 号蒸汽发生器温度	1 号蒸汽发生器烟道入口
	TE03	3 号蒸汽发生器温度	1 号蒸汽发生器烟道入口

（续）

设备分类	仪表编号	检测点名称	安装位置
给水管道	PT01	锅炉给水压力	锅炉给水管道
	FT02	锅炉给水流量	锅炉给水管道
除氧器	LT02	除氧器水位	与平衡容器配套
	TE04	除氧器温度	除氧器内部
	无	平衡容器	除氧器中心距600mm
蒸汽管道	PT03	蒸汽压力	蒸汽输出管道
	FT01	蒸汽流量	与孔板节流装置配套
	TE05	蒸汽温度	蒸汽输出管道
	无	孔板节流装置	蒸汽输出管道
锅筒	PT02	锅筒压力	锅筒
	LT01	锅筒水位	与平衡容器配套
	无	平衡容器	锅筒中心距600mm
	LT03	电接点液位计	锅筒中心距600mm
除氧器管道	AD01	电动调节阀	除氧器加热蒸汽管道

检测仪表的布置位置如图13-2所示。

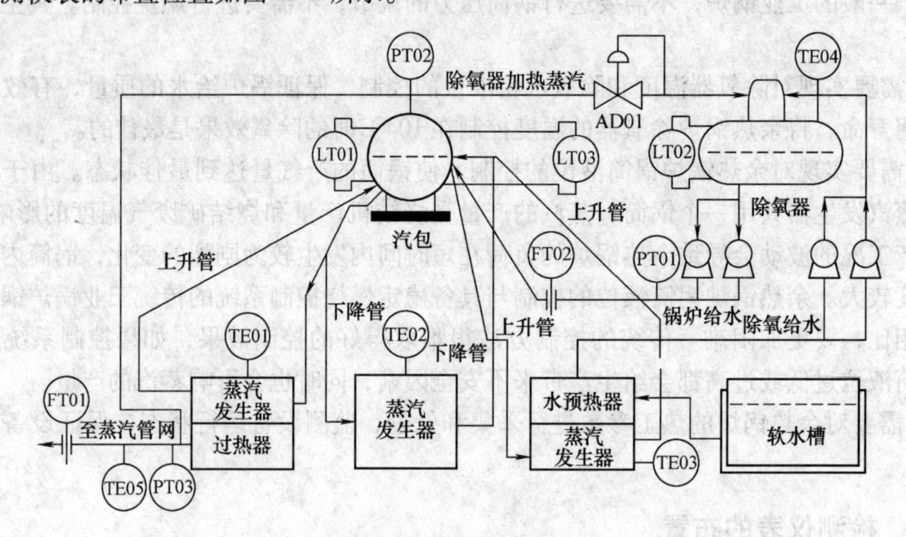

图13-2　检测仪表布置图

13.1.3　检测仪表的选型

从表13-1可以看出，余热锅炉系统布置的仪表主要有温度仪表、压力仪表、液位检测仪表和流量仪表。

1. 温度仪表的选型

本系统中余热烟气温度不超过600℃，除氧器的温度不超过200℃，蒸汽温度不超过450℃。为了保证测温的准确性和系统维护的方便性，尽量选择同一型号的仪表作为温度检测仪表，这里都选用了经济实惠的普通装配型 K 型热电偶作为温度检测仪表。仪表具体型号如表 13-2 所示。

2. 压力仪表的选择

系统中压力的测量主要有管网蒸汽压力、锅筒压力、锅炉给水压力的测量。压力仪表的选型，应主要注意其量程，根据量程选择合适的压力变送器。项目中选择了 EJA 品牌的压力变送器，仪表具体型号如表 13-2 所示。

3. 液位检测仪表的选择

锅炉锅筒液位的准确检测是保证锅炉安全生产的重要保证。由于锅炉锅筒是高压封闭容器，采用常规的液位检测方法无法获得准确的液位。而且《蒸汽锅炉安全生产监察规定》里明确规定锅炉锅筒液位必须配备两种不同原理的液位检测仪表。本项目选用了电接点液位计与双室平衡容器 + 差压变送器的锅筒液位检测方案。

（1）电接点液位计

电接点液位计是根据水与汽电阻率不同而设计的。测量筒的电极在水中对筒体的阻抗小。在汽中对筒体的阻抗大。随着水位的变化，电极在水中的数量产生变化。转换成电阻值的变化传送到二次仪表，从而实现水位的显示、报警、保护联锁等功能。其测量原理如图 13-3 所示。

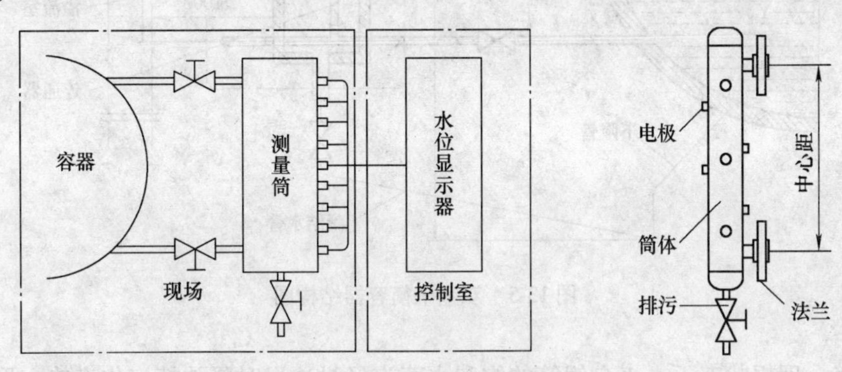

图 13-3　电接点液位计测量原理图

电接点液位计及其显示表的外形如图 13-4 所示。

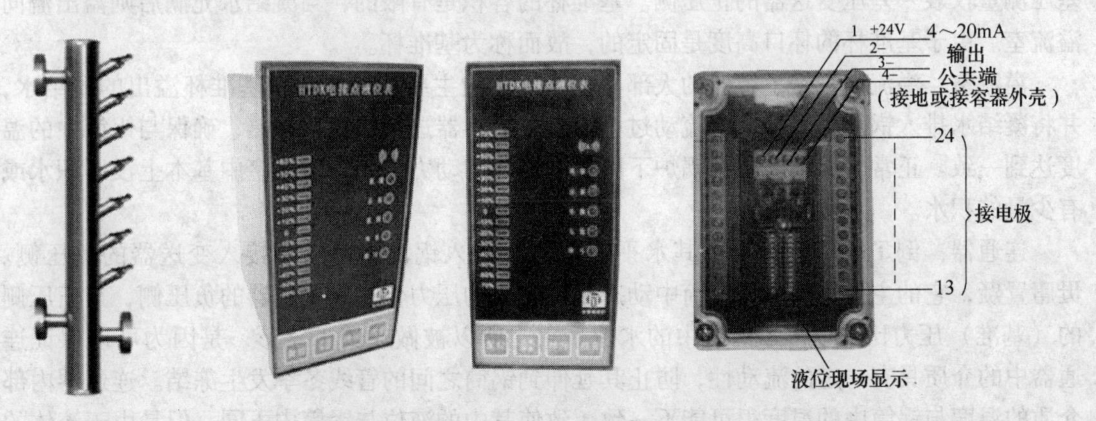

图 13-4　电接点液位计及其显示表外形

电接点液位计及其显示表的选型如表 13-2 所示。

（2）双室平衡容器

平衡容器分为单室平衡容器和双室平衡容器，是锅炉锅筒水位检测的重要辅助部件。双室平衡容器是一种结构巧妙，具有一定自我补偿能力的锅筒水位测量装置。它的主要结构如图 13-5 所示。在基准杯的上方有一个圆环形漏斗结构将整个双室平衡容器分隔成上下两个部分，为了区别于单室平衡容器，故称为双室平衡容器。为便于介绍，这里结合各主要部分的功能特点，将它们分别命名为凝汽室、基准杯、溢流室和连通器。

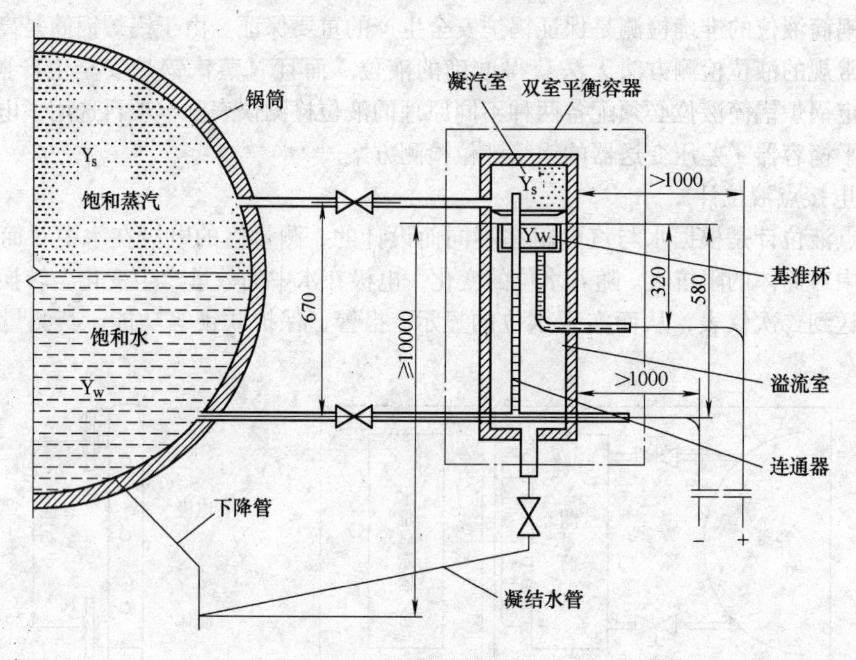

图 13-5　双室平衡容器结构图

凝汽室：理想状态下，来自锅筒的饱和水蒸汽经过这里时释放掉汽化潜热，形成饱和的凝结水供给基准杯及后续环节使用。

基准杯：它的作用是收集来自凝汽室的凝结水，并将凝结水产生的压力导出容器，传向差压测量仪表 ~ 差压变送器的正压侧。基准杯的容积是有限的，当凝结水充满后则溢出流向溢流室。由于基准杯的杯口高度是固定的，故而称为基准杯。

溢流室：溢流室占据了容器的大部分空间，它的主要功能是收集基准杯溢出的凝结水，并将凝结水排入锅炉下降管，在流动过程中为整个容器进行加热和蓄热，确保与锅筒中的温度达到一致。正常情况下，由于锅炉下降管中流体的动力作用，溢流室中基本上没有积水或有少量的积水。

连通器：倒 T 字形连通器，其水平部分一端接入锅筒，另一端接入变送器的负压侧。毋庸置疑，它的主要作用是将锅筒中动态水位产生的压力传递给变送器的负压侧，与正压侧的（基准）压力比较以得知锅筒中的水位。它之所以被做成倒 T 字形，是因为可以保证连通器中的介质具有一定的流动性，防止其延伸到锅筒之间的管线冬季发生冻结。连通器内部介质的温度与锅筒中的温度很可能不一致，致使其中的液位与锅筒中不同，但是由于流体的自平衡作用，对锅筒水位测量没有任何影响。

由上可知，平衡容器正压侧输出的压力等于基准杯口所在水平面以上总的静压力，加上基准杯口至水侧入口器水平轴线之间的凝结水压力。负压侧的压力等于基准杯口所在水平面以上总的静压力，加上基准杯口水平面至锅筒中汽水分界面之间的饱和蒸汽产生的压力，再加上锅筒中汽水分界面至水侧入口管水平轴线之间饱和水产生的压力。利用锅筒内蒸汽加热，使基准杯内水的密度在任何情况下都与锅筒压力下饱和水的密度相对应，不受环境温度的影响。这样正压侧与负压侧之间的差压就正确体现锅筒的水位高度。双室平衡容器具有自动补偿能力，主要体现在，当锅筒的水位越接近于零水位，其输出的差压受压力变化的影响越小，对锅筒水位测量影响越小。图 13-6 给出了常见双室平衡容器的外形图。

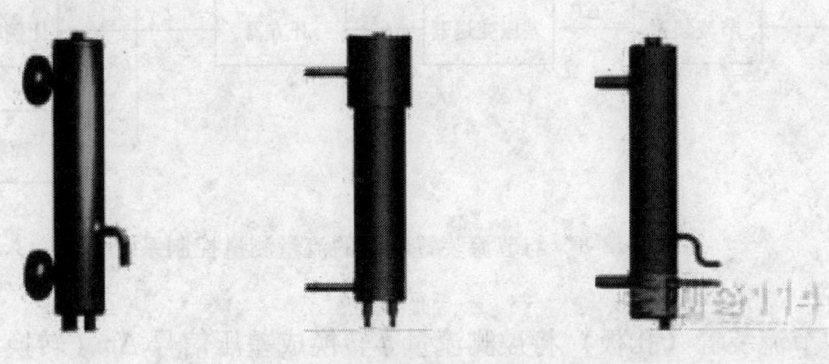

图 13-6　双室平衡容器

双室平衡容器和差压变送器的具体选型如表 13-2 所示。

4. 流量仪表的选择

本项目余热锅炉系统中的流量检测包括蒸汽流量的检测和锅炉给水流量的检测。常用的流量检测仪表由孔板流量计、涡街流量计、超声波流量计、电磁流量计、弯管流量计等。蒸汽流量的测量一般采用孔板流量计和涡街流量计。采用涡街流量计进行蒸汽流量测量需要温度和压力补偿，使用比较麻烦，而孔板流量计结构简单、安装简便、价格低廉，且无需实流校准，使用非常简单，因此本项目采用了孔板流量计。而给水流量的测量一般采用超声波流量计、电磁流量计、孔板流量计等，电磁流量计测量准确度高，安装简便，因此本项目采用电磁流量计测量锅炉给水流量。电磁流量计的基础知识在磁电式传感器一章中已经介绍，这里主要讲解孔板流量计。

孔板流量计是将标准孔板与多参数差压变送器（或差压变送器、温度变送器及压力变送器）配套组成的高量程比差压流量装置，可测量气体、蒸汽、液体及天然气的流量，广泛应用于石油、化工、冶金、电力、供热、供水等领域的过程控制和测量。节流装置又称为差压式流量计，是由一次检测件（节流件）和二次装置（差压变送器和流量显示仪）组成的，广泛应用于气体、蒸汽和液体的流量测量。具有结构简单，维修方便，性能稳定。一体化孔板流量计的外形如图 13-7 所示。

图 13-7　一体化孔板流量计

其测量原理是：充满管道的流体，当它们流经管道内的节流装置（孔板）时，流束将在节流装置的节流件处形成局部收缩，从而使流速增加，静压力降低，于是在节流件前后便产生了压力降，即压差。介质流动的流量越大，在节流件前后产生的压差就越大，所以孔板流量计可以通过测量压差来衡量流体流量的大小。这种测量方法是以能量守衡定律和流动连续性定律为基准的。

采用差压变送器进行孔板流量检测的方法如图 13-8 所示。

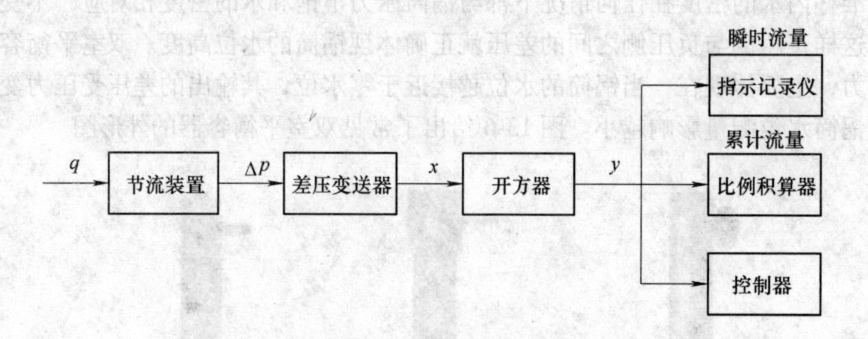

图 13-8 与节流装置配套的流量测量控制系统

图 13-8 中节流装置（孔板）将被测流量 q 转换成差压信号 Δp（转换系数为 K_1），差压与流量成二次方关系：$\Delta p = K_1 q^2$。

差压变送器将 Δp 成比例地转换成电压或电流信号 x（转换系数为 K_2），$x = K_2 \Delta p$。故差压变送器的输出 x 也与被测流量成二次方关系：$x = K_1 K_2 q^2$。

图 13-8 中开方器的作用是将差压变送器输出的 1～5V 直流非线性电压信号进行开方运算，运算后输出 1～5V 或 4～20mA 的直流线性信号，使被测流量与检测信号成线性关系。

开方器对信号 x 按式（13-1）进行开方运算（开放系数为 K）。

$$y = K\sqrt{x} \tag{13-1}$$

则可得

$$y = kq\sqrt{K_1 K_2} \tag{13-2}$$

选择孔板流量计所需要的参数包括：

1）管道的口径（管径×壁厚）。

2）孔板流量计测量的介质。

3）被测介质的工作温度。

4）被测介质的工作压力（最大压力、最小压力、正常压力）。

5）被测介质的工作流量（最大流量、最小流量、正常流量）。

6）被测介质的粘度。

将这些参数发给仪表厂家，孔板的具体设计由仪表厂家完成。

本项目中节流孔板的具体设计参数如下：

介质及成分：过热蒸汽

温度：220℃

表压：1.2MPa

流量：最小 4t/h；最大 20t/h；正常 10t/h

允许压力损失：0.5

管道规格：$\phi 219\times 7$

安装方式：水平

取压方式：角接取压

管道法兰规格：JB81—1995

孔板材料：1Cr18Ni9Ti

本项目所选的电磁流量计、节流孔板及与其配套的差压变送器的具体型号如表 13-2 所示。

表 13-2　检测仪表选型表

设备分类	仪表编号	仪表名称	规格型号	量程
烟道	TE01	热电偶	WRNK-236 L1050mm × 1000mm	0 ~ 1300℃
	TE02	热电偶	WRNK-236 L1050mm × 1000mm	0 ~ 1300℃
	TE03	热电偶	WRNK-236 L1050mm × 1000mm	0 ~ 1300℃
给水管道	PT01	压力变送器	EJA430A-DAS4A-92DA	0 ~ 1.5MPa
	FT02	电磁流量计	53W1H-HC0B1AA0AAAA	0 ~ 20t/h
除氧器	LT02	差压变送器（平衡容器配套）	EJA110A-DLS4A-92DA	0 ~ 10kPa
	TE04	除氧器温度	WRNK-236 L650mm × 600mm	0 ~ 1300℃
		平衡容器	FP-64B	
蒸汽管道	PT03	压力变送器	EJA430A-DAS4A-92DA	0 ~ 1.5MPa
	FT01	差压变送器（孔板配套）	EJA110A-DLS4A-92DA	0 ~ 10kPa
	TE05	热电偶	WRNK-236 L150mm × 1000mm	0 ~ 1300℃
	无	孔板节流装置	仪表厂定制	
锅筒	PT02	压力变送器	EJA430A-DAS4A-92DA	0 ~ 1.5MPa
	LT01	差压变送器（平衡容器配套）	EJA110A-DLS4A-92DA	0 ~ 10kPa
		平衡容器	FP-64B	
	LT03	电接点液位计	SWJ-19	-300 ~ 300mm
除氧器管道	AD01	电动调节阀	361LSC-65	

13.1.4　检测仪表的接线

检测仪表接线，主要包括检测仪表与显示仪表及 PLC 系统的接线。

1. 二次仪表接线图

这里介绍电接点液位表、8 回路报警器和手操器的接线图。

(1) 电接点液位表

电接点液位表的作用是显示电接点液位计的液位，并给出液位上下限报警信号，其接线图如图 13-9 所示。

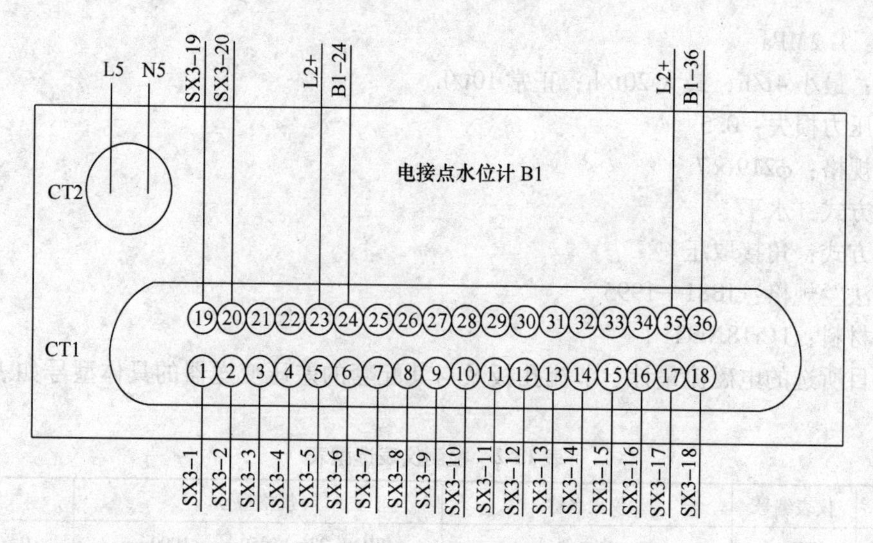

图 13-9　电接点液位表接线图

图 13-9 中 L5，N5 为仪表供电电源，SX3-1 ~ SX3-20 为电接点液位计的 20 段输入信号；L2 +、B1-24 为液位上限报警信号；L2 +，B1-36 为液位下限报警信号。

(2) 8 回路报警器的接线图

8 回路报警器的主要作用是接收除氧器和锅筒的液位报警信号，并发出声光报警。其接线图如图 13-10 所示。报警信号通过无源干接点 QB-KJ1、QB-KJ2、QB-KJ3 以及 CYQ-KJ1、CYQ-KJ2 输入到报警器中。

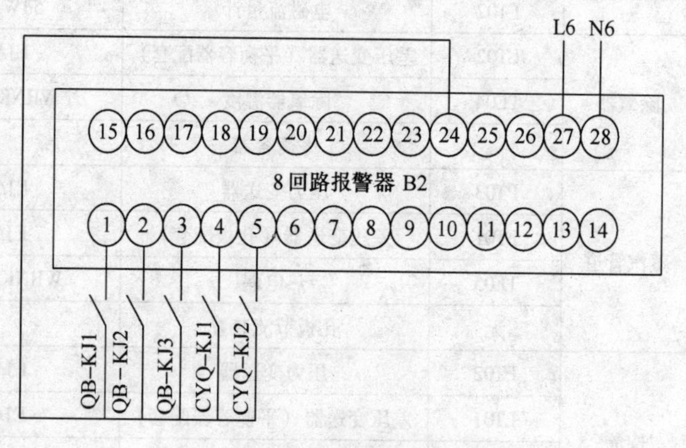

图 13-10　8 回路报警器接线图

(3) 手操器的接线图

手操器属于二次仪表，严格意义上讲，手操器不属于检测仪表，而属于控制仪表。它的作用是控制电动调节阀的开度。图 13-11 给出了手操器的接线图。继电器 KJ6 的作用是实现手操器控制与 PLC 控制的转换。L3、N3 为仪表电源。SX1-17，SX1-18 为电动调节阀开度反馈。AD +、AD - 为阀门控制信号输出。

2. 仪表与 PLC 的接线图

本项目所使用的 PLC 为美国 AB 公司生产的 SCL500 系列 PLC，项目所使用的仪表既有 4 ~ 20mA 输出的电流型仪表，还有热电偶毫伏信号仪表。这两种信号的仪表与 PLC 系统的接线方法是不同的。

(1) 电流输出型仪表与 PLC 接线图

电流信号仪表与 PLC 接线图如图 13-12 所示，以上各个仪表输出的信号均为 4 ~ 20mA 的电流信号，进入 PLC 的模拟量模块时需要首先将仪表的电流信号经过配电器 D1 ~ D5 转换成 1 ~ 5V 的电压信号。

(2) 热电偶与 PLC 接线图

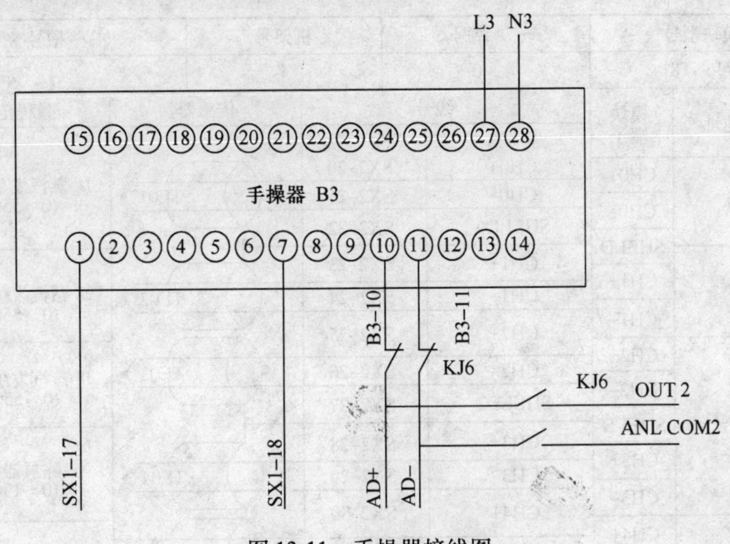

图 13-11　手操器接线图

模块型号		站号	机架号	槽号
1746–IN8		0	1	2
PLC 地址	模块端子	线号	传感器	量程范围
I:1.0	IN0+ IN0–	IN0+ IN0– D1 SX2–1 SX2–2	PT01	锅炉给水压力 (0～1.2MPa)
I:1.1	IN1+ IN1–	IN1+ IN1– D2 SX2–3 SX2–4	PT02	锅筒压力 (0～1.2MPa)
I:1.2	IN2+ IN2–	IN2+ IN2– D3 SX2–5 SX2–6	PT03	蒸汽压力 (0～1.2MPa)
I:1.3	IN3+ IN3–	IN3+ IN3– D4 SX2–7 SX2–8	LT01	锅筒水位 (–300～+300mm)
I:1.4	IN4+ IN4–	IN4+ IN4– D5 SX2–9 SX2–10	LT02	除氧器水位 (–300～+300mm)
I:1.5	IN5+ IN5–	IN5+ IN5– D6 SX2–11 SX2–12	FT01	蒸汽流量 (0～15t/h)

图 13-12　电流信号仪表与 PLC 接线图

温度传感器与 PLC 接线图如图 13-13 所示，安装在锅炉上的热电偶要连接到控制室 PLC 柜的 PLC 模块上，必须使用补偿导线，补偿导线的型号要与电偶型号相匹配。热电偶温度传感器信号通过 PLC 的热电偶输入模块，将温度信号转换成 PLC 能够接收的数字信号。同时为了提高热电偶的抗干扰能力，需要接屏蔽线。

（3）电动阀及变频器给定信号与 PLC 接线图

电动调节及变频器与 PLC 接线图如图 13-14 所示变频器给定信号和电动阀给定信号均由 PLC 的模拟量输出模块给出，输出信号为 4 ~ 20mA 直流控制信号。

从上面的介绍可以看出，烧结余热锅炉传感器及自动化仪表种类较多，作为仪表设计人员不仅要掌握现场工艺（能够确定参数采样点）、还要掌握仪表的选型方法、同时还要具备

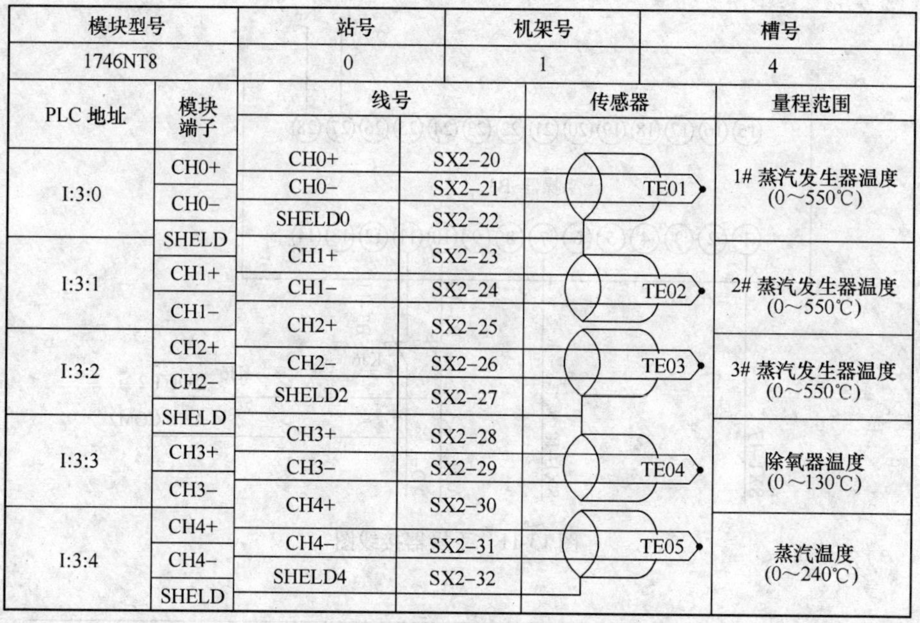

模块型号		站号		机架号	槽号
1746NT8		0		1	4
PLC 地址	模块端子	线号		传感器	量程范围
I:3:0	CH0+	CH0+	SX2–20	TE01	1# 蒸汽发生器温度（0～550℃）
	CH0–	CH0–	SX2–21		
	SHELD	SHELD0	SX2–22		
I:3:1	CH1+	CH1+	SX2–23	TE02	2# 蒸汽发生器温度（0～550℃）
	CH1–	CH1–	SX2–24		
I:3:2	CH2+	CH2+	SX2–25	TE03	3# 蒸汽发生器温度（0～550℃）
	CH2–	CH2–	SX2–26		
	SHELD	SHELD2	SX2–27		
I:3:3	CH3+	CH3+	SX2–28	TE04	除氧器温度（0～130℃）
	CH3–	CH3–	SX2–29		
I:3:4	CH4+	CH4+	SX2–30	TE05	蒸汽温度（0～240℃）
	CH4–	CH4–	SX2–31		
	SHELD	SHELD4	SX2–32		

图 13-13　温度传感器与 PLC 接线图

模块型号		站号	机架号	槽号		PLC 地址
1746–N04I		0	1	5		
信号作用	线号		变频柜端子号	控制柜端子号	模块端子号	
锅炉给水变频给定信号	RG1	RG1–AI2	SX1–16	SX1–40	OUT0	0:4.0
		RG1–COM	SX1–17	SX1–41	ANL COM	
除氧器给水变频给定信号	RG2	RG1–AI2	SX2–16	SX1–42	OUT1	0:4.1
		RG2–COM	SX2–17	SX1–43	ANL COM	
电动阀给定信号	AD0	ADOI+		SX1–44	OUT2	0:4.2
		ADOI–		SX1–45	ANL COM	

图 13-14　电动调节及变频器与 PLC 接线图

电气图样的绘制能力。

13.2　换热站无人值守远程监控系统

前面的实例，主要介绍了工业传感器及仪表的布置及选型、本实例将全面介绍一个完整的工业检测系统。

13.2.1　换热站运行工艺

换热站是北方冬季集中供热系统的一个重要组成部分，它是完成供热系统一次网二次网热量交互的重要设备。随着城市集中供热的发展，其应用越来越广泛。本项目实例中的换热站其工艺流程如图 13-15 所示。

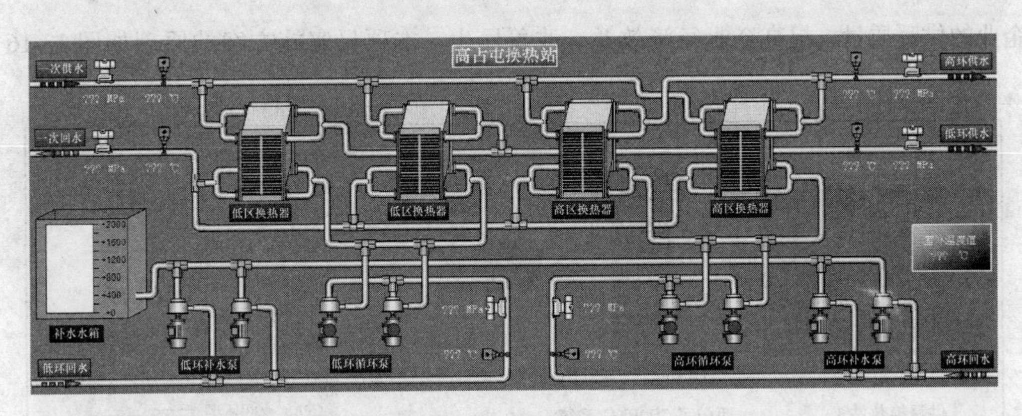

图 13-15 换热站工艺流程图

图 13-15 中所示的换热站安装了四台板式换热器，分为 2 组，一组为低区换热器，主要为 7 层以下的楼房的暖气装置供给热水，另外一组为高区换热器，为高层楼房的暖气装置供给热水。

换热站的一次供水来自于集中供热锅炉，供水温度在 70 ~ 90℃之间，锅炉供给的热水在换热器与二次网的冷水进行换热，换热后温度降低，通过一次回水管道返回锅炉继续加热，加热后通过一次供水管道再循环进入换热器。换热站的二次网分为高环管网和低环管网两部分，功能相同，主要是给高层和低层楼房供水。二次网的冷水经换热器换热后温度升高，然后通过循环泵进入供暖用户的暖气装置，温度降低以后再换回到换热器进行循环加热。工艺要求二次网的供水压力要稳定，当二次网的水有损失后，管网压力会降低，需要通过恒压补水泵对二次网补水，以控制二次网管网压力。这里补水泵的水来自于补水水箱。

根据换热站运行工艺要求，需要对室外温度、一次网供水压力、供水温度、回水压力、回水温度、二次网供水压力、供水温度、回水压力、回水温度及补水水箱液位等工艺参数进行监测；需要对循环泵工作状态、循环泵变频器的运行状态、补水泵的运行状态进行监测；同时需要对循环泵的运行频率、恒压补水泵的控制压力进行控制。以达到根据室外温度调整换热站一、二次网运行参数，保证供暖质量的目的。

13.2.2 换热站无线远程控制方案

在我国北方，冬季供暖问题是重要的民生问题，供暖的质量影响着老百姓对政府的态度，因此各级政府也越来越重视供暖质量问题。目前，影响供暖质量的重要环节—换热站的控制水平低下，绝大多数换热站采用人工看护、记录数据的方式，换热站运行参数不能实施调整，并且各站之间难以统一调度，容易造成热力失衡，导致供暖质量波动严重。为了监控供暖企业供暖情况，各级政府已经在各供暖换热站二次网供回水回路强制安装温度监控系统，达不到供暖指标的企业将受到经济处罚，这就促使各供暖企业努力提高换热站的控制水平，稳定供暖质量。但由于供暖行业的特点，换热站的布置十分分散，各换热站之间距离数千米，且分布在居民区中，若通过有线通信的方式进行集中监控，通信电缆和布线的投资非常大，很多供暖企业在经济上无法承担。因此本项目采用的是一种基于 GPRS 无线通信技术的、低成本的换热站无人值守远程监控系统，以更低的成本实现换热站的远程监控，提高供暖企业的供暖质量，提高企业经济效益、改善民生。本项目实施方案的原理如图 13-16 所示。

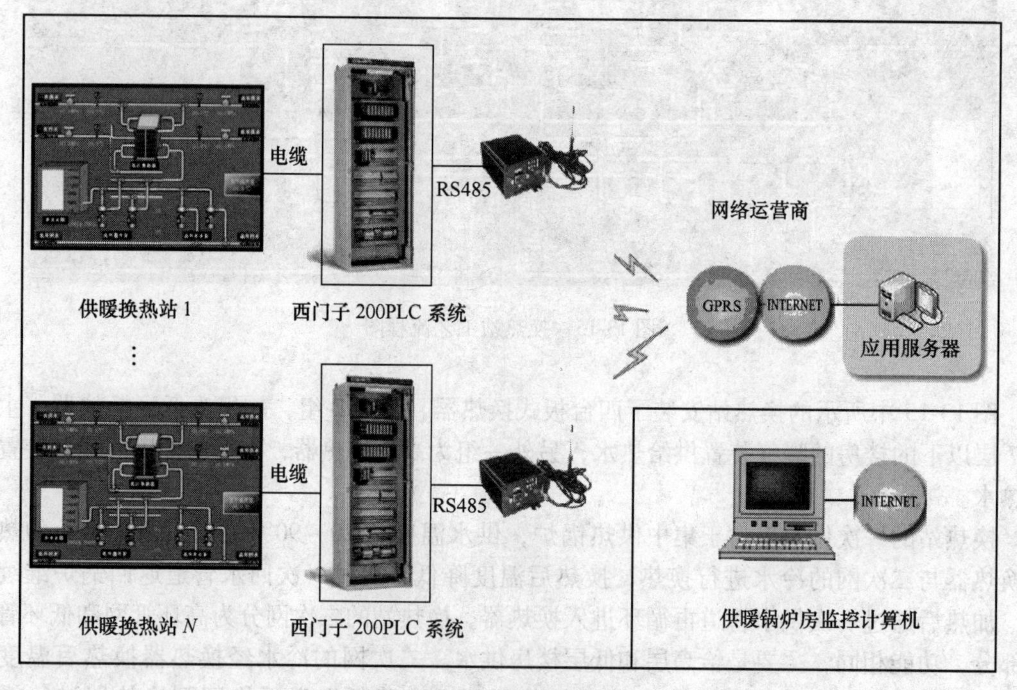

图 13-16　换热站无线远程控制方案

从图 13-16 可知，各换热站运行参数的检测和电气设备控制是通过西门子 S7 200PLC 系统实现的。PLC 系统与供暖锅炉房内的计算机系统是通过 GPRS 无线远程通信方式实现的。这种实现方式节省了布线和施工成本，只需每月缴纳一定的手机卡流量费用，使用成本低廉。

13.2.3　系统功能设计

系统设计的功能主要包括：

1. 上位机主要功能

1）显示各换热站的实时运行参数，包括各站每台泵的工作状态、过载状态、泵电流，各换热站一、二次网、供回水压力、供回水温度、补水箱水位等。

2）显示并记录下位机传来的报警信号，包括电源掉电、火警、盗警信号、变频器及循环泵、补水泵故障信号。系统对报警信号能给出声光报警。

3）远程开、关泵及变频器频率给定，补水压力设定操作。可分别对各换热站每台泵单独操作。

4）使用曲线图、表格方式显示实时数据和历史数据以及表格打印。

2. 下位机主要功能

1）现场数据采集和处理，发出执行动作信号，与上位机交换信息。

2）一、二次网出回水温度、出回水压力、补水箱液位等传感器信号的监测与转换。

3）二次网各水泵运行状态、变频器电流、频率监测及系统故障自动停泵。

4）二次网补水箱液位监测、超高、低限报警。

13.2.4　系统配置

1. 检测仪表的配置

仪表的配置需要依据系统功能需求来确定。经过统计得出换热站各个监测点的名称、量程等参数信息如表 13-3 所示。

表 13-3　换热站监测点统计列表（1 个站）

序号	监测点名称	量程	安装地点
1	一次网供水压力	0～1.0MPa	一次网供水管道，管径 DN300
2	一次网回水压力	0～0.8MPa	一次网供水管道，管径 DN300
3	高环供水压力	0～1.0MPa	高环供水管道，管径 DN300
4	高环回水压力	0～0.8MPa	高环回水管道，管径 DN300
5	低环供水压力	0～1.0MPa	低环供水管道，管径 DN300
6	低环回水压力	0～0.8MPa	低环回水管道，管径 DN300
7	补水箱液位	0～2m	补水水箱
8	一次供水温度	0～100℃	一次网供水管道，管径 DN300
9	一次回水温度	0～100℃	一次网回水管道，管径 DN300
10	高环供水温度	0～100℃	高环供水管道，管径 DN300
11	高环回水温度	0～100℃	高环回水管道，管径 DN300
12	低环供水温度	0～100℃	低环供水管道，管径 DN300
13	低环回水温度	0～100℃	低环回水管道，管径 DN300
14	室外温度	-50～50℃	室外阴面不受日光辐射处

根据各监测点的数量和参数，本项目所选用的仪表如表 13-4 所示。

表 13-4　仪表选型列表（1 个站）

序号	仪表名称	规格型号	品牌及厂家	数量
1	扩散硅式压力变送器（E+H 外形）	1.0MPa 供电 24V DC 输出 4～20mA 工作温度 70℃	淄博西创测控	3
2	扩散硅式压力变送器（E+H 外形）	1.2MPa 供电 24V DC 输出 4～20 mA 工作温度 70℃	淄博西创测控	3
3	投入式液位变送器	供电 24V DC 输出 4～20mA 测量深度 3m	淄博西创测控	1
4	Pt_{100} 热电阻	L=150mm　0～100℃	锦州精微仪表	6
5	Pt_{100} 室外温度传感器	-50～+50℃	锦州精微仪表	1

表 13-4 中的仪表为 1 个换热站配置的仪表，各仪表的数量根据监测点的数量确定，各仪表的量程根据现场工艺参数的范围确定，热电阻的长度根据管道的管径确定。

2. 变频器的配置

根据甲方要求本项目中 1 个换热站使用的变频器为英威腾品牌，其中补水泵共 2 台，功率为 7.5kW，采用一拖二方式，一工一备，需要补水变频器 1 台；二次网高环循环泵 2 台，低环循环泵 2 台，功率均为 18.5kW。同样采用一拖二方式，一工一备，需要循环泵变频器 2 台。本项目所选变频器的型号如表 13-5 所示。

表 13-5　系统变频器配置

序号	名称	规格型号	品牌及厂家	数量
1	补水变频器	CHF 100-7R5G/011P-4	英威腾	1
2	循环泵变频器	CHF 100-018G/022P-4	英威腾	2

3. PLC 监控系统软硬件配置

PLC 软硬件的配置需要根据系统监测及控制的点数来确定。经统计系统模拟量输入 AI 点数为 18 点，其中电流信号输入 11 点，电阻信号输入 7 点；模拟量输出点数 AO 为 3 点。数字量输入 20 点；数字量输出 8 点。上位机组态软件考虑到系统扩充的需要，点数选为无限点。PLC 系统软硬件配置如表 13-6 所示。

表 13-6　PLC 系统软硬件配置表

序号	名称	规格型号	品牌及厂家	数量	单位
1	S7-200PLC	6ES7 216-2BD23-0XB8	西门子	1	个
2	DP 头	6ES7 972-0BA12-0XA0	西门子	1	个
3	EM235（4 入 1 出）	6ES7 235-0KD22-0XA8	西门子	3	个
4	PROFIBUS 电缆	6XV1830-0EH10	西门子	20	米
5	EM231（4RTD）	6ES7 231-7PC22-0XA0	西门子	2	个
6	直流电源	明纬 24V 5A	沈阳	2	个
7	GPRS 模块	WG-8010（485 接口）	COMWAY	1	个
8	SIM 卡	中国移动（每月 100MB GPRS 流量）	中国移动	1	个
9	配电器	1 输入（4～20mA）2 输出（4～20mA）24V 供电	百特	11	个
10	组态王	无限点开发	亚控科技	1	套
11	组态王	无限点运行 + Web5 用户	亚控科技	1	套
12	工控机	IPC610L	研华	1	台
13	以太网转换器	ETH-PPI		1	个
14	UPS 电源	山特　3kVA		1	台

由于篇幅所限，系统所需低压电气开关及其他辅助材料不再详述。PLC系统的模块排列及与GPRS通信模块连接示意图如图13-17所示。

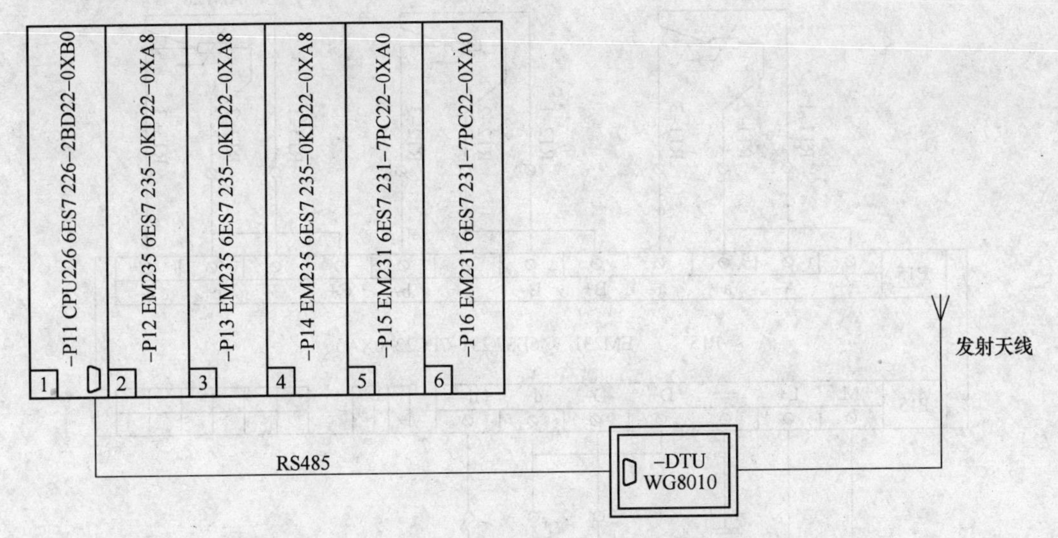

图13-17　PLC系统的模块排列及与GPRS通信模块连接示意图

13.2.5　参数检测硬件电路及软件程序

1. 温度的检测

（1）硬件电路

换热站的温度监测采用Pt_{100}热电阻传感器，由于供回水管路的管径为DN300，所以选择Pt_{100}的有效测量长度150mm。热电阻传感器采用三线制传输，信号直接接入西门子200PLC系统的热电阻采集模块EM231（RTD）。EM231（RTD）的具体功能说明请查阅西门子200硬件说明书。

这里以低环供水温度的检测为例进行讲解。温度检测的硬件电路如图13-18所示。

由图13-18可知，低环供水温度传感器通过三芯电缆接入到PLC的模拟量模块AIW24这个地址所对应的端子上，因此在PLC程序中只要对AIW24进行变换即可获得低环供水温度。

（2）软件程序

西门子200PLC中将Pt_{100}信号转换成实际的低环供水温度，只需要将AIW24的值除以10即可，本项目为了编程调用方便，编写了Pt_{100}信号转换函数，同时为了方便传感器信号的矫正，函数中添加了温度零点及增益补偿功能。Pt_{100}信号转换函数的输入输出结构如图13-19所示。

图13-19中AIW_n为检测到的模拟信号输入，由于低环供水温度的硬件地址为AIW24，所以这里填写AIW24。由于此传感器有1℃的零点偏差，因此在零点补偿输入端Zero处填写数字-1.0，由于没有增益偏差，因此增益输入端Gain处填写数字1.0。T_Value为转换结果输出，这里输出信号送给VD48，VD48中的实数即为低环供水温度。

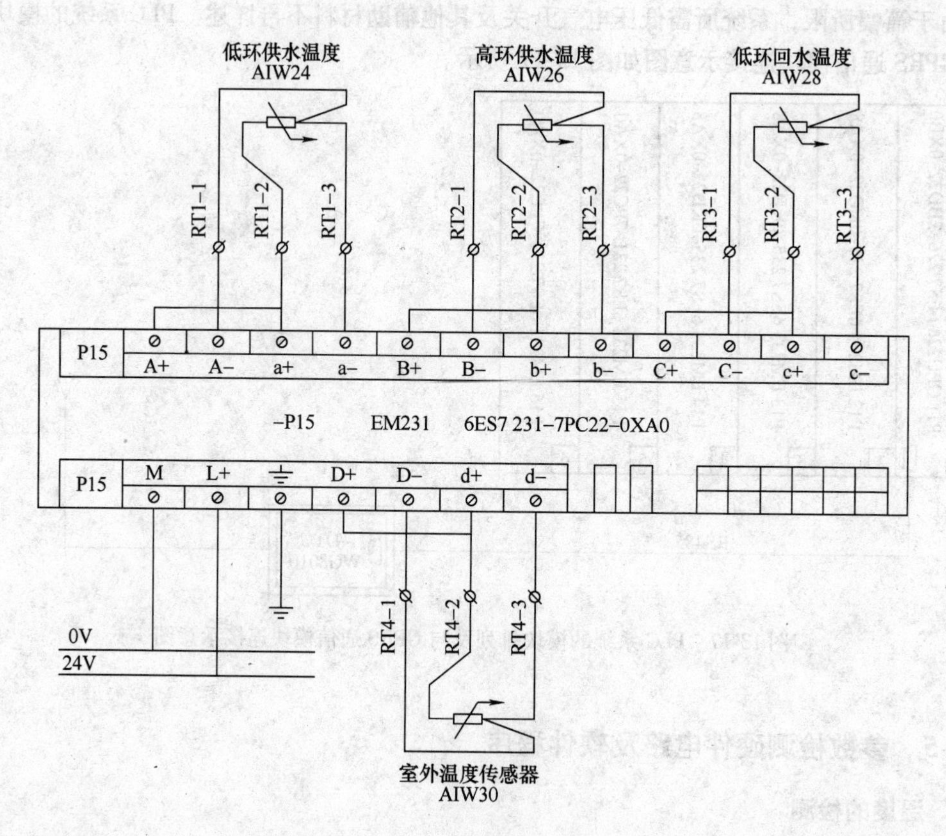

图 13-18　Pt_{100}温度传感器接线图

Pt_{100}信号转换函数的内部代码为

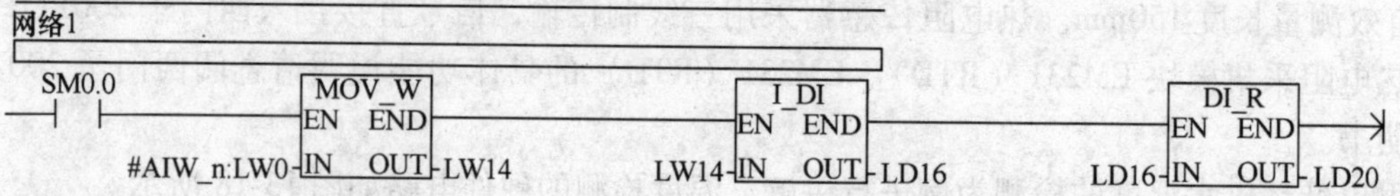

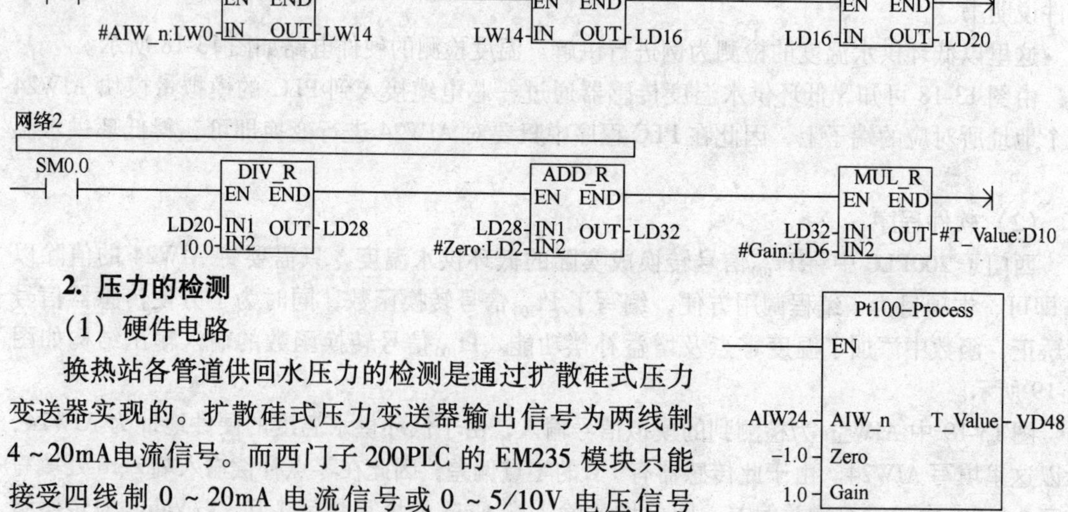

2. 压力的检测

（1）硬件电路

换热站各管道供回水压力的检测是通过扩散硅式压力变送器实现的。扩散硅式压力变送器输出信号为两线制4～20mA电流信号。而西门子200PLC的EM235模块只能接受四线制0～20mA电流信号或0～5/10V电压信号（EM235模块的详细功能和拨码开关的设置方法请查阅西门子200硬件说明书）。因此对于压力信号的检测必须使

图 13-19　Pt_{100}信号转换函数的输入输出结构

用配电器。这里以一次供水压力的检测为例进行讲解，其硬件电路接线图如图13-20所示。

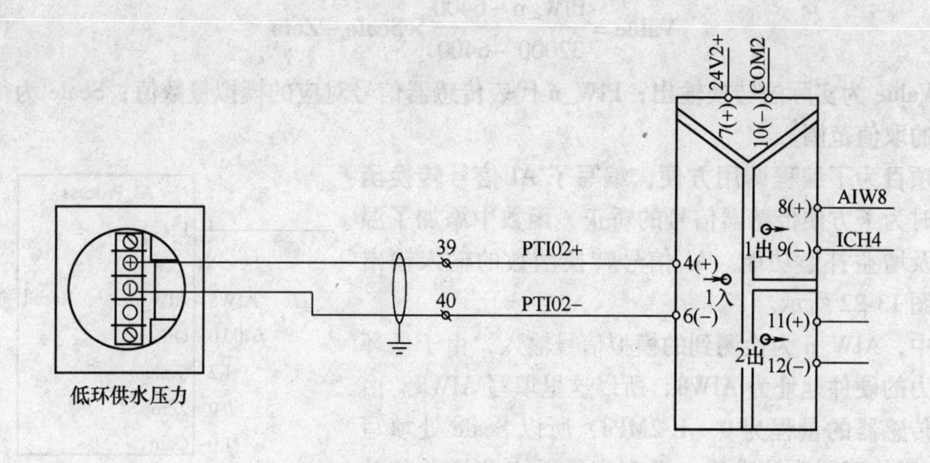

图13-20　低环供水压力变送器接线图

由图13-20可知，压力变送器输出的两线制4～20mA信号接入配电器的输入端，配电器将其转换为四线制4～20mA信号后接入EM235模块的AIW8模拟量输入地址上。EM235模块的接线如图13-21所示。

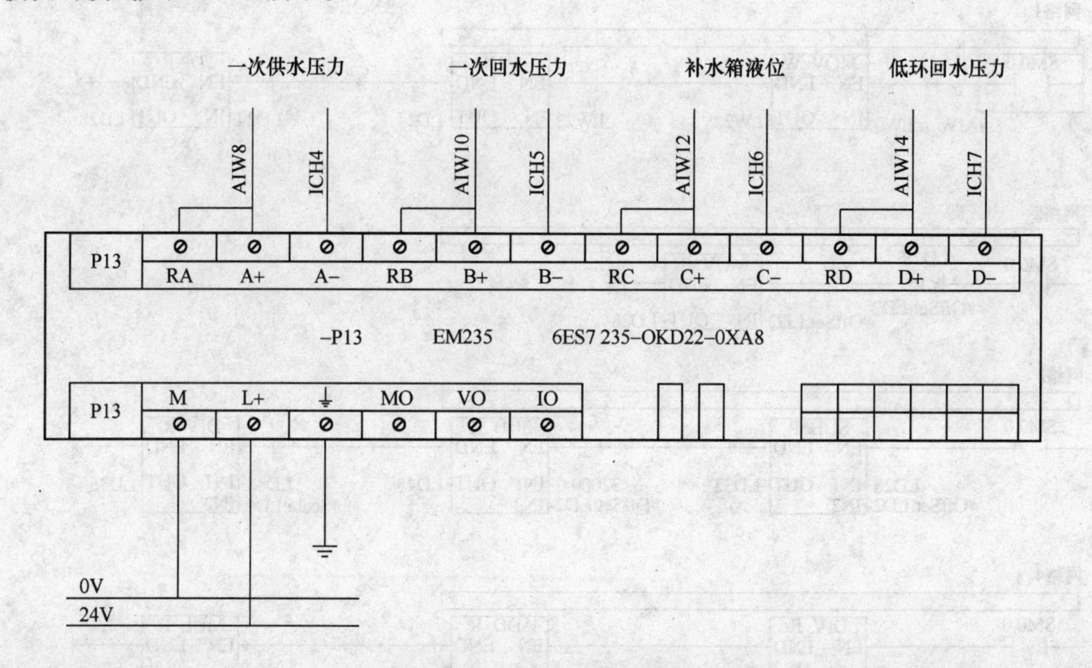

图13-21　EM235模块接线图

（2）软件程序

西门子200PLC中将4～20mA信号转换成实际低环供水压力，只需要将AIW8的值做相应的变换即可。西门子200PLC可以接收的电流信号为0～20mA，对应的数值为0～32000，接收 4 ~ 20mA 仪表信号时，模拟量对应的数值为 6400 ~ 32000。将 6400 ~ 32000 之间的信号转换成实际的物理信号可按下面的公式：

$$\text{Value} = \frac{\text{PIW\_n} - 6400}{32000 - 6400} \times \text{Scale} - \text{Zero} \tag{13-3}$$

式中，Value 为实际的转换输出；PIW_n 代表传感器信号对应的模拟量数值；Scale 为待检测物理量的取值范围。

本项目为了编程调用方便，编写了 AI 信号转换函数，同时为了方便传感器信号的矫正，函数中添加了温度零点及增益补偿功能。AI 信号转换函数的输入输出结构如图 13-22 所示。

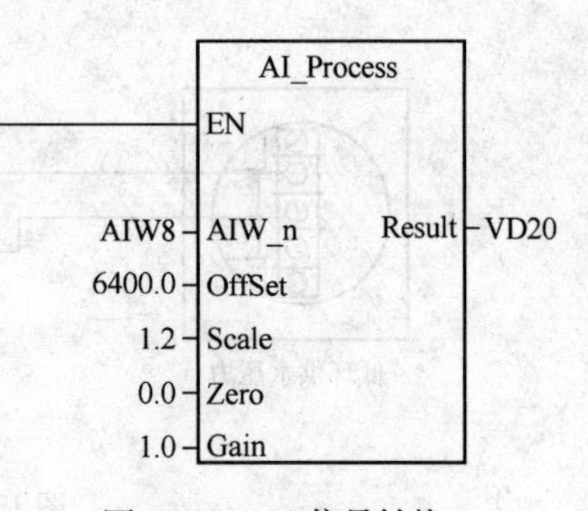

图 13-22　AI 信号转换函数的输入输出结构

式中，AIW_n 为检测到的模拟信号输入，由于低环供水压力的硬件地址为 AIW8，所以这里填写 AIW8。由于所选传感器的量程为 0 ~ 1. 2MPa，所以 Scale 处填写 1. 2。由于传感器比较准确，没有进行零点和增益的补偿，所以零点补偿输入端 Zero 处填写数字 0. 0，增益输入端 Gain 处填写数字 1. 0。Result 为转换结果输出，这里输出信号送给 VD20，VD20 中的实数即为低环供水压力。

AI 信号转换函数的内部代码为

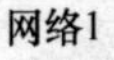

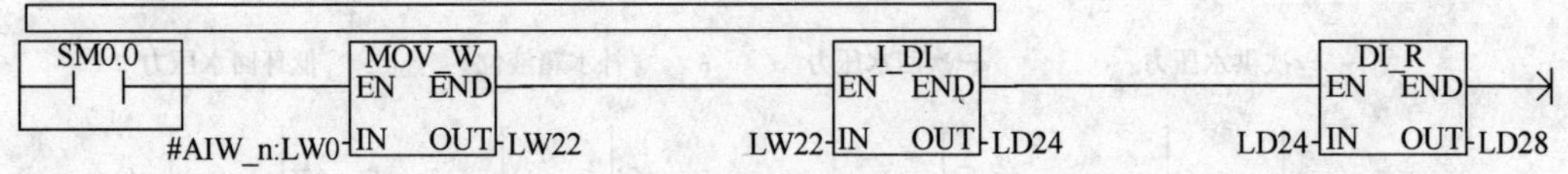

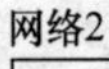

网络3

网络4

3. 液位的检测

换热站补水箱的液位是通过投入式液位计来检测的，投入式液位计的输出信号为 4 ~ 20mA 的两线制电流信号，硬件电路的接法与压力信号检测的接法一致；信号的处理方法与压力信号的处理方法一致，都是调用 AI 信号转换函数，这里需要注意的是补水箱的实际高度为 2m，补水箱实际液位为 0 ~ 2m。但由于我们选取的液位变送器量程为 0 ~ 3m，在 PLC 中计算实际的液位值时，AI_ Process 函数的 Scale 输入的数字应为 3000（以 mm 为单位），以实际的传感器量程为准。如图 13-23 所示。

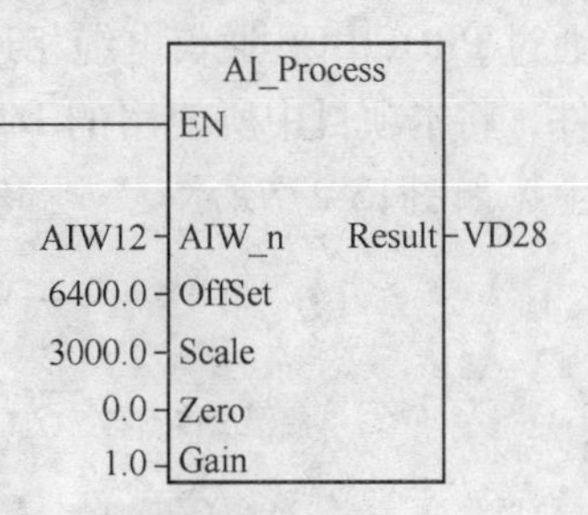

图 13-23　液位检测程序截图

4. 变频器运行频率的检测

变频器运行频率来自于变频器的模拟量输出端口，输出信号为 4 ~ 20mA 四线制电流信号。PLC 可以直接接收该信号。由于变频器是 380V 交流供电设备，为了保证 PLC 系统安全，这里使用了信号隔离器。变频器运行频率信号先通过信号隔离器隔离后再接入 PLC 的模拟量模块。这样可以有效保证 PLC 系统的安全。其电路接线如图 13-24 所示。

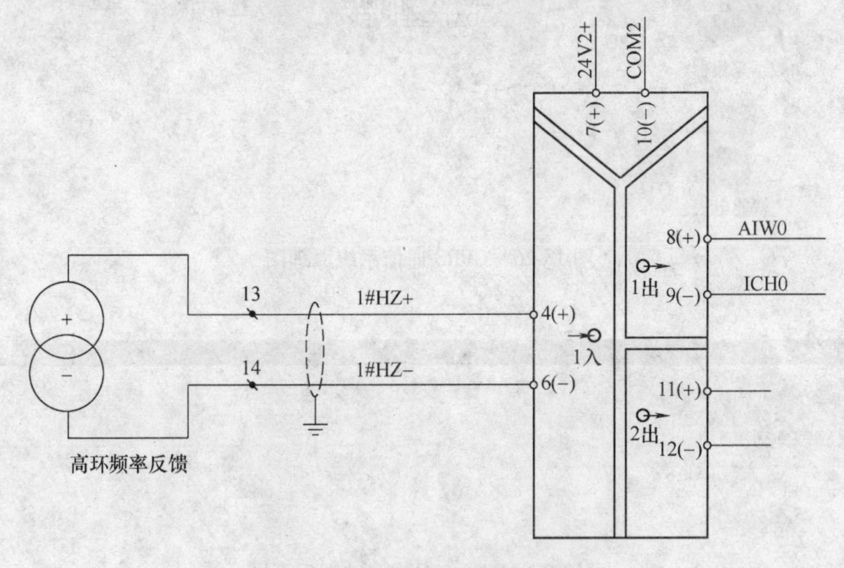

图 13-24　变频频率检测接线图

变频器运行频率的检测也使用 AI_Process 函数实现，处理方法与液位信号的检测一致，运行频率的上限为 50Hz，程序截图如图 13-25 所示。

13.2.6　PLC 信号的无线 GPRS 传输

本项目采用无线 GPRS 传输方式将 PLC 检测到的现场运行参数传送至供暖锅炉房的监控计算机的组态画面上。GPRS 模块的功能相当于一条无限延长的通信电缆，只要有手机信号，换热站与锅炉房的距离不受限制。GPRS 模块采用的是北京 COMWAY 公司的 DTU 产品，具体型号为 WG-8010，其参数配置方法很简单，可以查阅其产品说明书。其通信原理如图 13-26 所示。

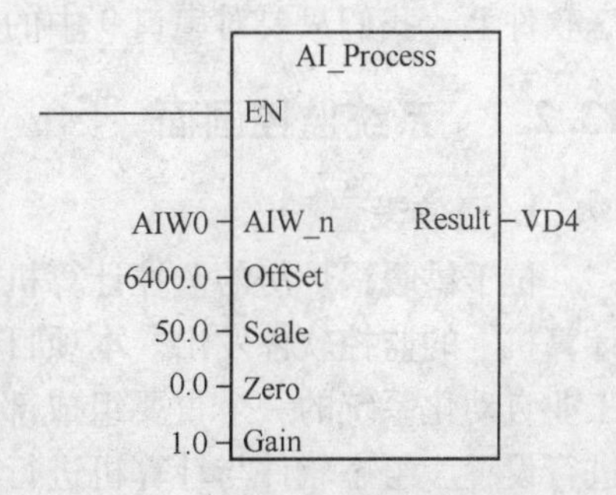

图 13-25　变频频率检测程序截图

图 13-26 中的通信服务器由 COMWAY 公司提供。我

们需要做的事情就是将 DTU（每个 DTU 具有唯一的识别码）的 485 接口与 PLC 的 485 接口通过 PROFIBUS 通信电缆相连，然后将监控计算机接入 Internet，运行 COMYWAY 自带的软件，将本项目中所使用的 DTU 添加到软件中，然后将 DTU 设备映射到计算机的虚拟串口上，如图 13-27 所示。

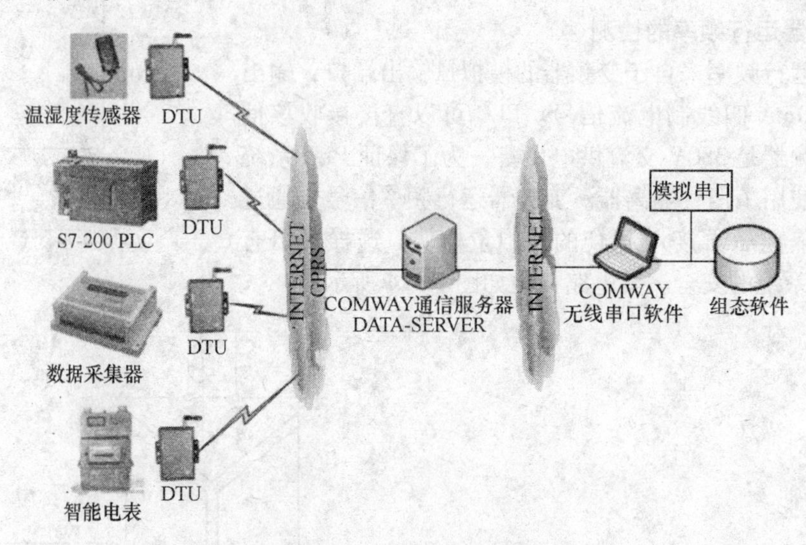

图 13-26　GPRS 通信系统原理图

Wireless Serial Port Server

ComWay 无线串口服务器

无线串口信息　系统信息 (13)　终端信息 (0)

编号	名字	发送	接收	映射到	状态	信号	登录时间
308026681597	ym-stz	0	0	COM8	Offline		
351526201351	ym-gzt	0	0	COM9	Offline		

图 13-27　DTU 产品串口映射示意图

图 13-27 中有两块 DTU 设备，通过识别码进行区别，每个 DTU 对应着一个换热站。名称为 ym-gzt（识别码唯一，名称可以自定义）的 DTU 映射到计算机的虚拟串口 9 上，在组态软件上，我们只要对串口 9 中的数据进行读写，就可以完成该换热站运行参数的监控。

13.2.7　系统监控画面

1. 通信设置

位于供暖锅炉房的监控计算机是系统的人机交互设备，所有监测数据和操作指令都由该计算机上的监控软件发出。本项目使用北京亚控公司的组态王软件开发监控软件，该软件是工业自动化系统的一个重要组成部分。要完成与 PLC 的数据交换，需要对组态软件的通信进行设置。组态软件与计算机进行通信，需要遵守一定的通信协议，本项目中通信的通信链路为无线方式，通信协议选择工业仪表最常用的 Modbus 通信协议（协议格式说明请查阅相关说明书，西门子 200PLC 集成了 Modbus 通信相关函数，直接调用即可）。进行通信时，PLC 端需要编写的程序如下：

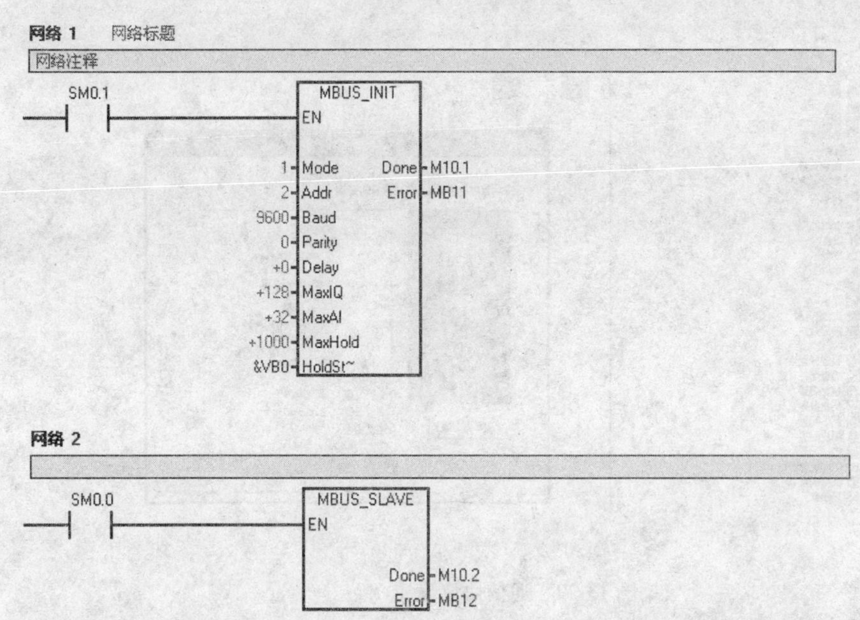

程序的主要功能是设置 Modbus 初始参数，运行 Modbus 从站程序（监控计算机作为 Modbus 主站，采用主从通信方式）。这里 Modbus 通信波特率为 9600，地址为 2，VB0 开始的 1000 个字节都可以进行数据交换。

组态软件的通信设置如图 13-28 所示。

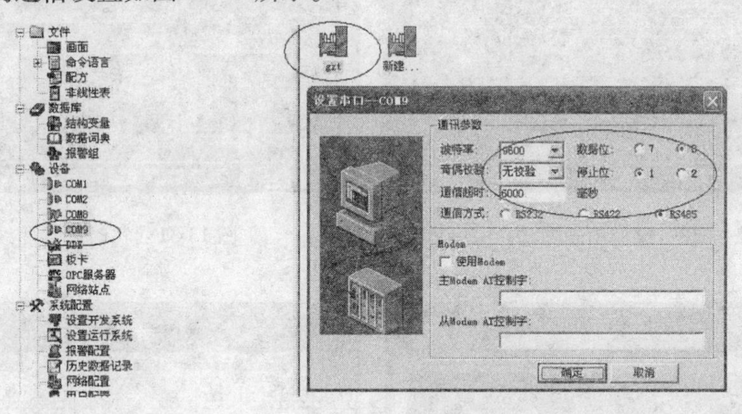

图 13-28　COM9 参数设置

设置完串口参数后，双击“gzt”，设置通信协议，通信协议选为莫迪康的 ModbusRTU。然后在图 13-29 的下一步中，设置 Modbus 地址为 2，与 PLC 程序中的 Modbus 地址相对应，这样才能正常通信。

通信协议设置完成后，就可以按照 Modbus 地址格式，在数据词典中建立变量，将 PLC 中的数据与这些变量联系起来后把这些变量连接到监控画面上，就可以将换热站运行参数在画面上显示出来。

2. 监控画面

图 13-30 ~ 图 13-33 给出了系统的部分画面截图。

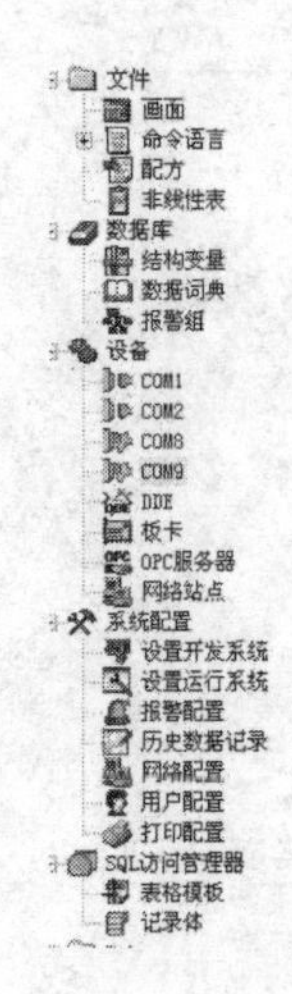

图 13-29　通信协议设置

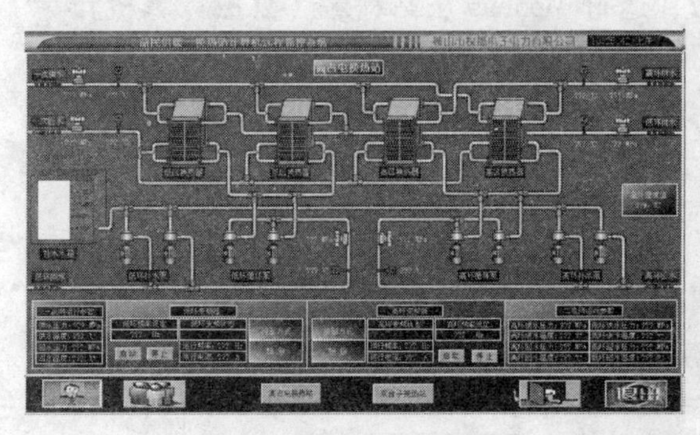

图 13-30　监控画面图

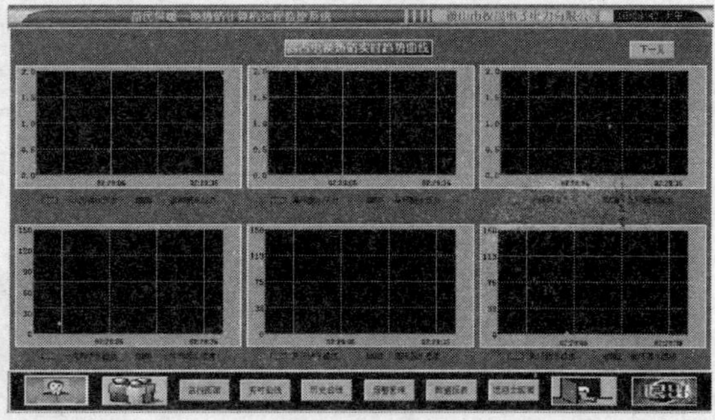

图 13-31　实时趋势曲线画面

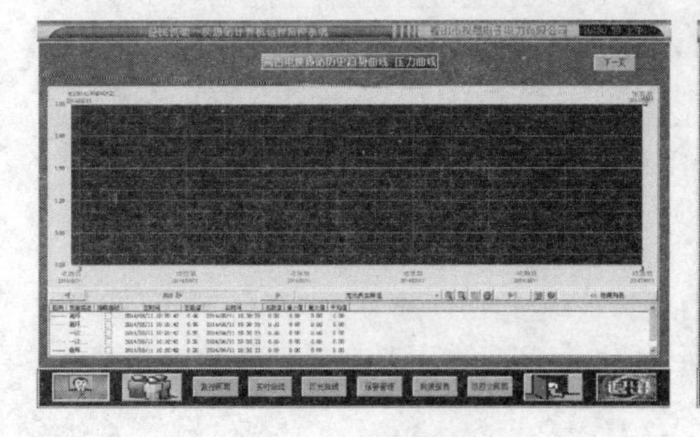

图 13-32　历史趋势曲线画面

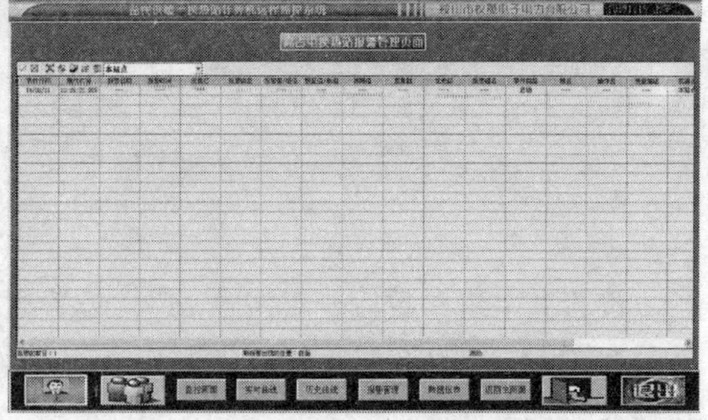

图 13-33　报警管理画面

到此为止，上面的内容为读者展示了一个完整的工业检测系统。要构建一个完整的工业检测系统，需要设计者掌握传感器技术、仪表技术、检测技术、PLC 软硬件设计技术、电气制图技术、通信技术、计算机软件设计技术等一系列相关技术。

思考题与习题

1. 传感器检测系统与工业自动化系统的联系。

2. 构成一个完整的工业传感器检测系统需要掌握哪些技术?

3. 选择一个实际的工业应用场合（冶金、化工或其他工业场合均可），应用传感器、变送器、数显表、配电器、安全栅、PLC、触摸屏、组态软件等相关器件和软件独立设计一个具有显示功能的完整工业传感器检测系统。具体要求如下：

（1）写出所选择的工业应用场合需要测量的具体参数、量程、工作环境等。

（2）所设计的检测系统必须包含 3 种以上物理量。

（3）写出所选仪表的选型依据、规格参数。

（4）注意两线制信号和四线制信号的区别，掌握配电器、数显表的选型和接线方法、防爆系统选择防爆设备。

（5）用数显表显示参数，请给出具体的数显表型号，详细写出数显表参数设置方法，设置好的具体参数以表格形式给出。

附　　录

附录 A　铂热电阻分度表

表 A-1　铂热电阻 Pt_{100} 分度表

分度号：Pt_{100}　　　　$R_0 = 100.00\Omega$

温度/℃	0	1	2	3	4	5	6	7	8	9
	电阻值/Ω									
-200	18.52									
-190	22.83	22.40	21.97	21.54	21.11	20.68	20.25	19.82	19.38	18.95
-180	27.10	26.67	26.24	25.82	25.39	24.97	24.54	24.11	23.68	23.25
-170	31.34	30.91	30.49	30.07	29.64	29.22	28.80	28.37	27.95	27.52
-160	35.54	35.12	34.70	34.28	33.86	33.44	33.02	32.60	32.18	31.76
-150	39.72	39.31	38.89	38.47	38.05	37.64	37.22	36.80	36.38	35.96
-140	43.88	43.46	43.05	42.63	42.22	41.80	41.39	40.97	40.56	40.14
-130	48.00	47.59	47.18	46.77	46.36	45.94	45.53	45.12	44.70	44.29
-120	52.11	51.70	51.29	50.88	50.47	50.06	49.65	49.24	48.83	48.42
-110	56.19	55.79	55.38	54.97	54.56	54.15	53.75	53.34	52.93	52.52
-100	60.26	59.85	59.44	59.04	58.63	58.23	57.82	57.41	57.01	56.60
-90	64.30	63.90	63.49	63.09	62.68	62.28	61.88	61.47	61.07	60.66
-80	68.33	67.92	67.52	67.12	66.72	66.31	65.91	65.51	65.11	64.70
-70	72.33	71.93	71.53	71.13	70.73	70.33	69.93	69.53	69.13	68.73
-60	76.30	75.93	75.53	75.13	74.73	74.33	73.93	73.53	73.13	72.73
-50	80.31	79.91	79.51	79.11	78.72	78.32	77.92	77.52	77.12	76.73
-40	84.27	83.87	83.48	83.08	82.69	82.29	81.89	81.50	81.10	80.70
-30	88.22	87.83	87.43	87.04	86.64	86.25	85.85	85.46	85.06	84.67
-20	92.16	91.77	91.37	90.98	90.59	90.19	89.80	89.40	89.01	88.62
-10	96.09	95.69	95.30	94.91	94.52	94.12	93.73	93.34	92.95	92.55
0	100.00	99.61	99.22	98.83	98.44	98.04	97.65	97.26	96.87	96.48
0	100.00	100.39	100.78	101.17	101.56	101.95	102.34	102.73	103.12	103.51
10	103.90	104.29	104.68	105.07	105.46	105.85	106.24	106.63	107.02	107.40
20	107.79	108.18	108.57	108.96	109.35	109.73	110.12	110.51	110.90	111.29
30	111.67	112.06	112.45	112.83	113.22	113.61	114.00	114.38	114.77	115.15
40	115.54	115.93	116.31	116.70	117.08	117.47	117.86	118.24	118.63	119.01
50	119.40	119.78	120.17	120.55	120.94	121.32	121.71	122.09	122.47	122.86
60	123.24	123.63	124.01	124.39	124.78	125.16	125.54	125.93	126.31	126.69
70	127.08	127.46	127.84	128.22	128.61	128.99	129.37	129.75	130.13	130.52
80	130.90	131.28	131.66	132.04	132.42	132.80	133.18	133.57	133.95	134.33

（续）

温度/℃	0	1	2	3	4	5	6	7	8	9
	电阻值/Ω									
90	134.71	135.09	135.47	135.85	136.23	136.61	136.99	137.37	137.75	138.13
100	138.51	138.88	139.26	139.64	140.02	140.40	140.78	141.16	141.54	141.91
110	142.29	142.67	143.05	143.43	143.80	144.18	144.56	144.94	145.31	145.69
120	146.07	146.44	146.82	147.20	147.57	147.95	148.33	148.70	149.08	149.46
130	149.83	150.21	150.58	150.96	151.33	151.71	152.08	152.46	152.83	153.21
140	153.58	153.96	154.33	154.71	155.08	155.46	155.83	156.20	156.58	156.95
150	157.33	157.70	158.07	158.45	158.82	159.19	159.56	159.94	160.31	160.68
160	161.05	161.43	161.80	162.17	162.54	162.91	163.29	163.66	164.03	164.40
170	164.77	165.14	165.51	165.89	166.26	166.63	167.00	167.37	167.74	168.11
180	168.48	168.85	169.22	169.59	169.96	170.33	170.70	171.07	171.43	171.80
190	172.17	172.54	172.91	173.28	173.65	174.02	174.38	174.75	175.12	175.49
200	175.86	176.22	176.59	176.96	177.33	177.69	178.06	178.43	178.79	179.16
210	179.53	179.89	180.26	180.63	180.99	181.36	181.72	182.09	182.46	182.82
220	183.19	183.55	183.92	184.28	184.65	185.01	185.38	185.74	186.11	186.47
230	186.84	187.20	187.56	187.93	188.29	188.66	189.02	189.38	189.75	190.11
240	190.47	190.84	191.20	191.56	191.92	192.29	192.65	193.01	193.37	193.74
250	194.10	194.46	194.82	195.18	195.55	195.91	196.27	196.63	196.99	197.35
260	197.71	198.07	198.43	198.79	199.15	199.51	199.87	200.23	200.59	200.95
270	201.31	201.67	202.03	202.39	202.75	203.11	203.47	203.83	204.19	204.55
280	204.90	205.26	205.62	205.98	206.34	206.70	207.05	207.41	207.77	208.13
290	208.48	208.84	209.20	209.56	209.91	210.27	210.63	210.98	211.34	211.70
300	212.05	212.41	212.76	213.12	213.48	213.83	214.19	214.54	214.90	215.25
310	215.61	215.96	216.32	216.67	217.03	217.38	217.74	218.09	218.44	218.80
320	219.15	219.51	219.86	220.21	220.57	220.92	221.27	221.63	221.98	222.33
330	222.68	223.04	223.39	223.74	224.09	224.45	224.80	225.15	225.50	225.85
340	226.21	226.56	226.91	227.26	227.61	227.96	228.31	228.66	229.02	229.37
350	229.72	230.07	230.42	230.77	231.12	231.47	231.82	232.17	232.52	232.87
360	233.21	233.56	233.91	234.26	234.61	234.96	235.31	235.66	236.00	236.35
370	236.70	237.05	237.40	237.74	238.09	238.44	238.79	239.13	239.48	239.83
380	240.18	240.52	240.87	241.22	241.56	241.91	242.26	242.60	242.95	243.29
390	243.64	243.99	244.33	244.68	245.02	245.37	245.71	246.06	246.40	246.75
400	247.09	247.44	247.78	248.13	248.47	248.81	249.16	249.50	249.85	250.19
410	250.53	250.88	251.22	251.56	251.91	252.25	252.59	252.93	253.28	253.62
420	253.96	254.30	254.65	254.99	255.33	255.67	256.01	256.35	256.70	257.04
430	257.38	257.72	258.06	258.40	258.74	259.08	259.42	259.76	260.10	260.44
440	260.78	261.12	261.46	261.80	262.14	262.48	262.82	263.16	263.50	263.84
450	264.18	264.52	264.86	265.20	265.53	265.87	266.21	266.55	266.89	267.22
460	267.56	267.90	268.24	268.57	268.91	269.25	269.59	269.92	270.26	270.60
470	270.93	271.27	271.61	271.94	272.28	272.61	272.95	273.29	273.62	273.96

（续）

温度/℃	0	1	2	3	4	5	6	7	8	9
	电阻值/Ω									
480	274.29	274.63	274.96	275.30	275.63	275.97	276.30	276.64	276.97	277.31
490	277.64	277.98	278.31	278.64	278.98	279.31	279.64	279.98	280.31	280.64
500	280.98	281.31	281.64	281.98	282.31	282.64	282.97	283.31	283.64	283.97
510	284.30	284.63	284.97	285.30	285.63	285.96	286.29	286.62	286.85	287.29
520	287.62	287.95	288.28	288.61	288.94	289.27	289.60	289.93	290.26	290.59
530	290.92	291.25	291.58	291.91	292.24	292.56	292.89	293.22	293.55	293.88
540	294.21	294.54	294.86	295.19	295.52	295.85	296.18	296.50	296.83	297.16
550	297.49	297.81	298.14	298.47	298.80	299.12	299.45	299.78	300.10	300.43
560	300.75	301.08	301.41	301.73	302.06	302.38	302.71	303.03	303.36	303.69
570	304.01	304.34	304.66	304.98	305.31	305.63	305.96	306.28	306.61	306.93
580	307.25	307.58	307.90	308.23	308.55	308.87	309.20	309.52	309.84	310.16
590	310.49	310.81	311.13	311.45	311.78	312.10	312.42	312.74	313.06	313.39
600	313.71	314.03	314.35	314.67	314.99	315.31	315.64	315.96	316.28	316.60
610	316.92	317.24	317.56	317.88	318.20	318.52	318.84	319.16	319.48	319.80
620	320.12	320.43	320.75	321.07	321.39	321.71	322.03	322.35	322.67	322.98
630	323.30	323.62	323.94	324.26	324.57	324.89	325.21	325.53	325.84	326.16
640	326.48	326.79	327.11	327.43	327.74	328.06	328.38	328.69	329.01	329.32
650	329.64	329.96	330.27	330.59	330.90	331.22	331.53	331.85	332.16	332.48
660	332.79									
670	335.93									
680	339.06									
690	342.18									
700	345.28									
710	348.38									
720	351.46									
730	354.53									
740	357.59									
750	360.64									
760	363.67									
770	366.70									
780	369.71									
790	372.71									
800	375.70									
810	378.68									
820	381.65									
830	384.60									
840	387.55									
850	390.84									

表 A-2　铂热电阻 Pt_{10} 分度表

分度号：Pt_{10}　　　　$R_0 = 10.00\Omega$

温度/℃	0	1	2	3	4	5	6	7	8	9
	电阻值/Ω									
-200	1.852									
-190	2.283	2.240	2.197	2.154	2.111	2.068	2.025	1.982	1.938	1.895
-180	2.710	2.667	2.624	2.582	2.539	2.497	2.454	2.411	2.368	2.325
-170	3.134	3.091	3.049	3.007	2.964	2.922	2.88	2.837	2.795	2.752
-160	3.554	3.512	3.470	3.428	3.386	3.344	3.302	3.260	3.218	3.176
-150	3.972	3.931	3.889	3.847	3.805	3.764	3.722	3.680	3.638	3.596
-140	4.388	4.346	4.305	4.263	4.222	4.180	4.139	4.097	4.056	4.014
-130	4.800	4.759	4.718	4.677	4.636	4.594	4.553	4.512	4.470	4.429
-120	5.211	5.170	5.129	5.088	5.047	5.006	4.965	4.924	4.883	4.842
-110	5.619	5.579	5.538	5.497	5.456	5.415	5.375	5.334	5.293	5.252
-100	6.026	5.985	5.944	5.904	5.863	5.823	5.782	5.741	5.701	5.660
-90	6.430	6.390	6.349	6.309	6.268	6.228	6.188	6.147	6.107	6.066
-80	6.833	6.792	6.752	6.712	6.672	6.631	6.591	6.551	6.511	6.470
-70	7.233	7.193	7.153	7.113	7.073	7.033	6.993	6.953	6.913	6.873
-60	7.633	7.593	7.553	7.513	7.473	7.433	7.393	7.353	7.313	7.273
-50	8.031	7.991	7.951	7.911	7.872	7.832	7.792	7.752	7.712	7.673
-40	8.427	8.387	8.348	8.308	8.269	8.229	8.189	8.150	8.110	8.070
-30	8.822	8.783	8.743	8.704	8.664	8.625	8.585	8.546	8.506	8.467
-20	9.216	9.177	9.137	9.098	9.059	9.019	8.980	8.940	8.901	8.862
-10	9.609	9.569	9.530	9.491	9.452	9.412	9.373	9.334	9.295	9.255
0	10.000	9.961	9.922	9.883	9.844	9.804	9.765	9.726	9.687	9.648
0	10.000	10.039	10.078	10.117	10.156	10.195	10.234	10.273	10.312	10.351
10	10.390	10.429	10.468	10.507	10.546	10.585	10.624	10.663	10.702	10.740
20	10.779	10.818	10.857	10.896	10.935	10.973	11.012	11.051	11.090	11.129
30	11.167	11.206	11.245	11.283	11.322	11.361	11.400	11.438	11.477	11.515
40	11.554	11.593	11.631	11.670	11.708	11.747	11.786	11.824	11.863	11.901
50	11.940	11.978	12.017	12.055	12.094	12.132	12.171	12.209	12.247	12.286
60	12.324	12.363	12.401	12.439	12.478	12.516	12.554	12.593	12.631	12.669
70	12.708	12.746	12.784	12.822	12.861	12.899	12.937	12.975	13.013	13.052
80	13.090	13.128	13.166	13.204	13.242	13.280	13.318	13.357	13.395	13.433
90	13.471	13.509	13.547	13.585	13.623	13.661	13.699	13.737	13.775	13.813
100	13.851	13.888	13.926	13.964	14.002	14.040	14.078	14.116	14.154	14.191
110	14.229	14.267	14.305	14.343	14.380	14.418	14.456	14.494	14.531	14.569
120	14.607	14.644	14.682	14.720	14.757	14.795	14.833	14.870	14.908	14.946
130	14.983	15.021	15.058	15.096	15.133	15.171	15.208	15.246	15.283	15.321
140	15.358	15.396	15.433	15.471	15.508	15.546	15.583	15.620	15.658	15.695

（续）

温度/℃	0	1	2	3	4	5	6	7	8	9
	电阻值/Ω									
150	15. 733	15. 770	15. 807	15. 845	15. 882	15. 919	15. 956	15. 994	16. 031	16. 068
160	16. 105	16. 143	16. 180	16. 217	16. 254	16. 291	16. 329	16. 366	16. 403	16. 440
170	16. 477	16. 514	16. 551	16. 589	16. 626	16. 663	16. 700	16. 737	16. 774	16. 811
180	16. 848	16. 885	16. 922	16. 959	16. 996	17. 033	17. 070	17. 107	17. 143	17. 180
190	17. 217	17. 254	17. 291	17. 328	17. 365	17. 402	17. 438	17. 475	17. 512	17. 549
200	17. 586	17. 622	17. 659	17. 696	17. 733	17. 769	17. 806	17. 843	17. 879	17. 916
210	17. 953	17. 989	18. 026	18. 063	18. 099	18. 136	18. 172	18. 209	18. 246	18. 282
220	18. 319	18. 355	18. 392	18. 428	18. 465	18. 501	18. 538	18. 574	18. 611	18. 647
230	18. 684	18. 720	18. 756	18. 793	18. 829	18. 866	18. 902	18. 938	18. 975	19. 011
240	19. 047	19. 084	19. 120	19. 156	19. 192	19. 229	19. 265	19. 301	19. 337	19. 374
250	19. 410	19. 446	19. 482	19. 518	19. 555	19. 591	19. 627	19. 663	19. 699	19. 735
260	19. 771	19. 807	19. 843	19. 879	19. 915	19. 951	19. 987	20. 023	20. 059	20. 095
270	20. 131	20. 167	20. 203	20. 239	20. 275	20. 311	20. 347	20. 383	20. 419	20. 455
280	20. 490	20. 526	20. 562	20. 598	20. 634	20. 670	20. 705	20. 741	20. 777	20. 813
290	20. 848	20. 884	20. 920	20. 956	20. 991	21. 027	21. 063	21. 098	21. 134	21. 170
300	21. 205	21. 241	21. 276	21. 312	21. 348	21. 383	21. 419	21. 454	21. 490	21. 525
310	21. 561	21. 596	21. 632	21. 667	21. 703	21. 738	21. 774	21. 809	21. 844	21. 880
320	21. 915	21. 951	21. 986	22. 021	22. 057	22. 092	22. 127	22. 163	22. 198	22. 233
330	22. 268	22. 304	22. 339	22. 374	22. 409	22. 445	22. 480	22. 515	22. 550	22. 585
340	22. 621	22. 656	22. 691	22. 726	22. 761	22. 796	22. 831	22. 866	22. 902	22. 937
350	22. 972	23. 007	23. 042	23. 077	23. 112	23. 147	23. 182	23. 217	23. 252	23. 287
360	23. 321	23. 356	23. 391	23. 426	23. 461	23. 496	23. 531	23. 566	23. 600	23. 635
370	23. 670	23. 705	23. 740	23. 774	23. 809	23. 844	23. 879	23. 913	23. 948	23. 983
380	24. 018	24. 052	24. 087	24. 122	24. 156	24. 191	24. 226	24. 260	24. 295	24. 329
390	24. 364	24. 399	24. 433	24. 468	24. 502	24. 537	24. 571	24. 606	24. 640	24. 675
400	24. 709	24. 744	24. 778	24. 813	24. 847	24. 881	24. 916	24. 950	24. 985	25. 019
410	25. 053	25. 088	25. 122	25. 156	25. 191	25. 225	25. 259	25. 293	25. 328	25. 362
420	25. 396	25. 430	25. 465	25. 499	25. 533	25. 567	25. 601	25. 635	25. 670	25. 704
430	25. 738	25. 772	25. 806	25. 840	25. 874	25. 908	25. 942	25. 976	26. 010	26. 044
440	26. 078	26. 112	26. 146	26. 180	26. 214	26. 248	26. 282	26. 316	26. 350	26. 384
450	26. 418	26. 452	26. 486	26. 520	26. 553	26. 587	26. 621	26. 655	26. 689	26. 722
460	26. 756	26. 790	26. 824	26. 857	26. 891	26. 925	26. 959	26. 992	27. 026	27. 060
470	27. 093	27. 127	27. 161	27. 194	27. 228	27. 261	27. 295	27. 329	27. 362	27. 396
480	27. 429	27. 463	27. 496	27. 530	27. 563	27. 597	27. 630	27. 664	27. 697	27. 731
490	27. 764	27. 798	27. 831	27. 864	27. 898	27. 931	27. 964	27. 998	28. 031	28. 064
500	28. 098	28. 131	28. 164	28. 198	28. 231	28. 264	28. 297	28. 331	28. 364	28. 397

（续）

温度/℃	0	1	2	3	4	5	6	7	8	9
	电阻值/Ω									
510	28.430	28.463	28.497	28.530	28.563	28.596	28.629	28.662	28.685	28.729
520	28.762	28.795	28.828	28.861	28.894	28.927	28.960	28.993	29.026	29.059
530	29.092	29.125	29.158	29.191	29.224	29.256	29.289	29.322	29.355	29.388
540	29.421	29.454	29.486	29.519	29.552	29.585	29.618	29.650	29.683	29.716
550	29.749	29.781	29.814	29.847	29.880	29.912	29.945	29.978	30.010	30.043
560	30.075	30.108	30.141	30.173	30.206	30.238	30.271	30.303	30.336	30.369
570	30.401	30.434	30.466	30.498	30.531	30.563	30.596	30.628	30.661	30.693
580	30.725	30.758	30.790	30.823	30.855	30.887	30.920	30.952	30.984	31.016
590	31.049	31.081	31.113	31.145	31.178	31.210	31.242	31.274	31.306	31.339
600	31.371	31.403	31.435	31.467	31.499	31.531	31.564	31.596	31.628	31.660
610	31.692	31.724	31.756	31.788	31.820	31.852	31.884	31.916	31.948	31.980
620	32.012	32.043	32.075	32.107	32.139	32.171	32.203	32.235	32.267	32.298
630	32.330	32.362	32.394	32.426	32.457	32.489	32.521	32.553	32.584	32.616
640	32.648	32.679	32.711	32.743	32.774	32.806	32.838	32.869	32.901	32.932
650	32.964	32.996	33.027	33.059	33.090	33.122	33.153	33.185	33.216	33.248
660	33.279									
670	33.593									
680	33.906									
690	34.218									
700	34.528									
710	34.838									
720	35.146									
730	35.453									
740	35.759									
750	36.064									
760	36.367									
770	36.670									
780	36.971									
790	37.271									
800	37.570									
810	37.868									
820	38.165									
830	38.460									
840	38.755									
850	39.048									

附录 B　铜热电阻分度表

表 B-1　铜热电阻 Cu_{100} 分度表

分度号：Cu_{100}　　$R_0 = 100.00\Omega$

温度/℃	0	1	2	3	4	5	6	7	8	9
	电阻值/Ω									
-50	78.48									
-40	82.80	82.37	81.94	81.51	81.07	80.64	80.21	79.78	79.35	78.92
-30	87.11	86.68	86.25	85.82	85.39	84.96	84.52	84.06	83.66	83.23
-20	91.41	90.98	90.55	90.12	89.69	89.26	88.83	88.40	87.97	87.54
-10	95.71	95.28	94.85	94.42	93.99	93.56	93.13	92.70	92.27	91.84
0	100.00	99.57	99.14	98.71	98.28	97.85	97.42	97.00	96.57	96.14
0	100.00	100.43	100.86	101.29	101.72	102.14	102.57	103.00	103.42	103.86
10	104.29	104.72	105.14	105.57	106.00	106.43	106.86	107.29	107.72	108.14
20	108.57	109.00	109.43	109.86	110.28	110.71	111.14	111.57	112.00	112.42
30	112.85	113.28	113.71	114.14	114.56	114.99	115.42	115.85	116.27	116.70
40	117.13	117.56	117.99	118.41	118.84	119.27	119.70	120.12	120.55	120.98
50	121.41	121.84	122.26	122.69	123.12	123.55	123.97	124.40	124.83	125.26
60	125.68	126.11	126.54	126.97	127.40	127.82	128.25	128.68	129.11	129.53
70	129.96	130.39	130.82	131.24	131.67	132.10	132.53	132.96	133.38	133.81
80	134.24	134.67	135.09	135.52	135.95	136.38	136.81	137.23	137.66	138.09
90	138.52	138.95	139.37	139.80	140.23	140.66	141.09	141.52	141.94	142.37
100	142.80	143.23	143.66	144.08	144.51	144.94	145.37	145.80	146.23	146.66
110	147.08	147.51	147.94	148.37	148.80	149.23	149.66	150.09	150.52	150.94
120	151.37	151.80	152.23	152.66	153.09	153.52	153.95	154.38	154.81	155.24
130	155.67	156.10	156.52	156.95	157.38	157.81	158.24	158.67	159.10	159.53
140	156.96	160.39	160.82	161.25	161.68	162.12	162.55	162.98	163.41	163.84
150	164.27									

表 B-2　铜热电阻 Cu_{50} 分度表

分度号：Cu_{50}　　$R_0 = 50.00\Omega$

温度/℃	0	1	2	3	4	5	6	7	8	9
	电阻值/Ω									
-50	39.242									
-40	41.400	41.184	40.969	40.753	40.537	40.322	40.106	39.890	39.674	39.458
-30	43.555	43.339	43.124	42.909	42.693	42.478	42.262	42.047	41.831	41.616
-20	45.706	45.491	45.276	45.061	44.846	44.631	44.416	44.200	43.985	43.770
-10	47.854	47.639	47.425	47.210	46.995	46.780	46.566	46.351	46.136	45.921
0	50.000	49.786	49.571	49.356	49.142	48.927	48.713	48.498	48.284	48.069
0	50.000	50.214	50.429	50.643	50.858	51.072	51.286	51.501	51.715	51.929
10	52.144	52.358	52.572	52.786	53.000	53.215	53.429	53.643	53.857	54.071

（续）

温度/℃	0	1	2	3	4	5	6	7	8	9
	电阻值/Ω									
20	54.285	54.500	54.714	51.928	55.142	55.356	55.570	55.784	55.988	56.212
30	56.426	56.640	56.854	57.068	57.282	57.496	57.710	57.924	58.137	58.351
40	58.565	58.779	58.993	59.207	59.421	59.635	59.848	60.062	60.276	60.490
50	60.704	60.918	61.132	61.345	61.599	61.773	61.987	62.201	62.415	62.628
60	62.842	63.056	63.270	63.484	63.698	63.911	64.125	64.339	64.553	64.767
70	64.981	65.194	65.408	65.622	65.836	66.050	66.264	66.478	66.692	66.906
80	67.120	67.333	67.547	67.761	67.975	68.189	68.403	68.617	68.831	69.045
90	69.259	69.473	69.687	69.901	70.115	70.329	70.544	70.762	70.972	71.186
100	71.400	71.614	71.828	72.042	72.257	72.471	72.685	72.899	73.114	73.328
110	73.542	73.751	73.971	74.185	74.400	74.614	74.828	75.043	75.285	74.472
120	75.686	75.901	76.115	76.330	76.545	76.759	76.974	77.189	77.404	77.618
130	77.833	78.048	78.263	78.477	78.692	78.907	79.122	79.337	79.552	79.767
140	79.982	80.197	80.412	80.627	80.843	81.058	81.273	81.788	81.704	81.919
150	82.134									

附录 C　热电偶分度表

表 C-1　铂铑$_{10}$-铂热电偶分度表

温度/℃	0	10	20	30	40	50	60	70	80	90
	热电动势/mV									
0	0.000	0.055	0.113	0.173	0.235	0.299	0.365	0.432	0.502	0.573
100	0.645	0.719	0.795	0.872	0.950	1.029	1.109	1.190	1.273	1.356
200	1.440	1.525	1.611	1.698	1.785	1.873	1.962	2.051	2.141	2.232
300	2.323	2.414	2.506	2.599	2.692	2.786	2.880	2.974	3.069	3.164
400	3.260	3.356	3.452	3.549	3.645	3.743	3.840	3.938	4.036	4.135
500	4.234	4.333	4.432	4.532	4.632	4.732	4.832	4.933	5.034	5.136
600	5.237	5.339	5.442	5.544	5.648	5.751	5.855	5.960	6.065	6.169
700	6.274	6.380	6.486	6.592	6.699	6.805	6.913	7.020	7.128	7.236
800	7.345	7.454	7.563	7.672	7.782	7.892	8.003	8.114	8.255	8.336
900	8.448	8.560	8.673	8.786	8.899	9.012	9.126	9.240	9.355	9.470
1000	9.585	9.700	9.816	9.932	10.048	10.165	10.282	10.400	10.517	10.635
1100	10.754	10.872	10.991	11.110	11.229	11.348	11.467	11.587	11.707	11.827
1200	11.947	12.067	12.188	12.308	12.429	12.550	12.671	12.792	12.912	13.034
1300	13.155	13.276	13.397	13.519	13.640	13.761	13.883	14.004	14.125	14.247
1400	14.368	14.489	14.610	14.731	14.852	14.973	15.094	15.215	15.336	15.456
1500	15.576	15.697	15.817	15.937	16.057	16.176	16.296	16.415	16.534	16.653
1600	16.771	16.890	17.008	17.125	17.245	17.360	17.477	17.594	17.711	17.826
1700	17.942	18.056	18.170	18.282	18.394	18.504	18.612			

表 C-2　铂铑$_{13}$-铂热电偶分度表

温度/℃	0	10	20	30	40	50	60	70	80	90
	热电动势/mV									
0	0.000	0.054	0.111	0.171	0.232	0.296	0.363	0.431	0.501	0.573
100	0.647	0.723	0.800	0.879	0.959	1.041	1.124	1.208	1.940	1.381
200	1.469	1.558	1.648	1.739	1.831	1.923	2.017	2.112	2.207	2.304
300	2.401	2.498	2.597	2.696	2.796	2.896	2.997	3.099	3.201	3.304
400	3.408	3.512	3.616	3.721	3.827	3.933	4.040	4.147	4.255	4.363
500	4.471	4.580	4.690	4.800	4.910	5.021	5.133	5.245	5.357	5.470
600	5.583	5.697	5.812	5.926	6.041	6.157	6.273	6.390	6.507	6.625
700	6.743	6.861	6.980	7.100	7.200	7.340	7.461	7.583	7.705	7.827
800	7.950	8.073	8.197	8.321	8.446	8.571	8.697	8.823	8.950	9.077
900	9.205	9.333	9.461	9.590	9.720	9.850	9.980	10.111	10.242	10.374
1000	10.506	10.638	10.771	10.905	11.039	11.173	11.307	11.442	11.578	11.714
1100	11.850	11.986	12.123	12.260	12.397	12.535	12.673	12.812	12.950	13.089
1200	13.228	13.367	13.507	13.646	13.786	13.926	14.066	14.207	14.347	14.488
1300	14.629	14.770	14.911	15.052	15.193	15.334	15.475	15.616	15.758	15.899
1400	16.040	16.181	16.232	16.464	16.605	16.746	16.887	17.028	17.169	17.310
1500	17.451	17.591	17.732	17.872	18.012	18.152	18.292	18.431	18.571	18.710
1600	18.849	18.988	19.126	19.264	19.402	19.540	19.677	19.814	19.951	20.087
1700	20.222	20.356	20.488	20.620	20.749	20.877	21.003			

表 C-3　铂铑$_{30}$-铂铑$_{6}$ 热电偶分度表

温度/℃	0	10	20	30	40	50	60	70	80	90
	热电动势/mV									
0	-0.000	-0.002	-0.003	-0.002	0.000	0002	0.006	0.011	0.017	0.025
100	0.033	0.043	0.053	0.065	0.078	0.092	0.107	0.123	0.140	0.159
200	0.178	0.199	0.220	0.243	0.266	0.291	0.317	0.344	0.372	0.401
300	0.431	0.462	0.494	0.527	0.516	0.596	0.632	0.669	0.707	0.746
400	0.786	0.827	0.870	0.913	0.957	1.002	1.048	1.095	1.143	1.192
500	1.241	1.292	1.344	1.397	1.450	1.505	1.560	1.617	1.674	1.732
600	1.791	1.851	1.912	1.974	2.036	2.100	2.164	2.230	2.296	2.363
700	2.430	2.499	2.569	2.639	2.710	2.782	2.855	2.928	3.003	3.078
800	3.154	3.231	3.308	3.387	3.466	3.546	3.626	3.708	3.790	3.873
900	3.957	4.041	4.126	4.212	4.298	4.386	4.474	4.562	4.652	4.742
1000	4.833	4.924	5.016	5.109	5.202	5.297	5.391	5.487	5.583	5.680
1100	5.777	5.875	5.973	6.073	6.172	6.273	6.374	6.475	6.577	6.680
1200	6.783	6.887	6.991	7.096	7.202	7.038	7.414	7.521	7.628	7.736
1300	7.845	7.953	8.063	8.172	8.283	8.393	8.504	8.616	8.727	8.839
1400	8.952	9.065	9.178	9.291	9.405	9.519	9.634	9.748	9.863	9.979
1500	10.094	10.210	10.325	10.441	10.558	10.674	10.790	10.907	11.024	11.141
1600	11.257	11.374	11.491	11.608	11.725	11.842	11.959	12.076	12.193	12.310
1700	12.426	12.543	12.659	12.776	12.892	13.008	13.124	13.239	13.354	13.470
1800	13.585	13.699	13.814							

表 C-4　镍铬-镍硅热电偶分度表

温度/℃	0	10	20	30	40	50	60	70	80	90
	热电动势/mV									
-0	-0.000	-0.392	-0.777	-1.156	-1.527	-1.889	-2.243	-2.586	-2.920	-3.242
+0	0.000	0.397	0.798	1.203	1.611	2.022	2.436	2.850	3.266	3.681
100	4.095	4.508	4.919	5.327	5.733	6.137	6.539	6.939	7.338	7.737
200	8.137	8.537	8.938	9.341	9.745	10.151	10.560	10.969	11.381	11.793
300	12.207	12.623	13.039	13.456	13.874	14.292	14.712	15.132	15.552	15.974
400	16.395	16.818	17.241	17.664	18.088	18.513	18.938	19.363	19.788	20.214
500	20.640	21.066	21.493	21.919	22.346	22.772	23.198	23.624	24.050	24.476
600	24.902	25.327	25.751	26.176	26.599	27.022	27.445	27.867	28.288	28.709
700	29.128	29.547	29.965	30.383	30.799	31.214	31.629	32.042	32.455	32.866
800	33.277	33.686	34.095	34.502	34.909	35.314	35.718	36.121	36.524	36.925
900	37.325	37.724	38.122	38.519	38.915	39.310	39.703	40.096	40.488	40.897
1000	41.269	41.657	42.045	42.432	42.817	43.202	43.585	43.968	44.349	44.729
1100	45.108	45.486	45.863	46.238	46.612	46.985	47.356	47.726	48.095	48.462
1200	48.828	49.192	49.555	49.916	50.276	50.633	50.990	51.344	51.697	52.049
1300	52.398	52.747	53.093	53.439	53.782	54.125	54.466	54.807		

表 C-5　镍铬-铜镍（康铜）热电偶分度表

温度/℃	0	10	20	30	40	50	60	70	80	90
	热电动势/mV									
-0	-0.000	-0.581	-1.151	-1.709	-2.254	-2.787	-3.306	-3.811	-4.301	-4.777
+0	0.000	0.591	1.192	1.801	2.419	3.047	3.683	4.329	4.983	5.646
100	6.317	6.996	7.633	8.377	9.078	9.787	10.501	11.222	11.949	12.681
200	13.419	14.161	14.909	15.661	16.417	17.178	17.942	18.710	19.481	20.256
300	21.033	21.814	22.597	23.383	24.171	24.961	25.754	26.549	27.345	28.143
400	28.943	29.744	30.546	31.350	32.155	32.960	33.767	34.574	35.382	36.190
500	36.999	37.808	38.617	39.426	40.236	41.045	41.853	42.662	43.470	44.278
600	45.085	45.891	46.697	47.502	48.306	49.109	48.911	50.713	51.513	52.312
700	53.110	53.907	54.703	55.498	56.291	57.083	57.873	58.663	59.451	60.237
800	61.022	61.806	62.588	63.368	64.147	64.924	65.700	66.473	67.245	68.015
900	68.783	69.549	70.313	71.075	71.835	72.593	73.350	74.104	74.857	75.608
1000	76.358									

参考文献

[1] 钱显毅，唐国兴. 传感器原理与检测技术 [M]. 北京：机械工业出版社，2011.
[2] 张勇，王玉昆. 过程控制系统及仪表 [M]. 北京：机械工业出版社，2013.
[3] 周润景，刘晓霞. 传感器与检测技术 [M]. 北京：电子工业出版社，2014.
[4] 柏逢明. 过程检测及仪表技术 [M]. 北京：国防工业出版社，2014.
[5] 胡向东，刘京诚，余成波，等. 传感器与检测技术 [M]. 北京：机械工业出版社，2009.
[6] 吴建平. 传感器原理及应用 [M]. 2 版. 北京：机械工业出版社，2012.
[7] 吕勇军. 传感器技术实用教程 [M]. 北京：机械工业出版社，2011.
[8] 杜维，张宏健，乐嘉华. 过程检测技术及仪表 [M]. 北京：化学工业出版社，1999.
[9] 刘长玉. 自动检测和过程控制 [M]. 4 版. 北京：冶金工业出版社，2010.
[10] 魏学业. 传感器与检测技术 [M]. 北京：人民邮电出版社，2012.
[11] 耿瑞辰，郝敏钗. 传感器与检测技术 [M]. 北京：北京理工大学出版社，2012.
[12] 李方圆. 图解传感器与仪表应用 [M]. 2 版. 北京：机械工业出版社，2013.
[13] 刘传玺，王以忠，袁照平. 自动检测技术 [M]. 2 版. 北京：机械工业出版社，2012.
[14] 董敏明，唐守锋，董海波. 传感器原理与应用技术 [M]. 北京：清华大学出版社，2012.
[15] 合金田，刘晓旻. 智能传感器原理、设计与应用 [M]. 北京：电子工业出版社，2012.
[16] 张培仁. 传感器原理、检测及应用 [M]. 北京：清华大学出版社，2012.
[17] 蒋全胜，林其斌，宁小波，等. 传感器与检测技术 [M]. 合肥：中国科学技术大学出版社，2013.
[18] 蔡丽，王国荣，雷娟，等. 传感器与检测技术应用 [M]. 北京：冶金工业出版社，2013.
[19] 李新光，张华. 过程检测技术 [M]. 北京：机械工业出版社，2004.
[20] 耿淬，刘冉冉，李红光，等. 传感与检测技术 [M]. 北京：北京理工大学出版社，2012.
[21] 何一鸣，桑楠，张刚兵，等. 传感器原理与应用 [M]. 南京：东南大学出版社，2012.
[22] 历玉鸣，王建林. 化工仪表及自动化 [M]. 北京：化学工业出版社，2006.
[23] 马昕，张贝克. 深入浅出过程控制 [M]. 北京：高等教育出版社，2013.
[24] 韩裕生，乔志花，张金. 传感器技术及应用 [M]. 北京：电子工业出版社，2013.
[25] 卢艳军，刘利秋，王艳辉. 传感器与测试技术 [M]. 北京：清华大学出版社，2012.
[26] 杨娜，李孟源，贾磊. 传感器与测试技术 [M]. 北京：航空工业出版社，2012.
[27] 刘爱华，满元宝. 传感器原理与应用技术 [M]. 北京：人民邮电出版社，2010.
[28] 钱裕禄. 传感器技术及应用电路项目化教程 [M]. 北京：北京大学出版社，2013.
[29] 施文康，余晓芬. 检测技术 [M]. 北京：机械工业出版社，2010.
[30] 周润景，刘晓霞，韩丁，等. 传感器与检测技术 [M]. 北京：电子工业出版社，2014.